태양을 먹다

EATING THE SUN

생명의 고리를
잇는
광합성 서사시

태양을 먹다

올리버 몰턴 지음
김홍표 옮김

동아시아

세계를 보는 방식을 거듭나게 하는 책이다… 이 주제가 어떻게 오늘날에 이르렀는지 조명하는 흥미로운 역사서이며, 비과학자에게도 빛나는 통찰력을 주는 책이다.

—**《이코노미스트》**

광합성 스릴러… 로켓 과학은 식물이 어떻게 작동하는지 알아내지 못한다. 식물은 워낙 복잡하다. 카운트다운, 우주복 다 필요 없다. 흥미가 솟아나는 곳은 생물학 실험실이다.

—**《타임스 문학 부록**(런던)**》**

『태양을 먹다』는 별 주위를 소용돌이치는 우주 먼지의 아바타인 식물의 잎이 얼마나 아름답고 얼마나 귀한 존재인지를 대놓고 드러내는 즐겁고 유장한 산문이다.

—**《크리스천 사이언스 모니터》**

몰턴은 세상의 풍경을 바라보는 경외감은 물론 전 세계 에너지 문제와 기후 위기 대처에 무척 유용한 사고방식을 툭 던진다.

—**《뉴요커》**

매혹적이면서도 중요한 책이다.

— **이언 매큐언**, 『속죄』, 『토요일』, 『체실 비치에서』의 저자

몹시 추운 어느 날 아침, 밖에서 떨며 "지구 온난화가 너무 심한걸"이라며 중얼거렸던 사람에게 『태양을 먹다』는 지구에서 실제로 일어나는 일이 얼마나 복잡한지를 이해하는 데 도움을 준다.

—**《보스턴 글로브》**

과학 글쓰기가 성취할 수 있는 모든 것을 보여 주는 아름다운 사례다. 대중 과학의 미답 분야이자 연구소에서 벌어지는 일을 상세하게 밝히고 대중의 이해를 높이는 데 기여한 몰턴은 여지없이 선명하고 우아한 글을 쓴다. 생명을 보전하는 무척 중요한 생물학적 과정의 이해를 높이는 데 기여한 실험 연구자들의 흥미로운 뒷이야기도 몰턴은 꼼꼼히 챙긴다. 그리고 그것이 과학적 성과로 이어짐을 밝혀냈다.

—**《라이브러리 저널**(별점 리뷰)**》**

꼭 읽어야 할 책. 매혹적이고 아름답다. —《**뉴 사이언티스트**》

매우 독창적이다. 괄목할 만큼 아름답다. 몰턴은 생명뿐만 아니라 풍경의 진화를 묘사하는 데 온 힘을 기울였다. —《**선데이 텔레그래프**》

경이로움과 지적 흥분, 명료한 설명과 서정적인 글쓰기 그리고 작은 것과 큰 것을 잇는 세계가 어떻게 작동하는지, 새로운 통찰이 역력하다. 연구비를 할당하는 사람들은 어느 대목을 눈여겨보아야 하는지 깨우치게 될 것이다. 다른 사람들은 그저 즐기면 된다. 몰턴의 매혹적인 이 책을…. —《**인디펜던트**(런던)》

몰턴은 '광합성' 서사시를 썼다. 자연을 칭송하고 그것을 모방하도록 설계한 기술을 둘러싼 낙관적인 근거를 낱낱이 찾아냈다.

—《**시드**(Seed)》

광합성이 없는 세상은 상상할 수 없다. 올리버 몰턴의 매혹적인 역사서는 가장 중요한 생명 과정을 바라볼 새로운 인식을 갖추게 한다. 『태양을 먹다』는 광대하다. 게다가 디테일이 살아 있고 명료하며 충분히 만족할 만하다. 지적 모험으로 스릴 넘치는 이야기다. 가독성 좋고 친근해서 흠뻑 빠진다.

— **올리버 색스**, 『아내를 모자로 착각한 남자』 저자

낯선 즐거움…. 올리버 몰턴의 『태양을 먹다』는 식물 왕국을 주인공으로 쓴 한 편의 지구 역사다. 매력이 철철 넘친다. —《**프로스펙트 매거진**(런던)》

다루는 폭과 장대함에서 정말 숨이 멎을 『태양을 먹다』에서 몰턴은 웅장한 이야기를 독창적으로 전달하는 데 성공했다. 페이지마다 지구 역사의 스릴 넘치는 새로운 통찰이 드러난다. 단위 무게당 우리 몸이 태양보다 10만 배 많은 에너지를 생산한다는 사실, 잔디가 빙하기에 등장했다는 사실, 생명의 진화가 지루한 10억 년 동안 수렁에 빠졌다는 사실을 과연 우리는 알고 있었던가? 『태양을 먹다』는 문학이고 과학 작품이다.

— **매트 리들리**, 『게놈(Genome)』 저자

식물이 햇빛을 화학 에너지로 변환하는 장치를 과학자들이 어떻게 이해하게 되었는지 설명하고 지구 역사에서 광합성의 역할과 인류의 미래에 끼칠 결정적인 중요성을 역설하는, 설득력 있고 생생하며 독창적으로 구성된 책이다. 이보다 더 시의적절할 수 없다. 올리버 몰턴은 단박에 세계 최고의 과학 작가 중 한 명으로 확고히 자리 잡았다.

— **스티븐 샤핀**, 『과학적 삶: 후기 근대 직업의 도덕적 역사』 저자

한편으론 놀라움이 가득하고 한편으론 지구 생물학적 과정의 미래에 대한 걱정이 여실히 드러난다… 몰턴은 역사책이든 개인적인 만남이든 모든 지점에서 과학자를 자극하는 불연속적인 문제를 묘사하거나 과학적 동기에 철학적 성찰을 던진다. 식물을 설명하면서도 몰턴은 한 그루의 나무를 바라보는 애정 어린 통찰력을 잊지 않는다.

— **《북리스트》**

이 책을 다 읽으면 세상이 다르게 보일 뿐 아니라, 세상을 더 잘 이해하게 될 것이다. 우리 시대의 가장 중요한 질문인 탄소/기후 위기의 기원에 바로 접근하여 깊이 파고들기 때문이다. 『태양을 먹다』는 흔히 우리가 생각하는 과학 글쓰기 한계를 넘어 생각의 방향 전환을 재촉한다. 조지 오웰 같은 작가들이 그랬듯이.

— **킴 스탠리 로빈슨**, 『붉은 화성』, 『초록 화성』, 『파란 화성』 화성 3부작 저자

충격적인 통찰력을 준다. 게다가 어마어마하게 재미있다.

— **《선데이 타임스》**

저명한 과학 작가가 쓴 이 매혹적인 책은 식물이 우리 세상을 어떻게 만들었는지 그 숨겨진 역사를 드러낸다. 올리버 몰턴은 초기 지구와 지구 표면의 점진적인 녹색화에 대한 장엄한 이야기를 덤덤히 들려준다. 모든 식물이 산소를 공급하고 공기에서 탄소를 포집하는 화학 공장이라는 사실을 이해하게 된 사람들의 이야기로 넘쳐 난다. 원시 시대의 흙덩어리에서 사라져 가는 열대 우림까지, 온실가스와 지구 온난화에 대한 현재의 위기를 섬뜩하게 드러낸다. 세련되고 매력적이며 결코 잊지 못할 책.

— **재닛 브라운**, 하버드 대학 과학사 교수 『다윈의 종의 기원: 다윈 평전』 저자

차례

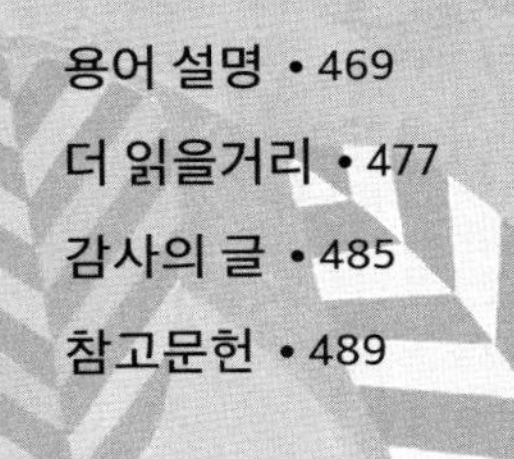

그림

저자의 말

가장 기술적인 부분은 초반에 몰려 있다. 이 부분에 관심이 적은 독자들, 예컨대 지구, 탄소 또는 기후 격변에 관심이 있다면 초반부는 뛰어넘어도 좋다. 용감한 데다 과감하게 장르를 넘나들 독자를 위해 초반에 제시한 보다 기술적인 개념은 맨 뒤 용어 설명에서 다시 정의한다.

오늘 벌어진 일이다. 정말 그런 일이 벌어진 것이다.

새벽이 태평양을 열었다. 우리가 임의로 만든 날짜 변경선이 지구의 가장 큰 바다 가운데를 지나기 때문이다. 언제든 바로 거기에서 새벽이 열린다. 수백만 개의 파도 혹은 몇 척의 화물선에서 반사된 빛이 텅 빈 창공을 가른다. 반사되지 않은 빛은 대양의 표면을 비추고 그중 일부는 물고기와 그들이 먹고 사는 생명체를 향해 투사된다.

북쪽 육지에 도달한 태양은 해변에서 파도가 출렁이듯 툰드라 위를 휩쓸었다. 몇 시간 뒤면 해는 지구의 반대쪽 뉴질랜드의 산과 초목을 파도처럼 일깨운다. 곧바로 그것은 필리핀의 논과 남중국해의 얕은 바다를 채운다. 햇볕이 초록(색칠했거나 염색한 것이 아닌 진정한 초록색)을 띤 무언가를 비출 때마다 지구에서 가장 중요한 과정이 반복된다.

빛이 초록빛 물건에 비쳤을 때 그것은 빛을 환영하고 받아들이며 사용한다. 초록빛 물건은 색소인 엽록소chlorophyll다. 백합 줄기에서 개구리가 껑충 뛰는 것처럼, 햇빛 에너지는 엽록소에 나란히 배치되어 가운데 덫에 도달할 때까지 한 분자에서 다른 분자로 계속 튀어 오른다. 30억 년이나 된 저 덫에서 태양 빛은 지구의 구성 요소가 된다. 빛을 받은 저 덫은 턱을 벌려 근처에 있는 물 분자로부터 전자를 뽑아내고 그것을 수소와 산소로 부숴 버린다. 덫 안에서 전자의 흐름을 따라 수소가 사용되고 이산화탄소를 유기화합물로 변환한다. 하지만 산소는 그냥 버린다.

새벽에 도달한 햇빛을 두고 모든 식물이 벌이는 이 경이로운 행위는 수백만 번에 걸쳐 생명을 불어넣었다. 모든 녹색 세포에는 수십만 개의 색소 분자와 태양광 덫이 있고 이런 세포 수십만 개가 잎 하나에 빼곡히 들어찬다. 햇빛이 일깨우면 잎 안에서 시작된 전자의 흐름은 어두워 해가 질 때까지 계속된다. 이산화탄소로 들어간 전자들은 먼저 탄수화물이 된 다음 다른 여러 가지 분자로 변형된다. 이들 중 일부는 나무의 줄기를 두껍게 두르고 잎을 길쭉하게 하며 토양을 비옥하게 만든다. 또한 꽃싹 안에 갇힌 꽃의 색을 입힌다. 나머지는 성장에 필요한 연료로 쓰인다. 빛은 생명을 만든다. 그것이 광합성의 뜻이다.

빛에 의한 전자의 흐름이 멈추면 오늘이든 언제든 우리가 아는 모든 것들이 덩달아 멈추게 된다. 진화가 가져온 모든 것이 그렇게 멈춘다. 전자의 흐름이 멈추면 세계가 멈춘다. 행성도 도는 것을 멈춘다. 그때도 새벽녘엔 어김없이 해가 비치겠지만 그저 비칠 뿐이다. 날짜 변경선은 다시 없다. 시간도 멈춰 선다.

아시아를 휩쓸고 지나는 빛으로부터 생명이 빚어지는 게 다가 아니다. 새벽을 맞이하는 잎을 개미가 바라본다. 자라는 목초를 송아지가 바라본다. 배가 고픈 사람은 살찐 송아지를 보고, 탄수화물이 그득한 땅 아래에는 덩이뿌리를 탐내는 곰팡이가 있다. 성장에는 쇠락이 함께한다. 밤낮은 계속되며 광합성의 결과로 동물과 세균, 곰팡이 그리고 식물은 대기 중에 방출되는 산소를 쓰고 유기물질을 다시 이산화탄소와 물로 되돌린다. 그런 식으로 그 생명체들은 식물에 저장된 에너지를 해방시킨다. 이 두 과정은 서로 상보적이다.

하지만 약간 균형에서 벗어난 상황이다. 오늘은 봄이다. 식물 대부분과 인류가 사는 북반구에 마침내 봄이 왔다. 봄날에는 광합성이 대세다. 밖으로 방출하는 것보다 식물이 공기 중의 탄소를 더 많이 빨아들인다. 지금은 세계가 무럭무럭 자란다.

햇빛이 영국에 있는 내 눈에 도달했을 즈음 지구의 절반에 새벽이 지났다. 이웃집 물매진 지붕과 간혹 아내가 댄스 공연을 벌이는 홀의 높은 벽 사이에 서 있는 네 그루의 어린 플라타너스에 햇빛을 비춘다. 가장 큰 나무는 얼추 10미터쯤 되었을 거다. 그 누구도 플라타너스에게 홀을 방문하는 차량 옆 버팀목에 기대 서 있으라고 이야기한 사람은 없었을 것이다. 다만 그들은 거기서 자라났을 뿐이다. 추측건대 20여 년 전이라면 그들은 씨앗으로 떠돌고 있었을지도 모른다. 그 뒤 그들은 본격적인 나무로 성장했다. 그들은 다른 모든 식물과 마찬가지로 햇빛이 비치는 지난 12시간 동안 열심히 일했다. 태양을 먹는 일이 바로 그것이다.

앞으로 한 달 뒤에도 그들은 게걸스럽게 태양을 먹지는 않을 것이다. 여전히 봄이고 아직 잎은 여리기 때문이다. 한 달 전에는 아예 잎도 없었다. 몇 주 전에야 싹이 트고 어렴풋이 겨울의 낌새가 줄고 있었다. 녹색의 꿈이 다가온 것이다. 가장 작은 나무는 아직도 싹이 트지만 커다란 나무는 잎을 열고 하늘을 향해 팔을 벌린다. 나머지 두 나무는 특히 가지 끝에 도드라지게 잎을 피워 낸다. 마치 다섯 손가락 깃발처럼 공중에서 펄럭인다. 플라타너스, 특히 작은 플라타너스는 잎이 빨리 나온다. 일찌감치 경쟁에 뛰어들어 다른 나무의 그늘을 박차고 하늘을 더 높이 바라보려는 간절한 소망이다.

나는 여기에도 개체성이 있다는 점을 설명하기 위해 이 네 형제 나무의 차이를 언급한다. 이 책 대부분은 보편적인 것, 태양 빛을 포착하여 그것을 이용하는 물리학과 생리학, 모든 녹색 식물이 공유하는 분자 기계의 구조 그리고 지구 생명체 전체에서 광합성 식물이 차지하는 역사적 역할을 다룬다. 한편 이런 보편성은 작은 가지에서부터 구현된다. 특별한 유형의 나뭇가지, 갑작스레 싹 트는 이파리, 빌딩의 그림자를 반영하는 식물의 형태 그리고 주차장 비탈 탓에 바뀐 물길에 적응한 식물의 형상을 보라. 보편성 안에 깃든 독자성을.

다양하게 발생하는 나무의 잎과 태양을 환호하는 식물의 모든 잎에는 작은 구멍이 있어 대기 중의 탄소를 받아들인다. 탄소로부터 탄수화물이 만들어지고 탄수화물에는 에너지가 저장된다. 잎은 커지고 겨울을 나기 위해 덩이뿌리에 저장된 탄수화물은 봄이 오면 새로운 잎으로 솟구친다. 몇 주 전만 해도 앙상한 줄기에 불과하던 플라타너스는 몇 달이 지나지 않아 잎으로 치장하고 표면적을 100배는 더 늘린다. 나무는 그들이 딛고 선 좁은 땅보다 몇 배나 더 많은 양의 태양 빛을 흡수한다. 다음 해에도 그들은 같은 일을 할 것이다. 그러나 그들은 조금 더 크고 넓어졌으며 작년의 공기와 태양 빛을 줄기와 가지에 있는 나이테에 새겨 넣었다.

남서쪽 대서양에는 아프리카 해안을 따라 플랑크톤이 자라고 있다. 흐린 소용돌이처럼 크고 뚜렷한 모양을 우주에서도 관찰할 수 있을 정도다. 그 모습에서 피렌체의 푸른 종이 공예가 떠오른다. 플랑크톤은 툰드라와 숲 그리고 논과 플라타너스와 마찬가지로 태양을 먹고 물에 녹은 이산화탄소를 고정한다. 하지만 나무와 달리 플랑크톤은 오래 살지 못한다. 그들은 나무처럼 가지와 줄기, 잎을 건축하지는 않는다. 그들이 성장하는 방식은 오로지 증식이다. 그것도 매우 빠르게 진행된다. 숲이나 사바나처럼 눈에 확연한 풍광이 아니라 바람이나 파도의 흐름 같은 것이지만 그 무게는 쉽게 수만 톤에 이른다. 일시적으로 살아가는 듯해도 매년 해양 플랑크톤은 육상의 나무, 초지 또는 이끼에 못지않게 많은 양의 이산화탄소를 빨아들인다.

미국에 새벽이 찾아오면 지구에 살고 있는 대부분의 사람들은 일하고 있을 것이다. 동쪽의 일부 사람들은 벌써 퇴근하여 밤을 맞고 있을 것이다. 일하는 동안 거의 모든 사람은 녹색의 무언가를 보았을 것이다. 런던과 같은 도시에서도 나는 회사에서 라이트 레일 기차역까지 약 100미터를 걷는 동안 얼추 50여 그루의 나무를 마주한다. 항상 마주치는 까닭에 무심히 지나칠 수 있지만 사실 우리는 어느 정도 식물을 즐긴다. 녹색 식물은 너무 중요하다. 다양한 색깔 사이에서 우리 눈은 푸른색을 차별화하도록 진화했다. 마찬가지로 우리의 뇌도 그 안에서 위안을 찾을 수 있게 만들어졌다. 깊이 생각할 것 없다. 녹색은 좋은 것이다.

단순히 우리는 푸름을 즐기는 것만은 아니다. 푸름은 또한 생명의 가능성을 빚었다. 오늘날에도 20억이 넘는 사람들이 어떤 식으로든 태양 먹는 자를 돌보았을 것이다. 우리는 그들을 위해 땅을 파고 씨를 심고 비료를 뿌렸다. 과일을 땄고 덩이뿌리를 캤으며, 우리도 먹고 가축도 먹였다. 우리는 식물의 몸통으로 섬유를 짜고 가구를 만들고 장작을 팼다. 단순히 미적 대상으로 식물을 좋아하기도 한다. 또 어떤 사람들은 공을 찰 때 그보다 매끈한 표면이 없다는 이유로 잔디를 키운다.

현재의 식물을 완전히 무시하더라도 우리는 강철을 자르고 콘크리트를 세울 때 여전히 과거에 의존한다. 오늘날 우리는 전기를 생산하고 차를 몰며 공장을 돌리고 난방하느라 3,000만 톤 이상의 화석 연료를 사용한다. 이러한 모든 힘과 따뜻함은 오랜 과거에 먹었던 태양 빛에서 유래한다. 저 플라타너스보다 컸지만 단순했던 나무에서 약 3억 년 전 포획된 태양 에너지가 석탄으로 저장되었다. 아소르스Azores 제도에 피어난 플랑크톤은 석유와 천연가스로 변했다. 우리가 태워서 방출하는 이산화탄소 안의 탄소는 고대 대기 중에서 식물이 호흡하며 획득한 탄소와 다르지 않다.

하지만 잠깐, 먼 과거로부터 에너지를 되찾는 속도에서 인류는 회계 오류에 부딪혔다. 탄소 계정의 이익과 손실이 균형을 이루지 못하고 있다. 이제 그것은 새벽을 볼 수 있는 거의 마지막 장소로 우리를 이끌고 있다. 그곳은 하와이다. 다른 모든 대륙과 떨어진 하와이는 이 지구에서 대기의 평균 조성을 측정하기에 가장 이상적인 곳이다. 지난 50년 동안 인류는 거의 하루도 빠지지 않고 하와이의 대기 조성을 기록해왔다. 매일매일 측정값은 등락을 거듭했지만 긴 시간에 걸쳐 어떤 경향을 보인다. 한 주 전보다 오늘 측정값이 낮을 수 있다. 왜냐하면 오늘 그리고 지난 몇 주 동안 북반구의 거대한 숲이 호흡이나 화석 연료 연소로 방출하는 것보다 훨씬 빠른 속도로 이산화탄소를 빨아들였기 때문이다. 세계는 지금 숨을 들이켜고 있다.

봄이 지나는 동안 대기 중의 이산화탄소 수치는 계속해서 떨어진다. 수십억 톤의 탄소가 공기 중에서 식물로 들어가기 때문이다. 가을이 되어 잎이 떨어지고 초본식물이 더 노래하지 않으면 다시 이산화탄소의 농도가 올라간다. 다시 태양이 오길 기다리며 세상은 저장된 음식을 먹고 숨을 내뱉기 때문이다. 하와이에서 우리는 1년 동안 탄소의 등락 주기를 볼 수 있다. 언제 들이쉬고 언제 내뱉는지 훤히 보인다. 또한 식물로 꽉 채워진 올 여름 대기 중의 이산화탄소가 작년보다 더 많이 남아 있음을 확인할 수도 있다. 이런 현상은 화석 연료의 흔적이다. 먼 과거에 저장된 에너지가 타고 남은 재ash다. 사라지는 것보다 재가 더 빨리 쌓인다.

새벽이 하와이를 지나면 하루가 거의 끝난다. 오늘 그리고 내일, 아니 매일 4,000조 킬로와트시에 해당하는 에너지가 지구 대기권 상부에 햇빛으로 도달한다. 일부는 반사되어 우주로 되돌아가고 일부는 대기권에 흡수된다. 일부는 바다와 육지를 덥힌다. 이러한 가열 효과 때문에 바람이 불고 바닷물이 흐른다. 햇빛의 1퍼센트 중 단지 일부가 엽록소 집단에 포착된다. 적은 양이지만 엽록소의 수가 무척이나 많기에 이는 거대한 양의 에너지가 된다. 이런 식으로 식물이 저장하는 에너지는 지구의 모든 핵무기에 저장된 양과 비슷하다. 하루가 가기 전에 이 에너지는 수억 톤의 이산화탄소를 식품과 살아 있는 조직으로 전환한다.

그렇게 세상은 살아 있다.
진정 오늘 벌어진 일이다.

우리는 학교에서 광합성이 식물을 규정하는 특성이라고 배운다. 식물의 삶이란 이상하고 기이하며 멋지고 강하지만 조용하고 눈에 띄지 않는다. 식물은 자신 말고 거의 아무것도 필요로 하지 않는다. 식물은 빛과 공기 그리고 물 외에 어떤 먹잇감도, 돌봄도, 그 어떤 것도 필요로 하지 않는다.

그러나 광합성은 식물의 전유물이 아니다. 식물도 하는 일일 뿐이다. 구체적으로 말하면 태양계 다른 행성과 다름을 표명하는 지구의 일이다.

지구는 다른 행성처럼 먼지나 용암, 진흙, 빙하로만 이루어지지 않았다. 이 행성은 미세한 광합성 기계들이 거의 30억 년에서 40억 년 동안 쉼 없이 계속 자신을 재생산하고 있다. 중심에 덫이 달린 색소가 무리를 이룬 기계다. 그 색은 우주 공간에서도 관찰 가능한 육지 표면의 유일한 푸르름이다. 생명체의 핵심 부위인 이 기계는 바닷가의 모래나 우주 공간의 별보다 훨씬 많다. 그와 동시에 그 기계는 통째로 지구 소속이다. 그들은 스스로 지구의 물리적 화학적 순환을 정립했다. 비가 내리고 파도가 치듯 이 기계도 지구의 핵심이다. 빛과 물질의 상호 작용인 식물은 생명이 없는 행성에서는 엿볼 수 없는 복잡성과 목적성을 지구에 부여한다. 그러나 그들은 바위의 색이나 하늘의 먼지처럼 지구의 기본적 속성이다. 그리고 그들은 무척이나 오래되었다.

각각의 기계는 일회적이다. 색소 집단에서 빛을 취하고 이를 화학반응으로 쏟아붓는 힘든 일은 이 기계에 손상을 가한다. 식물은 태양에서 도달한 에너지의 상당 부분을 이 기계를 수리하고 양호한 상태로 유지하는 데 쓴다. 겨울이 되어 빛의 양이 줄면 이들 기계가 가동되는 공장을 통째로 버릴지언정 수리하지 않는다. 하지만 기계의 배후에 새겨진 그리고 DNA에 새겨진 청사진은 매년 봄마다 새로워진다. 그 작은 기계는 결코 약하지 않다. 그것은 언제나 거기 있고 어느 때건 작동할 수 있다. 실체는 순간이지만 설계는 영원하다.

모든 기계는 보존된 설계의 변이 형태다. 그 설계는 지구에 살아 있는 어떤 생명체보다 오래전에 만들어졌다. 이런 설계에 바탕을 둔 기계는 화본과grass 식물이 바람에 나부낄 때 혹은 주변의 곤충들이 첫 번째 핀 꽃을 향해 달려들 때도 작동하고 있었다. 숲과 늪지가 대륙을 감싸고 있을 때도, 동물의 조상이 처음 등장했던 시절에도 거기 있었다. 육지 전부가 황량하던 시절에도, 세계가 온통 얼음으로 뒤덮인 시절에도 그들은 바다에 있었다. 아니 그 전부터 거기에 있었다.

이 책은 그 기계가 어떻게 작동하는지 또 그들이 어떻게 이 세계를 형상화했는지를 다룬다. 그리고 그 지식을 사용하여 화석 연료를 태우면서 이 행성의 과거에서 가져온 이산화탄소가 지구의 기온을 변화시키는, 즉 탄소 계정의 불균형을 해소할 방도를 모색하려고 한다. 이 지구를 만든 기계를 더 잘 조절하기 위해 우리가 어떤 식으로 그 지식을 활용할 수 있는지도 살펴보겠다.

과학이나 언어 또는 생명체 자체와 마찬가지로 이 책에서도 세상을 분해하고 다시 조립하려고 할 것이다. 생명은 분자를 분해하고 재건한다. 과학은 물리적 법칙을 통해 이해할 수 있게 서로 맞물린 개념으로 세상을 분해한다. 광합성의 이해는 20세기 과학이 이룬 쾌거이며 풍부한 영감을 주는 이야기다.

이 책에서 나는 식물의 세상을 이해하고 추적하며 거대한 하나의 과학적 원리에 따라 재구성할 과학적 해체 작업을 수행하려고 한다. 그것은 평소 우리가 하는 일보다 크고 생소하지만 가능하면 행성을 통해 분자를 보고 반대로 분자를 통해 다시 행성을 조립하는 과정을 반복할 것이다. 한 번 보고 나면 어디에서나 볼 수 있는 것이다. 열린 초원을 걷거나 창턱에서 바질을 자르고 장작을 불태울 때 그리고 공원의 나무 아래에서 우리는 엽록소가 이 행성과 어떤 고리로 연결되는지 보게 된다.

이 모든 것을 설명하기 위해 나는 이 책을 세 부분으로 나누어 구성했다. 각 부분은 주제와 해당 시간 범위로 나뉜다. 제1부는 인간 활동의 범주에 맞게 설정했다. 계몽시대 이후 20세기 들어 광합성을 새롭게 보고자 등장한 놀라운 수단을 과학자들이 어떻게 이용했는지 살펴볼 것이다. 제2부는 지구의 삶을 다룬다. 1부에서 발견된 분자들이 어떻게 지구화학에 지배적인 물질이 되었는지 그리고 어떻게 기후를 재설정하고 기후와 서식지를 엄청나게 변화시켰는지 알아볼 것이다. 제3부는 과거와 미래 몇 세기 동안의 문제인 나무의 삶을 다룬다. 화석 연료를 사용하게 되면서 인간이 탄소 순환에 깊숙이 관여하고 기후를 변화시킨 이야기다.

이 책은 또한 광합성을 깊이 이해하는 일이 장차 우리가 어떻게 더 현명한 미래를 선택하는 데 도움을 줄지도 살펴볼 것이다. 놀라운 세계를 풍요롭게 해석하는 과학은 우리가 상황을 개선하는 데 커다란 도움을 줄 것이다. 색소 수준에서 그리고 이 행성의 차원에서 광합성을 이해하는 일은 우리 공기를 답답하게 하는 이산화탄소 재를 사용하는 방법을 알려줄 것이다. 우리는 태양으로부터 오는 에너지를 추출하는 새로운 방법을 찾아야 한다.

나무는 수백 년 동안 살 수 있다. 이야기의 결말 부분은 두 세기 전에 시작되었건만 아직 끝은 멀었다. 나무 이야기는 이 책이 다루는 중심 과정의 가장 긴박한 부분이며 인간의 독창성 및 행성 진화 각본과 긴밀하게 연결되어 있다. 모든 범주의 이런 이야기들이 들어와 결합할 곳은 우리 마음속뿐이다. 우리 마음이 온통 집중해야 할 모든 것은 현재 그리고 머지않은 미래에 있다.

제1부 인간의 삶

마음은, 여기저기 흩어진 각양각색의 바다처럼
어디에서 그 닮은 꼴을 바로 찾으랴마는
허나 그들은 모든 것을 초월하고 창조한다.
전혀 다른 새 세상과 먼 바다를…….

앤드루 마블Andrew Marvell, 〈정원〉

어릴 적 이런저런 것 부수고 고치며 놀던 일을 돌이켜 생각해 보면, 나중에 연구할 때처럼 즐겁고 강렬하며 의미 있는 경험이었다. 그 느낌은 변한 것이 없고 다만 조금 더 숙고하는 질문의 종류가 달라졌을 뿐이다. 어떤 사람이 좋아하는 일을 하는 데서 돈을 벌고 바깥 세계에서 인정받을 수 있다는 사실은 참으로 놀랍다.

조지 페헤르George Feher

1장 탄소

스크립스, 행성 그리고 단백질

앤드루 벤슨의 화학 교육

마틴 카멘과 방사성 동위원소 실험실

탄소-14

전쟁을 딛고

멜빈 캘빈과 탄소의 여정

루비스코

> 쓸쓸한 성채는 덤불이 뒹굴지만
> 오월이면 온통 푸름으로
> 작년은 죽었다 선언하네.
> 다시금 새롭다, 새롭다, 새롭다.
>
> 필립 라르킨 Philip Larkin, 〈나무〉

스크립스, 행성 그리고 단백질

천혜의 주변 환경 덕택에 스크립스 해양 연구소는 전 세계에서 과학자들이 연구하기에 가장 훌륭한 장소 중 하나임이 틀림없다. 라호야 코브 위에서 토레이 파인즈 절벽을 바라보는 연구소 건물은 쓰러질 듯한 바위를 움켜쥔 단풍나무처럼 태평양으로 이어지는 경사면을 따라 자리 잡는다. 남부 캘리포니아의 부드러운 기후가 건물 안팎을 고르게 에워싸고 있다. 건물의 복도는 곳곳에서 바로 발코니로 연결되고 계단을 따라 몇 걸음 내려가면 세상 시름 잊고 딴 세계로 접어든다. 발치 아래 파도가 꾸준히 밀려온다.

한 동료가 말했듯 "카리스마 번득이는 비전뿐만 아니라 사기꾼 기질조차 농후하다."라는 평을 받는 로저 르벨Roger Revelle 덕에 스크립스는 비로소 현대적 명성을 얻게 되었다. 훌륭한 기업가이자 과학자로서 그는 제2차 세계 대전 후 기금 조성의 붐을 타 연구실을 한껏 확장했고, 스푸트니크[1] 이후 사회적 분위기에 편승하여 뒤편 고원 지대에 샌디에이고 캠퍼스 캘리포니아 대학을 설립했다. 농담처럼 르벨은 스크립

1) 1957년 한 수 아래로 여겼던 소련이 인공위성 스푸트니크 1호를 발사하자 미국의 과학 기술자와 교육자 들은 큰 충격을 받았다(옮긴이).

스에 있는 과학자라면 해양학 분야 어떤 주제라도 연구할 환경이 조성되었노라고 말했다. 오늘날에도 스크립스는 해안가에서 발견되는 거대한 다시마에서부터 그린란드 만년설 빙상에서 포집한 공기 방울에 이르기까지 폭넓은 주제를 두루 연구한다.

르벨이 몸소 연구한 주제 중 하나는 핵실험을 통해 만든 탄소-14 동위원소였다. 이는 비키니 환초[2)]에서 최초의 핵실험 연구팀을 이끌었던 시절부터 줄곧 이어진 것이었다. 동위원소 실험이 한창이던 1957년 그는 시대의 진실을 알리기 위한 목소리를 내기도 했다. 19세기 후반 위대한 화학자 스반테 아레니우스Svante Arrhenius는 대기 중의 이산화탄소가 밖으로 유실되는 열을 막아 지구를 따뜻하게 할 수 있다고 말했다. 온실효과를 뜻하는 것이다. 또한 인간이 많은 양의 이산화탄소를 대기 중으로 내보낸다고도 언급했다. 아레니우스는 이렇게 첨가된 이산화탄소가 지구를 따뜻하게 할 것이지만 기본적으로 나쁘다고 보지는 않았다. 20세기 전반을 지나며 해양학자들은 인간이 만들어 낸 이산화탄소를 바다가 빠르게 흡수할 것이기에 지구가 온난화되지는 않을 것이라고 응수했다.

탄소-14 동위원소를 연구하면서 르벨은 이런 주장이 화학적으로 약점이 있다는 사실을 깨닫게 되었다. 인간이 만든 이산화탄소를 바다가 생각만큼 그리 빠른 속도로 흡수하지 못했기에 산업혁명 이후 이산화탄소는 공기 중에 꾸준히 축적되었음이 틀림없었다. 그 결과 “인류는 역사상 한 번도 수행해 본 적이 없고 앞으로도 재현하기 힘든 지구물리학적 실험을 대규모로 진행하고 있다.”라고 르벨은 말했다. 그 실

2) 1946~1958년 사이 미국의 핵실험이 진행되었던 태평양 중앙의 환초다(옮긴이).

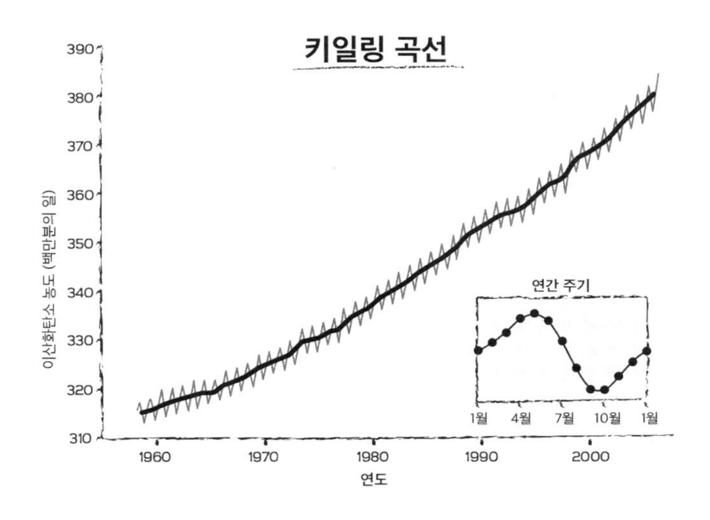

험은 21세기의 역사가 대면할 기후적 배경이다.

새로운 이산화탄소 측정법의 상세한 사항이나 추이를 파악하는 일이 걸핏하면 뉴스 전면에 등장하는 오늘날, 전 세계적으로 이산화탄소의 양을 측정할 믿을 만한 방법이 없고 거기에 관심을 기울이는 과학자도 별로 없다고 르벨이 개탄했다는 사실은 믿기 어렵다. 르벨은 이 문제에 관심을 가진 거의 유일한 젊은 지구화학자를 힘써 초빙했다. 패서디나에 자리한 캘리포니아 공과대학(칼텍) 출신의 젊은 지구화학자였다. 르벨의 격려와 지원을 배경으로 데이브 키일링Dave Keeling은 이산화탄소의 양을 측정할 수 있는 장비를 사람들의 발길이 닿지 않는 곳에 설치했다. 주변 환경에 따라 들쭉날쭉하지 않고 지구 대기의 평균량을 반영할 수 있는 극지방이나 하와이 화산 근처(당시에는 기체를 방출하지 않았다) 마우나로아Mauna Loa 같은 곳이 최적지였다. 몇 년 뒤 키일링은 매년 지구 대기의 이산화탄소량이 꾸준히 늘어나고 있다는 사실을 보여 주었다. 또한 그는 대기 수준이 지구의 활동적이고 살아 있는 구성 요소인 생물권의 변화를 반영한다는 점도 밝혔다. 봄에 식물이 자라고 가을에 잎이 떨어져 썩는 동안 이산화탄소의 양은 오르락내리락한다. 키일링의 연구 덕에 산업계 탄소 배출의 전 지구적 영향과 광합성의 전 지구적 효과가 선명하게 드러났다.

거의 50년이 지났지만 몇 년 전 내가 거기를 방문했을 때 키일링은 여전히 스크립스에 있었다. 또 여전히 이산화탄소의 양을 측정하고 있었다. 그는 연구 인생 대부분을 이산화탄소를 측정하고 시간에 따라 그 양이 변하는 방식을 이해하고자 노력하며 보냈다. 매력적인 시골풍에 약간 난청기가 있는 키일링의 커다랗고 환기가 잘되는 연구실에는 자료가 잔뜩 든 서랍들이 즐비하였고, 문밖 더 큰 방에는 역시 비슷한 주제를 연구하는 젊은 연구원의 책상이 놓여 있었다.

데이브 키일링의 이야기는 곧 지구 이야기지만 앤드루 벤슨Andrew Benson은 단백질에 초점을 맞추었다. 키일링 연구실에서 북으로 100미터쯤 떨어진 벤슨의 연구실은 느낌부터 달랐다. 스크립스에서 가장 큰 콘크리트 빌딩의 맨 꼭대기 층 좁은 방에는 다양한 주제를 섭렵했던 벤슨의 과학적 삶을 드러내는 흔적이 역력했다. 고슴도치처럼 키일링은 커다란 주제 하나를 파고들었다. 벤슨은 연어 노화의 생화학, 샛비늘치과 물고기 및 오렌지 러피roughy의 에너지가 풍부한 왁스를 연구했다(벤슨은 물고기나 왁스를 먹지 말라고 경고했다. 소금 덩어리라고). 그는 매우 독특한 주제들, 예컨대 호주 북동부 바다 산호초에 서식하는 거대 대합 콩팥에서 발견되는 상당량의 비소 농도를 연구하기도 했지만 세포막 구성 성분과 같은 보편적인 주제도 다루었다. 그렇지만 세포 표면을 연구하는 다수의 과학자는 벤슨이 틀렸다고 생각했다. 칠이 벗겨진 벤슨의 연구실은 콘크리트를 받치는 거친 나뭇결이 그대로 드러났고 일본과 북서 태평양에서 수집한 예술 작품도 걸려 있었다. 벤슨의 일본 친구들이 기쁜 마음으로 보내 준 것이었다. 그렇다고 명상적인 분위기가 나는 것도 아니었다. 선반과 캐비닛에는 서류 뭉치와 논문들로 그득했다.

여든 즈음에 들어선 벤슨은 작지만 활달하고 키일링보다 거의 10년 먼저 태어났다. 캘리포니아 토박이임에도 중서부 농촌 청년 느낌이 나는 이유는 스칸디나비아 출신이면서 미네소타에서 의사로 일했던 그의 아버지가 미네소타 느낌이 물씬 풍기는, 물줄기가 풍부한 모데스토 지역에 살았기 때문일 것이다. 나무가 풍부하고 목가적인 환경에서 기꺼이 가르침을 주었던 삼촌들과의 유년 시절을 그는 기억했다. 그런 연유겠지만 그는 평생 열린 공기를 호흡하면서 살아왔다. 퉁명스럽기는 해도 벤슨은 이야기하는 것을 좋아했으며 익살맞기도 했다. 그렇지만 흔히 노인들이 그러하듯 그도 완강한 괴짜일 때가 있었다. 대부분의 원로 화학자들처럼 그도 요즘 젊은 사람들은 배우려고 하지도 않고 무언가 기법을 가르치기도 힘들다며 실험실을 온통 들쑤셔 놓고는 했다.

벤슨은 자신의 생애 대부분을 생화학자로 지냈다. 생명을 다루는 데 화학적 도구를 사용하는 사람들이다. 연구를 시작할 무렵 그는 (비슷하다고 들릴지 모르겠지만) 다소 달랐다. 그는 유기화학자였다. 독일 과학자들이 화학의 기조를 다소 제왕처럼 다루었고 화학을 최고의 학문이라고 여기던 시절이었다.

유기화학은 탄소를 포함한 화합물을 다루는 화학이다. 탄소 원자는 다양한 종류의 화학 결합을 하는 재주를 지녔다. 길쭉한 직선 혹은 곱슬곱슬한 사슬을 만들고 가지를 치며 어떤 원소도 따라 하기 힘든 고리 화합물을 만들기도 한다. 이런 복잡한 분자들이 생명체에서 발견되기 시작했다. 유기화학이라는 말이 생겨난 이유다. 그렇지만 거의 한 세기에 걸쳐 화학자들은 생명과는 상관없는 탄소 함유 화합물을 만드는 데 희열을 느꼈다. 따라서 인류가 합성한 분자들에도 유기라는 딱지가 붙는다.

유기화학은 살아 있는 생명체만의 전유물이 아니다. 그렇지만 생명체에 절대적이다. 최소한 지구에 사는 생명체에게는 탄소가 꼭 필요하다. 동물은 다른 생명체로부터 탄소를 얻는다. 우리는 그것을 먹고 소화한 뒤 탄소 분자를 사용해서 단백질, 지방, 핵산과 같은 물질을 재구성한다. 나머지는 태워서 에너지를 얻는다. 유용한 성분과 에너지를 빼낸 후 남는 것은 물과 이산화탄소다. 동물에 관한 한 일단 탄소가 무색, 무취, 비활성 가스의 형태로 되면 그것으로 더 이상 할 수 있는 일은 없다.[3)]

바다는 활성이 없는 이산화탄소를 받아들여 '무기' 화학의 재료로 사용한다. 산소와 결합하여 전기를 띤 이온인 중탄산 혹은 탄산 이온으로 바뀌는 것이다. 무기 탄소의 전환과정을 고려한 르벨은 이산화탄소가 반드시 대기 중에 먼저 축적되어야 함을 깨달았다. 그렇지만 바다나 공기뿐만 아니라 암석도 이 무기 물질을 유기화합물로 되돌려 놓을 수는 없다. 그건 오직 살아 있는 생명체만이 할 수 있는 일이다. 1,000개

3) 이 책을 쓰다 문득 영어가 매우 제한된 기술적 의미밖에 전달하지 못해 안타까움을 느낀다. 이산화탄소처럼 생명에 가장 기본적인 용어도 마찬가지다. 혈액과 호흡처럼 기초적인 단어도 그렇다. 특별한 기구가 없다면 알아차리지도 못하고 따라서 우리의 영속적인 세계에 편입되기 어렵지만 어쩔 수 없이 아무런 감정도 전달하지 못하는 그 용어를 사용한다. '물'은 상상력을 자극하지만 산소라는 말은 두 세기 전에 만들어졌고 연상 작용도 일으키지 못한다. 하지만 에너지, 신선함, 필요함이라는 어떤 일반적인 분위기를 연출한다. '이산화탄소'는 단순한 화합물이다. 여기에는 아무것도 없다. 그렇다고 해서 말도 되지 않는 멍청한 용어를(themypoid 또는 pickliff) 사용할 의도도 없다. 확실히 언어 자체는 과학이 밝힌 세계의 풍부함과 타당성을 다소 가리는 경향이 있음을 잊지 말아야 한다.

중 약 999개의 유기화합물은 광합성을 통해 만들어진다. 우리가 다루는 유기화합물은 전부 식물에서(광합성 세균도 일부 포함될 것이다) 유래한 것이다. 광합성은 무기화합물의 세계에서 탄소를 취한 다음 햇볕을 쬐어 그것을 살아 있는 세계에 적합한 형태로 바꾸는 일이다.

식물은 '이산화탄소'라는 말을 쓰기 전부터 지구를 새롭게 빚어 왔다. 18세기 후반 몇몇 영민한 과학자들은 햇빛의 도움을 받은 식물이 공기로부터 활성이 없는 탄소를 받아들여 '고정'하고 살아 있는 조직에 저장한다는 사실을 보여 주었다. 그 내용은 8장에서 살펴볼 것이다. 공기 중으로부터 탄소를 동화assimilation하는 과정이 식물생리학의 기본이라는 사실이 이미 19세기에 받아들여졌다. 19세기가 다 가기 전 '광합성' 이라는 용어가 등장했고 동물이 유기화합물을 동화하는 방식과 구별하여 공기 중의 탄소를 동화하는 독특한 식물의 활동을 지칭하게 되었다. 광합성을 수행하기 위해 식물이 필요한 것은 물과 이산화탄소, 햇볕 그리고 엽록소였다. 식물 색소인 엽록소의 일차 생산물은 탄수화물(전분의 형태로 저장되기도 한다)과 산소다. 이렇게 나열하는 것만으로 광합성의 모든 속성을 알아챌 수는 없다. 심지어 19세기 후반에는 햇볕을 이용해 탄소를 고정하면서 산소를 배출하는, 광합성을 수행하는 세균의 존재가 알리기도 했다. 그러나 응용 식물생리학 입장에서는 이것으로도 충분하다.

광합성은 단순히 추상적인 생각으로 끝난 것이 아니었다. 19세기 후반 요오드와 스텐실을 이용해서 광합성을 아름답게 보여 준 실험이 진행되었다. 스텐실이 겹쳐진 잎에서는 오로지 태양 빛이 도달하는 부위에서만 광합성이 수행되고 마찬가지로 그 부위에만 전분이 축적되었다. 전분이 요오드에 노출되면 검게 변하면서 스텐실 이미지가 만들어진다. 광합성은 사진처럼 사실적이다. 이 둘을 구분 짓는 것은 광합성의 자연적인 과정이 어떻게 작동하는지 아무도 모른다는 데 있었다. 태양에서 도달하는 에너지가 탄소 고정을 유도하는지, 산소가 어떻게 만들어지는지, 어떻게 탄소가 고정되는지를 아는 사람은 아무도 없었다. 이 책의 처음 세 장에 나오지만, 이 세 가지 질문에 대답할 실험적 수단은 그 당시 아직 발명조차 되지 않았다. 그뿐만 아니라 이런 질문에 어떤 식으로 접근해야 하는지도 뚜렷하지 않았다. 태양 에너지가 광합성 화학을 어떻게 추동하는지에 대한 질문의 핵심인 생화학은 20세기에야 발명되었다. 처음에 빛이 어떻게 포획되는지를 설명하는 생물물리학도 마찬가지다. 마지막으로 분자생물학이 나타나서야 비로소 산소를 생산하는 전체 과정의 메커니즘을 설명할 수 있었다.

우리는 이제 저 질문에 대한 답을 알고 있다. 이들 질문에 대한 답을 찾아가는 모든 길목에 앤드루 벤슨의 생애가 놓여 있다. 그 증거로 벤슨은 사무실의 책장에 놓인 책을 가리켰다. 그가 태어난 해인 1917년에 출판된 그 책은 리하르트 빌슈테터Richard Willstatter와 아서 스톨Arthur Stoll이 쓴 것으로 『이산화탄소의 동화에 관한 연구』라는 제목을 달고 있었다. '우아한 정보'가 들어 있다고 벤슨은 기억했다. 나중에 그들은 식물 조직에서 탄소가 고정될 때 엽록소가 실제 어떻게 작동하는지에 대한 생각과 실험 내용을 추가해서 436쪽에 이르는 책을 출간했다. 지금 보면 '거의 쓸모가 없는', 말도 안 되는 내용이라고 벤슨은 평가했다.

공기 중에서 전분으로 이산화탄소의 여정은 궁극적으로 이산화탄소가 바닷물에 용해되는 과정을 추적한 르벨의 20세기 도구와 핵심적인 면에서 다를 바 없다. 바로 탄소-14이다. 최초의 핵폭발이 있기 전 인간이 제작한 탄소-14 전부를 벤슨이 보관하던 적이 있었다. 나중에 데이브 키일링이 지구 대기의 이산화탄소 축적 속도를 측정하기 시작했을 때 벤슨은 무기와 유기 세계를 잇는 분자 통로를 이산화탄소가 통과한다는 사실과, 그 핵심 역할을 담당하는 식물 단백질을 발견했다. 비록 완수하지는 못했지만 두 명의 선구자 그리고 마땅히 받아야 할 영예를 거의 부정할 뻔했던 당대 최고의 화학자 멜빈 캘빈Melvin Calvin과 함께, 이 늙은 현자는 지구 생명의 가장 기본적인 요소 한 가지를 발견했다.

앤드루 벤슨의 화학 교육

소년 시절 벤슨은 과학의 전 분야에 관심을 보였다. 아버지의 휴대용 X-선 촬영기, 숲에 사는 곤충, 화학실험 도구의 시험관뿐만 아니라 독립기념일에 미처 다 타지 않은 폭죽에 지대한 관심을 보이기도 했다. 밤하늘의 별을 보는 것도 좋아했다. 그는 망원경 렌즈도 직접 갈았다. 당시 하늘을 맑게 보려는, 과학에 열광한 10대들 사이에선 일종의 의식 같은 것이었다. 그의 아버지는 벤슨을 버클리 캘리포니아 대학의 웬델 라티머Wendell Latimer에게 데려가 면접을 보게 했다. 버클리는 당대 최고의 권위를 가진 대학이었으며 세계에서 가장 우수한 화학과를 운영하고 있었다. 라티머는 벤슨의 입학을 허가했고 1937년 벤슨은 대학에 들어갔다.

소년 벤슨은 폭죽을 가지고 노는 동안 화학, 특히 물리화학에서 고전을 면치 못하고 있었다. 20세기 초반만 해도 화학자들은 원소를 단순한 빌딩 블록으로 여겼다. 알려진 모든 화학 원소들은 특별한 유형의 원자들이었고 화학자들은 모든 방법을 동원하여 정체를 밝혀냈다. 화학의 실용성을 강조하는 응용화학자들은 거대 공장제 염료, 약품, 폭발물 및 궁극적으로 인공 비료의 산업적 중요성을 무시하기 어려웠다.

대신 빌딩 블록의 내면을 보려는 시도는 드물었다. 사실 내부가 없다거나 보이지 않는다는 믿음도 팽배했던 것이다.

새로운 세기가 도래하면서 물리학은 원소의 구조를 보는 방법을 처음으로 알아냈다. 물질과 에너지 그리고 이들의 상호 작용을 이해하는 새로운 방식이 자리를 잡자 처음에는 물리학에서 그리고 인접 과학 분야에서 이러한 연구는 세계를 보는 방식을 바꾸어 버렸다. 상황이 바뀌고 널리 퍼져 나가면서 과학자들의 입지와 그들의 목표도 완전히 달라졌다.

새로운 물리학 세계에서 원자는(발견 순서대로 말하면) 가벼운 입자이며 전기적으로 음성인 전자, 전자보다 훨씬 무거우며 전기적으로 양성인 양성자, 양성자와 질량은 비슷하지만 전기적으로 중성인 중성자로 구성된다. 벤슨이 버클리에 왔을 때 물리학자들은 양성자와 중성자로 구성된 무거운 핵 주위를 전자가 궤도를 이루며 돌고 있다는 '양자역학'의 밑그림을 그리고 있었다. 핵은 원자의 질량을 결정한다. 핵 주위를 돌고 있는 전자는 원자의 화학적 정체성을 부여한다. 다양한 종류의 반응에 기꺼이 참여하기 때문이다. 1910~1920년대 아마도 당대 가장 유명한 미국의 화학자였던 길버트 루이스Gilbert Lewis는 버클리 화학과 학장이었다. 그는 원자를 둘러싸고 있는 전자의 수가 원소의 친화성을 설명할 수 있다는 전체적인 모식도를 내놓았다.

물리학의 파도와 파동 방정식의 포효에 화학의 바다 절벽이 끊임없이 침식되고 있다는 말이 당시 새로운 화학의 풍광을 가장 잘 묘사했을 것이다. 물리학이 원자의 기초적 질문을 해결하고, 전자가 원자 간 결합을 매개한다는 원자의 작동 방식에 대한 해답을 제공하면서 물리학은 화학과 결별하게 되었다. 아니 그런 것처럼 보였다. 1920년대 루이스가 기술한 '물리화학'은 이제 '존립하지 못했다'. 젊은 벤슨은 물리

화학에 특별한 재미를 느끼지 못했다. 원자 간의 상호 작용을 상세히 알려는 대신 그는 새로운 분자를 만드는 일종의 합성화학에 훨씬 더 흥미를 나타냈다. 벤슨은 탄소, 수소, 질소 및 산소가 격자를 빚어내는 유기화학에 심취했다.

버클리를 졸업한 1939년 벤슨은 유기화학으로 박사 학위를 따러 칼텍에 갔다. 패서디나 아래쪽 칼텍에는 라이너스 폴링Linus Pauling이 화학의 물리적 해안을 구축하고 있었다. 그는 루이스의 식견을 확장하여 1920년대 정식화된 양자역학의 물리적 세계를 화학에 구현하고자 했다. 이런 말도 있었다. 모든 사람이 떠나 집으로 돌아가고 폴링만 남아 있다고 해도 칼텍의 화학과는 여전히 미국 최고일 것이라고 말이다.

벤슨이 패서디나를 다녔던 것은 그에게 행운이었다. 작기는 했지만 칼텍은 무척이나 야심 찬 연구소였다. 첨단 과학의 전 분야를 아우르고 있었기 때문이었다. 벤슨은 매주 망원경 숍으로 가 어릴 적 경탄에 찼던 기억을 유추하곤 했다. 팔로마산에 있는 천문대로 갈, 한 치의 오차도 없이 연마 중인 5미터짜리 거울을 볼 수도 있었다. 벤슨은 이불소이요오드 티로닌difluorodiiodothyronine의 화학 합성에 매진하고 있었다. 몇 리터짜리 가연성 아니스 오일 통에 연기가 피어오르는 질산 한 통으로 시작해서 대략 스무 번의 반응을 거치면 작은 유리병에 몇 방울의 액체가 남았다. 그럭저럭 잘 진행되었다. 시에라네바다 암벽을 타기도 했고 사우스 라구나 바닷속을 스노클링하기도 했다. 벤슨은 자신의 집 근처에 사는 소녀와 사랑에 빠져 결혼도 했다.

3년 후 벤슨은 박사 학위를 취득했고 부인을 얻었을 뿐 아니라 새로운 직업도 얻었다. 마지막 구술시험에서 폴링은 예기치 않은 질문을 던졌다. “앤디, 자네 지금 칠판에다 동위원소 붕괴의 미분 방정식을 써 보겠나?” 이는 앞에서 기술한 것처럼 벤슨이 수행했던 일과는 아무런 관계가 없는 질문이었다. 벤슨은 특히 핵 이론에 대해 아는 것이 그리 많지 않았다. 그렇지만 폴링은 늘 엉뚱한 질문을 해대곤 했다. 벤슨은 그 질문을 풀 정도는 되었고 분필을 들어 방정식을 쓰기 시작했다. 약간 변덕이랄 수 있는 폴링과 관련된 일화였다.

사실 이 질문은 의미심장한 데가 있었다. 한 주가 지나지 않아 벤슨은 버클리로 돌아가 전임강사를 하게 되었다. 벤슨은 폴링이 그 요청을 했다는 사실을 나중에야 알게 되었다. 그는 매력적인 연구 프로그램으로 무장한 유기화학자들 틈에서 일하게 되었다. 그들의 계획은 방사성 탄소를 사용하는 것이었다. 젊은 벤슨이 물리학에 완전히 정통하지 않았는지 확인하려는 폴링의 의도는 당시 어린 벤슨을 지나쳤던 위대한 수수께끼를 풀려는 작업과 맞물려 있었다. 그것은 공기 중 탄소가 어떻게 살아 있는 생명체로 옮겨가는지 이해하는 일이었다. 박사 학위를 취득한 신혼의 벤슨은 다시 버클리로 돌아가 샘 루벤Sam Ruben, 마틴 카멘Martin Kamen과 일하게 되었다.

마틴 카멘과 방사성 동위원소 실험실

교육을 잘 받기도 했지만 마틴 카멘은 뛰어난 재능을 지녔고 그 재능을 충분히 살리고 싶어 했다. 벤슨보다 네 살 많은 카멘은 1913년 토론토에서 러시아 이민자의 아들로 태어났고 바로 시카고로 이사했다. 아버지는 어머니와 함께 사진 찍는 일을 했고 버는 족족 돈을 부동산에 투자했다. 생활은 꽤 유복한 편이었다. 젊은 마틴은 맹목적일 정도로 다양한 분야를 공부했지만 특히 철학과 인문학에 경도되었다. 또한 그는 뛰어난 음악가이기도 해서 10대 후반 비올라로 바꾸기 전까지 바이올린 신동으로도 알려졌다. 집에서 몇 블록 떨어진 시카고 대학에 들어간 마틴은 영문학을 전공하려 했다. 1930년이었다.

카멘에게는 불행한 일이지만 월가의 증시 폭락으로 가세가 기울어지기 시작했다. 재산 목록이 가뭇없이 사라지면서 젊은 마틴은 보다 실용적인 공부를 해야 할 상황에 처했다. 그의 아버지는 화학을 하면 돈을 만질 수 있다고 생각했다. 마틴도 순순히 응했고 결국 화학을 전공하게 되었다. 가끔 실내악 레퍼토리에 재즈곡을 연주하면서 살았다. 시카고 선술집에서 푼돈을 버는 것보다는 나았지만, 다 가세가 몰락하면서 생긴 변화였다.

화학은 실제 부를 몰고 올 수 있다. 1933년 세계 무역 박람회에 화학자들이 모인 자리를 어슬렁거리는, 부랑자처럼 보이는 사람이 레오 배커랜드Leo Baekeland라는 사실을 알고 카멘은 깜짝 놀랐다. 벨기에 출신의 화학자 레오는 이스트먼 코닥Kodak이 사용하는 인화지를 개발한 사람이었다. 최초의 인공 플라스틱인 베크라이트로 그는 백만장자 대열에 올랐다. 그러나 카멘은 자신이 산업 쪽으로 전혀 끌리지 않는다는 사실을 발견했다. 또 벤슨처럼 합성화학에도 관심을 보이지 않았다. 그는 모든 과정이 어떻게 작동하는지에 매력을 느꼈으며, 수학과 물리학의 경계에 걸친 분야였다. 그는 물질계의 빌딩 블록 자체가 가진 심오한 주제에 관심을 기울였다. 그는 유기화학자라기보다는 물리학자였다.

대학원생으로 대학에 머물며 카멘은 방사성 동위원소의 화학을 연구하기 시작했다. 방사능은 원자 구조의 과학이 지닌 핵심 현상 중 하나이며 다분히 물리학적이다. 그렇지만 방사성 붕괴를 수반하면서 원소는 다른 원소로 전환된다. 이렇게 변환된 원소를 분리하는 일은 그러나 화학의 영역이다. 시카고에서 동위원소와 관련된 일은 대부분 대학의 화학과에서 진행되었다. 따라서 동위원소를 연구하는 장비도 물리학과보다는 화학과에 더 많았다(어쨌든 물리학자는 화학자를 우습게 하는 자연적인 경향이 있다).

화학에서는 전통적으로 각 원소의 원자들이 동일하고 따라서 같은 원소의 모든 원자는 무게가 같다고 간주했다. 원자물리학자들은 동일한 원소의 원자가 서로 무게가 다를 수도 있다고 생각한다. 어떤 원소의 화학적 정체성은 원자를 둘러싼 외곽에 포진한 전자의 수에 의존한다. 또 전자의 수는 핵 내부 양성자의 수에 따라 달라진다. 같은 원소의 모든 원자는 동일한 수의 양성자를 갖지만 중성자의 수도 같아야 하는 것은 아니다. 19세기 화학의 정통성과는 대조적으로 같은 원소의 두 원자는 질량이 다를 수도 있는 것이다.

이를테면 탄소 원자는 모두 핵에 6개의 양성자를 갖는다. 그렇지만 5, 6, 7 또는 8개의 중성자를 가질 수 있다. 중성자의 수가 다른 원자는 그리스어로 '같은 자리(동위, 同位)'라는 의미를 띤 '동위원소isotopes'라고 부른다. 동위원소는 화학적으로 거의 같을 뿐 아니라 '화학자들'의 원소 주기율표 같은 장소에 위치한다. 그렇지만 물리적으로 구분된다. 따라서 동위원소는 화학적으로는 이해가 되지 않는 원자의 행동을 물리적으로 해석하는 수단을 제공하는 셈이다. 가령 분자의 무게를 측정하는 민감한 방법이 그러한 예이다. 동위원소의 잠재력을 체화한 과학자들이 카멘이었고 곧 벤슨이 뒤를 이었다.

동위원소들은 단지 무게만 다른 것이 아니다. 일부 동위원소, 이를테면 탄소-12(양성자 6개, 중성자 6개)와 탄소-13(양성자 6개, 중성자 7개)은 안정하다. 현재 지구에서 발견되는 탄소-13의 양이 45억 년 전 원자가 만들어질 때의 그것과 별로 다르지 않다는 뜻이다. 그렇지만 6개의 양성자와 5개의 중성자를 가진 탄소-11의 핵은 다르게 행동하고 방사선을 내놓으면서 몇 분 안에 떨어져 나간다. 빠르게 붕괴하는 탓에 45억 년 된 지구 원자 무리에서 탄소-11을 발견하기란 결코 쉽지 않다는 의미다. 그렇지만 실험실에서 이런 동위원소를 만들지 못한다는 법은 없다. 1930년대 탄소-11 동위원소가 만들어졌다.

중성자, 양성자 혹은 중성자-양성자 짝인 중양성자 재료를 공급할 수 있는 방사성 기법이 등장하면서 원자핵에 양성자와 중성자를 집어넣는 일이 가능해졌다. 어떤 동위원소를 다른 동위원소로 만드는 일이나(고전 화학에서는 별 의미가 없는 일이다) 어떤 원소를 다른 원소로 변화시키는 일이 가능해진 것이다(고전 화학에서는 꿈도 못 꿀 일이다). 한편 실험실 밖에서는 존재하지 않는 원소를 만들기도 했다(고전 화학에서는 시도조차 해 본 적이 없다). 카멘과 같은 '방사선화학자'는 기존 원소의 새로운 동위원소 분자를 만들려고 노력했다. 또 다른 목적에 쓰일 수 있게 방사선을 내는 유용한 물질을 만드는 일도 게을리하지 않았다. 과학을 시작하는 사람들에게는 최첨단의 분야였다. 시카고 대학에서 화학으로 전공을 바꾸던 1930년에는 중성자가 발견되지 않았다. 그렇지만 1936년 카멘이 박사 학위 논문을 준비할 때 주제는 중성자 수를 바꿔 질소의 핵을 변화시키는 것이었다.

신참 과학자들이 늘 겪는 일이지만 카멘도 시카고 대학 시절 그리 행복하지만은 않았다. 화학과의 계급 조직에서 부대꼈고 선배들은 쉽게 후배들을 무시했다. 1935년 끊임없이 기운을 북돋워 주던 그의 어머니가 교통사고로 사망하는 일도 있었다. 박사 학위를 받은 카멘은 나중에 화이트삭스를 그리워할지언정 자랐던 도시를 떠나고자 마음먹었다. 카멘은 버클리로 향했다. 에른스트 로렌스Ernest Lawrence가 설립하고 '거대과학'이라는 별칭을 가진 캘리포니아 대학 방사선 실험실에 합류한 것이었다.

1930년대에 이르러 값비싼 장비를 갖추고 연구자들의 조직도 그에 상응하는 거의 공장 규모의 과학 분야가 열리기 시작했다. 20세기에 접어든 캘리포니아 지역에서 흔히 볼 수 있는 새로운 현상이었다. 스탠퍼드, 칼텍(팔로마산의 거대 망원경을 떠올리자) 그리고 버클리 캘리포니아 대학 같은 굴지의 연구소에 돈과 과학자들이 몰려들기 시작했다. 1930년 로렌스 방사선 실험실은 기존에 볼 수 없었던 '거대과학'으로 꽃을 피웠다. 방사선 실험실 근처, 문자 그대로 빌딩 바로 뒤에 1929년 로렌스가 발명한 입자 가속기cyclotron가 설치되었다. 양성자를 원자핵으로 집어넣으려면 먼저 그것을 가속해야 한다. 가속도가 올라가면 입자와 부딪힐 가능성이 커진다. 로렌스의 입자 가속기는 입자에 가장 높은 속도를 부여할 수 있는 당대 최고의 장치였다. 스탠퍼드 대학 근처 전기 공학자들을 동원할 수 있기에 가능한 일이었다. 거기서 만灣을 건너면 40년 후 실리콘 밸리가 될 과수원이 있었다. '사이클로트론'이라는 용어는 상품명이 라디오트론인 초기 기계의 진공관 이름에서 따온 것이다. 전자electron에서 유래한 'tron'은 그 뒤 수십 년 동안 첨단 과학의 접미어로 사용되었다.

수 킬로미터에 달하는 오늘날의 입자 가속기와 비교하면 초기 가속기는 아주 작았다. 로렌스의 초기 가속기는 지름이 고작 10센티미터였다. 그렇지만 입자를 회전하는 자석의 용량은 인상적인 속도로 늘어났다. 2세대 입자 가속기의 지름은 35센티미터였다. 자석의 무게는 2톤에 이르렀다. 1936년 카멘이 처음 접하게 된 이 아름다운 장비는 지름이 1미터(37인치)에 육박했다. 자석은 86톤이었다. 복잡하고 다루기도 어려워 시간을 잡아먹었지만 놀라운 속도로 기술이 발전했다.

기계는 최대 속도 혹은 최대 전류를 제공할 수 있도록 미세하게 조정되어야 했다. 자주 고장 났고 그때마다 번번이 기계를 수리해야 했다. 물리 연구 말고도 다른 목적에 기계가 사용되기도 했다. 로렌스의 동생인 존은 입자 가속기를 사용해 만든 방사성 동위원소를 치료 목적으로 사용했던 선구자다.

쓰임새가 많아지면서 기초 물리학 연구와 같은 과학 본연의 일은 자주 등한시되었다. 초기 입자 가속기가 원자를 깨는 최초의 장비로 알려졌지만 사실이 아니다. 케임브리지 캐번디시 연구소에서 사용하던 단순한 장비가 있었다. 파리의 프레데릭 졸리오Frederic Joliot가 동위원소를 최초로 만들었다고 발표했을 때, 로렌스 연구진은 이미 오래전에 자신들이 그것을 만들었다는 사실을 깨달았다. 나중에 방사선 실험실에 합류한 화학자인 에밀리오 세그레Emilio Segre는 버클리에서 버린 폐기물에서 테크네슘technetium이라는 새로운 원소를 발견하고 팔레르모에 있는 그의 실험실로 운반했다. 어쨌거나 방사선 실험실은 단순히 장비 덕분에 최첨단의 연구를 수행할 수 있었다. 이 장점을 충분히 살려 로렌스는 연구비를 수주하는 데도 타의 추종을 불허했다.

단순히 한 가지 측면에서 '열광적인' 것이 아니라 다양한 면에서 연구의 꽃을 피웠다. 방사능에서 유도된 입자 가속기 방사선은 금니에서 바지 지퍼에 이르기까지 응용 폭이 상당히 컸다. 카멘은 행복한 꿈을 들고 침대로 들어갔다. 그는 입자 가속기의 힘을 사랑했다. 다가올 미래의 산뜻한 느낌과 지적 흥분, 경직되지 않은 분위기, 사회주의 정치 및 실험실의 공기 모두를 사랑한 것이다. 그는 또한 에스더 허드슨Esther Hudson을 사랑했다. 도착 직후 만난 이 여인과 곧 결혼했다. 대학의 인상적인 지적 분위기를 포함해서 자신의 음악적 재능을 펼칠 수 있는 것도 마음에 들었다. 그는 예후디 메누힌Yehudi Menuhin과 연주했고 아이작 스턴Isaac Stern과 평생에 걸친 우정을 시작했다. 길버트 루이스, 에른스트 로렌스 및 로버트 오펜하이머Robert Oppenheimer와 함께 일하던 시절이었다. 무엇보다 그는 월급을 받았다. 방사선 실험실 과학자 대부분은 어디선가 연구비를 구해야 했지만 무보수로 일하는 사람도 있었다. 카멘의 임무는 방사능이 있는 동위원소를 만드는 일이었다. 순수 연구도 했으나 의학적 목적을 가진 것이 대부분이었다. 월급을 받을 수 있었다는 뜻이다.

입자 가속기의 주요한 생산물은 방사선 치료 목적의 방사능, 황sulfur이었지만 생명체 내부에서 진행되는 화학 과정에 동위원소를 사용하려는 생화학자들도 늘었다. 방사능이 있는 동위원소는 화학물질을 표지하는 데 사용할 수 있다는 의미를 띤다. 세포가 인을 받아들여 만들 수 있는 세포 내부의 대사물질을 추적할 수 있다는 말이다. 인을 세포에 넣어 주고 일정한 시간이 흐른 뒤 세포 내용물을 조사하는 순서를 따르면 된다. 세포 내용물 일부는 방사능을 띨 것이다. 아마도 집어넣은 인을 꿀떡 삼킨 화합물이다. 일반 화학은 방금 넣어 준 물질과 원래 세포에 있었던 물질을 구분하지 못한다. 그러나 방사선 화학은 할 수 있다. 방사능 추적물질은 이론적으로 생화학적 경로를 따라 비단뱀의 소화기관을 따라 내려가는 염소처럼 가시화할 수 있다.

언제나 과학은 물체를 보는 새로운 방법을 모색한다. 교과서에서 보는 명확한 설명과 도표는 많은 연구를 특징짓는 실험 과정의 만연한 불확실성을 숨기는 경향이 크다. 과학자들의 마음의 눈은 언제나 어두운 방을 밝히는 데 많은 시간을 할애한다. 존재 자체가 불확실한 경우에도 그 물체의 모습을 보려고 애쓴다. 이전에는 상상 속에 그쳤던 실체가 새로운 도구의 등장과 함께 모습을 드러내기 시작한다. 아마 그 이상일 것이다. 이 안개상자cloud chamber[4]는 처음 입자 가속기와 마찬가지로 카멘과 동료들이 생성한 입자 빔을 볼 수 있게 해 주었다. 방사성 동위원소 추적물질은 생명체 내부에서 진행되는 일을 볼 수 있는 강력하고 새로운 방법으로 자리를 잡게 되었다. 노벨 생리학상 수상자, 아치볼드 힐Archibald Hill은 방사선 실험실을 방문한 자리에서 로렌스에게 이렇게 말했다. "언젠가 사람들은 현미경이 의학에서 차지한 중요성만큼이나 동위원소가 중요하다는 사실을 알게 될 것이다."

이 새로운 현미경을 사용하는 데 열심이었던 사람은 야망에 재능까지 겸비한 버클리의 화학자 샘 루벤Sam Ruben이었다. 그와 카멘은 발군의 팀을 이루어 새로운 방사성 추적물질의 위력을 시험했다. 나중에 앤디 벤슨은 이렇게 회상했다. '광기에 사로잡힌 미친 사람들' 그들은 겉보기에 너무 달랐다. 고등학교 야구선수처럼 루벤은 키가 크고 부드러운 머리를 뒤로 넘긴 미남이었다. 이마가 넓고 어두운 수염에 짙은 머리칼의 카멘은 벤슨의 턱에도 미치지 못했다. 그러나 더러운 실험복을 걸친 그들은 열정적이라는 점에서는 잘 어울렸다. 화학과 건물 옆, 한때 실험동물을 교배하던 장소여서 '랫 하우스' 라는 이름으로 불리던 실험실에서 자유롭고 교조적이지 않게 그들은 서로의 관심사와 실험 계획을 토론하곤 했을 것이다. 그리고 그 계획을 실현할 수 있게 서로 도와가며 밤을 지새웠다. 아마 가장 중요한 점은 그들이 자신의 전문성을 극대화하면서 서로 부족한 면을 채웠다는 사실일 것이다. 카멘은 방사성 동위원소를 만들어 화학적으로 유용한 형태로 변환시킬 줄 알았고, 유기화학을 이해한 루벤은 동위원소가 함유된 다양한 물질을 구

4) 윌슨 상자라고도 부른다. 이온화 방사선 입자를 검출하는 장치다(옮긴이).

분할 수 있었다. 1942년 폴링은 앤드루 벤슨을 바로 이 팀에 보내기로 했다.

카멘과 루벤은 어떻게 생명체가 탄소를 동화하는지에 관심이 많았다. 그들이 사용하기로 한 추적물질은 바로 탄소-11이었다. 활성은 좋지만 수명은 무척 짧은 동위원소였다. 반감기가 고작 21분밖에 되지 않았다. 얼마를 사용하든 21분 뒤면 그 양이 반으로 줄어든다는 뜻이다. 탄소-11을 사용한 실험은 길어야 2시간을 넘지 못한다는 의미이기도 하다. 2시간 뒤면 원래 표지량의 1퍼센트 정도밖에 남지 않아 방사능도 100분의 1로 줄어들기 때문이다. 실험은 저녁 8시에 시작되었다. 물리학자들이 실험을 끝낼 시간이다. 카멘이 입자 가속기를 잡았을 것이다. U자 모양의 용접된 강철 손잡이에는 다이얼과 스위치와 조절 나사가 달려 있었다. 1930년대 공상 과학의 독자들이나 상상할 우주선의 조종석 비슷한 장비였다. 기계가 협조를 거부하면 그는 다급하게 루벤을 불렀다. "사이클로트론이 아파Cyc's sick, 샘." 잘 작동하면 그는 표적물질에 방사선을 쬐고 방사능 이산화탄소를 분리해 냈다. 카멘은 입자 가속기 빌딩에서 랫 하우스로 쏜살같이 고개를 뛰어갔다.

랫 하우스에서는 루벤이 만반의 준비를 하고 동위원소가 오길 기다리고 있다. 교반기는 뜨겁고 분젠 버너는 반짝인다. 마침내 원자시계는 똑딱거리기 시작한다. 붉은 등[5]은 언덕 위 입자 가속기가 언제 꺼질지를 알리는 신호다. 카멘이 곧 도착할 것이라는 뜻이다. 문 앞에서 카멘을 만난 루벤은 방사능 탄소를 낚아챘다. 입자 가속기에서 신선한

5) 입자 가속기는 멀리서도 가동을 확인할 수 있었다. 초기에 로렌스는 침대에서 입자 가속기를 작동할 수 있게 라디오 주파수를 사용했다. 소리가 들리면 로렌스는 바로 일어났다. 그의 부인은 이 소리를 무척 싫어했다.

동위원소를 만든 카멘은 가이거 계수기를 촉발하기에 충분한 방사선을 가졌지만 언제든 실험을 망칠 수도 있었다. 한번은 동위원소가 루벤의 옷으로 튀자 나체로 실험한 적도 있었다. 화학실험실에서 옷을 벗는 것이 경솔하고 부적절한 행동이기는 했지만 말이다.

많은 과학자들은 어려서부터 매료된 탓인지 광합성을 연구한다. 루벤과 카멘은 그런 부류의 과학자는 아니었다. 초기에 그들은 힘을 합쳐 동물의 대사를 연구했다. 그렇지만 몇 가지 이유로 나중에 그들은 전적으로 식물 연구에 매달린다. 탄소-11이 동물보다 식물에 빠르게 흡수된다는 사실이 첫 번째 이유다(동물이 섭취하기 위해 우선 식물이 자라야 한다). 또 다른 이유는 동물 실험을 진행했던 생물학자들을 그들이 좋아하지 않았던 까닭도 있었다. 루벤은 그들이 자신의 아이디어를 훔쳤다고 느꼈다. 따라서 루벤과 카멘이 식물에 집중하면 그를 배제할 수 있으리라 생각했다. 곧이어 루벤과 카멘은 식물생화학자 제브 하시드Zev Hassid를 새로운 동업자로 기꺼이 받아들였다.

화학자들에게는 움직이지 않는 식물이 작업하기 훨씬 쉽다.[6] 동물은 다루기 어렵다. 한번은 탄소 동위원소가 함유된 잎을 비둘기에게 먹이려다 실험실의 온갖 유리 기구를 깨뜨린 적도 있었다. 화가 난 루벤이 결국 펜치로 목을 잡아 빼 비둘기를 잡긴 했지만 동물 실험을 계속하기에는 좌절이 너무 컸다. 식물은 조금 더 평화롭다. 그렇지만 실용성과 개인적 성격이 이유의 전부는 아니었다. 야심에 찬 젊은 과학자

6) 시간이 지난 뒤 루벤은 덜 골치 아픈 역할에 비둘기를 다시 쓸 생각을 했다. 두 사람이 스탠퍼드 실험실에서 유망한 장비를 사용할 수 있었기 때문이었다. 루벤은 한밤중에 파트너를 깨워 신나게 떠들었다. 방사능이 사라지기 전에 비둘기가 탄소-11을 운반할 수 있을 거라며 말이다. 하지만 그들은 그 계획을 실행에 옮기지는 않았다.

들이 생각하고 깨닫기에 식물이 실제로 대기 중의 이산화탄소를 고정한다는 사실을 보여 줄 수만 있다면 과학적 지평을 연 세계적인 연구자 대열에 들어설 수 있을 것이었다.

탄소-14

카멘과 루벤이 사용했던 방사능 추적물질만이 일반 화학과 구분되는 유일한 동위원소는 아니다. 노벨상 수상자인 헤럴드 유리Harold Urey는 뉴욕 컬럼비아 대학에서 동위원소 화학실험실을 운영하고 있었다. 그는 안정한 동위원소를 다루는 다른 접근 방식을 취하고 있었다. 지구에는 90개 탄소-12에 하나꼴로 탄소-13 원자가 있다. 더 강할 것도 없는 방사능으로, 한 개의 중성자가 핵에 더 있을 뿐인 물질이다. 500개의 산소-16에 대해 한 개꼴로 산소-18 원자가 존재한다. 유리가 밝힌 것처럼 6,400개의 수소당 한 개의 중수소가 있다. 노벨상의 근거가 된 이 연구에서 그가 밝힌 물질은 한 개의 양성자(수소) 대신 양성자와 중성자로 이루어진 핵을 가진 수소 동위원소(중수소)였다.

생물화학에 접근할 때 유리는 일반적으로 존재하는 양보다 많은 탄소-13을 확보하고자 했다. 이렇게 탄소가 함유된 분자는 표지되지 않은 분자보다 무거웠다. 이산화탄소-13은 이산화탄소-12보다 2퍼센트 무겁다. 특정 생화학적 경로에 동위원소로 표지된 화합물의 무게를 정밀하게 측정할 수 있다면 반응이 진행되는 동안 무거운 탄소의 경로를 추적할 수 있다. 이런 실험 과정은 무척 까다롭지만 상황을 타개할 시간은 충분했다. 오늘은 여기 있지만 두 시간 만에 절반이 되고 내일이면 대부분 사라지고 말 탄소-11 대신 탄소-13이 대세가 된 것이다.

1939년 가을 유리 연구의 내막을 알게 된 로렌스는 슬슬 걱정이 들기 시작했다. 방사성 동위원소는 그들 연구소에 명성을 가져다준 핵심 요소였다. 그들의 연구 수단이 가치가 떨어진다고 판명되면 명예는 물론이거니와 연구 기금을 조성하기도 어렵게 될 것이었다. 그리고 생명체에서 흔히 발견되는 원소가 탄소, 수소, 질소 그리고 산소라는 말도 틀림없는 사실이었다. 방사선 실험실이 제공할 수 있는 재료는 아직 적었다. 그들이 가진 최선의 물질인 탄소-11을 사용한 카멘과 루벤의 연구가 일부 알려지기는 했지만 반감기가 짧아서 여전히 제약으로 남아 있었다. 질소-13은 문제가 더 컸다. 반감기가 10분밖에 되지 않았기 때문이다. 심지어 산소-15의 반감기는 2분이었다. 로렌스가 신임하는 루이스 알바레즈Luis Alvarez가 최근 만들어 낸 삼중수소(수소-3)가 반감기가 가장 긴 것이었다. 문제는 아직 반감기를 잘 모른다는 사실이었다. 따라서 로렌스는 카멘을 사무실로 불러 반감기가 긴 새로운 동위원소 추적물질을 만들라고 주문했다. 그 일이 카멘뿐만 아니라 실험실의 가장 절대적인 목표가 되었다. 카멘은 1.5미터짜리 최신 입자 가속기에 거의 무제한으로 접근할 수 있었다. 그보다 작은 입자 가속기도 그랬고 필요하면 어떤 사람의 도움도 요청할 수 있었다.

로렌스의 힘을 등에 업은 카멘은 생각할 수 있는 모든 가능성을 타진했다. 60인치 입자 가속기 옆에 질산암모늄을 말 통으로 쌓아 놓았다. 입자 가속기에서는 중성자를 무한히 얻어 냈다. 이 중성자로 양성자를 대체할 수 있다면 7개의 양성자와 7개의 중성자를 가진 암모늄 혹은 질산의 질소로부터 6개의 양성자와 8개의 중성자를 가진 탄소-14[7]

7) 비료를 만드는 재료(질산암모늄) 40리터를 저준위 방사성 물질이 풍부한 환경에 섞는 일이 '더러운 폭탄'을 만드는 조리법처럼 들린다면 그것은 당신이 처음이 아니다. 나중에 로

를 확보할 수 있을 것이다. 다른 접근법은 붕소 원자(5개의 양성자와 여섯 개의 중성자를 가진)를 알파 입자(2개의 중성자와 2개의 양성자로 이루어진)와 함께 폭발시키는 것이었다. 수리하느라 60인치 입자 가속기 사용이 잠시 중단되자 카멘은 37인치 입자 가속기에서 중양성자를(양성자와 중성자가 하나씩인) 쏘아 흑연 막대로부터 순수한 탄소를 얻고자 했다. 안정한 동위원소 분야에서 위협적인 경쟁자인 유리는 방사선 실험실에 거의 그램 단위에 육박하는 탄소-13 동위원소를 보내 이차적으로 탄소-13에 중성자를 집어넣을 수 있는지 타진해 보기를 원했다. 따라서 유리는 과학자로서 자신이 의도한 바에 최선의 선의를 보이는 행동을 증명해 보인 셈이다.

시카고 선술집 시절부터 카멘은 밤샘을 주저하지 않았으며 탄소-14의 문제를 해결하느라 자주 24시간 일을 했다. 2월 19일 심한 폭우가 몰아치고 만의 동쪽 어딘가에서 몇 건의 자살극이 펼쳐지던 날 그는 경찰에 체포되었다. 사흘 동안 입자 가속기를 다룬 뒤였다. 옷은 추레했고 수염이 덥수룩한 턱에 눈은 푹 꺼진 상태였다. 경찰서에서 석방된 다음 날 아침에 일어난 카멘은 랫 하우스의 루벤에게 전화를 걸었다. 흑연 덩어리에 방사선을 쪼이며 작업한 물질을 루벤에게 보낸 결과를 확인하려던 참이었다. 루벤은 흑연 덩어리에서 만든 이산화탄소가 흥미로운 활성을 보이는 것 같다고 말했다. 카멘은 캠퍼스를 가로질러 뛰어갔다. 그들은 긴 연쇄 반응에 이산화탄소를 투입해 고체 탄산염을 만들고 다시 기체로 전환하는 일을 반복하고 또 반복했다. 그래도 활성은 살아 있었다. 그들은 오염물질을 배제하기 위해 반응을 더 수행했다. 탄소-11이 충분히 제거된 뒤에도 방사능은 살아남았다. 방사능의

렌스는 이 일을 조금 걱정했다(저자). 질산암모늄은 폭발물 제조에도 쓰인다. 로렌스는 실험하다 폭발할 가능성을 염두에 두었나 보다. 뒤에 그런 말이 언급된다(54쪽, 옮긴이).

양은 많지 않았지만 거기에 있다는 사실만큼은 변하지 않았다.

그들은 자신들이 찾고 있던 것을 찾았지만 확신할 수는 없었다. 그들은 길버트 루이스를 찾아가 상의했고 간접적이나마 확신을 얻고자 했다. "자네들이 그것을 탄소-14라고 생각한다면 그게 그것이겠지." 라는 칭찬 투의 말로는 아직 안심하기 일렀다. 스웨덴 영사가 노벨상 수상자를 발표하면 축하 행사를 해야 할지도 모른다는 기대감에 차, 감기 걸리지 않게 집에서 쉬던 로렌스에게도 달려갔다. 침대에서 벌떡 일어난 로렌스는 덩실덩실 춤을 추며 당장 신문사에 알려야 하겠다고 수선을 떨었다. 젊은 과학자들은 다소 샐쭉해졌다. 실험실에서는 확실해 보였던 일이 신문에 실린다니 불안감이 몰려온 탓이다. 그들은 다시 실험실로 돌아가 시료를 살펴보았다. 여전히 방사능은 살아 있었다.

이 발견은 며칠 뒤 가장 극적인 상황에서 공식적으로 발표되었다. 바로 로렌스의 노벨상 수상식장에서였다. 버클리 대학 물리학과의 학과장은 다음과 같이 탄소-14의 등장을 소개했다. "그 유용성에 기초하여 …… 지금까지 만들어진 그 어떤 방사성 물질보다 중요한 물질입니다." 모든 시선이 카멘과 루벤에게 쏠렸다. 소심증 때문에 참석을 주저했지만 여러 면에서 용감했던 그들이었다. 하지만 카멘은 그들의 결과가 잘못되었을지도 모른다는 근심에 사로잡혔다.

그들은 틀리지 않았다. 한 달이 넘게 지난 뒤 60인치 입자 가속기에서 혁명이 일어났다. 보관 중이던 카멘의 질산암모늄 플라스크가 열리고 액체가 흘러나왔다. 실험이 시작되었다. 카멘과 루벤은 반응물 일부를 취하여 분석했다. 액체에서 고형 탄산을 침전시킨 뒤 가이거 계수기를 들이대 방사능을 확인했다. 기계는 결코 침묵을 지키지 않았다. 가이거 계수기가 따라잡지 못할 정도로 탄산염 방사능 활성이 컸다. 질소가 중성자를 빨아들여 탄소-14로 변환되는 잠재력을 결과적으로 카멘이 크게 저평가한 셈이다. 지금은 이 방법이 반감기가 긴 동위원소를 필요한 만큼 대규모로 생산하는 표준적인 방식이 되었다. 중성자를 만들어 내는 것 이상의 역할을 인정받지 못했던 입자 가속기는 질소를 새로운 원소로 변환하는 장비가 되었다.

탄소-14는 20세기 초반 가장 위대한 과학적 발명품 중 하나다. 원소 내부의 구조가 발견된 결과는 다른 영역으로 빠르게 파급되었다. 인접 학문인 화학은 충격의 급물살을 탔다. 다른 인접 분야도 늦었지만 역시 적지 않은 영향을 받았다. 예컨대 생물학은 새로운 물리학뿐만 아니라 새로운 화학의 세례를 듬뿍 받았다. 시작은 작은 파문이었지만 동위원소의 영향은 결코 수그러들지 않았으며 오히려 강해졌다.

이론만이 힘이 있는 것은 아니다. 때로는 기술도 강력한 힘이다. 원자가 어떤 식으로 작동하는지 설명하는 새로운 이론은 매우 중요하다. 그러나 그들의 행동을 이해하고 변화시키는 기술은 더욱 중요하다. 물리학의 새로운 개념이 그것을 가능하게 했다. 몇 년 뒤 앤드루 벤슨도 친구이자 동료인 카멘이 탄소-14를 발견했다기보다는 발명한 것이라고 강조하면서 새로운 물질의 중요성을 포착했다. 카멘은 자연의 어떤 것을 보는 데 그치지 않고 새로운 생각과 기술로 무장한 채 도구로 사용할 수 있는 무언가를 만들어 냈다. 새로운 유형의 원자는 생물학 연구에 맞춤형으로 쓸 수 있게 되었다. 카멘이 탄소-14를 만든 일을 두고 과학자들이 발견이라는 말을 사용하는 첫 번째 이유는 자연계가 이 물질을 오랫동안 만들어 왔다는 사실이 밝혀졌기 때문이다. 우주선이 만든 중성자가 질소 원자를 때리면 그중 일부가 탄소-14로 변환된다(광합성을 통해 일부가 식물체로 동화된다. 수천 년 동안 식물에 남아 있던 탄소-14의 잔유물이 그것의 연식을 드러낸다. 그에 따라 탄소-14의 파급력은 더욱 확장되었다. 개념적인 측면에서 우리의 상상력을 자극했던 고고학은 핵화학 분야와 한참 거리를 두고 있었다. 그렇지만 탄소-14 연대 측정 방법은 1960년대와 1970년대

이 분야를 혁명적으로 변화시켰다).

발견이든 발명이든 탄소-14가 방사선 실험실의 위상을 높였으니 카멘과 루벤의 명성이 높아졌음은 말할 것도 없다. 그렇지만 카멘이 보기에 약간 엇박자가 있었다. 카멘과 루벤이 처음 공동 연구를 시작했을 때 그들은 동위원소를 주로 다룬 논문에는 카멘을 제1 저자로, 생화학적 내용을 주로 다루는 논문에는 루벤을 제1 저자로 하자고 약속했다. 그렇지만 루벤은 경쟁이 극도로 치열한 화학과에서 신분이 보장되는 교수가 되기를 간절히 원했다. 루벤은 보스인 루이스가 카멘과 루벤의 공동 연구 일부를 두고 화학과의 계획에 어긋났다고 비난할지도 모른다고 생각했다. 루벤은 루이스가 자신의 편이 아니라고 걱정했다. 게다가 화학과에 반유대주의가 있어 버림받을지 모른다는 근심이 그를 따라다녔다. 이런 장애물을 앞에 둔 루벤은 자신이 제1 저자가 되길 진심으로 원했다. 종신 교수를 동료로 두면 화학과의 뛰어난 장비에 쉽게 접근할 수 있다고 판단한 카멘은 루벤에게 제1 저자를 넘겼다.

로렌스는 카멘의 이런 결정을 호되게 꾸짖었다. 카멘을 논문의 두 번째 자리에 넣은 일은 방사선 실험실을 무시하는 처사라 본 것이다. 동위원소 발견의 공을 넘겨 버리면 지상 최대의 입자 가속기는 도대체 뭐가 되느냐 하면서 말이다. 두 번째 장문의 논문에 카멘을 제1 저자로 넣으면서 사건은 그럭저럭 무마될 뻔했다. 그러나 문제는 막강한 권력을 가진 화학과 학과장의 비서가 논문 초고를 작성하면서 저자의 순서를 바꿔 버린 것이다. 몇 년이 지나지 않아 카멘은 사람들에게 저자의 순서를 설명하면서 위대한 발견이 오직 샘의 업적이 되었다고 불평했다. 이런 생각 때문에 그는 많은 것을 잃었다. 회고록 『방사선 과학, 어두운 정치』에서 카멘은 그의 동료와 동시대 과학자들은 노벨상을 받았지만 자신은 그러지 못했다는 사실을 예리하게 지적했다. 카멘은 일생을 뒷전에서 살았다. 그렇지만 그가 발명한 탄소 동위원소 추적물질은 공기에서 시작한 광합성의 여행을 거쳐 생체 물질로 안착했다.

전쟁을 딛고

앤디 벤슨이 버클리를 졸업한 지 얼마 지나지 않은 1939년 어느 날 아침, 광학 물리 수업의 전임강사는 '깜짝 놀라 거의 창백할 지경으로' 벌떡 일어섰다. 방사선 실험실의 루이스 알바레즈이자 삼중수소를 만든 사람이었던 그 전임강사는 우라늄 원자가 둘로 깨지면서 어마어마한 양의 에너지를 내놓는 현상을 독일 과학자들이 발견했다고 방금 전해 들었던 것이다. 원자핵에는 엄청난 양의 에너지가 숨겨져 있으리라고 사람들은 오래전부터 생각해 왔다. 우라늄의 발견은 곧 에너지가 방출될 수 있음을 보인 것이다. 세계가 전쟁을 준비하는 와중에 이것은 매우 우려스러운 뉴스가 되었다. 우라늄 원자는 역사를 바꾸어 버렸다. 방사선 실험실도 변화를 겪었다.

벤슨이 버클리로 돌아와 루벤, 카멘과 일하기 시작했을 때는 1942년 봄이었다. 두 가지 변화가 벌어지고 있었다. 6개월 전만 해도 광합성 연구는 방사선 실험실의 자랑거리였다. 방사성 동위원소의 위력을 증명한 기본적인 발견이 이루어졌고 동위원소를 만든 기계도 한몫 거들었다. 1941년 10월 《라이프》라는 잡지에 대서특필되기도 했다. 루벤과 카멘은 식물체 내부에서 이산화탄소가 최초로 변화된 물질이 두 개의 산소가 한쪽 끝의 탄소에 붙은 카르복실산이라는 증거를 확보했다고 믿었다. 그 분야 다른 과학자들의 생각과 다른 결과이긴 했지만 그럴싸했다. 이산화탄소는 결국 산소 두 개가 탄소에 붙은 화합물이기 때문에 수용기 화합물 한쪽 끝에 달라붙기만 해도 카르복실산이 될 가능성이 커 보였기 때문이다.

또 이들은 광합성 반응이 일종의 회로가 되어야 한다는 식견을 가지고 있었다. 이산화탄소가 아직 알려지지 않은 수용기 분자에 붙어 역시 알려지지 않은 카르복실산을 만들고 이 카르복실산이 탄수화물로 변화할 것이다. 그렇지만 중간 화합물 중 어떤 것은 다시 수용기 분자로 돌아와 반응을 다시 시작해야 했다. 이런 식견은 탁월한 것으로 증명되었다. 루벤은 인과 산소의 안정적인 화합물, 즉 인산기가 광합성 과정에 에너지를 부여할 것인지에 대해서도 고심했다. 여기에도 일말의 진실이 포함되어 있음이 나중에 증명되었다.

그렇지만 역사는 그들의 편이 아니었다. 미국이 세계 대전에 참전하기 전인 1941년 12월부터 방사선 실험실의 전문가와 장비가 맨해튼 프로젝트의 중심이 되었다. 중성자 빔에 부딪혀 붕괴되는 우라늄의 본성이 밝혀지면서(우라늄 붕괴도 방사선 실험실에서 밝혀질 뻔했다) 로렌스 휘하의 과학자들은 우라늄과 비슷하게 행동하는 새로운 인공 물질을 분리하게 되었다. 플루토늄이었다. 로렌스는 중성자 폭발에 의해 깨지는 우라늄-235를 보다 양이 풍부한 우라늄-238로부터 분리하는 문제로 관심을 돌렸다. 그는 37인치 입자 가속기를 떼 내어 그 핵심 부위를 '칼루트론'('calu'는 california university)이라고 부른 장비를 만들었다. 두 종류의 우라늄 동위원소는 칼루트론의 자장에서 서로 다른 경로를 따라 움직였으며 서로 분리할 수 있었다. 여기에는 '질량 분석기' 원리가 숨어 있다. 광선에 부딪힌 서로 다른 질량의 입자를 자석이 분류하는 것이다. 마치 광선을 여러 가지 파장으로 분류하는 프리즘처럼 말이다. 물리학자들은 에너지에 따라 물질을 분리하는 분광학 기계를 찾고 있었다. 백색광을 부채꼴로 펼쳐 무지개처럼 만드는 프리즘이나 우주선을 측정할 수 있는 감지기 같은 것이었다.

방사선 실험실에서 처음으로 동위원소 분리에 성공한 때는 일본군이 진주만을 습격하던 바로 그날이었다. 벤슨이 합류하기 1년 전만 해도 카멘은 전쟁을 위한 일에 시간을 탕진하고 있었다. 한편 루벤은 여전히 광합성 연구를 계속했다. 하지만 그에게는 탄소-14가 충분하지 않았다. 로렌스는 탄소-14의 제조 원료인 질산암모늄염이 화학적으로 불안정한 것을 염려했다. 화학자들 모두가 질산염을 용액 안에서 보관하는 것이 안전하다고 말했지만 로렌스는 그 말을 믿지 않았다. 탄소-14를 대규모로 생산하는 일은 여전히 문제였지만 결국 그들은 진척을 이루어 냈다.

다음 해 초 루벤은 광합성에서 독가스로 연구 방향을 선회했다. 포스겐phosgene은 군이 간절히 정보를 원하는 화학무기였다. 독가스를 배치하거나 살상용 화학무기로부터 미군을 지키는 따위의 목적을 위해서 이들 화합물의 화학과 행동을 알아야 했다. 루벤은 이 연구의 책임자가 되었다. 카멘은 우라늄 동위원소 정제에 집중했다. 칼루트론이 탄소-11과 방사능 염소로부터 포스겐을 만드는 데 썩 시원찮았기 때문이었다. 어쨌든 포스겐은 상상하는 것보다 훨씬 너저분한 물질이었다. 벤슨은 그 독가스가 해롭다고 제안하면서 실험을 시작했다. 실험동물이 다시 랫 하우스로 돌아왔다.

벤슨은 혼자서도 광합성 연구를 틈틈이 하고 있었다. 루벤이 당시 인류가 만든 탄소-14 전부가 든 유리병을 통째로 그에게 넘겼던 것이다. 아마도 스크립스 그의 사무실 선반에 일부가 분명 남아 있을 것이다. 그는 카멘과 루벤이 주장하던 카르복실산 가설을 마음속에서 확신했고 노트에 적기도 했다. 그렇지만 그도 전쟁의 틈바구니에서 벗어나지 못했다. 퀘이커 교도 세례를 받은 벤슨은 양심적인 전쟁의 반대자가 되었다. 그런 믿음에도 불구하고 벤슨은 루벤의 독가스 연구를 진행했다. 그러나 초기 계약 기간이 끝났기 때문에 대학은 전임강사로서 그의 공식적 지위를 더는 인정하지 않았다. 1943년 그는 버클리를 떠나 민간 공중 서비스 프로그램의 일원으로 합류하게 되었다. 광합성에 대한 그의 논문은 아직 출판되지 않았다. 실험실을 떠난 것은 실망스러웠지만 벌채하고 산불을 진압하고 댐을 건설하는 일은 야외활동을 듬뿍 맛볼 수 있는 기회였다. 더 이상 나빠질 일은 없었다.

그러나 루벤은 버클리에 남았다. 1943년 여름 루벤은 마운트 샤스타와 마린 카운티 해변에서 독가스가 어떻게 퍼져 나가는지 실험을 계속했다. 스컹크가 내뿜은 고약한 성분인 황 화합물(머캅탄, mercaptans)을 가미한 독가스였다. 그 가스를 흡입한 대학생들의 행동을 조사하는 일도 더해졌다. 그해 9월 평소보다 훨씬 잠을 못 잔 루벤은 샤스타에서 돌아오는 길에 교통사고를 당해 손목이 부러졌다. 9월 24일 금요일 그는 교수회관에서 카멘과 함께 점심을 먹었다. 그들은 아직도 광합성 연구를 진행하고자 하는 희망을 강하게 피력했다. 깁스 팔걸이를 한 루벤은 지치고 피로해 보였다. 처음은 아니었지만 카멘은 루벤에게 휴식을 권했다.

다음 주 월요일 루벤은 두 학생과 함께 랫 하우스로 돌아갔다. 그는 정부가 제공한 유리 앰플에 든 새로운 독가스 시료가 필요했다. 앤디 벤슨은 독성 화학물질을 다루는 세심한 기법을 개발했다. 루벤의 대학원생 중 하나인 피터 얀크위치Peter Yankwich는 독가스 실험을 실내가 아니라 밖에서 진행해야 한다고 주장했다. 이번에는 샘이 직접 실험대에서 진행했다. 그는 피곤했고 아직 깁스 팔걸이를 한 상태였다. 그러나 실험이 그를 죽음으로 몰고 가지는 않았을 것이다. 다만 유리 주사병에 금이 가 있었던 것이다. 루벤이 조심스레 병을 액체 질소에 넣어 독가스를 얼리려는 순간 유리가 튀었다. 끓는 액체 질소가 독가스 방울을 퍼뜨려 실험실 안을 채웠다. 가까이 있던 루벤은 학생보다 더 많은 양의 독가스를 마셨다. 어떤 이야기에 의하면 그는 밖으로 나가 유칼립투스 나무 아래 눕기 전, 사람들에게 실험실로 들어오지 말라는 메모지를 문에다 붙일 마음의 여유는 있었다고 한다. 움직이지 않는 것이 최선의 대책임을 루벤은 알고 있었다.

학생들은 살아남았다. 샘은 다음날 아침 병원에서 숨을 거두었다. 그의 폐를 가득 채운 액체 때문에 질식사한 것이다. 결혼 8주년 기념일이기도 했다. 세 명의 자녀를 둔 그와 그의 부인은 화학자였다. 과학을 향해 돌진했던 그였지만, 그는 가족이 연방 연금을 받도록 자격을 얻는 서류를 작성한 적은 없었다.

카멘은 가라앉은 듯 말을 잃었다. 몇 달 전 그의 부인이 이혼 통보를 해 놓은 상태였다. 이제 그는 자신의 절반을 잃은 셈이다. 다음 해 상황은 더 나빠졌다. 카멘은 스페인 공화당 지지자가 되었다. 실험실에서 노동자 조합을 만드는 데 관심을 기울였기 때문이다. 그는 오펜하이머의 친구였다. 카멘은 점점 더 많은 시간을 '새롭고 흥미로운 좌익 인텔리겐치아 집단'과 어울리며 보냈다. 회고록에서 그는 외로움과 우울증을 달래기 위해서였다고 적었다. 한편 맨해튼 프로젝트의 보안 요원이 그를 감시하는 시간이 점점 늘었다.

1944년 문선대를 돌다 귀환한 아이작 스턴의 환영 파티에서 스턴은 카멘을 러시아 부영사관에 소개했다. 그는 에른스트 로렌스의 동생인 존 로렌스를 만나고 싶다고 말했다. 시애틀 영사관에 있는 러시아인 한 명이 백혈병을 앓고 있는데 입자 가속기로 만든 방사능 인을 방사선 치료에 사용해 보자는 취지였다. 카멘은 로렌스에게 이 소식을 알렸다. 고마움의 표시로 부영사관과 또 다른 러시아인이 카멘을 저녁 식사에 초대하고 그 자리에서 러시아의 뿌리에 관해 이야기를 나누었다.

이런 일이 어떤 의미인지 카멘은 한 해가 지나도록 알지 못했다. 누군가가 시카고 트리뷴에 카멘이 '원자폭탄 스파이'라는 혐의를 씌워 고발했던 것이다. 이 일로 카멘은 자살을 시도했다. 그가 기억하는 것은 1944년 어느 날 그가 로렌스의 친한 대학 친구이자 경찰대장 보좌관인 도널드 쿡시의 사무실로 소환되었다는 사실이었다. 쿡시는 천천히 입을 뗐다. "당신은 클럽에서 너무 많은 말을 했어." 그는 모든 프로젝트에서 즉시 손을 떼야 했다.

그날 오후 그는 방사선 실험실을 나왔다. 그는 고작 서른 살이었으며 파경을 맞았고 친한 친구는 죽었다. 실직했지만 애국심 문제가 불거졌기 때문에 그의 경력은 끝났다고 봐야 했다.

그는 근근이 버텼다. 오클랜드 조선소에서 건조 중인 리버티 선박의 용접을 검사하는 직업도 구했다. 대학 친구는 그가 자유롭게 실험실에서 일할 수 있게 배려도 해 주었다. 방사선 실험실이나 방사선 화학과 건물과 한참 떨어져 있는 건물이었다. 음악을 함께 했던 친구들은 아직도 곁에 있었다. 전쟁 후 그는 세인트루이스 워싱턴 대학에서 입자가속기를 관리하는 직업을 구했다. 생물학 혹은 의학 연구에 사용되는 기계였지만 보안은 허술했다. 거기서 그는 과학자로서 뛰어난 연구 경력을 쌓게 된다. 방사능 추적물질의 생화학적 제반 문제를 파고들기 시작한 것이다. 이 연구는 생물학에도 파급되었다. 그는 재혼했지만 곧 홀아비가 되었다가 다시 결혼했다. 하원 반미활동 조사위원회의 박해를 받았지만 버텨 냈다. 취소된 여권도 되찾았다.

맨해튼 프로젝트에서 떨어져 나간 지 11년 뒤 그의 몰락을 재촉했던 보고 문서가 있음을 알아냈다. 그 문서는 1955년 카멘이 시카고 트리뷴을 명예훼손죄로 고소할 때 강력한 물증이 될 것이었다. 카멘의 문서 확인 요구에 판사들은 허용할 수 없다고 판정했지만 카멘이 그것을 볼 권리는 인정했다. 마음의 고통은 컸다. 그렇지만 사실 별것 아닌 사건이었다. 약간의 풍자, 약간의 거짓말 그리고 카멘이 다양한 친구를 거느리며 유태인계 좌익 성향을 띠고 시카고에 살았던 우연이 뒤섞인 결과물이었다.

카멘은 승소했다.

멜빈 캘빈과 탄소의 여정

1946년 앤드루 벤슨이 버클리로 돌아왔다. 전쟁 중이나 전후에도 카멘의 오명을 지우는 데 에른스트 로렌스가 도움이 되지는 않았지만 벤슨은 여전히 탄소-14가 광합성의 문제를 해결하는 열쇠라고 생각했다. 전쟁이 끝나고 벤슨은 본격적으로 연구를 개시할 수 있었다. 물리학자들의 관심과 느낌, 그들이 지닌 기계들은 전후 암울한 미국의 최우선 문제를 해결할 수 있는 관건으로 여겨졌다. 거대 과학이 점점 규모를 확장한 것이다. 버클리에서 새로운 입자 가속기가 개발되었고 캠퍼스 언덕 꼭대기에 새로운 건물도 지어졌다.

로렌스는 멜빈 캘빈Melvin Calvin을 고용하고 생물학적 표지로 방사성 동위원소를 사용할 수 있게 도왔다. 광합성을 염두에 둔 것이었다. 캘빈은 적임자였다. 그는 화학과의 스타 과학자였다. 길버트 루이스와 함께 그는 빛에 반응하는 화합물을 연구했다. 연구는 제 흐름을 탔다. 그는 화학을 보다 큰 문제에 접목하였다. 1950년대 그는 실험적으로 생명의 기원에 접근한 최초의 인물이 될 조짐이 보였다. 방사선과 함께 초기 지구에 존재했을 것으로 생각되는 폭발성 화합물이 로렌스 입자 가속기 안에 들어 있었다. 그는 끊임없이 알고자 했고 길버트 루이스가 주재하는 목요일 세미나에서 끝없이 질문을 이어 갔다. 그중에는 정곡을 파고드는 것도 있었다. 캘빈의 질문은 젊은 동료들을 당혹스럽게 하였다. 물론 캘빈은 전혀 수그러들지 않았고 틀렸다고 생각하지도 않았다. 그는 거리낌 없이 스스로를 믿었으며 야망도 끝이 없었다.

로렌스는 캘빈에게 새로 설립된 원자 에너지 학회의 자금을 지원했다. 맨해튼 연구로 우라늄 화합물을 연구하던 화학자 집단이었다. 핵반응의 결과 엄청나게 산출되는 중성자를 이용해서 탄소-14도 쉽게 만들었다. 방사선 실험실을 보강하면서 실험실 공간도 넓어졌다. 캘빈은 원래 랫 하우스의 주인인 벤슨을 생각했다. 당시 벤슨은 항말라리아제를 합성하느라 분주한 상태였다. 벤슨은 규모를 키워 가는 캘빈의 광합성 연구진 책임자로 합류했다. 전에 37인치 사이클로트론이 있던 건물의 책임자가 되었다. 기계보다 별스러웠던 이전의 소유자들이 끊임없이 고치고 실험을 계획했던 입자 가속기는 로스앤젤레스 아래쪽 버클리 캘리포니아 대학 부설 대학으로 자리를 옮겼다.

벤슨은 단풍나무 마루판에 놓인 주황색 우라늄 염에 리놀륨을 뿌리면서 칼텍의 수준에 걸맞은 실험실을 꾸려 가기 시작했다. 그러면서 그는 틀림없이 루벤을 생각했을 것이다. 실험실은 훌륭하게 조성되었다. 실험대에는 검은 유리판이 깔렸고 최고급 타일로 만들어진 깊은 개수대에 손을 담글 수도 있었다. 공기 순환이 잘되는 후드가 연기를 빨아들일 수 있었다. 벗겨지고 지저분한 벽에 전선은 노출되고 빛도 잘 들지 않던 랫 하우스가 울고 갈 지경이었다. 녹조류는 커다랗고 넓은 플라스크에서 키웠다. 공기의 순환이 잘되도록 저을 수 있고 액체를 흘리기도 쉬우며 채광도 균일하도록 벤슨이 고안한 것이었다. 벤슨은 좋아하지 않았지만 그것은 적절하게도 곧 롤리팝스로 불렸다. 지하에는 외부의 빛을 막을 수 있게 신경 써서 만든 실험실이 있어서 상대적으로 약한 탄소-14의 방사능을 측정했고 그 결과는 틱틱하면서 가이거 계수기에 기록되었다.

젊은 실험실이었다. 설립 당시 '늙다리'였던 캘빈도 고작 35살이었으며 연구원들도 20대 초반에서 중반 정도였다. 캘빈과 그의 부인 젠은 자주 파티를 열었다. 주말이면 자전거를 타고 바위에 올랐으며 스키도 탔다. 데스 밸리에서 태평양 연안의 숲을 차로 여행하면서 대왕나비 등도 관찰했다. 가이거 계수기의 틱 소리를 세는 것부터 실험실의 온갖 잡일을 도맡아 하는 비서인 앨리스 로이버는 처음 면접 볼 때 화학에 대해 아는 것이 전혀 없어서 걱정했다고 회상했다. 그러나 그녀가 스키를 즐긴다는 사실이 알려지자 곧바로 채용되었다. 골초에다가 과체중이었던 캘빈은 여행에 자주 동참하지는 않았으며 1949년에는 심장병에 시달리기도 했다. 그렇지만 스키나 암벽 등반 여행이 있었던 다음 주 월요일이면 캘빈은 일찍 사무실에 나와 모든 사람이 무사히 돌아왔는지 확인하곤 했다.

캘빈, 벤슨과 구 방사선 연구진이 직면했던 문제는 롤리팝에 사는 녹조류가 탄소-14로 표지한 이산화탄소를 어떤 물질에 편입시키는지 정확히 확인하는 일이었다. 그 일에 딱 맞는 기법은 종이 크로마토그래피였다. 분리하고자 하는 유기화합물이 섞인 용액을 분리하여 확인하는 방법이다. 광합성 조류의 내부 추출물 한 방울을 커다란 종이에 점적點滴한 다음 이 종이를 유기 용매와 물이 적절히 배합된 밀폐 용기에 담는다. 서로 다른 화합물은 최적의 용매에 따라 각기 다른 방향으로 번져 나간다. 그리고 같은 방향이라도 이 화합물들은 용매와의 친화도에 따라 서로 다른 거리를 이동한다. 화합물들은 종이 위에서 제각기 편한 자신의 자리를 찾아가고 크로마토그램이라는 유형으로 자신을 드러낸다. 이 과정은 시간도 많이 소모되고 고약한 용매 냄새도 감수해야 하는 일이다. 빌딩에 남아 있는 물리학자들의 머리를 아프게 하기도 한다. 그렇지만 잘 작동한다. 서로 다른 탄수화물은 원래 가기로 한 지역에 자리를 잡는다. 포도당은 여기, 과당은 저기, 삼탄당은 측면에, 오탄당인 리뷸로오스ribulose는 저기 건너와 같은 식이다. 무엇인지 모르는 경우에는 'Godnose'라는 식으로 표식을 한다. 그런 일은 여러 번 반복된다.

방사선 실험실 연구진은 이 기술에 이골이 났다. 화합물이 종이 여기저기에 퍼져 나가면 그들은 X-선에 민감한 필름을 위에 올려놓는다. 탄소-14를 함유한 물질 바로 위 필름에는 방사능의 흔적이 연기처럼 남는다. 그러나 그것으로는 불충분하다. 어떤 화합물이 탄소-14를 가졌는지 확실하지 않기 때문이다. 그렇지만 최소한 크로마토그램에서 그들의 위치는 파악할 수 있다. 거기서 화합물의 화학적 특성을 짐작할 단서가 나온다. 어두운 방에서 나온 실낱같은 단서가 과학적 상상력을 자극한다. 또 양은 충분치 않지만 정제된 화합물을 얻을 수도 있다. 방사능을 나타낸 부위 종이쪽을 잘라 내기만 하면 된다. 의사인 아버지의 영향을 깊게 받은 벤슨은 다용도 주머니칼의 위력을 잘 알고 있었다.

벤슨은 실험실 가운데 커다랗고 하얀 실험 벤치를 들여놓았다. 바로 입자 가속기가 있던 자리다. 다루기 힘든 커다란 종이 크로마토그램을 실험실 구성원들과 함께 관찰하기 위한 장치였다. 탐험가들이 지도를 자세히 관찰하듯 벤슨과, 나중에 팀의 우두머리가 된 대학원생 알 바쌈Al Bassham 그리고 나머지 연구원들은 캘빈이 '광합성에서 탄소의 여정'이라 불렀던 지도를 제작한 셈이다. 미국 화학학회지Journal of American Chemical Society, JACS 에 연속으로 출간한 논문의 제목이기도 한 이 연구는 그들의 진척 상황이 그대로 드러나 있다.

자주는 아니었지만 실험이 앞으로 전혀 나가지 못할 때도 있었다. 캘빈 연구진은 시간을 가지고 여유 있는 태도로 시작이 잘못되었는지, 출구는 없는지 모색했다. 다른 실험실에서 연구자들이 딴죽을 걸게 되는 경우라도 귀 기울여 듣고 새로운 화합물이 등장하면 탄소의 여정 지도에 기록하고는 했다. 더 이상의 물음표가 없는 경우에만 다음 '탄소의 여정' 논문이 등장했다. 그리고 아직 결정되지 않은 것을 제외하고 그들은 시야에서 사라졌다. 그것이 캘빈이 실험하던 방식이었다. 틀리는 것을 개의치 않았지만 돌이켜보면 결국 그는 옳았다. 그는 마지막 목표에 도달하게 해 줄 참신성을 찾아 쉼 없이 연구했다. 그가 가진 질문 중 가장 흔한 것은 모든 것을 포괄하는 '새로운 것은 무엇인가?'였다. 강의나 강연을 마치고 그는 자신이 관장하는 실험실을 배회하면서 만나는 모든 사람에게 질문했다. 그는 진정으로 답을 원했다. 그러나 다음날 일과가 시작되기도 전에 더 많은 질문이 생겨났다. 머지않아 벤슨과 동료들은 캘빈에게 모든 것을 다 이야기해서는 안 된다는 사실을 깨달았다. 다음에 그가 질문할 때 답할 거리를 남겨 두어야 했다. 그렇지 않으면 옛날 발견했던 것을 끄집어내고 이전 논문이나 강연을 들먹이는 일[8]을 귀따갑게 감수해야 했다.

8) 1950년대 생화학자 한스 콘버그Hans Kornberg가 방사선 실험실을 방문했을 때 캘빈은 회의에서 콘버그가 미심스러워 한 데이터를 발표했다. 콘버그는 즉시 반대 의견을 피력했다. 며칠 후 콘버그는 한밤중에 원자력위원회 보안 직원의 호출 때문에 잠에서 깨어났다. 그는 콘버그가 연구실 벤치에 기밀문서를 방치해 연구실 보안을 위반했다고 말했다. 혼란스럽고 걱정되었지만 콘버그는 비밀문서가 없다고 항변했다. 방사선 실험실의 연구 결과 문서는 아니었다. 전모는 이랬다. 콘버그가 자신의 상사인 캘빈에게 맞서는 방식에 감정이 상한 실험실 구성원이 콘버그 실험 노트 첫 장에 '기밀' 도장을 찍은 것이었다. 하지만 보안 담당자는 이 설명에 만족하지 않았고 워싱턴에 '위반' 사항을 보고하려고 했다. 캘빈의 변덕스러운 대리인인 버트 톨버트가 실험 노트 첫 장을 찢어 버리면서 난처한 상황이 비로소 해결되었다.

몇 년이 지나지 않아 이산화탄소가 흡수된 뒤 최초의 생성물이 무엇인지를 보이는 크로마토그램 위에 있는 점의 정체가 확실히 밝혀졌다. 그것은 세 개의 탄소로 이루어진 카르복실산 계열인 인산 글리세르산이었다. 카멘과 루벤이 옳았다. 광합성을 시작하자마자 조류에서 꺼낸 탄소-14는 대부분 인산 글리세르산에 들어갔다. 세포에게 보다 복잡한 탄수화물 혹은 단백질이나 기타 어떤 화합물을 만들 2차, 3차 반응 시간을 주지 않았기 때문이다.

탄소의 첫 번째 여행 기착지가 인산 글리세르산이라고 밝혀졌지만 새로운 문제가 불거졌다. 이 물질이 물과 이산화탄소로 만들어질 방법이 도무지 보이지 않았기 때문이었다. 이산화탄소가 달라붙을 만한 무언가 다른 유기화합물이 관여해야만 했다. 게다가 카멘과 루벤이 깨달았듯이 이는 인산 글리세르산이 포도당으로 변화할 무언가가 필요하다는 의미도 포함하였다. 그리고 조류 세포는 이들 중간체 중 무언가를 수수께끼 수용기 분자로 전환해야 했다. 그렇지 않다면 새로운 이산화탄소가 갈 곳이 없기 때문이다.

수용기 분자를 찾기 위해 뒤져야 할 가장 유력한 후보는 탄소 두 개를 가진 소분자 화합물 집단이다. 이런 전제를 뒷받침하는 논리는, 수용기 분자가 탄소가 하나인 이산화탄소를 붙잡아 인산 글리세르산(탄소가 3개다)이 되려면 수용기 분자의 탄소 수가 2개여야 한다는 것이다. 그래서 탄소가 두 개인 화합물을 샅샅이 뒤졌지만 별 소득은 없었다. 동시에 인산 글리세르산에서 파생된 여러 가지 분자들이 발견되었다. 아마도 인산 글리세르산에서 포도당으로 가는 길목에 포진한 물질들일 것이다. 이상한 것은 그중 한 분자는 분명히 포도당보다 커 보였고 그것이 포도당을 만드는 데 도움을 준다는 사실이었다. 탄소가 7개인 탄수화물은 기대하지 않았던 분자였다. 알 바쌈이 이 사실을 벤슨에게 이야기했을 때 벤슨은 실험이 잘못된 것이라고 의심했다. 그렇지만 바쌈은 그런 실수를 할 사람이 아니었다.

벤슨은 더 큰 당 화합물이 특히 흥미롭다는 사실을 발견했다. 이인산 리뷸로오스는 탄소가 다섯 개인 탄수화물 양 끝에 인산기가 붙은 물질이다. 다른 조건이 같을 때 이산화탄소 없이 조류를 키우면 이인산 리뷸로오스의 양이 증가하는 경향이 있었다. 연구진이 내린 결론은 이인산 리뷸로오스가 탄소 동화의 결과물이 아니라는 것이었다. 결국 이산화탄소가 없는데도 이 물질이 증가하는 까닭은 이인산 리뷸로오스가 반응을 진행하기 위한 원료 물질이라는 추론으로 이어졌다. 수용기 분자가 탄소를 두 개 가지고 있을 것이라는 전제는 이제 가뭇없이 사라졌다. 수용기 분자는 탄소가 다섯 개인 탄수화물이었다. 조류는 이 물질을 이산화탄소와 반응하도록 한 다음 즉시 탄소 세 개짜리 두 분자로 변화시킨다. 세포가 진행하는 대부분의 반응은 짝을 가진다는 사실을 유기화학자들은 경험으로 알고 있다. 그러나 한 가지는 그렇지 않다. 그 누구도 상상하지 못한 물질이었다.

놀라운 사실이 드러났다. 1954년 '광합성에서 탄소의 여정, XXI'이라는 제목의 논문에 게재된 내용이다. 수용기 분자가 생성되는 회로, 그 안에서 탄소 일곱 개를 가진 탄수화물의 역할이 윤곽을 드러내기 시작한 것이다. 그것은 춤과 같았다. 어떤 발이 먼저 나오는지 이해하고 숫자를 셀 수 있다면 절반은 온 셈이다.

이 특별한 춤을 시작하기 최고의 장소는 세 분자의 이산화탄소가 마찬가지로 세 분자의 이인산 리뷸로오스와 만나는 곳이다. 그 결과 여섯 분자의 인산 글리세르산이 생성된다. 이 중 하나를 골라 다른 쪽으로 보낸다. 이 물질은 다른 대사 경로를 거쳐 탄수화물, 전분, 지방 혹은 아미노산으로 변형된다. 세포 내 고분자 물질의 구성 요소인 소분자 물질도 여기서 유래한다. 이런 식으로 한 차례의 춤사위가 마무리된다.

이제 탄소 세 개짜리 분자 다섯 개가 남았다. 이들을 각기 다섯 개의 탄소로 구성된 분자 세 개로 재배치하자. 그러면 회로는 다시 시작된다. 광합성을 하는 세포가 다섯 분자의 C3를 세 분자의 C5로 재배열한다는 사실을 믿어 보자. 하지만 춤의 현란한 발자취를 더 알고 싶다면 바로 소개하겠다. 두 분자의 C3가 합쳐서 한 분자의 C6가 된다. 이 분자가 깨지면서 C4, C2로 나뉜다. 이 분자들이 각기 원래의 C3와 결합한다. C2가 C3와 결합해서 C5가 된다. 그것이 우리가 원하는 것이다. C4 탄수화물은 C3와 결합하면서 바쌈이 발견했던 요상한 C7 탄수화물로 변한다. 탄소 일곱 개짜리 탄수화물에서 C2를 떼 내면 두 번째 C5가 만들어진다. 떼 낸 C2를 다시 원래의 C3와 반응시키면 마지막이자 세 번째 C5가 완성된다. 이제 우리는 본디 춤을 시작했던 자리로 다시 돌아왔다. 결과는 C5 탄수화물 세 분자다. 이제 세포는 세 분자의 이산화탄소를 맞을 채비를 끝낸 상태가 된다.

캘빈-벤슨 회로가 돌아갈 때 짝수-홀수의 무용은 그 자체로 이미 오래되었으며 지구가 현재 나이의 절반 정도일 때 비로소 시작되었다.

루비스코

캘빈 연구진의 공식적인 이름은 '생물 유기화학 그룹'이었다. 주요 구성원은 캘빈, 벤슨, 바쌈 그리고 버트 톨버트Bert Tolbert로 화학자들이며 아주 작은 분자들을 만들거나 부수면서 그것의 활성을 연구한다. 나중에 집단이 커지면서 생물학자들이 합류하긴[9] 했지만 그들 자신은 생물학자가 아니었다. 생화학자도 아니었다. 그렇지만 그들은 그 방향으로 나아갔다.

생화학은 생명체를 파악하는 화학이다. 그것은 생산물이 아니라 과정에 대해 말한다. 살아 있는 생명체가 어떻게 생명 유지에 필요한 유기물질 사이의 화학 반응을 매개하는지 연구하는 일은 흥미롭다. 이 질문에 대한 답은 보통 '효소와 함께'다. 효소는 단백질 분자이며 다른 분자들을 한데 모아 서로 반응하도록 설득하는 생물학적 촉매다. 화학적 의미에서 효소는 유기화합물이다. 그렇지만 효소는 유기화학이 강조하는 합성 분야를 넘어선다. 저절로 만들어지지도 않는다. 1940~1950년대 유기화학자들은 상대적으로 작거나(바쌈이 발견한 탄소 7개짜리 탄수화물은 34개, 엽록소는 137개의 원자로 이루어졌다) 동일 단위가 반복되는 베이클라이트와 나일론 같은 단순한 물질을 합성하거나 분해했다. 반면 단백질은 수천 개의 원자로 구성되고 조심스레 접혀 있다. 단백질을 구성하는 모든 분자는 자신의 자리가 있다. 예전에도 그렇지만 지금도 살아 있는 세포에서 빌린 단백질 합성 기제가 없다면 단백질을 만들지 못한다. 그래서 1950년대 생화학자들은 조류, 효모, 세균 혹은 배양 조직과 같은 생명체 내부의 효소를 연구하는 경향이 짙었고 생명체를 깨거나 원하는 물질을 뽑아내서 효소의 행동을 해석했다. 그들의 목표는 대사 경로를 구성하는 모든 종류의 다양한 반응을 촉매하는 효소를 밝히고 그것이 어떻게, 얼마나 잘 작동하는지를 알아내는 것이다.

방사능 표지 물질은 화학자로 구성된 캘빈 연구진이 생화학자가

9) 그중 하나인 클린트 풀러Clint Fuller는 배양 조류가 효모로 완전히 오염되었을 때 이를 해결하고 실험 조건을 개선했다.

되지 않고도 생화학의 성지로 들어가는 것을 허용했다. 광합성을 주도하는 효소에 대해 전혀 관심을 기울이지도 않았지만 그들은 탄소 회로의 그림을 그릴 수도 있었다. 그 회로가 합리적이라는 사실이 알려지자 벤슨은 효소에 관심을 두기 시작했다. 특히 이산화탄소를 이인산 리뷸로오스에 첨가하는 반응을 매개하는 효소였다. 보통 유기화학자라면 꿈도 꾸지 않을 효소가 벤슨의 관심 영역에 들어온 것이다.

벨기에 출신 방문 연구자인 자끄 마요돈Jacques Mayaudon과 함께 벤슨은 효소의 밑그림을 그리기 시작했다. 들여다보면 볼수록 그것은 낯익었다. 처가가 패서디나에 있어서 그랬기도 했지만 여전히 자주 들르곤 하는 칼텍에서 벤슨은 식물 잎 안의 단백질을 연구하는 샘 와일드맨Sam Wildman을 만났다. 당시 칼텍은 세계에서 단백질을 연구하기 가장 좋은 곳이었다. 화학을 연구하는 데 물리학적인 접근법을 구사하고 화학 결합의 원리를 정의했던 라이너스 폴링이 생물학 분야로 발길을 돌리고 있었다. 칼텍은 X-선, 원심분리, 전기영동법을 동원하여 단백질을 연구했다. 원자물리학에서 시작해서 새로운 '분자생물학' 분야가 태동하는 중이었다.

프로그램 일부로 와일드맨은 잎에서 세포를 분리하고 단백질이 아닌 것들은 모두 제거한 다음 무엇이 남아 있는지 확인했다. 거기에는 수천 개의 서로 다른 단백질이 있었다. 그렇지만 다른 것보다 훨씬 많은 양의 단백질이 발견되었다. 와일드맨은 그것을 '1번 단백질 분획'이라고 불렀는데 잎 추출물을 원심분리 했을 때 찾아낼 수 있는 첫 번째 단백질이기 때문이었다. 게다가 특히 단백질의 양이 많고 무거운 분자인 데다 무척 흔하다는 뜻이기도 했다. 어떤 종류의 잎에는 이 단백질이 전체의 절반에, 일부 조류에서 이 단백질은 전체 생명체의 4분의 1에 육박하기도 한다. 와일드맨이 잎에서 분리한 이 단백질에 대해 점점 알게 될수록 벤슨은 탄소를 탄수화물에 집어넣는 단백질에 대해 더 많이 알게 되었다. 벤슨은 그 두 가지가 사실은 한 가지이고 같은 것이라는 확신을 굳혀 갔다. 죽은 상태인 지구 대기의 이산화탄소를 살아 있는 식물의 내부 조직으로 되돌리는 단백질이 마침내 밝혀졌다. 가장 중요하다 여길 만한 이 단백질은 또한 가장 흔한 단백질이었다. 또한 이 분자는 촉매 기능을 가진 어떤 단백질보다 지구와 해양에도 풍부하게 포함되어 있었다.

이 단백질은 기이할 정도로 산소에 대한 친화성이 높다. 또한 탄소-13보다 가벼운 탄소-12 동위원소를 선호하기 때문에 지구의 과거를 이해하는 데 도움을 준다. 그리고 이 단백질은 예나 이제나 할 것 없이 지구의 환경을 다양하게 변화시킨다. 뒤에서 조금 더 상세히 살펴볼 것이다. 지금은 그 이름을 확인하는 것으로 만족하자. 다른 과학적 실재와 마찬가지로 이것도 한동안 모호한 이름을 가지고 있었다. '카르복시디스뮤타제'라는 설득력이 있는 용어에서 조금 우스꽝스러운 '3-인산-D-글리세르산 카르복실라제 산화효소(이합체)' EC 4.1.1.39라는 이름으로 불리기도 했다. 샘 와일드맨이 은퇴하기 직전인 1970년대까지만 해도 그 이름 그대로였다. 와일드맨의 동료가 단백질의 공식 명칭인 이인산 리뷸로오스 카르복실라제를 루비스코rubisco로 부르자고 제안했다. 비스킷을 만드는biscuit-making 것처럼 이상한 상상을 자극하기는 하지만 말이다. 그러나 이 용어는 바로 사람들의 시선을 사로잡았다. 세상에서 가장 보편적인 효소가 마침내 이름을 가지게 된 것이다.

루비스코는 벤슨의 이름을 널리 빠르게 알렸지만 상황은 그리 즐겁지 않았다. 벤슨이 고백했듯 무슨 일이 있었는지 확실치 않았지만 그 혹은 다른 사람들 처지에서 볼 때 요점은 명확했다. 비록 캘빈이 이인산 리뷸로오스가 이산화탄소의 수용기라는 발견에 관여했다 해도, 그는 동시에 과거 루이스와 함께 일할 때와는 사뭇 다르게 광화학 효과로 방출된 에너지가 어떻게 탄소 회로를 작동하는지 그 이론을 확립하는 데 더욱 노력을 기울이고 있었다. 그것은 아름다운 이론이었고 단순히 인산 글리세르산과 이인산 리불로오스의 순환이라는 사실보다 훨씬 포괄적이었다. 단순 회로 실험만으로는 불충분한 엽록소의 역할과 같은 내용도 설명할 수 있었기 때문이다. 캘빈이 미국 진보 과학 협회에서 그의 생각을 발표했을 때 아마도 당시 미국 최고의 미생물학자이자 광합성 이론가였던 코르넬리스 반 니엘Cornelis van Niel은 기쁨의 눈물로 환영의 뜻을 표했다. 오직 한 가지 문제는 그것이 잘못되었다는 점이었다. 결정적인 증거라고 여겼던 것이 사실이 아니었던 셈이다. 조금 더 자세히 조사하자 다른 증거도 입지가 좁아졌다. 캘빈은 다시 도를 넘었다. 당시 벤슨은 캘빈 프로그램 팀리더로서 결과를 착실히 내놓고 있었음에도 말이다.

용납할 수 없는 상황이라는 석연찮은 판정 탓에 벤슨은 방사선 실험실을 떠나야만 했다. 한 진술에 따르면 캘빈의 금연을 돕고 1949년 심장병을 앓고 난 뒤 30킬로그램의 체중을 감량하는 데 도움을 주던 캘빈의 부인이 '당신이 남아 있으면 캘빈은 다른 사람도 쫓아낼 것'이라고 벤슨에게 이야기했다고 한다. 식물이 이산화탄소를 받아들일 때 핵심 역할을 하는 단백질이 '1번 단백질 분획'이라는 취지로 마요돈과 함께 쓴 벤슨의 논문 초고는 그 실험실에서 나온 모든 논문처럼 구성원들의 지지를 받았지만 실험실 밖에서 빛을 보지 못했다.[10] 3년 뒤 그 내용

10) 1948년부터 약 10년 동안 벤슨은 캘빈과 12편의 논문을 썼다. 1957년 발표된 마지막 논문에는 마요돈이 저자로 참여했지만 루비스코 이야기는 없다. "번행초 잎 추출물로 이산화탄소를 이인산 리불로오스에 고정하다." 논문 제목이다(옮긴이).

을 다룬 논문이 게재되었다. 다른 연구진이 같은 결과를 내놓은 것이다. 이제 벤슨의 연구는 철 지난 뉴스가 되었다.

캘빈 실험실에 합류한 최초의 미생물학자인 클린드 풀러는 신랄하게 실험실의 균열을 지적했다. 1999년에 출판된(캘빈이 죽은 다음이다) 『광합성 연구』에서 풀러는 이렇게 적었다.

> 이 시점에서 나는 과거 버클리의 방사선 연구실에서 함께 광합성을 연구하던 당시 과학자들의 기억과 소회를 솔직하게 기술하고자 한다. 캘빈의 자서전 『빛의 흔적을 따라서』는 실험실에서 수행되는 연구, 특히 탄소의 경로 연구에 관한 한 매우 편협한 관점을 취했다. …… 175쪽에 이르는 그의 자서전 어디를 보아도 앤디 벤슨의 흔적을 찾을 수 없다. 아니 언급조차 하지 않았다. 대학원 시절부터 스웨덴 왕과 찍은 것을 포함해서 51장의 사진이 있지만 앤디의 얼굴은 그 어디에도 없다. 150개에 이르는 참고 문헌이 있지만 저자로 혹은 공저자로 오른 벤슨의 이름은 보이지 않는다. 벤슨의 이름은 아무 데도, 심지어 12쪽에 이르는 색인에도 없다. 캘빈의 연구 대부분에서 중요한 방향성을 설정하고 광합성 분야의 기술을 확립한 위대한 과학자의 공헌을 두고 개인적이거나 과학적으로 부당한 경멸을 표하는 것으로 보인다. …… 나와 버클리 동료 모두는 앤디와 알AI이 나중에 우리가 이루었던 성공적인 연구의 토대를 일구었다는 데 동의한다. 이런 불행한 일이 왜 생겼는지 잘 모르지만, 나는 캘빈의 자서전에 마땅히 정당하게 자리해야 할 벤슨의 공적을 역사가 기록해야 한다고 생각한다.

동부 해안으로 옮겨 간 벤슨은 두 가지 주제에 천착했다. 연구는 잘 굴러갔지만 삶은 녹록지 않았다. 1960년대 초반 그는 다시 캘리포니아로 돌아왔다. 이번에는 조금 남쪽 스크립스였다. 1961년 캘빈 회로를 발견한 업적으로 캘빈 홀로 노벨상을 받았을 때 벤슨은 거기에 있었다. 40년 뒤 벤슨의 사무실에서 그에게 캘빈이 노벨상을 받을 자격이 있느냐고 물었다. 그는 사려 깊고 익살맞았다. "어려운 질문인데요. 그 어느 누가 노벨상을 탈 자격이 있느니 없느니를 이야기할 수 있겠습니까? 그가 나보다 더 노벨상을 탈 자격을 갖추었다고 생각하세요? 아닙니다."

어쨌거나 별문제는 없을 듯싶다. 과학 역사의 흥미로운 점은 어떤 일을 누가 했든 상관없이 그 일이 이리저리 같은 방식으로 진행될 것이라고 믿는 경향이다. 사람들은 자연은 자연일 뿐이라고 말한다. 무미건조한 이름임에 틀림없는 루비스코를 그 누가 발견했든 그 효소는 그런 역할을 했을 것이다. 샘 루벤이 살았더라면 그가 멜빈 캘빈보다 몇 년 앞서 탄소의 여정을 밝혔을 것이다. 그리고 그보다 먼저 노벨상을 받았을 것이다. 아마 카멘과 벤슨도 함께 했을 가능성이 크다. 탄소의 여정이 어떨지 다른 방식으로 구상했을지도 모른다. 그렇지만 세 분자의 탄수화물과 다섯 분자의 탄수화물이 꼬리에 꼬리를 무는 방식 그리고 세포 안에서 진행되는 춤은 결코 다르지 않았을[11] 것이다.

과학적 발견은 예정된 것으로 보인다. 언젠가 그것은 밝혀질 것이

11) 역사가들을 매료시키는(인정하지 않는 사람도 있겠지만) '만약 그랬으면 어땠을까 what if' 투의 질문(일부는 인정하지 않을지라도)은 과학사에 관한 한 흥미롭지도 매력적이지도 않다. 발견이 아니라 이론에 이 질문을 던지면 사람들이 더 좋아할지도 모르겠다. 이론을 다른 방식으로 생각할 수 있는 마음과 문화의 산물로 간주하는 일이 훨씬 쉽다. 이를테면 빅토리아 시대 영국인과 다른 맥락으로 자연선택을 이해한다면 지금 우리가 보는 세상은 어떻게 달라졌을지를 생각하는 일은 자못 유쾌할 것이다(저자).

다. 어떤 사람이 못한다면 다른 사람이 할 것이다. 이는 과학적 업적을 깔보자는 뜻은 아니다. 다만 고명을 얹을 뿐이다. "세상이 굴러가는 방식, 그것이 그렇다는 것을 내가 최초로 보았다."라는 사고 방식은 그리 바람직하지 않다. 그뿐이다. 또 이런 경향은 과학에만 그치는 일도 아니다. 시인도 화가도 같은 생각을 할지 모른다. 그러나 만일 과학자가 그런 생각을 가졌다면 그는 그렇게 생각할 것이다. 자연 과학에서 과학자가 어떤 진실을 최초로 목격했고 그것이 사실이라면 결국 보편적인 것으로 받아들여질 것이기 때문이다. 그것은 모든 사람이 세상을 바라보는 방식을 바꿀 것이다. 그러나 예술적인 영감은 과학적 사실과 같은 보편성을 갖지는 않는다. 우리가 수긍한 진실이 가진 이런 보편적 힘을 다른 측면에서 보면 발견자의 필요성이 반감될 수도 있다. 누가 그것을 처음 보았든 그것은 세계가 굴러가는 방식의 일부분일 뿐이다. 대리엔Darien의 그 특정 봉우리를 처음 발견한 사람이 누구인지 모르지만 시간이 지나면 다 사라진다.

모든 것은 쇠락하기 마련이기 때문에 벤슨에게 그랬듯 과학 역사에서 무언가를 삭제하는 데는 대가가 따른다. 무언가 그럴싸한 작업을 하고 있고 마음속의 고향으로 여기며 직접 주도적인 역할을 담당하는 팀에서 축출되었을 때 상황은 비참해진다. 능히 노벨상을 탈 만한데도 그러지 못하는 운명도 고달프다. 분명히 마틴 카멘도 속이 상했을 것이다. 그렇지만 벤슨의 삶은 더욱 불운했다. 그는 다른 것도 잃었다. 자식들이 정신적 지체로 힘들어하다 자살했기 때문이다. 상처에 소금을 뿌리듯 아팠을 것이다. 그렇지만 그는 연구에 연구를 거듭했다. 친구가 있었고 새롭고 유용한 기술을 개발했다. 흥미로운 분자도 찾아냈다. 또 별난 주제에 몰두하기도 했다. 식물의 성장을 촉진하는 메탄올의 역할을 연구한 일이 그런 사례다(메탄올의 친화적 태도 중 일부는 엽산이 충분하다면 메탄올은 전혀 해롭지 않다는 것이다. 메탄올로 마티니를 만들 수는 있겠지만, 내 부인에게 마시도록 하지는 않을 것이다). 사람보다 덜 고상하게 죽는 연어의 노화 과정을 알아보기 위해 북서부를 여행하기도 했다. 그러다가 젊은 시절 관심을 가졌던 인류학의 불씨를 지피기도 했다. 약 한 세기 전에 연구된 프란츠 보아즈Franz Boas 원주민을 만난 덕택이다. 벤슨은 그들을 친구로 생각했다. 우연히 라호야에서 마주친 과학 거장이자 보아즈 출신 증손자에게 그들을 소개하기도 했다.

그의 사무실에서 이야기하는 동안 태평양에 일몰이 찾아왔다. 힘들여 과거를 회상하면서 벤슨은 무언가 답변을 해야 한다고 느꼈다. 그는 전망을 가진 사람이었고 그것을 전달하는 일을 좋아했다. 기꺼이 그는 오래된 X-선 영상을 서랍에서 꺼내 탄소-14가 표지된 이인산 리뷸로오스의 검은 점을 가리켰다. 젊은 시절 그가 얻은 결과였다. 그는 과거에 자부심을 가졌지만 오랜 세월 입을 다물었다. 늦게나마 탄소의 여정 연구에 그의 역할이 널리 알려졌다는 사실에 그는 행복해했다. 광합성 연구 왕국에서 캘빈 회로 대신 캘빈-벤슨 회로가 살아난 것을 매우 기쁘게 여겼다(어떤 사람들은 캘빈-벤슨-바쌈 회로라고도 불렀다. 그것도 좋아했다). 그러나 벤슨은 과거에 살고 있지 않다. 그는 자신의 일을 하고 있으며 현재가 그리고 미래가 더 중요하다. 나와 이야기하는 도중 그는 북서부로 여행을 준비하노라고 귀띔했다. 지금은 그 일이 그에게 급선무인 것이다.

이야기를 마치고 나는 스크립스를 조금 더 걸었다. 그저 그 장소를 즐긴 것이다. 파도가 솟고 그림자가 길어지는 동안 멍하니 서 있었다. 나의 과거를 생각하면서 멀리 주차장에 있는 벤슨을 보았다. 1961년 덴마크에서 구입한 아름답고 하얀 메르세데스에 여행 준비물을 챙기느라 분주한 모습이었다. 그 어느 때보다 평화로워 보였다. 과거를 추억하는 대신 무언가를 이루어 낸 사람처럼 보였다.

그도 나를 보고 행복하게 미소 지었다. 손을 흔들었고 곧 차가 떠났다.

2장 에너지

가을 그리고 에너지 보존
로빈 힐과 케임브리지 생화학
산소는 어디에서 오는가?
다니엘 아르논과 엽록체의 분리
Z-체계
피터 미첼 그리고 막의 역할

정열 가득한 화가는
공작 깃털처럼 찬란한 색상으로
우리를 놀라게 하지만
나는 붉은 먼지에서 되려
위안을 얻네.
은하수의 초석인 먼지
달지도 차지도 않지만
값을 매길 수 없는 화합물로
일시적 정열을 나누어 준다.
꼭두서니 배당체 화합물은
한없는 기쁨이여.
내 심장 저 깊은 곳의 기쁨이여.

C.L.G., 〈과학의 감미로움〉[1)]

1) 1936년 7월 15일, 영국의 풍자만화 잡지인 《펀치Punch》에 실렸다. 염료를 얻는 식물인 유럽 꼭두서니madder의 생화학을 연구한 로빈 힐의 《네이처》 논문에서 영감을 얻었다고 한다.

가을 그리고 에너지 보존

자전거로 케임브리지에서 바르톤 길을 따라 몇 킬로미터를 달리면 만나게 되는 배치스Vatches 농장 정원에는 그저 그런 영국의 여름 햇살이 가을의 흙 안으로 내려와 저장되고 있다. 나무 아래에서 발효 중인 사과는 약간 달콤하면서도 썩은 내를 공기 중으로 내보낸다. 마치 문을 열고 들어섰을 때 오래된 가게의 나무 찬장에서 날 법한 냄새와 비슷하다. 그 냄새는 계절이 갔음을 증언하고 있는 듯하다. 10월의 오후는 아름답게 밝다. 차양 벽에는 다디단 포도가 주렁주렁 매달려 있지만 겨울은 이미 발길을 떼었다. 농부들은 대부분 수확을 갈무리했다. 호두도 한 주 전에 다 수확했다. 남은 것은 다람쥐 차지가 될 것이다. 구즈베리가 사라진 지도 오래되었다. 땅에 떨어진 채 방치된 일부 과일들이 공기 중에 특유의 향을 내뿜고 있다.

향기는 생명의 표상이다. 세균은 과일 속의 탄수화물을 알코올로 변화시킨다. 발효를 통해 살아갈 밑천인 에너지를 얻는 것이다. 생명체 내부의 분자 기제가 이런 일을 수행한다. 새로운 분자의 합성, 필요한 영양소의 흡수, 손상된 DNA의 복구, 새로운 딸세포를 만드는 일 모두 에너지가 필요하다. 또한 발효는 달콤한 향기를 공기 중으로 내보낸다.

이 과정을 진행하고 에너지를 생산하는 탄수화물은 광합성을 통해 제공된다. 캘빈-벤슨 회로가 보여 주는 탄수화물을 만드는 힘이 우리 모두에게 중요한 까닭은, 사과 열매에서 효모가 그러하듯 우리 인간도 이 탄수화물 혹은 그 유도체를 분해하면서 에너지를 얻기 때문이다. 또 우리가 빼낸 에너지는 다시 채워야 한다. 캘빈-벤슨 회로를 거쳐 어떤 생명체가 전혀 에너지를 뽑아낼 수 없는 이산화탄소를 탄수화물로 전환하려면 에너지원이 필요하다. 캘빈-벤슨 회로는 저절로 굴러가는 게 아니다. 무언가 힘을 가해 주어야 한다. 광합성은 단순히 탄소를 고정하는 회로가 아니다. 광합성은 탄소를 고정하는 에너지에 관한 이야기다.

에너지와 일 그리고 열의 과학인 열역학의 토대가 되는 원칙 중 하나는 에너지가 보존된다는 점이다. 에너지는 형태를 바꿀 수 있지만 결코 만들어지거나 파괴되지 않는다. 열역학 제1 법칙인 에너지 보존의 법칙이 조금이나마 근대적 모습을 띠게 된 것은 1840년대 로버트 마이어Robert Mayer 덕이다. 우리가 알고 있는 에너지라는 개념이 과학계에 등장하기 조금 전이다.

네덜란드의 동인도 회사에서 일하던 독일의 의사인 마이어는 열병에 걸린 선원의 정맥에서 채혈한 피의 색깔이 예상했던 것보다 훨씬 붉다는 사실에 의구심을 품었다. 혈액의 붉은 색은 산소를 운반 중이라는 사실을 의미한다. 다시 말해 선원의 조직이 산소에 대한 욕심을 부리지 않았다는 표시다. 심장에서 나온 산소 대부분이 조직에서 사용되지 않고 다시 돌아간다는 말이다.

적도 지방에서는 조직이 열을 내야 할 필요가 줄어들기 때문에 선원들이 추운 지방에서보다 산소를 덜 사용한다고 마이어는 추론했다. 이런 추론을 거쳐 마이어는 보다 보편적인 가설, 즉 신체가 만들어 내는 열은 산소를 써서 음식물을 분해하는 과정에서 나온다고 보았다. 18세기의 위대한 화학자 라부아지에는 동물의 호흡이 무기 세계에서 볼 수 있는 연소의 특별한 형태이며 산소와 음식물 사이의 반응이라는 의견을 피력했다. 비록 널리 받아들여지지는 않았지만 마이어 시대의 화학자들 사이에서는 이런 믿음이 팽배했다. 마이어의 접근 방식은 신선했고 정량적이었다. 신체가 생산하는 열의 총량은 음식물에 숨어 있다가 힘으로 방출되는 양과 같아야 한다고 마이어는 생각했다. 음식물이 산소와 반응할 때 생길 수 있는 잠재력이다. 나중에 에너지라고 명명된, 힘을 생산하는 능력은 한 가지 형태에서 다른 형태로 변하지만 추가되거나 줄어들지 않는다.

마이어는 어디로 그를 이끌든 가설을 끝까지 따라가 보기로 했다. 그의 가설은 태양으로 향했다. 식물에 햇빛이 필요하다는 사실은 오래전부터 알려졌다. 그렇지만 자바 정글의 푸르름 속에서 햇빛은 식물의 생계를 유지할 뿐만 아니라 식물을 먹는 동물의 에너지원이기도 하다고 마이어는 생각했다. 식물은 빛이라는 물리적 형태의 에너지를 화학적 형태로 바꾸었다. 그리고 식물과 초식 동물 모두는 그 에너지를 사용한다.

마이어는 과학계 주류가 아니었다(만약 그가 과학계 주류에 있었다면 그리 먼 적도 지방에 가서 선원들의 건강을 돌보지는 않았을 것이다). 대학에서 쫓겨난 후 공식적인 기관에도 소속되지 않았다. 실험에도 관심이 없었고 수학 실력도 뛰어난 편이 아니어서 야망을 펼치기도 어려웠다. 1842년에 출판된 잠재적 힘의 보존에 관한 그의 논문은 철저히 무시당했다. 몇 년 지나 다른 사람들도 비슷한 관찰을 논문으로 발표했다. 마이어의 논문에서 볼 수 없었던 수학과 물리학적 통찰이 동원된 것들이었다. 여전히 마이어는 태양에서 에너지를 추출하는 방법을 생각하느라 골머리를 썩었다. 끝없이 떨어지는 유성들이 태양 표면을 작열한다는 가설을 고집했지만 성과는 미미했다. 1850년 그는 자살을 시도했다. 정신병동에 격리되기도 했다. 그는 자기 부정을 통해 정신을 되찾았다. 광기로 몰아갔던 과학적 연상에 스스로를 몰입시키지 말자고 채근하면서 서서히 현실감을 되찾았다.

그러나 열역학과 결부된 과학이 진일보하면서 뒤늦게나마 마이어의 공적을 인정하는 분위기로 흘러갔다. 위대한 가설을 제시한 선구자로 마이어를 새롭게 보기 시작한 것이다. 1860년대 그는 영광스러운 선구자가 되었다. 1878년 죽음에 이르렀을 때 그는 위대한 원로이자 열역학 제1 법칙을 창안한 사람으로 인정받았다. 명백한 이유로 열역학이 지대한 관심을 보이는 증기기관이나 전류로까지 가설을 확대하지 않았지만 그는 세계를 통합적으로 본 사람이었다. 생리학자로서 마이어는 생명의 과정을 사고했으며 그 과정이 에너지의 연속적인 물리적 흐름과 다름없다고 보았다. 생명에 활기를 불어넣는 특별한 것이 있다는 물활론이 팽배하던 시절에 마이어는 생명이 우주를 통해 오는 에너지의 흐름이라는 관점을 취한 것이다.

그 자체로도 영감을 주지만 마이어가 정식화한 에너지 관점의 사고방식은 어두운 측면도 있다. 열역학 제2 법칙에 숨어 있는 내용이다. 닫힌계에서 에너지가 보존된다면 그 에너지의 유용성은 불가피하게 줄어들 수밖에 없다. 19세기의 열역학자들이 대부분 증기기관에 총력을 기울인 점을 생각해 보자. 엔진이 일을 하려면 항상 차가운 부분과 뜨거운 부분이 공존해야 한다. 일하는 동안 엔진의 뜨거운 부분은 차가워지고 차가운 부분은 따뜻해진다. 에너지의 총량은 변하지 않을지 모르지만 그 분포는 변한다. 차가운 곳과 뜨거운 곳이 질서 있게 배치된 에너지의 불균등한 분포 때문에 일을 할 수 있는 것이다. 무질서한 것은 일을 하지 못한다. 그러나 다른 조건이 동일하다면 무질서가 언제든 승리한다. 우주는 쓸모없는 방향으로 흘러가는 경향이 있다. 질서가 부족한 단조로움을 향해 가기 때문이다.

열역학은 무용함을 향해 가는 경향성을 '엔트로피'로 명명했다. 에너지처럼 엔트로피도 어떤 계의 물리적 특성이다. 에너지는 일을 할 수 있게 해 준다. 엔트로피는 그 일을 하는 데 지불한 비용이다. 엔트로피가 없다면 에너지는 계속해서 일하는 데 사용될 것이다. 제1 법칙에서처럼 에너지는 어디로 사라지지 않기 때문이다. 그렇지만 제2 법칙은 그런 일은 없다고 잘라 말한다. 에너지가 쓰이면서 유용함은 줄어들고 무용함이 축적되기 때문이다. 열역학 제2 법칙은 엔트로피가 영구적으로 늘어난다고 말한다. 19세기의 위대한 물리학자 루트비히 볼츠만Ludwig Boltzmann은 마이어와 달리 자살로 생을 마감했다. 그는 무질서의 불가피함을 확률 개념을 빌려 설명했다. 질서 있는 계는 존재 가능성이 작다. 무질서한 계가 존재할 가능성이 확률적으로 큰 것이다. 볼츠만은 열역학 제2 법칙을 닫힌 계가 확률적으로 존재할 가능성이 높은 쪽으로, 다시 말하면 질서가 적은 쪽으로 변환된다고 말했다. 유용성이 떨어진다는 말이다. 엔트로피적 무용성은 증가 일로에 있다. 질서 있는 계는 다시 만들어지지 않는다. 가을은 그 자체로는 봄을 재건하지 못한다.

발치 아래 낙엽처럼 세계의 쓸모없음이 증가한다는 생각은 19세기 물리학자들이 마주한 문화적 부담감이었다. 증기기관이나 빛에 대비되는 우중충함이랄까? 우주의 에너지가 완전히 고르게 분포하고 엔트로피가 최고조에 이르면 '열의 죽음'이 불가피하다는 우주적 염세주의가 판을 쳤다. 그것은 태양이 지구나 하늘처럼 차가워지면 변화는 더 일어나지 않고 시간도 그 의미를 잃을 것으로 생각했다.

얼핏 보기에 생명은 엔트로피가 증가한다는 법칙에 대한 예외로 보인다. 매년 겨울이 지나면 생명의 질서는 새롭게 용솟음치는 것 같다. 사실 생명은 열역학 제2 법칙을 위반하지 않는다. 다만 이용할 뿐이다. 생존하기 위해 엔트로피를 의도적으로 이용하는 것이다. 생명체는 살아 있기 위해 상당한 양의 일을 해야 한다. 생명체 내부를 끊임없이 만들고 고장 난 곳을 수리해야 한다. DNA 이중나선에서 오스트리아의 물리학자에 이르기까지 생명의 구조는 경이롭고 찬란하지만 결코 있을 법하지 않다. 생명은 자신이 살아가는 방식으로 살기 위해 엄청난 양의 엔트로피를 쏟아 낸다.

만일 지구가 닫힌계라면 엔트로피가 끊임없이 생산되는 일은 영속되지 않을 것이다. 그렇지만 지구는 열린계다. 지구는 태양에서 에너지를 흡수하고 우주로 열을 방사한다. 바로 이것이 생명체에 커다란 엔진을 달아 준다. 볼츠만은 이렇게 말했다. "지구와 태양 사이에는 엄청난 온도 차이가 있다. …… 지구의 온도에 이르기까지 태양의 에너지는 거의 있을 법하지 않은 전이 형태를 띨 것으로 간주된다. 증기가 물이 되면서 온도가 떨어질 때 일을 하듯이 태양과 지구 사이의 온도 차이를 일하는 데 사용할 수 있다."

이제 광합성이 등장할 순간이 되었다. 광합성이 없다면 태양 빛은 단지 지구를 덥히는 데 그칠 것이다. 에너지가 직접 열로 전환되었다는 뜻이다. 대양보다 육지를 더 많이 덥히기 때문에 해안가에는 미풍이 불 것이다. 극지방보다 적도를 더 많이 덥히기 때문에 해류가 흐른다. 그러나 그것만으로는 생명이 생겨날 수 없다.

증기기관이 그러는 것처럼 온도 차이에 따라 바람과 비의 세계가 움직인다. 그렇지만 온도 차이가 크지는 않다. 밤에 따뜻한 대양과 차가운 대륙의 온도 차이는 몇 도 정도이고 극지방과 적도의 온도 차이는 몇십 도에 그친다. 광합성의 세계에서 태양광 에너지는 물체를 덥히는 데 사용되지 않고 연속적인 몇 단계의 화학 반응을 매개한다. '불가능할 것 같은 전이 형태'가 만들어지는 것이다. 여기서 '불가능할 것 같은'이 의미하는 바는 볼츠만이 상상했지만 기술하거나 수량화할 수 없었던 엔트로피를 낮추는 일이다. 식물의 작업은 바람이나 대양에서처럼 열이 아니라 화학적으로 진행되기 때문에 에너지가 허용하는 일의 양은 햇빛에 의해 가열된 잎과 차가운 주변 환경 사이의 온도 차에 의해 제한을 받지 않는다. 그것은 태양의 온도와 잎의 온도 차에 의해 제한을 받는다. 광합성을 통해 식물 안으로 들어오는 태양 빛이 하는 일은 물을 덥힐 때 햇빛이 하는 일의 열 배가 넘는다.

이 에너지는 캘빈-벤슨 회로를 통해 새로운 탄수화물 분자를 결합하는 데 쓰인다. 탄수화물 분자 결합이 깨지면서 다시 에너지가 유리된다. 이것이 지구상에서 일어나는 모든 물질대사를 추동하는 힘이다. 따라서 생명의 모든 경이로움은 여기에서 나온다. 자유 에너지를 저장하는 광합성이 없다면 세상은 거리낌 없이 엔트로피를 만들 것이며, 태양이 존재하는 한 있을 법하지 않은 질서가 형성되고 식물은 빛을 이용한다는 투의 지식이 필요하지도 않을 것이다. 우주에서 무제한으로 공급되는 에너지가 세상을 연다는 관점은 마이어, 볼츠만 그리고 그들을 추종하는 많은 과학자들의 마음을 사로잡았다. 20세기 러시아의 생지구화학자 블라디미르 베르나츠키Vladamir Vernadsky는 이런 열역학적 개념을 '생물권biosphere' 이라는 말로 집약했다. 19세기 생물권은 지구에 살아 있는 모든 생명체의 총화 또는 생명체가 포함된 지각을 의미했다. 그렇지만 베르나츠키는 열역학적 개념을 편입시켜 보다 역동적인 의미를 추가했다. 생물권은 '우주 에너지가 변환되는 영역'이다. 태양이 가동하는 행성 차원의 엔진, 그것이 베르나츠키의 생물권이다.

베르나츠키 관점이 현대적으로 변형된 모습은 이 책 여기저기에서 소개될 것이다. 내가 보기에 그 관점은 상당히 추상적이지만 매우 중요하다고 생각된다. 변화하는 생명체를 추동하는 힘은 결코 추상적 차원이 아니다. 변형된 '우주 에너지'가 바로 태양 빛이다. 적도의 우림에서 선원의 붉은 피를 보고 놀란 마이어가 상상했던 것과 같다. 그렇지만 태양 빛은 어떻게 일을 하는가? 빛 에너지는 어떻게 생명체의 화합물에 편입된 것일까? 마이어는 그 답을 몰랐다. 볼츠만은 완전히 수수께끼라고 말했다. 베르나츠키도 뾰족한 수는 없었다.

마이어가 제기한 문제에 대한 해답을 얻기까지 한 세기가 더 걸렸다. 많은 부분은 배치스 농장에 사과나무를 심었던 한 남자에 의해 해결되었다. 숫기 없지만 영명했고 괴벽스러웠던 영국인, 로버트 힐Robert Hill이 바로 그 주인공이다.

로빈 힐과 케임브리지의 생화학

로버트로 세례를 받았지만 힐의 가족들은 그를 로빈으로 불렀다. 그래서 우리도 로빈이라고 부른다. 그는 과학자로 기억되지만 어릴 때부터 징조가 보였다. 그러나 그는 정원과 교외의 꽃을 사랑하던 화가이기도 했다. 그는 농부로 혹은 화가와 조각가로 남을 수도 있었다. 과학에서만큼 예술 분야에서 뛰어난 업적을 남기지는 못했지만 그의 개성을 채색하기에는 부족함이 없었다.

1910년대 기숙학교에 다니던 10대의 로빈은 기상학에서 두각을 나타냈다. 20대에 접어들어 힐은 독특한 물고기-눈 카메라를 만들었다. 땅바닥에 놓으면 하늘이 다 보이는 장치였다. 하늘 사진이 꼭 쓸모

있지는 않았지만 아름답기는 했다. 은퇴 후에도 케임브리지에 사무실이 있는 그의 동료 데렉 벤달Derek Bendall은 힐이 찍은 엘리 대성당의 둥근 천장 사진을 간직하고 있었다. 힐은 또한 땅 가까운 쪽에도 관심을 보여 대청woad[2], 꼭두서니madder 및 전통 식물에서 추출된 염료도 만들어 사용했다. 이런 기술은 1914년 독일 화학 공장이 더 이상 염료를 생산하지 않게 되자 실용적인 의미를 가지게 되었다.

식물 색소와 염료에 대한 그의 관심은 평생 지속되었다. 그의 실험실이 수십 년 동안 화합물로 난장판을 이루었다고 소문이 난 일도 결국은 그가 색깔이 어떻게 바래는지 알고자 했기 때문이었다. 배치스 농장 화단에는 언제나 대청이나 색소 식물이 가득 자라고 있었다. 노년에 그가 기벽을 보인 것도 다 이런 그의 습관과 관련이 있었다. 말년에 그는 실험실 방문객에게 기괴한 모습을 연출하면서 이렇게 중얼댔다. "나는 꼭두서니야, 알아?"라고 하면서 즐거워했다고 한다. 아마도 비대칭적인 그의 눈썹도 분명 한몫 더했을 것이다. 오른쪽 눈썹은 내리고 왼쪽 눈썹을 치켜뜬 채 움직이면서 까닥까닥하는 행동은 나이가 들면서 더 심해졌다.

1917년 학교를 떠난 힐은 제1차 세계 대전을 맞닥뜨려야 했다. 그는 기상학 분야에서 일하기를 원했다. 적임자였기 때문이다. 그러나 전쟁 사무소에서는 화합물을 다루는 그의 기술이 살상용 화학무기 억제제anti-gas를 만드는 곳에 적합하다고 판단했다. 그래서 전쟁이 끝날 때까지 그는 런던에서, 어떤 실험실에서 혹은 클라팜 코몬이라는 도시의 남부에서 보냈다. 부모에게 보낸 편지에서 '불쾌하고 기침이 끊이

2) '청출어람이 청어람'이라고 할 때 청woad이다. 푸른색 염료로 쓰이는 식물이다.

지 않는 구질구질한 일'을 했다고 적었다. 그렇지만 최소한 그는 불쌍했던 샘 루벤보다는 상황이 나았다.

전쟁이 끝난 뒤 그는 자신이 원했던 케임브리지에 자리를 잡을 수 있었다. 그리고 그곳이 평생 힐의 집이 되었다. 그는 프레데릭 가울랜드 홉킨스Frederick Gowland Hopkins의 생화학 부서에 합류했다. 머지않아 홉킨스의 연구실은 세계에서 가장 촉망 받는 부서로 인정받게 된다. 1902년에 이름을 얻은 생화학은 신생 학문이었고 1920년에야 부서가 설립되었다. 생화학 원리는 효모를 연구하던 미생물학, 화학 그리고 신체의 제반 과정을 연구하던 의학 및 생리학 분야에서 비롯되었다. 처음에는 모든 것이 쉽지 않은 법이다. 홉킨스는 비타민 연구로 명성을 얻었지만 케임브리지 생화학 부서를 운영하고 기금을 마련하느라 10년 넘게 행정적인 업무도 마다하지 않았다. 비좁은 지하실에 비치된 초기 원심분리기도 무질서하게 놓여 있었다.

홉킨스는 의료 분야에 적용 가능한 문제를 풀기보다는 생명의 가장 기본적인 과정을 이해하고자 분주했다. 영국의 의학 연구 협회 초대 회장을 지냈고 홉킨스와 함께 근육 섬유의 화학을 연구했던 생리학자 왈터 플레처Walter Fletcher는 케임브리지 생화학과가 생기는 데 굳건한 동맹군이기도 했지만 나중에 홉킨스가 실용적인 경향이 부족하다고 비난했다. 1927년 그는 동료들에게 이렇게 썼다.

> 나는 홉킨스에게 비타민을 발명한 공로를 인정받았지만 금메달을 딴 것 말고 지난 10년 동안 그 주제를 비틀어 무언가를 해 본 게 거의 없지 않느냐고 말했다. 그의 실험실에는 단백질 분자와 산화환원 전위 등을 끔찍하게 배운 젊고 현명한 유대인과 수다스러운 여인이 가득하지요. 그들은 모두 생물학에서 멀어지려 작정한 듯합니다. 비타민

이야기는 분석을 필요로 하지요. …… 케임브리지의 영혼은 그걸 들여다볼 생각조차 없는 것 같습니다.

그러나 생화학 부서는 생물학에서 멀어지지 않았다. 대신 새로운 생물학 분야를 향해 갔다. 생명의 기제를 먹여 살리는 구성 요소, 즉 영양에 관한 관심을 덜 쏟는 대신 메커니즘 자체에 더 신경을 쓴 것이다. 예를 들어 플레처가 수다스러운 여자라고 불평했던 사람이 분명한 마조리 스테펜슨Marjory Stephenson은 비타민을 연구했지만 마침내 생화학에 바탕을 둔 미생물학 분야를 개척했다. 미생물이 어떻게 환경에 반응하는지를 연구했던 것이다. '산화환원 전위'를 철저하게 연구한 사람 중 하나인 힐도 식물이 태양 에너지를 어떻게 다루는지 이해하는 쪽으로 연구 방향을 틀었다.

처음에 힐은 자신이 만들었던 염료를 포함해서 식물 색소를 연구하고자 했다. 하지만 홉킨스는 다른 생각을 하고 있었다. 나중에 힐은 홉킨스가 단지 배설 기관이 부족하다는 이유로 식물 연구를 승인하지 않았다고 말했다. 자신의 배설물을 안고 사는 식물은 분명 더러운 생명체일 거라면서 말이다. 그의 부서에는 이미 식물 전문가인 온슬로 부인이 있었다. 그는 잘 확립된 분야를 연구하는 것이 구체적인 성과를 낼 것이라고 느꼈을 것이다. 그렇다면 그가 옳았다.

힐은 플레처가 불평했던 바로 그 일, '단백질 분자와 산화환원 전위 등'으로부터 연구를 시작했다. 혈액에서 산소를 운반하는 헤모글로빈 분자였다. 식물에서 멀리 떨어진 것처럼 보였지만 힐은 실제적인 기술과 이론적인 통찰을 얻었다. 나중에 광합성 과정에서 에너지의 흐름을 연구할 때 밑거름이 될 것이었다.

산소를 향한 헤모글로빈의 친화력과 색깔은 그 분자 속에 끼어 있

푸른 색소와 붉은 색소

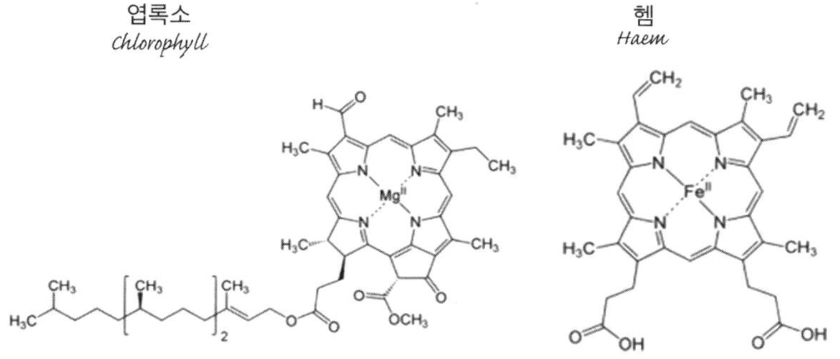

엽록소
Chlorophyll

헴
Haem

는 철 이온으로 설명할 수 있다. 포르피린이라고 부르는 분자 상자에 원자가 끼어들어 있는 모양새다. 포르피린은 평평하고 네모지며 중간에 빈 곳을 가진 분자여서 마치 철사로 만든 브로치 중간에 금속을 느슨하게 끼워 놓은 구조이다. 헤모글로빈처럼 포르피린 상자 안에 철이 있으면 헴heme이다. 세포가 금속을 끼워 넣어 그 특성을 이용하는 것이다. 식물이 햇빛을 흡수할 때 사용하는 색소인 엽록소는 포르피린 상자 안에 마그네슘 원자가 들었다.[3] 그 때문에 엽록소는 녹색을 나타낸다. 그렇지만 여기서 엽록체는 부수적인 관심을 끌 뿐이다. 힐의 과학적 업적 중에 엽록체는 그리 중요하지 않았고 그림 그리기에도 탐탁지 않은 색소였다.

홉킨스 실험실에서 처음 1년 동안 힐은 헤모글로빈 분자 안에 박혀 있는 헴을 꺼내고 다시 집어넣기에 적절한 용매를 찾느라 노력했다. 또

3) 맨체스터에서 마이클 폴라니와 함께 포르피린과 광화학을 경험한 덕분에 멜빈 캘빈은 버클리 광합성 연구진에 합류하게 되었을 것이다.

그는 헴을 원상태로 복원하는 대신 포르피린 상자 안에 각기 다른 색깔인 구리나 아연이 든 화합물로 바꾸는 방법도 찾아냈다. 홉킨스 실험실의 최초 연구원인 위대한 생물학자 J. B. S. 홀데인Haldane은 풍자하듯 힐의 연구가 지닌 파급력을 서술했다.

힐의 연구 덕에
우리 알약 속 철이 사라졌네.
창백한 사람은 다시 원기를 찾길 바라지.
아연이 함유된 새로운 색소는 어떨까?
아니면 주치의가 허락한다면
철을 구리로 바꾼들 또 어떤가?

1924년 생화학 부서 개소식에서 연구진은 자신의 최근 연구 결과를 발표할 예정이었다. 힐은 여러 가지 색깔의 포르피린을 보여 주면 좋을 것이라 생각했다. 반응은 좋았다. 특히 살아 있는 생명체가 어떻게 에너지를 다루는가에 대해 기본적인 발견을 이어 가던 저명한 폴란드 과학자 데이비드 케일린David Keilin의 관심을 끌었다. 케일린은 케임브리지 사람들의 환영을 받았지만 전반적으로 약한 체력 때문에 열정을 끝없이 이어 가지는 못했다. 그는 힐에게 전문적일 뿐만 아니라 사적으로도 커다란 영향을 미쳤다. 당시 그는 눈치채지 못했지만 케일린은 이미 생명체가 태양 빛을 저장하는 방식을 이해하고 있었다.

케일린의 주된 연구 관심은 기생충이었지만 아주 작고 기이한 생명체인 말파리의 헤모글로빈을 보게 되면서 생화학의 기이함에 관심을 가지게 되었다. 작은 분광 기계를 써서 케일린은 파리의 날개 근육을 연구하고 있었다. 시료에 빛을 쬐어서 어떤 파장의 전자기파가 흡수되는지 알아보는 작업이었다. 헤모글로빈에 의한 빛의 흡수는 독특한 양상을 보였다. 어디에서도 본 적이 없는 스펙트럼이었다. 대신 케일린은 생소한 다른 네 개의 독특한 스펙트럼 유형을 발견하게 되었다. 네 가지 특정 파장의 빛을 흡수하는 양상을 보인 것이다. 다른 곤충에서도 비슷한 현상을 발견한 케일린은 이제 세균도 관찰하기 시작했다. 그렇지만 항상 같은 결과가 나오지는 않았다. 미친 듯이 날갯짓하는 나방의 근육에서도 그와 비슷한 강한 스펙트럼이 나타났다. 그렇지만 편히 쉬고 있는 나방에서는 그 흡수 파장이 현저하게 줄어들었다. 그와 비슷하게 액체 안에 조용히 떠 있는 효모는 주변에 있는 산소를 다 써 버린 상태였고 강한 스펙트럼을 보였다. 하지만 세게 흔들어 주면서 산소를 공급하자 스펙트럼이 다시 사라져 버렸다.

케일린은 이런 특징적인 흡수대를 가진 물질을 시토크롬(시토는 세포, 크롬은 색소)이라고 불렀다. 시토크롬이 '산화'되었느냐 '환원'되었느냐에 따라 흡수 스펙트럼이 나타났다 사라지기를 반복했다. 화합물에 전자electron가 첨가되면 환원된 것이다. 반대로 없어지면 산화된다. 정의상 두 과정은 항상 함께 진행된다. 화합물에서 빠져나간 전자는 어딘가에 다시 달라붙어야 하기 때문이다. 세상에서 전자가 홀로 돌아다니는 법은 없다. 한 물질이 환원되는 동안 다른 물질이 산화되면 이를 산화환원 반응이라고 부른다.

다른 화학 반응처럼 산화환원 반응도 열역학적 법칙에 따라 이해할 수 있다. 반응 생성물의 이른바 '자유 에너지'가 그것을 만드는 데 필요한 물질의 자유 에너지보다 적다면 반응이 진행된다. 일반적으로 열역학 법칙은 에너지를 고르게 펴고 엔트로피를 증가시키는 것을 일컫는다. 있을 법하지 않거나 질서가 있는 상태에서 예상할 수 있는 무질서한 상태로 변하게 된다. 에너지 흐름을 이렇게 표현하면 과학적인 것과 거리가 있어 보이지만 어쩔 수 없는 경우도 생기는 법이다. 양자역학을 시작한 물리학자인 막스 플랑크Max Planck는 '열역학을 의인화하려는 시도'라고 불만을 토로했다. 모든 것에는 적합한 은유가 있다. 내리막길을 내려가는 물체, 자유 에너지를 포기한 화합물, 전압차를 따라 흘러가는 전자, 스스로 깨져 떨어지려는 우라늄 원자. 자유 에너지를 낮추고 엔트로피를 높일 필요가 있을 때 열역학은 욕망의 과학을 만든다.

산화환원 반응을 촉진하는 것은 전자의 욕망이다. 두 화합물 사이에 욕망의 차이가 클수록 전자는 한 화합물에서 다른 화합물로 쉽게 옮겨간다. 철과 산소를 생각해 보자. 철은 핵에서 멀리 떨어진 전자를 느슨하고 편히 대한다. 반면 산소는 전자를 강하게 탐한다. 따라서 전자는 철에서 산소로 옮겨간다. 그 결과가 녹rust이다.

전자가 흐르게 하는 산소와 철의 이러한 차이가 곧 '산화환원 전위'의 차이로 나타난다. 전선과 저항기의 전위차와 마찬가지로 산화환원 전위는 볼트로 측정된다. 건전지 단자 사이로 전자가 흐르듯 산화환원 전위를 따라 전자가 흐를 때 일을 할 수 있는 에너지를 제공한다. 전류가 흐르면서 불을 밝힐 수 있듯이 세포 내 산화환원 반응을 통해 일을 할 수 있다.

케일린이 발견한 시토크롬은 음식물에 저장된 에너지가 유리될 때 전자가 흐르는 채널 역할을 담당한다. 나중에 힐을 포함한 과학자들은 광합성에서도 시토크롬과 비슷한 체계를 통해 전자가 흐른다는 사실을 밝혔다. 케일린의 연구에서는 화학 결합의 형태로 저장된 에너지가 시작점이었다. 바로 공유 전자쌍이다. 적당한 방법으로 화학 결합 중 하나를 깨면 시토크롬 '전자전달 사슬' 통로를 흐를 전자를 얻을 수 있다. 첫 번째 시토크롬이 전자를 취하고 환원된다. 전자와 친화력이 더 큰 두 번째 시토크롬은 첫 번째 시토크롬을 산화시킨다. 전자를 빼내 자신이 환원되기 때문이다. 시토크롬이 전자를 쉽게 주고받을 수 있는 까닭은 이들 물질 내부에 철을 함유한 덕분이다. 시토크롬의 전자 친화력은 곧 철이 상자 안에 어떤 식으로 편입되어 있느냐에 따라 달라진다. 이 사슬의 끝에서 전자를 받는 것은 대부분 전자라면 사족을 못 쓰는 산소다.

분자에서 전자 같은 전기적으로 음성인 무언가를 떼 내면 균형을 잡기 위해 양성인 무언가가 함께 빠져나오는 일도 나쁘지 않다. 따라서 음식에서 전자를 뽑아낼 때 전자가 없는 수소 원자인 수소 이온도 함께 만들어진다.[4] 일반적으로 어떤 물질이 수소를 잃으면 산화되었다고 말한다. 수소 이온이 전자와 함께 나오기 때문이다. 세포는 이 수소 이온을 전자전달의 마지막에 사용한다. 시토크롬 사슬을 빠져나온 전자가 수소 이온 및 산소와 합쳐지면서 비로소 물로 변한다. 라부아지에가 이야기했고 마이어가 믿었듯 유기물질을 산소와 반응시켜 에너지를 얻는 연소처럼 식물과 동물은 산화를 통해 에너지를 얻는다. 그렇지만 살아 있는 생명체에서 이 반응, 즉 호흡은 시토크롬 채널을 거쳐 에너지를 유용한 형태로 바꾼다.

시토크롬 호흡 사슬을 따라 전자가 흐르는 현상은 꼭대기에 음식물이 있고 맨 아래 산소가 있는 한 계속된다. 전자를 공급할 음식물이 부족하거나 전자를 빨아들일 산소가 부족하면 흐름은 멈춘다. 바로 이

4) 유기화합물에서 수소의 비율이 클수록 산화될 때 더 많은 에너지를 내놓는다는 뜻이다. 전기 산업에서 천연가스인 메탄CH_4의 사용을 늘리는 이유다. 산화환원 측면에서 메탄은 가장 많이 환원된 (단일) 탄소 화합물이며 온통 제거할 수 있는 전자로 채워졌다. 따라서 다른 탄소 기반 연료보다 탄소 원자당 더 많은 에너지를 얻는다.

사실이 케일린의 실험에서 주변에 산소가 없을 때 시토크롬 흡수대가 가장 강하게 나타난 이유다. 모든 사슬이 전자로 채워져 있고 더 갈 곳이 없어 모든 시토크롬이 환원된 상태로 빛을 강하게 흡수하기 때문이다. 전자를 얻거나 잃는 시토크롬의 능력은 빛의 흡수와 밀접한 관련이 있다. 이 능력은 분자 내부에 든 철과 철을 둘러싼 환경에 따라 달라진다. 자그마한 분광 기계를 사용해서 수행한 실험은 케일린을 세포의 깊은 내부로 이끌었다. 그는 전자가 하는 일을 확인하고자 했던 것이다.

비록 그것이 그의 주요한 연구 주제는 아니었지만(사실 케일린은 생화학 부서의 연구진도 아니었다. 그는 몰테노(Molteno) 기생충 연구실 소속이었다), 힐은 1920년대 말 케일린과 함께 흡수 파장이 명확한 효모의 시토크롬에 관한 일을 했다. 밝은 핑크 색상에 향기까지 좋아서 때때로 맛보기까지 했다. 요즘 같으면 눈살을 찌푸릴 행동[5]이었지만 말이다.

지금까지 해 온 여러 가지 일로 힐은 좋은 자리를 얻을 수 있을 것처럼 보였다. 하지만 수줍음을 타고 말도 어눌했기 때문에 대학에서 자리를 잡지도 못했다. 케임브리지 과학자들 중 그런 사람이 몇 명 더 있었지만(나중에 노벨상을 탄 사람들도 있다) 심지어 힐은 박사 학위도 없었다. 그렇지만 그는 끊이지 않고 연구비를 받았으며 덕택에 생화학 부서에서 계속 연구할 수 있었다. 살면서 힐은 내향적인 성격 때문에 간혹 곤경에 처하기도 했다. 1930년대는 우울증에 빠진 적도 있었다. 그래서 친구의 권유에 따라 싱가포르로 향했다. 새로운 세계에 흠뻑 빠져 지냈기에 힐에게 좋은 경험이 되었다. 하늘을 관찰하려고 특별히 제작한 카메

5) 건강 및 안전 표준이 허용한다고 할지라도 케임브리지 과학자들은 더 이상 마마이트(영국의 효모 식품 이름) 장밋빛 대용품으로 뜨거운 토스트에 이 효모 균주를 쓸 수 없었다. 제2차 세계 대전 중에 잃어버렸기 때문이다.

라를 가지고 그는 열대 식물을 찍기에 바빴다. 힐은 다시 케임브리지로 돌아와 싱가포르행을 권했던 친구의 여동생인 프리실라 워딩턴Priscilla Worthington과 약혼했다. 결혼 후 힐 부부는 케임브리지에서 수 마일 떨어진 바르톤 마을, 배치스 농장에 정착했다.

힐은 한동안 배치스를 사랑하고 경탄해 마지않았다. 그는 학부 시절 여러 차례 자전거를 타고 바르톤 마을로 가 그림을 그리곤 했다. 힐이 자전거로 여행하던 완벽한 오후를 따라 새 학기가 시작될 무렵 케임브리지의 풍광을 보면 그 매력을 쉽게 이해할 수 있다. 본채는 마을 초지의 오리 연못에서 길 건너편에 있는 기다란 회백색의 농장이었다. 로빈과 프리실라가 죽고 난 뒤 1990년 초 농장이 파산하면서 남향 정원이 여럿으로 나뉘었다. 과거 초지에 꽃과 난초가 따스한 햇살 아래 피어나던 곳이었다. 오래된 과실나무 아래서 힐은 사과가 익어 가는 내음을 맡곤 했다. 동쪽 두 개의 작은 농장(지금은 새 주인이 하나로 합쳤다)에는 벚꽃이 우뚝 서 있었다. 힐과 프리실라가 이주한 직후 분명 이 나무를 심었을 것이다. 싱가포르풍 덤불 나무도 보인다. 지금 집주인은 봄이 되면 아멜랑시에 향기가 아몬드나 코코넛 향기처럼 코를 찌르는 듯하다고 말했다. 농장 건물의 한쪽 끝에는 문이 있고 나무가 농장을 따라 쭉 펼쳐졌다. 1마일쯤 떨어진 로드 브리지 길에는 대학 전파 망원경 접시가 하늘을 수놓고 있었다.

산소는 어디에서 오는가?

우울증에서 회복하고 결혼한 뒤 오랫동안 행복했던 로빈 힐은 배치스에 자리를 잡았던 어느 시점에서 안정되고 목표도 생긴 것처럼 보였다.

새롭게 생긴 대학 식물생화학 분야에서 공식적인 직업을 얻으려 노력했다. 불발로 끝나기는 했지만, 홉킨스가 뭐라 하든 그는 식물을 중심으로 연구하면서 자신의 독자적인 행보를 이어 갔다. 그가 새롭게 확보한 배치스 정원은 실험실의 연장이었다. 정원사는 훨씬 정돈을 잘하는 사람이었다. 실험할 식물을 온상에 키웠고 식용으로도 기꺼이 사용했다. 그가 좋아하던 식물인 대청과 꼭두서니도 늘 거기 있었다. 1930년대 작성된 그의 농장 기록부를 보면 어떤 식물을 키워야 하는지, 고쳐야 할 것은 무엇이고 무슨 비료를 어디에 뿌려야 하는지, 어떤 서랍을 사고 어떤 프랑스 수경재배 책을 사야 하는지 등이 빼곡히 들어차 있다. 중간중간에 식물생화학자의 생각도 첨부되어 있다. 공습 경비원에게 제공되는 방송 연설에 쓰인 것처럼 독가스가 공기 중으로 확산했을 때 어떻게 해야 하는지에 대한 어두운 생각도 몇 쪽 들어 있었다.

시토크롬, 산화환원 전위 및 전자전달 경로 등에 대한 이해를 바탕으로 힐은 광합성의 에너지 흐름을 이해하려고 노력했다. 그렇지만 실험 노트에 나타나 있듯 광합성에 관한 힐의 첫 번째 실험은 이전의 경험을 바탕으로 했을 뿐 이론적 틀이 없었다. 그러나 그는 실제적인 도구를 가졌다. 서로 다른 조건에서 헤모글로빈이 어떻게 산소를 흡수하는지를 감지할 수 있는 매우 민감한 장치를 사용할 수 있었다. 산소를 감지할 정교한 장비 덕분이었다. 이제 문제는 헤모글로빈을 연구 대상이 아니라 장치의 한 부분으로 보는 일만 남았다. 산소도 주어지는 게 아니라 찾아야 하는 것이었다. 힐은 뒤집어 보는 사고 방식을 가진 사람이다. 하늘 전체를 보기 위해 힐이 고안한 평평한 물고기-눈 카메라 사진의 매력은 카메라가 잡은 이미지가 실제 보이는 이미지를 뒤틀지 않았다는 데 있다. 체계는 가역적이다. 아이들에게도 그는 어떤 실재의 정수를 보는 좋은 방법은 뒤집어 생각해 본다거나 위아래를 바꿔 보는 것이라고 가르쳤다. 다리 사이로 머리를 들이밀어 세상을 거꾸로 보듯이.

생화학의 목표 중 하나는 세포 안에서 진행되는 반응을 분리하여 세포 밖으로 떼 낸 다음 그것을 연구할 좋은 수단을 확보하는 일이다. 대표적인 예는 19세기 효모 덩어리를 짜낸 추출물이, 세포가 그러하듯 탄수화물을 알코올로 변환할 수 있음을 보인 데서 찾아볼 수 있다(가을 공기처럼 달콤하지는 않지만 그래도 그 안에 요점은 살아 있다). 이와 비슷하게 전체 세포가 아니라 탈수된 잎 추출물을 이용해서 산소를 생산해 낸 연구자도 있었다. 세포 안에서 산소를 만드는 방법을 밖으로 추출해 낼 수 있다는 의미다. 힐은 이렇게 적었다. '녹색 식물의 조직에서 생화학적으로 연구되어야 할 유일한 특성'이 산소를 만드는 방법을 연구하는 것이라고. 헤모글로빈을 이용해서 산소의 생산을 측정할 수 있는 그의 능력은 바로 위에 언급한 강력한 수단을 힐에게 부여했다.

산소를 측정하는 수단을 가진 힐은 식물에서 적절한 부위를 찾아 분리하는 방법을 모색했다. 19세기 현미경을 사용한 연구에서 식물 세포 안에 독특한 구조를 가진 녹색 색소가 존재한다는 사실이 알려졌다. 식물 안의 이 구조물은 엽록소의 집, 즉 엽록체였다. 따라서 엽록소가 광합성이 일어나는 장소라는 것이 확실해졌다. 빛의 투사를 정교하게 조절하고 엽록소에만 닿도록 조정한 뒤 광합성 과정이 거기에서 일어난다는 사실을 밝혔던 것이다.[6]

6) 이런 식의 집중은 실험실에서만 일어나는 것은 아니다. 예컨대 동굴 혹은 토끼굴에 적응한 이끼가 있다. 투명한 세포가 렌즈 역할을 해서 구멍 입구로 들어오는 빛을 아래쪽 엽록체에 전달하는 기예를 터득했다. 힐은 이 이끼를 무척 아껴서 토끼굴을 파고 배치스 농장 배수관 적당한 부위에 키우려고 했다.

실험실에서 힐은 설탕 용액, 몰타르 분쇄기 및 분쇄봉을 사용해서 그의 정원 혹은 주변에서 자라는 다양한 식물의 엽록체를 분리하는 새로운 방법을 찾기 시작했다. 힐은 엽록체를 가루 잎 추출물과 섞고 빛을 쬐어 주면 산소가 발생한다는 사실을 발견했다. 그런데 놀랍게도 엽록체와 효모의 추출물을 섞어도 산소가 발생한 것이다. 궁극적으로 밝혀진 것은 추출물 안에 특별한 형태의 철이 포함된 성분이 둘 모두에 들었다는 사실이었다. 만일 엽록체와 빛, 물 그리고 3가철로 알려진 성분이 있으면 산소를 만들 수 있다는 것이 결론이었다. 다른 것은 필요하지 않았다.

힐은 철이 어떤 역할을 해야 하는지 알고 있었다. 철은 산화환원 반응에서 전자를 받는 역할을 해야만 했다. 3가철은 외곽의 전자가 이미 죄 박탈되어 산화된 형태의 금속이다. 따라서 외부로부터 전자를 기꺼이 받아들인다. 환원되는 것이다. 무언가가 환원되면 반드시 산화되는 무언가가 있다. 엽록체, 물 그리고 3가철과 빛으로 구성된 조합에서 그 무언가는 물밖에 없다. 엽록소 안에서 진행되는 어떤 기전에 의해 물 분자가 그 구성 요소인 수소와 산소로 나뉘고 그 결과 산소가 나와야 한다.

이 결과가 일반적인 광합성 과정을 말해 주지는 않는다. 한 세기 이상 식물이 생산하는 산소가 이산화탄소에서 유래할 것이라고 가정했다. 이런 가정의 배후에는 동물의 호흡과 연소 과정에서 이산화탄소가 나온다면 광합성이 진행되면서 그 가스가 반드시 사용되어야 한다는 믿음이 있었다. 다른 가능성은 상상하기 어려웠다. 물은 엄청나게 안정한 물질이다. 우리는 그것이 폭발하거나 타는 것을 보지 못했다. 끓여도 말이다. 물은 불변이다. 그러나 우리 일상에서 보면 보이지도 느끼지도 못하는 이산화탄소는 그렇지 않다. 우리는 고등학교 생물 시간에 광합성을 훑어보면서 산소가 어디서 유래하는지 배운다. 그러다 곧 잊어버린다. 세월이 지나 나중에 같은 질문을 받으면 대부분의 사람들은 산소가 이산화탄소에서 나온다고 말한다. 내 경험으로 보아 그게 훨씬 자연스럽다.[7)]

힐의 결론은 파격적이었지만 최초의 발견은 아니었다. 산화환원 반응의 열역학에 푹 빠져 있던 프랑스의 과학자 르네 뷔름세르Rene Wurmser는 1930년 출판된 그의 책에서 광합성을 거쳐 만들어진 산소는 이산화탄소가 아니라 반드시 물에서 유래해야 한다고 썼다(또한 그는 엽록소의 내부 구조가 분명 화합물을 분리하고 빛으로부터 에너지를 얻는 역할을 해야 한다고 주장했다. 30년이 지나서야 이런 통찰이 증명되기 시작했다). 뷔름세르의 견해는 프랑스 밖에서는 거의 알려지지 않았지만 얼마 지나지 않아 스탠퍼드 대학 홉킨스 해양연구소에서 일하던 코르넬리스 반 니엘이 실험적으로 이 사실을 증명했다.

반 니엘은 식물이 아니라 미생물을 연구했다. 그는 네덜란드 델프트에 있는 미생물학 실험실에서 연구를 시작했다(케일린은 아마도 여기서 핑크색이 도는 효모를 얻었을 것이다). 여기서 그는 식견 있는 미생물학자 A. J. 클루이베르Kluyver의 지도를 받았다. 그는 미생물이 술을 만든다거나 병리학자를 돕는 실용적 역할에 머물지 않고 모든 생명체의 세포 과정에 기본적으로 작동하는 무언가가 있으리라는 믿음을 지녔다. 생화학자라면 마땅히 관심을 가져야 하는 분야다. 여기서도 산화환원 반응에 대한 이해가 핵심이었다. 『미생물 대사: 생명의 단일성에 대해』라는 책에서 클루이베르는 “살아 있다는 것의 가장 핵심적인 특성은 세포 내부에서 지

7) 이산화탄소carbon dioxide 안에서 자유롭기를 바라는 산소dioxide가 들었다는 암시가 충분한 것도 한 가지 이유다. 최소한 영어 사용자라면 더욱 그렇다.

속적이고 방향성이 있는 전자의 움직임이다."라고 적었다. 수십 년 동안 반 니엘은 이런 관점을 파급시키려고 노력했다. 몬테레이만 바닷가 연구소에서 개최되는 영향력이 있는 '일반 미생물학' 여름 과정에서 그의 이런 태도는 대학원생이거나 연구자들이거나 가릴 것 없이 많은 영향을 주었다. 온화한 그는 영감을 주는 선생님이기도 했다.

반 니엘은 스승의 생각을 광합성에 적용해 보기로 했다. 그는 세균에서 진행되는 광합성 과정이 미생물을 직접 화학과 물리, 즉 빛과 투입 산물에 연결할 수 있는 주제라고 평가했다. 식물만 광합성을 하는 것은 아니다. 여러 종류의 조류, 일부 다세포 생명체, 단세포 생명체도 광합성을 한다. '녹조류', '홍조류', '갈조류'를 위시한 조류는 지금 우리가 '진핵세포'라고 부르는 생명체다. 말년의 반 니엘은 진핵세포라는 용어를 널리 보급했다. 모든 식물과 동물을 포함한 진핵세포는 막으로 둘러싸인 핵이나 미토콘드리아와 같은 소기관을 가진다. 호흡이 진행되는 장소가 미토콘드리아이고 식물이나 조류의 엽록체에서는 광합성이 진행된다.

그렇지만 반 니엘은 세균에 관심이 있었다(겉보기에는 무척 흡사하지만 고세균이라 불리는 생명체와는 생화학적으로 엄청나게 다르다). 세균은 확연히 구분되는 핵이 없고 그 어느 것도 미토콘드리아나 엽록체를 가지지 않는다. 그러나 몇몇의 세균은 광합성을 할 수 있다. 사실 지구에서 진행되는 광합성의 상당 부분은 과거 '청녹조류'로 불렸던 남세균에 의해 이루어진다. 이름을 바꾼 이유는 진핵세포인 녹조류, 갈조류, 적조류와 구분하기 위해서다. 남세균은 식물이나 조류와 같은 방식으로 광합성을 한다. 그렇기에 물과 이산화탄소를 기질로 탄수화물과 산소를 생산한다.

또 다른 광합성 세균은 조금 다른 방식을 쓰기도 한다. 그중 하나인 녹색황green sulfur 세균과 홍색황purple sulfur 세균은 이산화황을 황으로 변화시키는 과정을 거쳐 이산화탄소를 탄수화물로 전환한다. 황을 사용하지 않는 녹색 세균에서는 탄소를 고정하는 반응이 초산을 아세톤으로 바꾸는 것처럼 이미 존재하는 유기물질을 다른 형태로 바꾸는 반응과 짝지어 일어난다.

반 니엘은 이런 다양성이 결국 산화환원 반응으로 귀결된다고 인식했다. 다양한 세균에서 엿볼 수 있는 이러한 차이는 곧 탄소를 고정하기 위해 전자와 수소를 확보하려는 진화적 선택 사항일 뿐이다. 황을 사용하는 경우 세균은 이산화황을 산화해서 황으로 만든다. 이때 수소와 전자가 나온다. 초산을 아세톤으로 변환하는 과정도 역시 수소를 내놓는 산화 반응이다. 남세균도 같다. 이들이 이산화탄소와 물을 가지고 시작했다면 부산물로 산소가 만들어지면서 탄소가 고정될 수밖에 없다.

1930년대 미생물이 과학의 다른 분야에 미치는 파급력이 크다는(병리학이나 양조 사업에서와 달리) 생각은 여전히 주변부를 맴돌고 있었다. 반 니엘은 식물이 흡수하는 이산화탄소에서 산소가 나온다는 기존의 관념에 반대했지만 힐의 실험적 증거가 나오기 전까지는 그리 큰 반향을 얻지 못했다. 힐은 주변에 이산화탄소가 전혀 없어도 엽록체가 산소를 만들 수 있음을 보였다.[8)]

전자를 수용할 적당한 물질이 있을 때 엽록체가 산소를 충분히 생산하는 일은 '힐 반응'으로 알려졌다. 그러나 힐은 용어에 신경 쓰지도,

8) 1940년대 스탠퍼드 과학자들과 협력하여 샘 루벤과 마틴 카멘은 완전히 다른 방식으로 이 결과를 확인했다. 광합성 조류가 동위원소인 산소-18이 풍부한 물에서 자랐을 때 그들이 생산하는 산소 역시 산소-18이 풍부했다. 반면 조류가 일반 물에서 자라지만 산소-18이 풍부한 이산화탄소를 사용했을 때 생성된 산소에는 훨씬 적은 양의 산소-18이 포함되었다. 무작정 의심부터 하는 회의주의자를 제외하고는 모두 고개를 끄덕였다.

사용하지도 않고 심지어 이름 자체를 반대했다. 식물 혹은 엽록체에서 진행되는 광합성은 광합성 세균과 마찬가지로 산화환원 반응이다. 매우 중요한 결과였다. 게다가 힐이 바랐듯이 이 결과는 생화학자들이 그들의 주제를 바라보는 방식을 변화시켰다. 살아 있는 세포와 상관없이 힐 반응이 일어난다. 분석할 수 있고 예측할 수 있는 형태, 즉 생화학자들이 가장 원했던 계몽적 형식이었다.

다니엘 아르논과 엽록체의 분리

힐 반응을 이어받아 연구를 계속한 사람 중 하나는 버클리의 교수인 다니엘 아르논Daniel Arnon이다. 1910년 바르샤바에서 태어난 아르논은 제1차 세계 대전의 기아 상황을 목격했다. 그래서인지 아르논은 식물을 키우는 보다 나은 방법을 연구하기로 마음먹었다. 당시의 그를 기억하는 잭 런던은 소설에서, 과학적 농경에 대한 꿈을 안고 캘리포니아로 향하기로 마음먹은 18세 소년이 편지로 버클리에 입학 신청을 하고 뉴욕으로 향하는 증기선의 표를 끊었다고 썼다. 뉴욕에 도착한 아르논은 배달 트럭으로 돈을 벌어 캘리포니아로 가려고 했을 것이다. 하지만 중간에 돈을 도둑맞고 히치하이킹을 통해 마침내 캘리포니아에 도착했다. 1930년 그는 버클리에 입학했고 그 뒤 60년을 거기에 머물렀다. 힐이 케임브리지에서 그랬듯이 그도 버클리에 뼈를 묻은 것이다.

각기 자신의 대학을 오래 지켰지만 두 사람은 거의 반대의 길을 걸었다. 힐은 장난기가 있었지만 아르논은 엄숙했다. 자유롭게 추론하는 힐과 달리 아르논은 오직 실험을 통해서만 사물을 보았다. 힐은 예술가였지만 아르논은 스포츠를 즐겼다. 수영에 조정, 축구도 했다. 소심해서 동료들에게 자신의 속내를 터놓지 않고 그들이 해야 할 일에 대해서도 함구했던 힐에 비해 아르논은 명쾌하게 계획을 세우고 체계적으로 밀고 가는 유형이었다. 힐은 자신의 정원에서 식물을 키웠지만 아르논은 수경재배 탱크에서 식물을 재배했다. 식물은 땅이 아니라 영양소가 균형을 이룬 물에 뿌리를 내렸다.

식물영양학자로서 아르논의 초기 연구는 이 수경재배 탱크를 바탕으로 했다. 식물은 동물과 달리 에너지원으로 음식물이 필요하지 않지만 단백질이나 다른 생화학 부품들을 만들기 위해 공기나 물을 통해 얻는 탄소, 산소 및 수소 말고도 다른 화합물이 필요하다. 19세기의 위대한 유기학자 유스투스 폰 리비히Justus von Liebig는 식물이 질소(산화된 형태인 질산, 환원된 형태인 암모니아)와 인(산화된 형태의 인산염)이 필요하다는 사실을 증명했다. 그는 또한 지구적 차원에서 원소의 순환이 중요함을 깨달았다. "이산화탄소(탄소 산), 물, 암모니아 등 원소가 식물과 동물을 지탱하는데 필요하다. 이 성분들은 분해와 부패를 거친 화학적 과정의 최종 산물이다. 셀 수도 없는 모든 생명체들이 죽은 뒤 원래의 모습으로 되살아난다. 따라서 죽음, 즉 현재 세대의 완전한 분해는 새로운 생명체의 근원이다."[9)]

리비히는 가장 부족한, 따라서 제한적인 영양소가 식물이 자라는 속도를 결정한다는 식물 생장의 핵심적인 원리를 명확히 했다. 질산

9) 리비히, '농업 및 생리학에 적용되는 화학'1840, 바츨라프 스밀, 『지구를 살찌우다: 프리츠 하버, 칼 보쉬 및 세계 식량 생산의 대전환』(MIT 출판사, 2004)에서 인용했다. 마이어는 논쟁을 좋아하는 리비히를 좋아하지 않았다. 호흡이 화학적으로 연소와 같다는 라부아지에의 가설을 사실이라고 밝힌 리비히의 논문이 열대 지방에서 산소 필요성이 줄어드는 현상에서 끌어낸 에너지 보존 법칙을 바탕으로 한 것이라고 마이어는 느꼈다. 리비히의 논문은 1940년 《화학 연보》에 실렸다.

은 많지만 인이 부족한 야생에서는 작물이 자라는 속도가 인의 양에 의해 조절된다. 여기에 질산 비료를 더하는 것은 아무런 의미가 없다. 작물이든 원예 식물이든 비료를 줄 때는 식물이 필요로 하는 영양소를 제 비율로 제공해 주어야 한다는 원칙을 강조한 것이다. 한 가지라도 부족한 영양소가 있다면 그것이 식물의 성장을 제한한다. 나머지는 첨가해도 낭비일 뿐 아무 소용이 없다.

1930년대 아르논과 그의 지도교수인 데니스 호아글랜드Dennis Hoagland는 미량 원소들, 그들의 비율이 식물 성장에 필수적이라는 사실을 규명하고자 지칠 줄 모르고 애썼다. 이상적인 배합의 비료를 만드는 것이 목표였다. 말년에 아르논은 '유기농 식물'이라는 상품 개념을 비웃곤 했다. 유기 생명체이지만 아르논이 보기에 식물을 키우고 유지하는 성분은 비료에서 나왔든 화학 공장에서 나왔든 무기화합물이라고 강조했다. 연구 기간 내내 아르논이 밝힌 필수 무기 미량 원소들은 칼륨, 칼슘, 마그네슘, 황(상대적으로 다량이 필요한 것들이다), 철, 망간, 붕소, 구리, 아연, 몰리브덴 그리고 염소(훨씬 적은 양이 필요하다)였다.[10] 아르논의 연구는 식물영양소 혼합물인 '호아글랜드 해법'이 나오는 데 결정적인 역할을 했다. 이 배합은 지금도 가장 기본적인 식물영양소로 간주된다. 아르논의 식견은 공군의 눈길을 사로잡았다. 아르논은 제2차 세계 대전 중 대서양 중부 어센션섬 수경재배 탱크에서 시금치와 토마토를 길러 공

10) 물에는 항상 염소가 오염되었기 때문에 마지막에서야 목록에 추가되었다. 주어진 화합물 없이 식물이 살 수 없다는 것을 보이는 것으로 그것이 필수적이라고 말할 수 있다. 염소가 식물 성장에 꼭 필요하다는 점을 최종적으로 밝힌 사람은 1960년대 아르논 연구실에서 이 문제에 천착한 프랑스 생물학자 조셉-마리 보베Joseph-Marie Bove였다. 보베는 훌륭한 분자 생물학자이지만 유전자 변형 작물과 미국식 패스트 푸드에 반대하는 그의 아들 호세만큼 유명하지는 않다.

군에 공급하는 일을 했다.

전쟁이 끝난 후 아르논은 미량 원소에서 광합성으로 시선을 확 돌렸다. 그의 목표는 힐이 그랬듯 세포가 아닌 엽록체를 가지고 산소가 아니라 탄소를 고정하는 일이었다. 1948년 케임브리지에서 케일린과 함께 연구년을 보내면서 아르논은 전자전달 메커니즘을 연구했다. 힐은 호흡과 마찬가지로 광합성에서도 전자전달계가 유효하다는 결과를 내놓은 바 있다. 1953년 힐의 학생 중 한 사람인 밥 화틀리Bob Whatley가 버클리 아르논의 실험실에 합류했다. 거기서 화틀리는 아르논 그리고 반 니엘의 제자이자 세 번째 동료인 메리 벨 앨런Mary Belle Allen과 함께 엽록체를 분리하고 한 걸음 더 나아갔다.

처음에 그들은 에너지에 초점을 맞추었다. 이때 앨런은 랫 하우스에 잠시 있기도 했지만 아르논 연구진과는 이들은 교류가 없었고, 캘빈 연구진은 아직 캘빈-벤슨 회로를 완전히 확립하지 못하고 있었다. 그렇지만 그들은 캘빈 연구에 불을 지폈다. 아르논 연구진이 머리글자로 잘 알려진 두 개의 작은 유기물질인 NADPH(Nicotinamide adenine dinucleotide phosphate)와 ATP(Adenosine triphosphate)를 밝혀냈기 때문이다. 전자전달의 마지막 단계에서 NADPH는 결정적인 역할을 한다(그러리라고 예측한 사람은 아무도 없었다). NADPH는 캘빈-벤슨 회로에 전자와 수소 이온을 전달하여 탄소를 환원시킨다. ATP는 회로를 돌리는 단순한 에너지원이다.

ATP의 역할은 광합성에만 국한되지 않는다. 세포 내부에서 ATP는 일차적인 에너지 전달자다. 효소가 반응을 촉매하려고 할 때도 에너지를 투입해야 한다. 가장 보편적인 방법은 주변에 있는 ATP 분자를 호출한 뒤 세 번째 인산을 낚아채면 된다. 그렇게 방출된 에너지가 반응을 촉진한다. DNA, 단백질, 지질을 조립할 때도 ATP가 필요하다. 세포가 많은 양의 ATP를 만들어야 한다는 의미다. ATP는 대개 호흡을 통해 만들어지지만 광합성 과정에서도 만들어진다. 전자전달계를 따라 전자가 내려가면서 방출된 에너지는 ATP라는 화학적 형태로 저장된다. 쉬고 있을 때도 인체는 1초에 10^{21}개의 ATP 분자를 만들어 낸다. 평균적으로 몸을 움직일 때 사람들은 체중의 세 배에 달하는 ATP를 생산하고 만드는 족족 써 버린다. 대사 속도가 빠른 생명체는 사뭇 더 놀랍다. 일부 세균은 매일 자기 무게 7,000배에 이르는 ATP를 생산한다.

1940년에 접어들며 호흡 과정에서 ADP에 인산기를 하나 덧붙여 ATP가 만들어진다는 사실이 폭넓게 수용되었다. 전자전달 사슬을 흐르는 전자에서 뽑아낸 에너지를 어떻게 이 반응과 연결시키는지를 아는 사람은 아무도 없었다. 그렇지만 그 장소는 잘 알려져 있었다. 동물이나 식물세포의 특별한 구획인 미토콘드리아가 그 곳이다. 세포에서 분리되어도 이 소기관은 자신의 역할을 묵묵히 수행했다. 캘빈 연구진은 미토콘드리아에서 만들어진 ATP가 엽록체에서 이산화탄소를 탄수화물로 동화할 때도 에너지를 공급할 것이라고 가정했다. 사실 이산화탄소를 환원시키는 NADPH는 엽록체에 고유한 것으로 알려졌지만 ATP는 그렇지 않다고 여겼다. 세포가 미토콘드리아라는, ATP를 생산하는 단 하나의 기구를 가지고 있다는 생각은 세포 입장에서 그럴듯해 보였다.

아르논과 화틀리 그리고 앨런은 그 가설을 받아들이지 않았다. 캘빈 연구진의 화학자들과 달리 단세포 녹색 조류를 연구한 아르논 연구진은 생물학자였고 식물에 대해 더 박식했다. 그들은 잎의 세포 안에 엽록체가 압도적으로 많고 거기서 대부분의 광합성이 일어난다는 사실을 잘 알고 있었다. 하지만 미토콘드리아는 거의 없었다. 세포 내 많은 수의 엽록체가 필요한 ATP를 수입한다는 사실이 가능해 보이지 않았던 것이다. 특히 광합성을 통해 산소를 만들어 내는 속도가 호흡을 통해 소진되는 속도보다 훨씬 크다는 점을 설명할 수 없었다. 따라서 아르논은 엽록체가 스스로 ATP를 만들어야 한다고 생각했다. 힐은 엽록체에서도 전자가 흐른다는 사실을 증명했다. 이 과정에 참여하는 새로운 시토크롬도 발견했다. 녹색 식물에서만 발견되는 시토크롬은 시토크롬f(라틴어로 frons는 잎을 의미한다)라고 불렸다. 미토콘드리아처럼 아마도 엽록체에서도 전자의 흐름이 ATP를 생산할 수 있을 것이었다. 이를 증명하는 방법은 세포에서 분리한 미토콘드리아가 ATP를 만들 듯 엽록체도 그렇다는 사실을 보이는 것뿐이다.

아르논 연구진이 ATP 생산을 확인하기 위해 사용한 물질은 인-32 방사능 동위원소였다. 이들은 화틀리가 힐과는 조금 다르게 엽록체 손상을 줄이는 방식으로 분리한 엽록체에 이 물질을 투여했다. 아르논은 필요하다고 생각되는 모든 대조군 실험을 진행했고, 조심스레 분리한 엽록소를 가지고 끝없이 실험을 반복한 그들은 엽록체가 실험 초기에 투입한 방사성 무기 인산을 함유한 ATP를 만든다는 점을 증명했다. 아르논 연구진의 말에 따르면 실험에 사용한 시험관에서 미토콘드리아는 찾아볼 수 없었다. 엽록체가 스스로 그 일을 한 것이다.

아르논은 이 과정을 '광합성 인산화'라고 불렀지만 곧 줄여서 광인산화가 되었다. 이는 《네이처》에 논문이 실리기 몇 달이나 먼저 《뉴욕 타임스》에 실릴 정도로 엄청난 뉴스거리였다. 버클리 연구진은 화틀리 방법으로 분리한 엽록소가 이산화탄소를 환원할 수 있음을 보였다(썩 잘되지는 않았지만). 사람들이 생각했던 것과 달리 광합성은 세포 전체에 공통적인 특성은 아니었다. 발효나 호흡도 마찬가지다. 특정한 소기관에 국한되어 진행되는 일이다. 아르논이 《사이언스》 논문에서 적었듯이 엽록체는 '완벽한 광합성 단위'다.

실제 그것은 어떻게 작동하는 것일까? 답은 산화환원 전위에 있다.

나는 스키 타는 산으로 비유하는 것이 가장 적합한 설명이 된다고 생각한다. 여기에 아르논의 산mountain이 있다. 나중에 힐이 논박했던 지점이다. 정확한 기전은 여전히 잘 모르지만, 태양 빛은 물 분자로부터 벗겨 낸 전자에 에너지를 부여하여 산화환원 전위를 골짜기에서 꼭대기로 올린다. 스키장 리프트[11)]를 생각하자. 전자가 리프트 꼭대기에 도착하면 그들은 어느 길을 따라 스키를 탈지 선택한다. 짧은 주로를 선택해 중턱 별장에 도착한 다음 스키를 그만둘 수도 있다. 아니면 긴 주로를 선택해 산 아래까지 내려간 다음 다시 리프트를 탈 수도 있다. 완만한 경사로를 따라 방출된 에너지는 NADPH를 만드는 데 사용된 에너지에 비유된다. 그곳이 전자가 정착하는 곳이다. 두 번째 주로에서 잃은 에너지는 ATP를 만든다. 이 주로를 따라 내려온 전자는 자신이 가고 싶은 곳으로 가면 된다. 아르논의 산에서 이 주로는 힐이 잎에서 발견한 두 개의 시토크롬인 시토크롬f와 시토크롬b6를 따라 내려오는 전자의 흐름이다.

Z-체계

아르논의 실험실은 정기적인 모임을 갖고 연구 방향을 자세히 토론한

11) 엄밀히 말하면 이 비유는 전체적으로 잘못되었다. 전기회로에서 전자가 음극에서 양극으로 흐르듯(직관에 반하는 듯하지만) 산화환원 반응에서 전자는 음의 산화환원 전위에서 양의 전위로 흘러야 한다. 빛은 낮은 전위로 전자를 몰아간다. 높은 전위가 아니다. 관례일 뿐이다. 나는 전자가 '아래로' 흐른다고 생각하는 것이 더 이해하기 쉽다. 중요한 것은 전자전달 사슬의 각 부위마다 산화환원 전위가 다르기 때문에 그 체계가 작동하는 것이다. 만일 당신이 화학자와 이야기를 나눌 때라도 '더 높은'이 더 음성이라는 사실을 기억하면 좋겠다.

다. 물론 그 전에 몰타르 분쇄기에 모래가 채워진 봉을 써서 시금치에서 엽록체를 분리하는 일도 잊지 않는다. 힐의 접근 방식도 이와 크게 다르지는 않았을 것이다. 그는 스스로 명백하다고 생각한 것에 대해 말하는 것을 싫어했다. 하지만 그에게는 명백할지라도 동료들에게는 그렇지 않은 것이 있었을 것이다. 간접적인 힌트와 어리석다고 여겨 인상을 쓴 모습, 그것이 그가 제공할 수 있는 최선의 지도 방식이었다.

기숙학교 염색 동아리 회장을 하던 시절 힐은 가족에게 편지를 썼다. "내가 원하는 만큼 그들이 따라오지 못하는 것 같아요. …… 염색이 얼마나 섬세한 예술인지 …… 설명하는 것만으로는 충분치 않아요. 떠먹이듯 모든 규칙을 가르쳐 줄 수는 없잖아요? 생각이 글러 먹었어요." 미묘한 색소에 대한 그의 생각은 어른이 되어서도 달라지지 않았다. 그는 기질적으로 그렇게 생각했다. 잡동사니가 '곳곳에' 어지러이 널려 있는 힐의 연구실에서 소심한 연금술사는 견습생들에게 자신이 정확히 무엇을 원하는지 말하기를 어려워했다.[12] 그의 학생이었던 데이비드 워커David Walker는 나중에 이렇게 회상했다. "수많은 시험관과 병이 구석구석 널려 있고 화학 약품의 냄새, 모든 것이 무질서(그러나 로빈은 어디에 뭐가 있는지 정확히 알고 있었다) 그 자체였다." 박사 후 연구원으로서 워커가 케임브리지 로빈 힐의 실험실에 합류했을 때는 1950년대가 저물어갈 무렵이었다. 얼마 지나지 않아 워커는 보스가 자신에게 뭘 하길 원하는지 모른다는 사실을 깨달았다.

12) 심한 쑥스러움은 줄었어도 자기 표현은 여전히 힐의 강점이 아니었다. 은퇴 후 열역학의 한 측면에 관한 논문을 거절할 당시 《네이처》 편집자는 "당신이 보기에 불필요하게 공격적일 수도 있는 발언을 해도 될까요? 솔직한 외부인으로서 나는 당신의 원고가 의미상에서 너무 왜곡되어 적잖이 혼란스럽습니다." 라고 말했다(논문에도 표현을 잘못했나 보다_옮긴이).

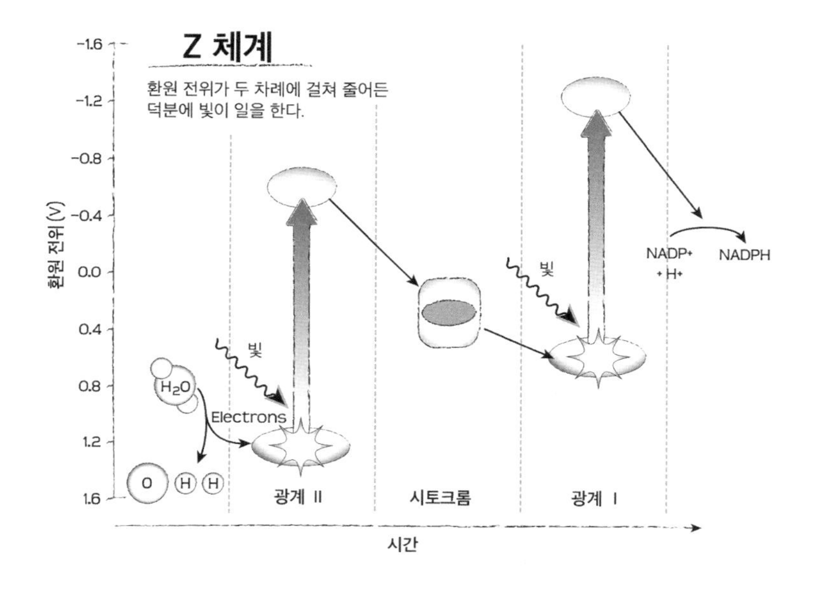

어떤 면에서 힐도 점점 더 구닥다리가 되어 가고 있었다. 새로운 기법이 광합성 실험에 도입되었다. 특히 광합성 과정에서 흡수 또는 방출하는 빛의 파장대 값을 정확하게 찾는 방법이 그런 예다. 이런 모든 연구 결과를 하나로 통합하는 일은 쉽지 않았지만 대부분의 사람들에게 이런 최신 장비는 연구 활동에 필수적인 수단이 되었다. 1950년대 힐의 연구원인 데렉 벤달Derek Bendall은 이렇게 회상한다. "베크만 분광 분석기 …… 문자 그대로 손잡이가 여러 개 달린 검은 상자였다. 작동하는 방법은 무척 간단했지만 늘 정확한 답을 내놓았다." 그러나 힐은 예외였다. 그의 뇌리에서 작동 원리를 수긍할 수 없는 장비는 함께 할 수 없는 쇳덩어리에 불과한 것이었다. 힐은 한 번도 전자식 저울을 사용하지 않았다. 그는 분동을 보면서 수평을 맞출 수 있는 저울을 좋아했다. 힐이 존경했던 케임브리지 동년배이자 물리학자, 소설가인 C. P.

스노Snow는 전쟁 후 이전까지는 알려지지 않았던 기술 관료 집단을 '신인류'라고 불렀다. 광합성 연구에 신인류가 몰려들었다. 많은 사람이 물리학 배경을 가지고 있었다. 검은 상자에 손잡이를 열심히 조정하며 식견을 얻으려는 사람들이었다. 물론 힐은 그런 부류의 사람이 아니었다.

사실 어떤 의미에서 힐은 뒷걸음질 치고 있었다. 새로운 데이터에서 벗어나 처음 원칙을 향해 가고 있었다. 1940년대 그는 광합성과 나머지 식물 대사의 배후에 있는 열역학 기본 원칙에 흠뻑 빠져 있었다. 조건에 따라 세포의 광합성 기구가 흡수하는 정확한 빛의 파장과 같은 광합성 분야의 새로운 연구 전부를 알고 있었지만 그는 에너지, 엔트로피 그리고 일work과 같은 기본적 문제에 더 끌렸다. 그가 아르논의 연구에 관심을 기울인 이유다. 결국 워커는 그 분야가 자신이 해야 할 연구라는 것을 추론하기에 이르렀다. 세포에서 엽록체를 추출하는 버클리 연구진의 기술은 매우 훌륭했다. 워커는 그 기법을 배웠다. 특정 지점에서 와틀리가 면화 솜뭉치를 사용한 것은 매우 창의적인 방법이었다.

동시에 힐, 벤달 및 소수의 과학자들은 전자가 내려가는 엽록체의 전자전달 회로를 서술하기 위해 버클리 연구진이 사용한 길고 이상한 목록, 즉 탄생할 준비가 다 된 예술 작품이 어떤 의미를 지니는지 알고 싶었다. 워커는 "침 뱉고 오줌 싸고 마루를 청소해 보라."[13]라는 힐의 말을 기억했다. "우리는 처음 두 개는 수긍했지만 로빈이 말한 세 번째

13) 카린 니켈슨Karin Nickelsen의 〈광합성 설명, 1840-1960년 사이 생화학 메커니즘 모델〉을 보면 버클리 연구진은 광합성에 참여하는 다양한 조효소 목록을 갖고 있었다. 그들이 작동하는 방식을 알기 위해 pH와 엽록소 농도를 바꿔 가며 실험했다는 설명이 나온다. 아마 무엇이든지 해 보라는 뜻으로 읽힌다(옮긴이).

는 조금 너무 나간 말인 것 같았다."라고 그때를 회상했다.

힐은 아르논의 생각에서 두 가지 문제를 구분하길 원했다. 하나는 ATP를 만들 원료 물질을 더 집어넣으면 실제 NADPH의 생산이 늘어나는지, 다시 말하면 두 가지 경로를 선택한다는 것 이상의 의미가 있는지에 관한 것이다. 또 다른 하나는 힐에게 시토크롬의 산화환원 전위는 말이 안 되는 것이었다. 그것들은 스키장 리프트의 맨 아래인 물의 산화환원 전위에 이를 만한 경로가 아닌 것처럼 보였다. 따라서 1960년 페이 벤달Fay Bendall과 함께 쓴 논문에서 힐은 두 번째 스키 리프트를 추가했다. 첫 번째 빛에 의해 추동된 리프트는 물에서 뽑아낸 전자를 첫 번째 정상에 올려 보낸다. 거기서 전자는 시토크롬b6와 시토크롬f 경사를 타고 내려오면서 ATP를 만든다. 그렇지만 이 경로는 원래 스키 리프트의 맨 아래가 아니라 두 번째 리프트의 맨 아래로 향한다. 두 번째 스키 리프트는 NADPH를 만들 만한 적당한 위치로 전자를 끌어올린다. 그러나 전자는 두 번째 리프트 꼭대기에서 NADPH로 똑바로 갈 필요는 없다. 대신 그들은 시토크롬을 따라 두 번째 리프트 아래로 내려오면서 더 많은 ATP를 만들 수도 있다. 현명한 선택을 함으로써 이 시스템은 캘빈-벤슨 회로가 필요로 하는 적절한 비율의 ATP와 NADPH를 만들 수 있다[14].

힐의 제안은 금방 Z-체계로 불리기 시작했다. 산화환원 전위에 입각해서 그린 전자의 흐름이 지그재그 모양인 Z자처럼 보였기 때문이

14) 이런 방식으로 얼마나 많은 재활용이 필요한지는 논란거리였다. 아르논은 그것이 꼭 필요하다고 생각했지만 정확한 광합성 기제가 밝혀짐에 따라 다른 사람들은 그것이 불필요하다고 보았다. 최근 견해는 실제 그것이 필요하지만 아르논이 예상했던 것보다 낮은 비율이라는 것이다. 광합성 기계를 다섯 번 통과할 때 한 개의 전자가 (ATP를 만드는 데) 재활용된다.

었다. 새로운 측정 기기와 신진 과학자들이 제시한 다양한 증거에 부합되었기는 하지만 이 체계가 즉시 받아들여진 것은 아니다. Z-체계는 짧고 긴 두 가지 서로 다른 파장의 빛이 흡수된다는 의미를 띠고 있다. 광합성을 수행하기 위해 식물은 두 가지 파장의 빛을 필요로 한다. 한 파장의 빛에서 얻은 에너지를 두 배로 늘려도 나머지 파장의 에너지가 없으면 거의 효과가 나타나지 않았다. Z-체계는 무엇보다 자연스러웠다. 두 파장의 빛은 두 개의 리프트를 따라 정상으로 올라간다. 이 두 경로가 잘 작동해야만 물에서 온 전자가 캘빈-벤슨 회로를 따라 효과적으로 이동한다.

새로운 과학자들이 광합성 분야에 들어와 분광학적 측정법을 사용하게 되자 엽록체, 광합성 세균이 서로 다른 유형의 엽록체를 가진다는 사실이 드러났고 Z-체계를 강조한 것이 너무 성급했던 것 아니냐는 우려를 자아냈다. 광계 I, II를 작명했던 네덜란드 물리학자 루이스 뒤센스Louis Duysens는 노골적인 반감을 드러냈다(첫 번째 스키 리프트가 II, 두 번째 스키 리프트가 I 이어서 헷갈린다. 하지만 뒤센스가 발견한 순서에 따른 것이다). 1961년 발표한 논문에 이어 몇 년 동안 진행된 연구에서 뒤센스는 짧은 파장의 빛이 산소를 생산함과 동시에 전자를 시트크롬f에 전달하여 환원시킬 수 있음을 보여 주었다. 한편 긴 파장의 빛은 시트크롬을 산화시킬 것이라고 했다. 시토크롬이 짧은 파장의 빛-광계 II(물에서 전자를 끌어올리는 스키 리프트)와 긴 파장의 광계(광계 I, NADPH와 캘빈-벤슨 회로에 이르는 길) 사이에 위치한다는 증거는 매력적이었다. 짧은 파장의 빛이 광계 II를 추동하고 전자를 시토크롬에 운반하지만 광계 I을 추동하는 긴 파장의 빛은 시트크롬의 전자를 떼 낸다. 그렇지만 그 논문이 힐의 논문보다 늦게 발표되었기 때문에 자체로 위대한 발견이라기보다는 뒤센스의 연구 결과가 힐의 Z-체계를 보충했다고 흔히 간주한다. 뒤센스가 이 상황을 기분 좋게 받아들

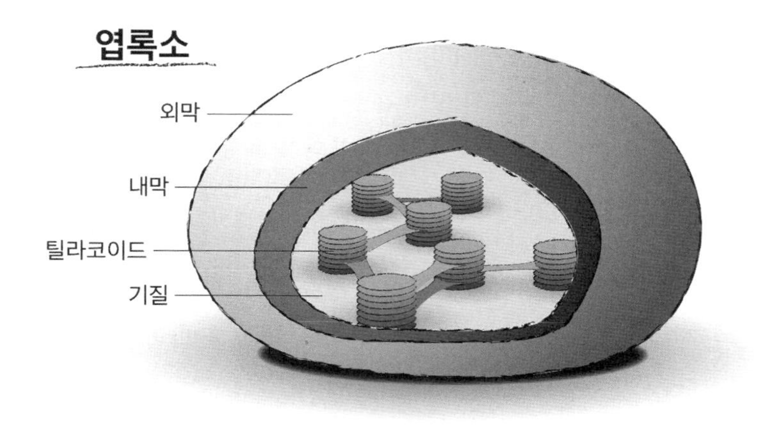

였을 리 만무하다.

힐의 동료인 데렉 벤달은 이를 조금 다르게 해석한다. Z-체계에 대한 힐의 연구는 빛이 추동하는 광합성 과정에 관심이 있었기 때문이 아니라 에너지의 흐름 또는 열역학에 대한 관심에서 비롯되었다고 말이다. Z-체계의 목적은 전자가 어떻게 에너지를 얻는가를 설명하기보다는 오히려 여러 종류의 시토크롬을 지나가면서 어떻게 에너지를 잃는지 해석하려는 것이었다. 그의 논문에서 힐이 두 가지 광계를 언급하지 않은 것은 그것의 존재를 몰라서가 아니라 의도적으로 강조하려 하지 않았기 때문이다. 광합성에 서로 다른 파장을 가진 두 종류의 빛이 필요하다는 점은 힐의 가까운 친구인 로버트 에머슨Robert Emerson이 연구한 것이었다. 다음 장에서 다시 언급할 것이다. 그렇지만 그것은 힐이 이야기하고자 하는 바가 아니었다. 힐이 보기에 그것은 자명한 것이었으

며 굳이 언급할 필요성을 느끼지 못했을 것이다.[15)]

엽록체가 빛을 포획했을 때 한 가지 이상의 일이 진행되리라는 생각은 유행처럼 한동안 존재하다가 사라지기도 했다. 1956년 에머슨의 동료인 유진 라비노비치Eugene Rabinowitch가 집대성한 광합성 책에 등장하는 이야기다. 데렉 벤달(페이의 남편)과 동료들은 1950년대 초반에 이미 힐이 두 가지 혹은 세 가지 체계의 가능성에 대해 고려했다고 회상한다. 1950년대 후반 광합성 과정이 하나가 아니라 두 가지 종류의 빛이 관여한다는 사실이 이미 알려졌다. 따라서 아마도 광합성 과정에서 두 가지 빛의 관련성은 실제로 과학자들의 뇌리에 들어와 있었다고 보아야 한다. 실험실은 엉망진창이고 수줍은 데다 어눌하기까지 한 로빈 힐의 생각은 간결하고 명확하게 광합성 과정을 체계화한 그의 가장 가까운 동료들조차도 눈치채지 못했을 가능성이 크다.

피터 미첼 그리고 막의 역할

1960년대는 대광명the Great Clarification이라고 불러야 마땅할 광합성 역사의 교두보가 마련된 시기다. 그 이전에는 광합성 과정에 대한 체계적인

15) 힐의 주장을 우회적이며 그 자체로 성가신 것을 발견한 정도에 불과하다고 뒤센스가 당시 상황을 설명한 논문을 보면 흥미롭다. 뒤센스는 이렇게 적었다. "잠정적이고 여러 가지 해석이 가능한 조건부 토론 방식에서 요점을 파악하기는 어렵다." 뒤센스의 관점을 해석할 때 우리는 당시 케임브리지 출판물에 절제된 문화가 있었음을 알아야 한다. 뒤센스 논문이 나온 뒤 1년이 지나 출판된 왓슨과 크릭의 DNA 구조에 관한 논문도 이렇게 묘사했다. "우리가 전제한 특정 유형의 짝짓기가 유전물질의 가능한 복제 메커니즘을 암시한다는 사실을 (왓슨과 크릭이) 잊지 않았다."

통찰이 없었다. 그것이 마련된 것이다. Z-체계에 관한 힐과 광계에 대한 뒤센스의 업적이 대광명의 두 기둥이었다. 세 번째는 피터 미첼Peter Mitchell에게서 나왔다.

힐만큼은 아니라 할지라도 피터 미첼도 제 나름으로 괴짜 영국인이었다. 그의 동료 중 한 사람은 각진 얼굴에 긴 머리가 엉킨 30대의 피터를 "말년의 베토벤 같았다."라고 기억했다. 1950년대 케임브리지에서 데이비드 케일린과 친했던 그는 도드라진 인물이었다. 매우 부유했던 피터는 생화학 부서를 오갈 때 동료들의 말밥에 자주 올랐던 포도주색 롤스로이스를 몰았고 요란한 파티를 벌이기도 했다. 처음에는 케임브리지에서, 나중에는 에든버러에서 1950년대를 보탠 피터는 1960년대 초반 심각한 장염 때문에 사직서를 냈다. 콘웰에서 요양을 마친 피터는 웅장하기는 하지만 낡은 시골 저택을 샀다. 평생을 함께한 동료인 제니퍼 모일Jennifer Moyle과 함께 그는 글린 하우스를 독립적인 연구소로 꾸미고 나머지 삶을 살았다.

케일린이 그랬듯이 호흡을 이해하고자 했던 미첼은 호흡이 두루뭉술하게 미토콘드리아가 아니라 구체적으로 미토콘드리아의 막에서 일어날 것이라고 생각했다. 지방산이 빼곡히 채워진 생물학적 막은 공간을 나누는 역할을 한다. 막은 세포의 외곽도 규정한다. 진핵세포에서 이들은 유전자가 보관된 핵을 세포의 나머지 부분과 분리한다. 미토콘드리아와 엽록소도 칸막이를 두고 세포 안에 들어 있다. 게다가 내부에도 막이 있어서 이들 소기관의 내부 구조를 형성한다.

일반 현미경 아래에서 보면 이 구조물을 구분하기가 쉽지 않다. 그러나 양자물리학이 생물학에 기여한 한 측면은 바로 전자 현미경의 개발이었다. 양자물리학은 전통적으로 파동이라고 생각했던 빛이 광자처럼 입자로도 볼 수 있음을 보여 주었다. 빛의 파장이 짧을수록 광자가 가진 에너지는 커졌다.[16] 동일한 원리가 입자로 간주되던 전자에게도 적용된다. 이제 전자는 파동이 될 수 있었다. 한곳에 집중시키면 전자선은 이제 현미경을 제작하는 데 사용될 수 있다. 과거 텔레비전의 음극선관처럼 적당히 광원을 선택하면 전자선도 가시광선의 광자보다 훨씬 더 많은 에너지를 가질 수 있다. 광학 현미경에 사용하는 파장보다 더욱 짧은 파장의 빛을 사용할 수 있게 된 것이다. 따라서 전자 현미경은 작은 크기의 상세함을 부여하고 엽록체의 내부를 볼 수도 있게 했다.

엽록체의 전자 현미경 단면을 3차원으로 재구축하면 1950년대 공상 과학 잡지의 표지에나 등장할 것 같은 미래 도시가 연상된다. 차곡차곡 쌓아 놓은 카지노 칩 혹은 살 빠진 미쉐린 타이어 광고 마스코트와 비슷한 원통형 마천루가 대형 공중 기찻길로 연결된 것 같다. 이 구조물은 복잡하지만 종마다 제각각이다. 그렇지만 기본 설계도는 비슷하다. 엽록체는 가방 안에 가방이 들어가 있는 꼴이다. 바깥쪽 경계 안으로 칩이 쌓인 마천루가 가교로 연결된 '주된' 공간이 있고 '안쪽' 공간은 칩이 쌓인 구조물 안쪽이 차지한다. 주된 공간을 기질stroma이라고 부르고 안쪽 공간은 틸라코이드thylacoid 공간이라고 칭한다. 그 사이는 막이다. 이 막에는 시토크롬 전자전달계와 빛을 포획하는 엽록소 색소 단백질이 박혀 있다. 식물 세상의 모든 초록색은 엽록소 틸라코이드 막에 붙어 있다.

16) 이를테면 광계 II를 발화하는 짧은 파장 빛은 광계 I의 장파장 광자보다 더 많은 양의 에너지를 운반한다. 광계 II가 산화환원 전위 변화 측면에서 더 강력하다는 뜻이다. 물리학에 익숙한 사람은 빛 에너지와 산화환원 전위 변화 사이의 관계가 hm=eV로 정리됨을 알 것이다. 여기서 m은 빛의 주파수, h는 플랑크 상수, e는 전자의 전하, V는 두 산화환원 전위 차이다.

미토콘드리아의 내부는 엽록체와 크게 달라 보이지만 기본 위상은 동일하다. 가방 안의 가방이다. 호흡 사슬의 시토크롬이 사이 막에 끼어들어 가 있다. 이런 이유로 미첼은 이 두 소기관에서 진행되는 인산화 과정이 막에 의존할 것이라고 생각했다. 기본적으로 막은 내부 공간을 외부와 분리하는 것이므로 막을 사이에 두고 양쪽의 차이가 어떤 식이든 인산화 과정과 결부되리라고 본 것이다.[17)]

수소 이온의 농도 차이가 결정적인 역할을 한다는 업적을 인정받아 1978년 노벨상을 받은 미첼의 가설이 논문으로 출판된 해는 1961년이다. 그는 막에 끼어 있는 시토크롬이 기질에 있는 수소 이온을 틸라코이드 내막으로 보낸다고 주장했다. 그 결과 틸라코이드 내부에 든 수소 이온의 농도가 외부보다 높아진다. 여기에서도 열역학 제2 법칙이 슬며시 고개를 든다. 열역학 법칙에 따라 한 공간에 농축된 이온은 다른 곳으로 퍼져 나가야 한다. 막에 박힌 관문을 따라 틸라코이드 탑에 쌓인 수소 이온이 다시 기질의 열린 공간으로 빠져나갈 때 이온의 열망으로 표현되는, 일을 할 수 있는 활동 전위를 얻게 되는 것이다. 이온이 관문을 통과해 빠져나갈 때 에너지를 내놓는다. 이 에너지를 이용해 관문은 ADP를 ATP로 전환한다. 물이 아래도 흐를 때 물레방아가 물리적인 힘을 내듯이 막에 박힌 관문 단백질은 수소 이온이 흐를 때 화학적 에너지를 내놓는다.

그 뒤 몇십 년 동안 이런 비유는 무척 정교하고 치밀해졌다. 엽록체와 미토콘드리아에서 ATP를 생산하는 단백질은 회전한다. 막에 낀 채널 단백질 중 하나를 수소 이온이 지나갈 때 조금 떨어진 옆쪽에서 회

17) 1930년대 르네 뷔름세르도 그렇게 생각했다.

전 기계가 돌아간다. 인간 미토콘드리아 막 단백질을 한차례 지나 10개의 수소 이온이 지나갈 때 3분자의 ATP가 만들어진다. 식물의 엽록소에서는 한차례에 14개의 수소 이온이 움직이고 세 분자의 ATP가 만들어진다. 저 작은 바퀴는 1초에 수백 번씩 회전한다.

이렇게 기술하기는 했지만 미첼의 가설은 당최 알아먹기 어려웠다. 시토크롬 계열의 단백질 집단은 수소 이온을 막 사이 공간으로 보낸다. 다른 단백질은 ATP 제조 설비이며 수소 이온을 다시 원위치로 보낸다. 여기서도 에너지를 추적하는 일이 중요하다. 수소 이온을 막 사이 공간으로 보내기 위해서는 에너지가 필요하다. 수소 이온이 다시 원래 위치로 내려오면서 에너지가 방출된다. 전자전달 사슬을 따라 전자가 내려갈 때 에너지가 유리된다. 그 사이 시토크롬은 수소 이온을 막 사이 공간으로 밀어 넣는다. 수소 이온이 다시 내려올 때 나온 에너지는 ATP에 저장된다. 따라서 이 시스템은 막의 특정한 공간을 특정 시간에 흐르는 전자의 흐름에서 에너지를 확보한 다음 이를 세포가 필요로 하는 시간과 장소에서 이용할 수 있는 화학적 형태로 전환한다. 막을 통과하여 위아래로 이온을 움직이는 일은 곧 에너지를 회수하여 실제 사용할 수 있는 형태로 바꾸는 작업이다. 엽록체에서는 햇빛을 포획하고 미토콘드리아에서는 음식을 산화하는 과정에서 이런 일이 발생한다.

주류 생화학자, 특히 미국의 생화학자들에게 미첼의 가설은 충격이었다. 호흡을 배운 사람들 대부분은 ATP가 이동성이 상대적으로 적은 '고에너지 중간물질'로부터 만들어질 것이라고 생각했다. 화학 결합에 숨겨진 전자가 지나갈 때 방출한 에너지가 시토크롬과 결부된 무언가에 저장되리라고 본 것이다. 그러나 이 중간물질은 좀체 밝혀지지 않고 과학자들의 암실에 갇혀 있었다. 그것은 어딘가에 있어야 했다.

그렇지만 그것을 향한 불빛은 아직 켜지지 않았다. 새로운 종류의 분자가 아니라 막을 가로질러 수소 이온 농도의 '화학 삼투' 차이라는 형태로 에너지가 저장된다는 미첼의 가설은 받아들이기가 어려웠다.

호흡을 연구하는 사람들과 달리 광합성을 연구하는 과학자들은 이 가설을 환영했다. 아마도 이들이 호흡하는 사람들에 비해 물리적인 사고 방식을 좋아했기 때문일 것이다. 막을 두고 활동 전위가 생긴다는 사실이 화학 결합에 에너지가 저장된다는 것보다 더 믿을 만하다고 본 것이다. 이때까지만 해도 광합성 연구자들은 대부분 물리학을 전공한 사람들이었다. 그들이 보기에 효소에 목매지 않고도 설명이 가능한 미첼의 가설은 오히려 선뜻 수긍할 만한 것이리라.

미첼의 가설을 뒷받침하는 가장 그럴듯한 첫 번째 증거도 광합성 연구자인 안드레 자겐도르프Andre Jagendorf에게서 나왔다. 뉴욕의 치과의사였던 자겐도르프의 아버지는 그가 농사짓기를 원했다. 하지만 그는 공상 과학책 읽기를 즐겼다. 1960년대 존스 홉킨스 대학에서 자겐도르프는 오랫동안 상상해 왔던 '고에너지 중간물질'을 찾아보기로 마음먹었다. 시토크롬에 있는 에너지를 뽑아내 ATP에 전달하는 물질이다. 제공하던 빛을 갑자기 끈 다음에 광인산화가 어떻게 되는지 확인하려고 한 것이다. 더 이상 만들어지지 않는 중간물질이 소진되어야만 한다고 자겐도르프는 생각하고 있었다.

만일 고에너지 중간물질이 분자 형태고 이 분자들이 시토크롬에 붙어 있다면 전자의 흐름이 끊겼을 때 어둠 속에서 만들어지는 ATP 분자의 수는 계에 있는 시토크롬 분자의 수보다 많을 수 없을 것이다. 그러나 ATP의 수가 수십 배나 많았다. 에너지는 지금까지 생각했던 것과는 다른 무언가에 저장되어야만 했다.[18] 이전에 자겐도르프는 화학 삼투에 관한 피터 미첼의 초기 강연을 들었지만 무슨 말인지 이해하지 못해서 지루하기만 했다. 하지만 자겐도르프 실험실의 박사 후 연구원이었던 영국인 죠프리 힌드Geoffrey Hind는 미첼의 가설을 연구해 볼 가치가 있다고 확신했다. 수소 이온의 수를 측정하기 위해 고안된 전극을 사용해서 그들은 틸라코이드 막을 관찰했다. 빛을 쬐어 주고 틸라코이드 막을 통과해 들어간 수소 이온과 빛을 껐을 때 수소 이온의 양을 관찰한 것이다. 미첼의 가설에 따라 예상할 수 있는 실험 장치였다.

어둠 속에서 틸라코이드 주머니가 어찌어찌해서 수소 이온을 매질 밖으로 내보낼 수 있다면 빛이 전혀 없어도 ATP를 만들 수 있어야 했다. 밖의 수소 이온 농도가 떨어지면 이들은 막을 지나가고자 애를 쓸 것이다. 이제 틸라코이드 막을 이용해 ATP를 만들 때 필요한 것은 막 양쪽의 수소 이온 농도의 차이뿐이다. 막 밖의 농도가 충분히 적다면 내부 농도는 문제가 되지 않는다. 호흡과 관련된 분야에서 화학 삼투에 관한 논쟁은 수년 동안 지속되었지만 광합성 연구자 집단에서 자겐도르프의 연구 결과는 폭넓게 수용되었다.

미첼의 가설은 엽록체 막의 저 건너에 펼쳐진 사슬의 마지막 고리를 연결했다. 한 세기도 전 마이어와 볼츠만이 최초로 가정한 바로 그 사슬이었다. 베르나츠키의 생물권 거대 엔진을 작동하는 전선이기도 했다. 다른 물체를 향해 우주의 모든 물체를 끌어당기는 첫 번째 힘은 중력이다. 중력은 가리지 않고 태양의 원자를 끌어당겨서 일반적으로

18) 상하이 식물생리학 연구소 센 윤강이 같은 결과를 독자적으로 찾았다. 하지만 문화혁명 탓에 실험은 더 이어지지 않았다. 그와 자겐도르프는 10년 넘게 만난 적도 없다.

서로 밀치는 별의 중심에 압력을 행사하여 커다란 핵을 형성한다.[19] 수십억 년이 지난 뒤라면 바로 옆은 아닐 수 있겠지만, 이 핵 하나가 주변의 다른 핵을 때리면 그들은 합치면서 에너지를 방출한다. 양성자와 중성자를 결합하여 보다 큰 핵을 만드는 에너지는 보다 작은 두 개의 핵을 합치는 양보다 적다. 그 차이가 바로 태양 방사선이다.

태양에서 핵융합 결과 만들어진 광자는 흡수되고 다시 방출되기를 수십억 차례 반복하면서 중심에서 태양 표면으로, 거기서 다시 우주 공간으로 나온다. 8분 후 이들 광자 일부분이 엽록체에 든 엽록소 분자를 때린다. 엽록소는 에너지를 흡수하고 원자들이 결부된 화학 결합을 튕긴다. 이웃이 진동을 감지하고 합창하듯 진동한다. 광계를 따라 공명하면서 분자에서 분자로 에너지가 전달되어 최종적으로 한 개의 엽록소 분자에 정착한다. 그러므로 단순히 공명하는데 그치는게 아니라 전자를 하나 잃는 셈이다.

이제 전자는 틸라코이드 막을 수놓은 전자전달 사슬을 따라 내려가고 에너지를 방출한다. 시토크롬 분자가 막 너머로 수소 이온을 움직이는 데 사용하는 에너지다. 이러한 펌프에 의해 형성된 화학 삼투 전위는 막의 물레방아인 수소 채널을 회전시키면서 ATP를 생산한다. 바로 그 지점에서 중력의 우주 공간을 여행해 핵물리학의 미소 생태계에 정착한 엽록소의 미세한 떨림은 이제 분자와 분자 사이 전자의 흐름으로, 자유를 갈구하는 수소 이온의 압력으로 그리고 하나의 화학 결합에 포획된 에너지로 탈바꿈한다.

ATP에 포획된 에너지는 짐작하겠지만 캘빈-벤슨 회로를 가동하

19) 마이어는 태양 중력이 에너지의 궁극적 원천이라고 생각했다. 어떤 면에서는 옳았지만 영원히 부딪히는 유성은 과녁을 잘못 짚은 것이다.

는 데 쓰인다. 새로운 화학 결합이 형성되면서 이산화탄소를 탄수화물로 변화시킨다. 미래 어느 시점에서 이 결합은 다시 깨지고 간직한 에너지를 방출한다. 식물세포 안에 혹은 식물을 삼킨 어떤 생명체의 세포 안에서 그런 일이 진행된다. 어떤 경우든 그 사건은 미토콘드리아 안에서 일어날 것이다. 화학 결합에서 방출된 전자가 미토콘드리아에서 또 다른 시토크롬 사슬을 따라 내려갈 때 회수된 에너지는 다시 화학 삼투를 유지하는 데 사용된다. ATP가 또 만들어지는 것이다.

이런 현상을 언덕을 내려간다는 식으로 해석하는 일은 매력적이다. 사실 생명체가 열역학 제2 법칙을 회피하는 능력 때문에 이런 식의 강화가 가능하다. 태양의 표면은 약 6,000도로 매우 뜨겁지만 에너지 밀도는 낮다. 50만 톤에 육박하는 태양이 고작 1킬로와트의 에너지밖에 내놓지 못한다. 단순히 무게비로만 계산했을 때 진핵세포는 태양이 방출하는 것보다 10만 배나 많은 에너지를 사용한다. 식물과 조류가 햇빛을 포획하고 화학 결합에 농축하는 과정은 태양에서 그것이 만들어지는 과정보다 훨씬 더 효율적이다.

그렇지만 에너지 밀도는 계속 증가하는 추세다. 매 단계에서 일부 에너지는 무질서하게 흩어진다. 모든 단계에서 엔트로피가 증가하는 것이다. 그래야만 한다. 열역학 제2 법칙이 강제하기 때문이다. 그렇지만 불완전성이 문제의 핵심이다. 그것이 없다면 전자는 전혀 흐르지 않을 것이다. 에너지 비용을 지불하지 않고 한 형태에서 다른 형태로 이동할 수 있다면, 그 단계에서 다음 단계로 진행될 수 있다면 그리 되돌아가지 않을 이유가 없는 것이다. 어떤 과정이 비가역적인 방향으로 진행되는 까닭은 결국 엔트로피가 축적되기 때문이다. 시트크롬을 따라 전자가 '아래'로 흐르게 하는 것은 결국 엔트로피다.

에너지가 계속해서 흐르고 ATP가 만들어지는 동안 축적되는 엔트로피는 해소되어야 한다. 그것이 생명이 하는 일이다. 에너지 이점을 얻기 위해 엔트로피의 부채를 받아들여야 한다. 엔트로피를 밖으로 내보내는 대신 에너지를 써서 날뛰는 방대한 원자를 붙들어 섬세한 분자를 만들고 막에 시토크롬 사슬을 배치하며 협소한 공간에 수소 이온을 밀어 넣고 겨울에 대비해 탄수화물을 전분의 형태로 저장해야 한다. 잎을 만들고 위, 눈, 마음, 자전거 그리고 정원과 대학도 만든다. 색소에서 행성까지 흥미롭고 있을 법하지 않거나 부서지기 쉬운 모든 것을 창조한다.

그리고 활력을 부여한다. 생명의 일은 결코 멈추지도 쉬지도 않는다. 근육에 힘을 실어 주어야 하고 발을 놀리고 심장에서 혈액을 퍼내야 한다. 모든 활동에는 에너지가 필요하다. 지구상 생명체의 대부분 에너지는 궁극적으로 태양에서 온다. 우리가 지구를 넘어 우주와 연결되어 있다는 의미다. 천문학에 경도된 과학 저술가들은 우리 인류가 우주 먼지로 구성되어 있다는 말을 흔히 쓴다. 산소, 탄소, 질소 등 우리 몸을 구성하는 원소는 곧 행성의 핵심 원소이고 태양이 태어나기 전에 죽은 별의 잔해다. 이러한 통찰의 힘은 동시에 우리가 우주의 일원이지만 우주적 규모의 거리와 공간이 우리의 상상력을 방해한다는 사실을 강조한다. 인간을 구성하는 원자의 우주적 기원에 반신반의하더라도 우주 먼지 생명체에게 주어진 에너지원은 여름에는 가장 가까워서 식탁에 올라온 과일을 숙성시킨다. 식물에 저장된 태양 에너지는 매 순간 우리를 살아 있게 한다. 심장은 박동하고 머리로는 생각한다. 우리 육체는 우주 먼지다. 우리 삶은 태양 빛이다.

3장 빛

13차 국제 학회

에머슨과 아놀드

광합성 단위를 둘러싼 논쟁

반응센터

광계 II에는 4만 6,630개의 원자가

절묘한 스릴

> 거대한 물체와 빛은 상호 전환이 불가능한가?
> 물체는 자신의 구성물로 쏟아져 들어오는 빛의
> 입자를 받아 활력을 얻는 것 아니던가?
>
> 아이작 뉴턴 경Sir Isaac Newton, 〈광학, 질문 30〉

13차 국제 학회

2004년 8월 31일 늦은 밤, 약간 시차가 있겠지만 완성도 높은 밴드가 우렁찬 곡을 연주하고 있다. 몬트리올 중심가 옥상에 설치된 회관에는 수백 명의 사람이 웃으며 이야기하고 술잔을 기울이거나 춤을 추고 있었다. 무대에는 휘장이 길게 늘어져 있고 구슬픈 하모니 선율이 터져 나오는 가운데 가수는 혼신으로 노래를 부른다. 한 잔의 맥주와 함께 흥겹게 떠드는 중에 바에서 만난 중후한 노년의 신사는 나를 붙들고 자신이 겪은 광합성 연구자를 들먹이고 있었다(X? 그놈은 시정잡배야. Y? 그놈도 나을 게 없어. 나는 그가 좋았다. 그도 별반 다를 게 없어 보였기 때문이다). 조금 떨어진 곳에서는 70대 초반으로 보이는 호리호리한 인도 남성이 만면에 미소를 띠며 자신의 부인과 춤을 추고 있었다. 무대에서 춤추는 다른 모든 사람처럼 그들도 즐거움에 흠뻑 취해 있었다.

광합성의 13차 국제 학회에서 두 번 초청한, 조지 케니에(1928-2001) 블루스 콘서트 현장이었다. 3년마다 열리는 이 학회는 과학자들끼리 결과를 교류하고 의견을 교환하는 자리다. 박사 과정 학생이나 박사 후 연구원은 자신의 미래를 탐색하기도 하지만 이미 출판된 논문 내용을 두고 개인적인 공격을 가하기도 한다. 축구를 하기도 하고 (결승전에서 네덜란드 팀이 북미 팀을 이겼다) 함께 저녁을 먹거나 오늘처럼 술과 무대가 마련되기도 한다. 빌 러더퍼드Bill Rutherford가 주최한 파티다. 그는 밴드를 초청하기도 했지만 파리 근교 졸리오-큐리Joliot-Curie 생물학 연구소의 존경받는 분광학자이기도 하다(러더퍼드를 제외하고는 바커스빌 블루스 밴드에 과학자는 하나도 없다. 그는 파리 근교에서 재즈를 연주하곤 했다. 학회는 그들을 초청했다). 학회는 친교를 다지기도, 구원을 해소하는 자리이기도 하다. 과학자로서 화려한 경력을 끝으로 이 분야의 집단적 기억을 정리하는 두 번째 역할을 맡은 인도 태생 고빈지Govindjee에게도 좋은 기회였다. 그는 모든 사람과 함께 사진을 찍었다. 회장으로서 고빈지는 기조 강연을 했다. 첫 문단에서 즐겁게 춤을 추었다던 바로 그 인물이다. 그는 모든 사람에게 인사했고, 할 수만 있다면 그가 헌신한 주제를 언제든 토론하려 들 것이다.

그날 내내 많은 과학자가 광합성 연구 주제의 모든 영역에서 발표 기회를 얻었다. 식물이 빛이 너무 적거나 질소가 적은 스트레스에 어떻게 반응하는가? 염소가 충분치 않으면 어떤가? 구리가 너무 많으면? 숲은 탄소 순환에서 어떤 역할을 하는가? 광합성 플랑크톤의 유전체 분석에서 우리가 배울 수 있는 것은 무엇일까? 사막 모래밭에서 광합성 세균은 도대체 무엇을 할까? 식물을 잘 자라게 하기 위해 루비스코 유전자를 조작하면 어떨까? 광합성 과정을 거꾸로 돌리면 물이 생겨날까? 칠레 포도밭에서 북쪽 혹은 남쪽을 향한 포도의 탄수화물 생산량은 어느 쪽이 더 많을까? 소나무의 잎은 어떻게 작동할까? 멀리서 레이저를 잎에 쏘았을 때 잎에서 무슨 일이 진행되는지 알 수 있을까? 지구 위 궤도를 돌면서 생명체 지구에서 무슨 일이 진행되는지 짐작할 수 있을까?

모든 영역에서 광합성을 바라보고 다양한 규모에서 그 크기를 연구하지만 몬트리올 학회에서 발표된 것은 대부분 분자생물학적 데이터였다. 마틴 카멘은 사람들에게 광합성 연구는 기본적으로 기생적이라고 표현했다. 당시에는 도움이 될 만한 것이면 기술이든 아이디어든 모두 받아들였기 때문이다. 1960년대 초반 그는 '광합성의 미래'는 '어떤 모습을 띠든 미래에 가장 적합할 것'이라고 말했다. 카멘의 미래와 우리의 가까운 과거에서 그것은 분자생물학의 형태를 띠었고 몬트리올 학회에서 극명하게 드러났다.

분자의 물리적 본성이 생명을 이해하는 핵심 요소라는 생각은 1930년대 과학자들의 이목을 끌었다. 저명한 물리학자 닐스 보어Niels Bohr와 이후 에르빈 슈뢰딩거Erwin Schrodinger도 생물학 혁명에 가담했고 그들의 연구 주제인 양자 혁명과 비교했다. 1940년대 새롭게 등장한 물리학적 수단이 위세를 떨치기 시작했다. X-선이 DNA의 구조를 밝히는 데 사용된 것이다. DNA의 물리적 구조가 알려지면서 이들 유전 정보가 어떻게 저장, 복사되는지 짐작하게 되자 생명에 대한 깊은 이해가 가능해졌다. 분자생물학이 그 연장선에 있다. 이 학문 분야는 이제 압도적인 경향이 되었다.

특히 광합성은 분자생물학과 흥미로운 관련을 맺고 있다. 광합성의 비밀은 분자생물학적 수단이 등장하기 전에는 물리적 접근을 통해 그 토대를 마련했기 때문이다. 광합성은 빛의 과학이고 빛은 물리학의 기본 주제다. 그렇다고는 해도 광합성 연구의 토대가 분자생물학의 토대와 맞닿아 있다는 사실을 상상하기는 그리 어렵지 않다. 하지만 분자생물학은 에너지보다는 정보에 경도되어 있다. 이런 경향은 왓슨과 크릭이 유전자에 함유된 정보의 분자적 기초를 다지면서부터 돌이킬 수 없는 현상이 되었다.

한편 에너지와 결부된 문제는 생화학의 범주 내에 있었지만 1930년대부터 물리학자들, 보다 정확히 생물리학자들은 광합성의 기제와 그것을 구성하는 광합성 색소가 어떻게 빛에 반응하는지 연구했다. 상대적으로 늦은 감이 없지 않지만 분자생물학은 색소를 적절한 위치에 붙들어 광합성을 가동하는 단백질 연구에 뛰어들었다. 분자생물학을 응용하면서 과학자들은 엄청난 결과를 쏟아 내기 시작했다.

빌 러더퍼드가 개최한 화려한 연회 다음 날 아침, 런던의 임페리얼 대학 짐 바버Jim Barber 교수는 실제 광합성이 어떻게 작동하는지 분석한 위대한 업적을 언급하며 그날 아마 가장 인상 깊었을 강연을 했다. 65세인 바버는 헌칠한 영국인이며, 그가 테니스 라켓을 들고 있는 모습을 상상하기란 어렵지 않다. 하관이 긴 얼굴의 바버는 흥분하면 생기가 돌았고 그때마다 잠시 숨을 고르곤 했다.

바버의 경력은 3년마다 개최되는 이 학회의 역사를 통해 살펴볼 수 있다. 로우 뒤센스Lou Duysens의 박사 후 연구원이었던 그가 독일 프로이덴슈타트에서 개최된 첫 번째 학회에 참가한 때는 1967년이다. 바버는 큰 '자부심'을 느꼈다고 말했다. 1960년대 대광명의 시기에 힐의 Z-체계와 함께 광합성에 대한 뒤센스의 생각은 거의 거칠 것이 없었다. 뒤센스와 함께 학회에 참석했던 바버에게는 적절한 시기에 꼭 와야 할 곳에 있었던 셈이다. 1995년 몬드펠리어에서 개최된 10번째 모임에서 그는 연구의 초점과 속도를 급진적으로 바꾸겠다고 마음먹었다. 임페리얼 대학 그의 연구실은 광합성 연구의 다양한 영역에서 여러 가지 가치 있는 결과를 내놓았지만 세계를 뒤흔들 만하지는 않았다. 그는 영국 농업연구소에서 받는 연구비가 편치 않았다. 그의 기초 연구와 토지에서의 작황 개선 도모 사이에 연관성도 적어 보였고, 평가자들이 너무 상아탑에 갇혀 사는 인간으로 모는 듯한 느낌도 들었다. 실험실에 들른 평가자들은 '보리가 어디에 심어져 있는지' 알고 싶어 했다. 심기가 불편했던 과거를 기억하면서 바버는 전망과 기대 사이에 놓인 엇박자에 늘 고개를 저었다고 말했다. 그래서 그는 한 가지 커다란 주제이자 거대한 목표인 광계 II의 구조를 밝히고자 마음먹었다.

빌 러더퍼드의 블루 나이트가 경의를 표한 고 조지 케니에가 활동하던 1960년대, 광계 II는 '광합성의 구중심처'라고 불렸다. 힐의 Z-체계 앞쪽 끝에 있으며 햇빛으로부터 에너지를 받아 산화환원 전위로 바뀌는 부분이다. 아직 안갯속이지만 물을 깨서 산소가 나오고 궁극적으로 지구상에서 진행되는 대부분의 호흡 과정에 자금을 대는 역할을 한다. 광계 II를 둘러싼 분자생물학 연구 결과를 보면 독립된 19개의 단백질, 36개의 엽록소 분자와 그 외에도 여러 가지 조각을 이루는 분자들이 모여 거대한 복합체 구조를 취한다. 바버가 결심한 담대한 목표(은퇴할 때까지 계속 추구했던)였던 광계 II의 구조는 정복하기 힘든 과제였다.

세 번의 학회가 개최되는 동안 바버는 목표를 성취했다고 생각했다(그 과정에서 은퇴는 미뤄졌다). 몬트리올 기조연설에서 바버와 그의 동료들이 찾아낸 광계 II 모델을 발표했다. 그날 오후 그는 사람들이 과거보다 더 나을 것이 없으며 앞으로 더 나은 모델이 나오기를 바란다는 투로 이야기하며 비판하는 소리를 들었다. 그 결과는 이미 몇 개월 전에 《사이언스》에 출판된 것이었다. 그는 모델을 조금 더 정치하게 다듬어야 한다고 생각했다. 어쨌든 바버와 그의 연구원들은 그때 당시로서는 가장 훌륭한 데이터를 가지고 있다는 데 만족하고 있었다. 광합성은 아직도 수수께끼였다. 하지만 광계 II와 관련해서는 과거 어느 때보다도 그 크기와 모양이 잘 알려져 있었다.

에머슨과 아놀드

광계 II의 구조를 밝히는 과정은 로버트 에머슨Robert Emerson과 윌리엄 아놀드William Arnold가 1930년대 수행한 고전적인 실험에서 비롯했다. 광합성 연구에서 물리학이 주도적인 위치를 차지하던 때였다.

에머슨은 뉴잉글랜드의 기품 있는 집안 출신이다. 랄프 왈도 에머슨 형제의 증손자이고 뉴욕 공중 보건성의 걸출한 수장이었던 헤이븐 에머슨의 아들인 그는 롱아일랜드 대저택에서 자랐다. 아놀드는 오리건 유진 외곽 지역 목재상이었던 아버지가 지은 집에서 살았다. 나무집은 전기도 들어오지 않았고 부엌도 집 밖에 있었다. 하지만 그는 정교한 도구를 사용할 수 있는 기회를 최대한 누렸다. 하버드에서 생리학을 공부한 에머슨은 식물에 관심을 가졌고 당시 유럽에서 가장 훌륭한 실험실의 박사 과정에 들어갔다. 칼텍으로 간 아놀드는 천문학자가 될 꿈을 키웠지만 돈이 떨어지자 학업을 중단하고 물리학 실험실에서 연구 보조원으로 일했다. 옆으로 차가 지나는 실험실에서 밤을 새워가며 민감하기 그지없는 자기장을 측정하느라 바빴다. 아놀드가 이제는 다시 학교로 돌아가도 좋을 만큼 돈을 벌었을 때 마침 에머슨이 칼텍에 합류했다. 생물학을 요구하는 식물생리학 강사 자리에서 에머슨은 근근이 돈을 벌 수 있었다. 에머슨과 아놀드는 한 살 차이가 났지만 다 같이 기술이 뛰어났다. 동부의 귀족과 태평한 서부 사람은 훌륭한 팀이 되었다.

애초 에머슨이 유럽으로 향했을 때 그는 원래 엽록소의 분자 구조를 밝힌 공로로 노벨상을 받은 리하르트 빌슈테터Richard Willstatter와 연구를 하고자 했었다. 그가 엽록소 구조에 관해 쓴 책은 아직도 앤드루 벤슨 책상에 놓여 있다. 그렇지만 그는 빌슈테터와 함께 일할 수 없었다. 뮌헨 대학의 반유대인 경향이 커져 스위스-노르웨이 출신 화학자 빅터 골드슈미트Victor Goldschmidt도 영입이 되지 않는 실정이었다. 유대인인 빌슈테터도 항의조로 교수직을 사임하려는 중이었다. 대신 에머슨은 베를린으로 가서 오토 와버그Otto Warburg와 함께 연구하게 되었다. 아마 와버그는 당대 최고의 생화학자였을 것이다. 괴상하고 강렬하며 영국을 숭앙하는 유대인 동성애자이자 프러시아 기병대 대장 같고 식품 첨가물을 결사코 거부하는(베를린 농과 대학에서 기르는 특별한 소에서 짠 우유를 먹었고 크림은 그의 실험실 원심분리기를 써서 직접 분리했다) 성격을 지녔다. 말할 수 없게 부지런했고 실수를 경멸했으며 똑똑하기로 타의 추종을 불허했고 비록 자주 틀렸지만 결코 의심하지 않았다. 독한 데다 지나치게 옹고집을 부리기도 했다. 그러나 학생들을 감화시킬 수 있는 엄정한 원칙 같은 것이 있었다.

또한 그는 아마도 모든 분야에서 뛰어난 실험 기술을 가지고 있었다. 와버그는 다양한 도구를 개발했고 흡수 스펙트럼을 측정하는 방법도 고안했다. 그는 조직을 아주 얇은 절편으로 자르는 방법을 발명해서 불과 몇 개 세포층을 가진 시료를 일관되게 제작할 수 있었다. 가장 결정적인 것은 와버그가 압력을 측정할 수 있는 기계를 만들어 상당히 정확하게 압력의 변화를 계산할 수 있었다는 사실이다. 와버그의 압력계manometer는 분석하고자 하는 조직이 얼마나 많은 가스를 방출하는지 또는 흡수하는지를 이해할 수 있는 장치였다. 따라서 호흡이나 광합성 연구에 필수적인 장치가 되었다. 와버그 실험실에서 박사 학위를 받는 2년 동안 8시에서 6시까지, 1주일에 6일을 투자한 에머슨은 압력계를 다루는 능란한 기술을 터득했다.

에머슨은 또한 와버그의 이론적인 연구에도 발을 얹었다. 아마 그들이 함께 미국으로 돌아간 이유가 되었을 것이다. 와버그의 아버지 에밀은 의사였으며 아인슈타인의 친구였다.[1] 에밀은 아인슈타인이 하나의 광자가 한 분자의 물질과 반응한다는 '광화학 당량' 법칙을 수립하는 데 실험적으로 중요한 역할을 담당했다. 새롭게 만들어진 분자의 수는 흡수한 광자의 수에 의해 결정된다는, 열이 아니라 빛에 의해 추동되는 화학 반응, 즉 광화학 법칙이다. 오토 와버그는 광합성에서 흡수한 광자의 수가 방출된 산소의 양과 관련이 있는지를 측정함으로써 그의 아버지가 했던 일을 생물계에서 재현해 보기로 했다. 와버그가 연구에 적합하다고 판단하여 사용한 단세포성 녹조류인 클로렐라 페레노이도사*Chlorella pyrenoidosa*는 이후 광합성을 연구하는 생화학자들에게 필수적인 실험 모델이 되었다.

칼텍에서 에머슨은 광합성 효율을 이해할 목적으로 자신이 베를린에서 수행하고 목격한 특별한 종류의 실험에 대해 학생들에게 이야기했다. 와버그는 광원을 켰다 끄기를 반복했을 때와 절반 정도의 빛을 계속 주었을 때 광합성의 효율을 비교했다. 이 조건에서 클로렐라가 흡수하는 광자의 수는 동일했다. 한 경우는 폭발적으로, 다른 경우는 일정한 흐름으로 들어온 것뿐이었다. 아인슈타인의 법칙에 따르면 두 경우 화학 반응의 수가 같음을 의미한다. 그렇지만 플라스크에 빛을 깜박거렸을 때 만들어지는 산소의 양이 더 많았다. 오묘한 일이었다.

에머슨은 예전에 와버그가 그랬듯 백열등 램프의 빛을 차단할 회전 개폐기를 사용해서 실험해 보려고 계획했다. 아놀드는 네온의 깜박

1) 이런 인연 때문에 아인슈타인은 기병대에서 나와 안전한 곳에서 일하라는 아버지 권고를 받아들이라고 오토 와버그에게 편지를 썼다. 그저 그런 독일 생리학 분야에서 탁월한 재능을 보인 와버그가 전선에서 물러나는 일이 곧 애국이라는 투였다. 보통 사람이 와버그의 자리를 차지하는 것이 더 좋을 것이라며 말이다.

임이 1초에 50회 정도가 실험에 더 적합할 것이라고 조언했다. 에머슨이 제안하고 늘 그렇듯이 아놀드는 네온 광원을 설치했다. 대학을 졸업하던 해인 1931년 아놀드는 에머슨의 연구 조수가 되었다.

에머슨은 와버그의 발견을 직접 본 사람이다. 하지만 칼텍에서 그의 압력계를 가지고 직접 실험해 본 결과 광합성이 그저 일관된 광화학 반응은 아니라는 증거를 확보했다. 주어진 광자 하나당 투입물의 양이 일정하다면 반응 산물도 일정해야 한다. 첫째, 에머슨은 엽록소가 광자를 흡수하는 물리적 과정이 순식간에 일어난다고 주장했다. 다음에는, 화학적 과정이 뒤따르고 광자에서 취한 에너지가 생화학 반응을 추동한다는 것이다. 1930년대에는 이런 반응이 무엇인지 짐작조차 하지 못했다. 광인산화와 캘빈-벤슨 회로가 밝혀진 것은 몇십 년 뒤의 일이다. 그렇지만 에머슨과 아놀드는 생화학 반응의 정체가 무엇이든 빛을 흡수하는 물리적 과정보다 늦다고 가정하는 데 무리가 없었다. 이런 시간적 불일치가 깜박거리는 빛의 효과를 설명할 수 있을 것이다. 빛을 계속해서 쬔다면 에너지는 생화학적 과정보다 훨씬 빠르게 물리적 과정으로 편입될 것이며 일부는 소모된다. 깜박이는 빛의 경우, 빛이 없을 때 생화학 반응이 물리적 반응의 시간을 따라잡는다. 이 체계는 광자를 필요로 하지만 그것을 소화할 시간도 필요했다.

이를 증명하기 위해 에머슨과 아놀드는 새로운 실험을 고안했다. 빛을 쬐는 사이사이 빛이 없는 시간을 길게 변형한 것이다. 이는 단순한 네온으로 될 일이 아니었다. 그래서 아놀드는 더욱 복잡한 광원을 설치했다. 점화플러그 고리에 회전하는 로터를 달아 100만분의 20초 동안 빛을 쬐고 그 간격은 300분의 1초로 조정했다. 또한 클로렐라의 배양 온도도 25도와 1.1도 두 가지로 설정했다. 열의 양이 많다는 것은 분자들끼리 더 세게 자주 부딪힌다는 의미이고 정상적인 화학 반응은(그러나 광화학 반응은 그렇지 않다) 거의 언제나 온도에 민감하기 때문이다. 따라서 화학 반응은 차가운 온도의 클로렐라에서 지연될 것이다. 그 결과 클로렐라는 광자에게서 온 에너지를 소화하기 위해 빛을 쬐지 않는 시간이 더 길어야 할 것이다. 그리고 실제로 그러했다. 빛을 0.1초 쬐어 주고 그만큼 간격을 두면 차가운 온도의 클로렐라는 실온의 클로렐라보다 훨씬 적은 양의 산소를 생산했다. 빛을 쬐어 주는 간격을 0.5초까지 늘리면 차가운 온도의 클로렐라가 실온의 클로렐라에 맞먹는 효율을 보였다. 첫 번째 한 뭉텅이의 광자에서 뽑아낸 에너지를 다 소화하지 못하면 더 이상의 광자는 쓸모없는 것이었다.

이 실험은 엄청난 기술을 요하는 작업이었다. 에머슨의 압력계는 인간이 만들었다고 보기 어려울 정도로 정교했다. 1마이크로리터 정도의 부피 변화도 읽어 낼 수 있었기 때문이다. 이렇게 에머슨과 아놀드는 광합성 초기 단계에 진행되는 물리 과정이 순식간에 일어나고 거기서 획득한 에너지를 이어받아 다음 단계의 화학 반응이 서서히 진행된다는 사실을 밝혀냈다. 생명의 정수를 추출하려 노력하면서 에머슨의 증조 삼촌great-great-uncle은 이렇게 쓴 적이 있다. "힘은 …… 과거에서 새로운 상태로 전이되는 그 순간에 존재한다. 만에 파도가 몰아치는 순간 혹은 과녁을 향해 화살이 날아가는 순간." 칼텍의 연구실에서 에머슨과 아놀드는 햇빛에서 화학으로 생명의 빛이 날아오르는, 영원히 반복되는 전이의 순간을 밝혀냈다.

광합성 단위를 둘러싼 논쟁

요란했던 21세기 물리학의 역사에서 광합성 연구는 그야말로 각주에 지나지 않았다. 마틴 카멘이 말했듯 만일 광합성 연구가 기생적이라 해도 사실 기생(광합성) 연구자들은 철저히 무시되었다. 에머슨과 아놀드의 획기적인 연구는 그야말로 수십 년 동안 위대함의 그늘에 갇혀 있었다. 광합성은 여전히 이야기의 주변부에 있었을지라도 서서히 주변부에 접근하고 있었다. 로젠크란츠와 길덴스턴[2]은 물리학 역사의 슬픈 뒷모습, 가령 핵무기 등을 꼬집는 한편 주변부에서 무슨 일이 벌어지는지도 살폈다.

화학을 물리학과 구분 지으며 에머슨과 아놀드는 광합성의 물리적 측면이 어떻게 작동하는지를 최초로 규명했다. 하지만 동료들 대부분은 수십 년 동안 이를 저평가했다. 그들 연구의 목적은 광합성 체계가 광자를 끌어들이는 물리적 단계의 속도를 제한하는 요소가 무엇인지 밝히는 데 있었다. 간략히 살펴보면 빛을 쪼여 주는 시간 사이사이에 간격을 두어 광자가 흡수될 시간을 부여했다. 빛은 더욱더 밝아졌다. 아놀드는 실험 도구를 최대한의 출력으로 끌어올렸다. 전압을 높이고 집광 장치를 키우고 거울의 초점을 맞추고 플라스크에 은 선을 긋는 등 클로렐라 엽록소가 최대한의 광자를 사용할 수 있도록 가능한 모든 수단을 강구했다. 우선 깜박이는 강한 빛은 더 많은 산소를 의미한다. 늘어난 광자가 산소를 만드는 데 사용되었다는 뜻이기도 하다. 물리적 단계가 최대한 열심히 일하기는 하지만 여기에도 한계가 있다.

그들이 물리적 과정에 참여한 엽록소의 수를 조사하자 놀라운 일이 벌어졌다. 와버그와 일부 과학자들이 가정했듯 만일 광합성이 순전히 광화학적 반응이라면 한 개의 광자를 흡수한 엽록체 분자 한 개는

2) 『로젠크란츠와 길덴스턴은 죽었다』는 단역 입장에서 햄릿을 재해석한 희곡이다(옮긴이).

즉시 이산화탄소를 환원시키거나 산소를 방출하는 화학적 과정 중 하나를 진행해야 한다. 이 체계가 최대 효율로 가동될 때 방출되는 산소 분자의 수는 엽록체에 존재하는 엽록소 분자의 수에 근접해야 할 것이다. 그렇지만 에머슨과 아놀드가 관찰한 실험 결과는 그런 가정에 부합하지 않았다. 그들이 본 것은 빛에 포화되었을 때 2,480개에 이르는 엄청난 양의 엽록소 분자가 단 한 분자의 산소를 생산한다는 사실이었다.

예상 밖의 결과에 대해 두 가지 설명이 제시되었다. 오토 와버그에게 광화학을 가르쳤으며 과학계에 두루 영향을 끼친, 에밀의 학생이었던 물리학자 제임스 프랭크James Franck가 한 가지 설명을 내놓았다. 프랭크는 양자 이론가들이 말했던, 전자가 핵 주변을 에워싸고 각기 다른 에너지를 가진 외곽에 존재한다는 원소의 행동을 밝힘으로써 1926년 노벨상을 받은 과학자다. 세계 대전 중 군대에 복무했을 뿐 아니라 과학적으로 명성이 자자했던 덕에 그는 반유대주의가 기승을 부리는데도 무사했고, 베를린의 오토 와버그도 1945년까지는 안전했다. 그렇지만 1933년 나치의 고용법이 제정되면서 보호막이 걷혀 나갔다. 괴팅겐 대학에서 유대인 연구원을 추방하라는 명령서가 도착했다. 양심에 입각해서 또 친구들과 상의를 거친 끝에 그는 법과 싸우느니 퇴직하고 대신 대중에 호소함으로써 저항하고자 했다. 몇 달 뒤 프랭크는 고국을 떠나 해외에 자리를 모색했고 가능한 한 추방당한 젊은 과학자들과 함께하려고 노력했다.

코펜하겐의 양자역학 대부인 닐스 보어와 잠깐 지내다 프랭크는 미국으로 향했다.[3] 거기서 자선 단체의 도움으로 시카고 대학에 실험

3) 상당한 양의 금을 미국으로 가져오는 위험을 피하고자 프랭크는 코펜하겐에서 보어에게 노벨상 메달을 남겼다. 독일이 덴마크를 침공했을 때 화학자 조지 드 헤비시George de Hevesy

실을 차리고 광합성 연구에 착수했다. 이 즈음에 프랭크를 만난 마틴 카멘이 그가 별로 행복해 보이지 않았다고 회상했듯 프랭크가 진정 원했던 일은 아닐지 몰라도, 그는 하나의 광자를 흡수한(광자로부터 포획한 에너지) 개별 분자의 화학 반응에 관한 문제인 고전적 광화학 전망에 대한 결론을 내리는 데 일조했다.

프랭크는 광자가 엽록소와 이산화탄소를 결합시켜 불안정하고 반감기가 짧은 분자를 형성한다고 에머슨과 아놀드의 결과를 해석했다. 불안정한 분자에 편입된 에너지를 써서 이 반응을 안정하게 하는 효소가 있지만 느리고 공급량도 적다. 그 결과 불안정한 대부분의 엽록소-이산화탄소-아말감 복합체가 쓸모없이 사라진다고 프랭크는 상상했다.

또 다른 설명은 오토 와버그 실험실의 미생물학자인 한스 가프론Hans Gaffron과 물리학자 커트 홀Kurt Wohl이 내놓았다. 프랭크와 다른 모든 사람이 그랬듯이 가프론과 홀도 엽록체에 엽록소가 무작위로 분포하는 것이 아니라 엽록소 분자가 하나의 단위로 조립되어 있다고 생각했다. 각 단위는 수백 혹은 수천 개의 분자로 구성된다. 그 분자 중 하나에 광자가 흡수되면 그것은 분자 내 전자를 들뜨게 한다. 하나 혹은 여러 개의 전자가 에너지 준위가 높은 궤도로 올라간다. 양자역학의 법칙에 의하면 이들은 한 분자에서 거의 분리된 목표물인 다른 분자로 움직인다. 가프론과 홀이 들뜬 전자exciton라고 불렀던 이 상태의 전자가 엽록소 분자의 덤불 속을 지나 효소에 이르고 이 효소는 에너지를 사용해

는 막스 폰 라우에와 프랭크의 메달을 산에 녹였다. 아무 표기를 하지 않고 그는 실험실에 검은색 용액을 남겼다. 전쟁 후 용액에서 침전된 금은 스웨덴에서 다시 새 메달로 주조되었다.

서 어떤 화학 반응을 매개한다고 했다. 그러나 프랑크의 가정과는 달리 에너지를 포획하기 위해 이 효소는 엽록소에서 다른 엽록소로 움직이지는 않는다. 다만 제 자리에서 엽록소 분자를 따라 흡수된 에너지가 흘러가게 한다. 여러 개의 엽록소와 그 주변에 존재하는 효소 뭉치를 가프론은 '광합성 단위'라고 불렀다.

가프론은 옳았지만 프랭크는 틀렸다. 광합성 단위는 근대 광합성 이론의 기본적 토대가 되었다. 광합성 체계에서 많은 수의 광자를 포획하는 엽록소 분자는 막 위와 안에 배열되어 있고 전자전달 사슬 단백질이 촘촘히 박혀 있다. 들뜬 전자는 엽록체와 엽록체 사이를 지나 최종적으로 광합성의 핵심이라고 할 수 있는 막을 관통하는 단백질에 도달한다. 갈지之자 모양인 로빈 힐의 Z-체계다. 에너지는 공여 물질에 느슨히 결합한 전자를 뽑아내 전자전달 사슬에 옮겨 준다.

식물, 조류 그리고 광합성 세균은 여러 종류의 엽록소와 색소를 사용해서 빛을 포획하는 다양한 크기와 모양의 안테나를 구축한다. 이는 일체형 안테나로서 광계의 한 구조물을 이룬다. 또한 하나의 광계가 다른 광계로 통째로 움직이는 구조물을 이루는 안테나도 있다. 단백질 발판이 있어서 3차원의 엽록소가 가깝게 위치하도록 함으로써 들뜬 전자가 한 분자에서 다른 분자로 쉽게 넘어갈 수 있게 구성되었다. 자연의 제약조건 때문에 이 구조물은 거의 무작위로 만들어진 것처럼 보인다. 96개의 엽록소 분자가 광계 I에 포함된다. Z-체계에서 전자를 퍼내 위로 보낸 다음 NADPH를 만드는 기구로, 건축가인 프랭크 게리Frank Gehry나 베르나르 추미Bernard Tschumi의 건축물 못지않은 웅장함을 보인다. 27개의 엽록소 고리를 가진 홍색황세균의 광계는 알람브라 궁전 못지않은 제대로 구축된 대칭형 구조물이다. 이 모든 경우 형태가 기능을 규정한다.

안테나의 기하학은 복잡하고 변형도 많다. 단순하고 보편적일 필요가 있기 때문이다. 엽록소 분자의 크기, 광자를 흡수하는 용량, 지구 표면에 도달하는 광자의 수를 전부 고려하면 엽록체 분자 하나가 1초에 약 10개의 광자를 흡수할 것으로 기대된다. 이 글을 쓰는 구름 낀 11월의 오후 영국의 날씨를 감안해, 이상적인 조건이 아니면 엽록소 1개당 흡수하는 광자의 수는 1개까지 줄어든다. 분자 수준에서 효소가 일을 처리하는 속도를 생각하면 이는 매우 적은 양이다. 따라서 여러 벌의 엽록소 분자가 한데 모여 태양에서 도달한 모든 에너지를 흡수하고 하나의 전자전달 사슬에 건네 준다.

불행히도 프랭크는 1930년대 이래 가프론의 광합성 단위를 줄기차게 반대해 왔다. 게다가 광합성에 대한 프랭크의 견해에 더 무게감이 실렸다. 파급력이 큰 분야도 아닌 데다 그가 노벨 물리학상을 받은 워낙 거물이었기 때문이다. 그저 동료가 아니라 양자 혁명을 주도한 거인이었던 것이다. 그는 들뜬 전자 개념의 초석을 다진 사람 중 하나였고, 존 홉킨스의 에드워드 텔러Edward Teller와 일하면서 일군의 엽록소 분자 사이를 에너지가 지나가는 것 말고 다른 방법은 없다는 사실을 보여 주었다. 그러나 에머슨과 아놀드는 가프론의 가설을 지지했다. 1930년대 말 아놀드와 로버트 오펜하이머Robert Oppenheimer는 다른 접근법을 써서 에너지가 광합성 단위에서 더 자유롭게 지나간다는 결과를 얻었지만 전쟁 탓에 논문이 발표되지는 않았다.

이 지점에서 아놀드의 경력을 훑어보면 그를 둘러싼 여러 가지 과학적 결실을 수확해 줄 역사적으로 의미 있는 사람을 만날 기회가 많았다는 사실에 충격을 받지 않을 수 없다. 아놀드는 항상 스스로가 운이 좋은 사람이라고 여겼고, 실제로 운이 좋았던 것도 한 이유일 것이다. 그렇지만 그가 능력 있는 사람이기 때문일 가능성도 있다. 젊은 시절부터 그는 특출한 데가 있었다. 하지만 아마도 당시 대학에 적을 둔 연구자의 수가 그리 많지 않았던 탓이 클 것이다. 게다가 양자 혁명의 파도가 이웃 분야로 파급되면서 분야 간에 채워야 할 빈틈이 많이 생겼다. 젊은 물리학자가 생명의 시원에 관한 생리학적 관심을 가지기 딱 좋은 시절이었다.

알 만한 사람부터 거론하면, 아놀드는 연구 조교로 있는 동안 아인슈타인을 만났다. 패서디나 거리에 차가 없는 밤 지구 자장을 측정할 수 있었던 시절이다. 베를린 시절 자장을 측정했던 아인슈타인은 칼텍에 들러 진행 상황을 둘러보았다. 1930년대 중반 버클리 시절 아놀드는 오펜하이머의 강좌를 들었다. 거기서 아놀드는 오펜하이머와 함께 에너지 전달 결핍을 다룬 논문을 썼다. 스탠퍼드에 있을 때는 '분자생물학'이라는 용어를 처음 사용했으며, 그 분야의 초석을 다진 록펠러 재단의 와렌 위버Warren Weaver가 그에게 관심을 보이기도 했다. 그는 괴팅겐의 물리학자 막스 델브뤼크Max Delbruck를 미국으로 데려와 분자생물학의 기초를 다지기도 했다. 스탠퍼드에서 델브뤼크는 반 니엘과 미생물학 연구를 진행했다. 아놀드는 그와 함께 아마 세균에 침입하는 바이러스, 즉 최초의 파지 실험을 했을 것이다. 파지는 델브뤼크 연구의 중심 주제였다. 위버에게서 연구비를 받은 아놀드는 코펜하겐 닐스 보어 연구소로 건너가 물리학자 오토 프리쉬Otto Frisch와 방사성 물질에 관한 공동 연구도 진행했다. 질소를 붕괴시켜 새롭고 수명이 긴 탄소 동위원소를 만들면 강력한 실험 도구가 될 판이었다. 카멘이 주도권을 쥐고 있는 버클리 입자 가속기의 힘을 빌리지 않고 아놀드가 탄소-14를 만드는 작업의 성공 가능성은 무척 적어 보였다. 그러나 그는 프리쉬의 이모인 리즈 마이트너Lise Meitner와 그의 화학자 동료인 오토 한Otto Hahn이 제안한 괴상한 가설을 증명하는 순간에 그 자리에 있었다. 우라늄 원자가 반으로 쪼개질 때 엄청난 양의 에너지가 방출된다. 아놀드는 프리쉬가 이렇게 질문했다고 회고했다. 생물학자로서의 그의 능력을 두고 한 말이겠지만 "하나의 세균이 두 개의 세포로 나뉘는 것을 자네들은 뭐라고 부르는가?" 아놀드는 분열fission이라는 용어를 사용한다고 대답했다. 그렇게 핵분열이라는 용어가 탄생했다.[4)]

이 발견의 실제적 의미는 아놀드가 테네시 오크 리지에서 마틴 카멘과 함께 입자 가속기를 이용해서 우라늄을 농축하는 일을 할 때 이미 징조를 보였다. 카멘의 명성이 추락하기 전 상황이었다. 그 뒤 경력이 끝날 때까지 카멘은 오크 리지에 머물렀다. 폭탄 제조 물질을 만드는 공장은 원자 에너지 위원회의 비호를 받아 국가 단위 실험실로 탈바꿈하던 중이었다. 보다 상위 수준에서 맨해튼 프로젝트를 수행했던 제임스 프랭크James Franck도 시카고 대학에서 화학 관련 실험실을 운영하고 있었다. 그는 공격 목적은 아니었지만 사람이 살지 않은 지역에서 원자탄을 터뜨린 과히 영광스럽지 않은 실험을 이끈 사람으로 유명했다. 괴팅겐에서 프랭크가 데려온 젊은 물리학자 유진 라비노비치가 '영광스럽지 않은'이라는 표현을 사용했다. 유진은 프랭크와 맨해튼 프로젝트의 원로들이 영향력을 행사하거나 최소한 비판적 시각을 견지했던 《원자 과학자 게시판》의 편집자였다. 그들의 연구가 정치적으로 이용되면 안 된다는 주장을 펼친 일련의 행동이었다. 그는 또한 로버트 에머슨의 가까운 동료가 되었다.

생리학자로서 에머슨은 맨해튼 프로젝트와 관련이 거의 없었다.

4) 광합성이 물리학 역사에 등장하는 각주다. 분열은 아놀드와 막스 델브뤼크도 연결한다. 아놀드가 이름을 붙이고 한과 마이트너가 핵분열 실험을 할 때 델브뤼크는 그 가능성을 간과함으로써 이 발견의 기회를 놓쳤다.

퀘이커 교도인 그는 그러한 제안을 수용할 마음이 전혀 없었다. 전쟁 중 그는 칼텍의 양심적 반대자들의 강력한 우군이었고, 거기에는 앤드루 벤슨도 있었다. 진리를 수호하는 만큼 약자를 측은하게 생각했던 에머슨은 그의 일본계 미국인 친구의 억류에 화가 나고 창피하기도 했기 때문에 오웬스 계곡 만자나Manzanar 캠프에서 일본계 미국인이 미국산 잡목인 돼지풀에서 고무를 추출하는 일을 돕기도 했다. 전쟁 물자로 귀중했기 때문에 고무 추출은 억류된 일본계 미국인의 충성심을 높여 주었다. 그와 동시에 에머슨은 전쟁의 원인을 누그러뜨리기를 희망했다. 미국에는 고무가 부족하지 않았지만 아시아에서 그것은 전략적인 이점을 가졌기 때문이다.

에머슨은 칼텍의 자원을 활용해서 만자나 돼지풀 프로그램을 진행했다. 그는 로스엔젤레스 미국 고무 공장 실험실에서 돼지풀 추출물 연구를 진행했다. 극한 조건의 캠프에서 돼지풀을 재배하고 연구하는 일은 몰간랜더 쉼페 니시무라Morganlander Shimpe Nishimura가 담당했다. 억류되기 전 칼텍의 방사선 실험실에서 입자 가속기를 가지고 연구했던 물리학자였다. 니시무라는 맨해튼 프로젝트가 원하는 능력 있는 사람이었다. 에머슨처럼 그도 숙달된 정원사였다. 만자나 연구진은 미국 농무부가 지원하는 긴급 고무 프로젝트만큼 거대한 규모는 아니었지만 나름대로 돼지풀 연구에 진척을 보였다. 농무성 관계자들은 만자나 연구를 어떡하든 중지시키려 했다. 그렇지만 그들 연구의 부분적 성공을 탐내기도 했다. 에머슨에게는 안된 일이지만 전쟁 후 돼지풀 연구는 더 진행되지 않았다. 그는 고무 산업계의 기득권을 신랄하게 비판했다.

전후 에머슨은 어바나 일리노이 대학에서 광합성 연구진을 구축하자는 초청에 응했다. 학교 행정 당국에 물리화학자들과 함께 일할 수 있게 해 달라고 요청했다. 광합성 전 분야를 망라하고자 했던 것이다.

프랭크의 연구원이었던 화학자인 라비노비치도 포함되었다. 두 사람은 뚜렷이 구분되는 대조적인 인물이었다. 크고 헌칠하고 친절하지만 때로 묵묵히 압력계의 정밀도를 높이기 위해 몰두하던 에머슨과 달리, 라비노비치는 작고 직설적인 데다 수다스럽고 논문과 잡지에 어지럽게 둘러싸인 채 1950년대까지의 광합성 연구 결과를 종합한 2,000쪽짜리 단행본을 쓰고 있었다. 건강한 신체에 건강한 정신이 깃든다는 금언을 지키는 뉴잉글랜드 에머슨의 가족은 정원에서 채소와 가금류를 키우는 데 만족했다. 그들이 유일하게 집착했던 것이 있다면 피겨 스케이팅이었다. 에머슨도 잘 탔지만 그의 부인은 정말 수준급이었다고 한다. 음침한 러시아 유대인계 언론인 집안 출신인 라비노비치는 저널리즘 배경과 당구대 주위의 민첩성을 겸비한 덕에 실험 기법이 탁월했다. 그의 부인은 집에서 증류해서 만든 보드카에 향모 풀을 가미한 음료를 만들었다(보드카에 관한 한 최고의 식물이다). 그들에게 공통점이 있다면 과학, 친절함 그리고 관대함이었다. 그들은 서로에게 헌신했다. 오랫동안 비행기 타기를 꺼렸던 에머슨은 1959년 비행기 사고로 죽었다. 라비노비치는 극도로 상심했다.

어바나 시카고 에머슨 연구진은 사이가 좋았고 협동적인 분위기를 이어 갔으며 여러 방면에서 뛰어난 실적을 올렸다. 그리고 그들은 에머슨이 적을 두었던 베를린 실험실과 경쟁 관계에 있었다. 1930년대 후반 에머슨은 한때 보스였던 와버그와 광합성의 전반적인 효율에 관해 서로를 헐뜯는 소모적인 논쟁의 구렁텅이에 빠졌다. 문제는 광자의 수를 세는 데서 불거졌다. 광합성 기구가 최대 효율로 작동할 때 한 분자의 산소를 만들기 위해 또는 한 분자의 이산화탄소를 환원하기 위해 몇 개의 광자가 필요한가? 와버그는 한 분자의 이산화탄소를 환원하는 데 네개의 광자로 충분하다고 계산했다. 만일 그게 사실이라면 광합성의 효율은 극적으로 올라간다. 광자가 가진 에너지 대부분이 탄수화물의 화학 결합으로 회수되기 때문이다.

다른 연구진은 그렇게 인상적인 결과를 얻지 못했다. 그래서 1930년대 에머슨은 스스로 실험을 해 보기로 작정하고 결정적인 측정 방법을 마련했다. 그의 실험 결과는 광자가 8~12개 정도가 필요하다는 것이었다. 그리고 그가 옳았다. 현대적인 관점에서 보면 네 개의 광자는 광계 II에서 필요한 양이다. 물 분자에서 전자를 뽑아내 그것을 전자전달 사슬에 보내는 일이다. 광계 I에도 네 개의 광자가 필요하다. 전자전달의 마지막 주자인 시토크롬에서 전자를 뽑아 거기에 에너지를 집어넣고 최종적으로 두 분자의 NADPH를 만드는 데 필요한 광자다. 두 분자의 NADPH는 이산화탄소 한 분자를 환원시키는 데 사용된다. 따라서 필요한 만큼의 NADPH를 만들 때 최소 8개의 광자가 있어야 한다. 그것 말고도 여분의 ATP를 만들어야 한다. 여분의 광자가 더 있어야만 두 개의 전자를 광계 I로 보낼 수 있다는 뜻이다. 따라서 이산화탄소 한 분자당 10개의 광자가 대부분의 광합성에서 가장 이상적인 값이 된다.

박사 학위 논문을 보면 필요한 광자의 수가 꽤 많아야 한다고 본 사람은 아놀드가 처음이다. 하지만 그는 결과를 논문으로 발표하지 않았다. 와버그와 갈등이 생기는 것을 원치 않았음이 분명하다. 에머슨은 자신의 연구를 차분히 전개하였지만 와버그는 이를 전혀 인정하지 않았다. 자신의 기술이 더 훌륭하다고 주장하면서 말이다.

1940년대 에머슨은 와버그를 일리노이에 초청했다. 전쟁 후 미국에서 와버그의 실험실을 구축하려는 목적도 있었다(달렘에 있는 와버그 실험실이 연합군 수중으로 넘어가면서 문을 닫아야 할 형편이었다). 아니면 와버그와 실험실을 공유하면서 여전히 논쟁 중인 광합성 효율 문제를 매듭짓고자 하는 의도도 없지는 않았다. 와버그의 명성을 고려하면 그의 방문은 커다란 뉴스

거리가 될 만했다. 《사이언스》는 일리노이 실험대 옆에 있는 대가의 사진을 표지에 실었다. 그러나 와버그의 미국 방문은 실망스러웠다. 에머슨은 책임감이 있고 열린 자세를 가진 관대한 사람이었지만 와버그는 지나칠 정도로 거만했다. 아마도 자신이 탄원자로 오해받을까 봐 내심 두려웠을지도 모르겠다. 그는 실험 방식을 토론하고 논쟁의 종지부를 찍자는 제안을 거절했다. 심지어 중서부의 겨울날 실험실 난방도 허락하지 않았다. 그 방문에 에머슨은 점점 더 힘들어했다. "무슨 어처구니없는 요구를 해 올지 모르겠다"라며 그는 마틴 카멘에게 편지를 보내기도 했고 와버그의 정착을 돕겠다는 선의도 점점 희박해졌다. 커다란 문제는 없었지만 고맙다는 인사는커녕 작별의 말도 없이 와버그는 떠났다. 와버그의 폐쇄성과 새롭게 단장한 달렘 연구소 실험실의 믿을 수 없는 결론을 반박하기 위해 에머슨은 그 뒤로도 몇 년을 광합성 효율 문제에 매달렸다. 그 논쟁은 슬프고 절망스러웠고 에머슨의 애먼 시간을 잡아먹었다.[5)]

그렇지만 에머슨의 노력이 전부 헛되지는 않았다. 그는 진실로 판명된 과학적 결과를 허투루 여긴 적이 없었다. 또 그의 연구 일부는 친구인 로빈 힐이 Z-체계를 구상하는 데 단초가 되기도 했다. 1940년대 광합성 효율을 분석하던 연구에서 에머슨은 만일 광합성 조류에게 더 붉은 빛, 즉 더 긴 파장을 쬐어 주면 어느 순간 산소의 생산량이 급감한다는 사실을 발견했다. 엽록소는 여전히 광자를 흡수하고 있었지만 전

5) 행복한 조우도 있었다. 1950년 초 로빈 힐이 어바나에 왔다. 곧 둘과 가족은 서로 좋은 친구가 되었다. 에머슨이 케임브리지를 방문했을 때도 우정은 계속되었다. 그는 더러운 힐의 실험실을 청소하고자 했다. 그 누구도 시도해 보지 않을 일이었다. 둘 다 정원 가꾸기에 커다란 관심사를 공유했다.

체적인 체계가 반응을 보이지 않았던 것이다. '적외선 급락' 현상은 광자가 어느 정도 이상의 일정한 에너지를 가져야 광합성이 진행됨을 말해 준다. 광자가 엽록소를 유혹하려면 기준치를 넘는 에너지를 가져야 한다.

1950년대 에머슨이 다시 이 주제로 돌아왔을 때 그는 상황이 조금 복잡해졌다는 사실을 깨달았다. 에머슨은 광합성 조류에게 두 종류의 독립적인 빛을 조사했다. 하나는 원적외선이고 다른 하나는 파장이 조금 짧은 것이었다. 짧은 파장의 빛만 쬐었을 때 조류는 많지는 않았지만 산소를 만들었다. 원적외선을 쬐면 예상했던 '적외선 급락'이 있어 산소 생산량이 줄어들었다. 그러나 두 개의 빛을 동시에 쬐면 산소의 생산량이 짧은 파장의 빛과 긴 파장의 빛 각각을 쬐었을 때의 합보다 훨씬 많았다. 이런 일이 생긴 데 대한 설명이 필요했다.

이런 '상승효과'는 광합성 과정에서 빛이 한 번이 아니라 두 번 서로 보강간섭 한다는 뜻이다. 두 번의 보강간섭을 통해서 광합성 기제를 최적의 상태로 가동하는 것이다. 이때는 뒤센스가 고안한 용어가 사용되기 시작하던 시절이다. 짧은 파장의 빛은 광계 II에 에너지를 부여하고 물을 쪼갤 수 있게 하지만 광계 I은 빈둥빈둥 놀기 때문에 전자가 갈 바를 찾지 못한다. 전자전달 사슬에 갇혀서 광계 II가 최대 활력을 갖지 못하는 것이다. 장파장의 빛을 주면 비로소 광계 I이 활력을 띠고 광합성 기구가 기지개를 펴며 전자를 전달하기 시작한다.

에머슨의 상승효과는 1930년대부터 수행된 에머슨과 아놀드의 마지막 역작일 것이다. 뒤센스의 광계는 광합성에 왜 그렇게 많은 엽록소가 필요한지를 설명한 '광합성 단위'의 직계 후손이다. 뒤센스는 걸출한 독일의 이론가였던 토마스 포스터Thomas Forster의 물리 분석 기법을 광합성 분야에 도입했다. 엽록체 막에 이웃하는 엽록소가 적절히 배치되기만 하면 에너지가 쉽게 전달될 수 있다고 본 그는 가프론이 옳았고 프랭크와 텔러가 틀렸다고 말했던 사람이다. 1960년대 초반 대광명의 시대에 엽록소가 하는 일에 대한 의문은 다 풀렸다. 엽록소는 천천히 쏟아지는 빛을 들뜬 전자에 편입하고 생화학 반응이 합리적인 속도로 진행할 수 있게 하는 장치다. 사람들은 차라리 와버그나 프랭크[6]와 같은 몇몇 완고한 사람들을 의심했어야 했다. 하지만 그때 에머슨은 이미 죽고 없었다.

반응센터

네온 광원을 써서 빌 아놀드는 에머슨의 클로렐라를 직선 주로로 내몰았다. 물리학자가 광합성 연구 분야로 올 수 있었던 까닭은 그들이 빛을 잘 알고 있기 때문이다. 그들은 광자를 만들고 소비하는 일반적인 원칙을 이해하고 그 이해를 기술적으로 구체화했다. 1950년대 광합성 연구에 동참한 물리학자들은 광학측정 기계를 만들 줄 알았고 광자를 하나하나 세면서 그들이 운반하는 에너지를 측정했다. 뒤센스를 비롯해서 베를린의 홀스트 위트Horst Witt, 또 다른 네덜란드인 베셀 콕Bessel

6) 죽는 날까지 프랭크는 광합성 단위를 인정하지 않았다. 하지만 앙심이 있었던 와버그와 달리 악의는 품지 않았다. 빌 아놀드의 딸인 헬런 아놀드 헤론은 어느 날 아놀드가 자신의 생각을 발표하던 세미나에서 그와 제임스 프랭크가 논쟁을 벌였던 순간을 떠올렸다. 프랭크가 아놀드의 결과를 지적하고 있을 때 마침 그 상황을 목격한 그의 아내가 어떻게 젊은 동료에게 그럴 수 있느냐고 야단을 쳤다는 것이다. 나중에 프랭크는 아놀드에게 자신이 정말 그렇게 무례하게 그의 감정을 건드렸느냐고 물었다. 프랭크는 아니라고 대답했다. "아내가 글쎄 내가 사과해야 한다는군. 미안해. 그건 그렇고 이제 당신의 그 어리석은 생각에 대해 ……."《광합성 연구, 49, 3-7, 1996》

Kok, 프랑스의 피에르 졸리오Pierre Joliot 등은 정밀하게 빛을 조절하고 분석할 뿐 아니라 광합성 기구가 빛을 흡수하고 어떤 조건에서 그런 일이 벌어지는지 긴 이야기를 직조했다. 그들의 '단색광 장치'(몇 년 지나 레이저가 나왔다)는 파장에 따라 광자를 구분하고 강한 빛을 짧게 쬐어 적시에 그들을 분리할 수도 있었다. 그 광자를 편광시켜 분리하거나 광증폭기를 써서 빛의 효과를 극대화할 수 있었다. 오크 리지 국립 연구소에 영구히 정착한 빌 아놀드는 광전 증폭관이나 덕트duct 테이프와 같은 최신 기법이 광합성 연구에 커다란 선물이라고 평가했다.

광합성 기구는 광자를 흡수할 뿐만 아니라 광자를 방출하며 형광을 발하기도 한다. 광자가 엽록소 분자를 때리면 엽록소의 전자가 들뜬 상태로 올라간다. 그러나 그 상태는 오래 가지 않는다. 열역학적 욕망에 사로잡힌 전자들은 물이 아래로 흐르고 전압차를 따라 전류가 흐르듯 다시 아래로 내려가려 한다. 전자가 진정하는 한 가지 방법은 들뜬 전자의 형태로 에너지를 이웃하는 분자에 넘기는 것이다. 안테나를 구성하는 단백질 복합체가 관대하기 때문에 일어날 수 있는 일이다. 다른 방법은 열의 형태로 에너지를 흩뿌리는 것이다. 낭비라 권장할 사항은 못 된다. 세 번째 방법은 광자에게 다시 에너지를 돌려주어 형광을 발하는 것이다.

1930~1940년대 형광 현상은 광합성 색소가 어떻게 빛을 흡수하는지에 관한 연구의 핵심 사안이었다. 엽록소가 스펙트럼의 파란 부분과 붉은 부분을 흡수한다는 사실이 확연히 드러났다. 잎이 푸른 이유는 색소가 흡수하지 않고 반사하는 빛 때문이다. 식물의 색은 대부분 식물이

가장 덜 사용하는 색에서 비롯된다.[7] 그렇지만 형광은 반사와는 완전히 다른 현상이다. 형광에서 빛은 양자역학 법칙에 따라 흡수되었다가 같은 방식으로 방출된다. 형광 스펙트럼은 정확히 색소가 얼마나 빛을 잘 흡수하는지에 대한 정보를 제공한다. 1950년대 후반과 1960년대에 걸쳐 형광을 측정하는 일은 특정한 색소를 넘어서 광합성 전체를 분석하는 수단의 일부로 자리 잡았다.

운이 좋은 사람이라고 자평하는 아놀드는 거의 우연히 광합성 형광의 아주 흥미로운 형태를 발견했다. 어느 날 그의 실험실에 합류한 젊고 총기 있는 버나드 스트렐러Bernard Strehler가 "식물생리학의 기본적 토대가 될 만한 무언가를 발견할 생각이 없으세요?"라고 아놀드에게 물었다. "그럼, 머지않아 그런 일이 생길 거야."라고 대답했다고 아놀드는 회고했다. 스트렐러는 개똥벌레 꼬리에서 확보한 단백질을 이용해서 ATP의 존재를 확인했다. 개똥벌레의 단백질은 ATP를 사용해서 빛을 방출한다. 포획된 빛은 광증폭기에 의해 증폭된다. 스트렐러는 개똥벌레 꼬리 단백질과 분리한 엽록체를 섞은 다음 여기에 빛을 쬐고 어두운 곳에서 발광하는지 확인했다. 빛을 발한다면 엽록소가 ATP를 생산한다는 뜻이 된다. 아놀드가 광인산화를 발견하기 전인 1950년 당시만 해도 미토콘드리아가 만든 ATP를 엽록체가 사용한다는 것이 거의 정설이었기 때문에 스트렐러는 이 가능성에 매우 흥분했다. 기존의 믿음을 송두리째 뒤집을 수 있었기 때문이었다.

실험을 진행하자 엽록체와 개똥벌레 꼬리 추출물이 섞인 시험관

7) 만약 인간이 더 많은 스펙트럼에서 본다면, 나뭇잎은 우리 눈에 다소 다르게 보일 것이다. 적외선을 매우 잘 반사하기 때문이다. 그렇게 나뭇잎은 자신의 내부가 과도하게 덥혀지는 현상을 방지한다.

에서 광증폭기는 정말로 작동했고 어둠 속에서 빛을 발했다. 그렇지만 더 놀라운 사실은 실험 대조군으로 개똥벌레 추출물이 포함되지 않은 시험관에서도 그런 현상이 보였다는 점이다. 엽록체 스스로 빛을 내놓았던 것이다.

전혀 기대하지 않았던 이런 결과는 기본적으로 아놀드가 에머슨과 20여 년 전에 실험했던 연구 결과와 맥을 같이 하는 것이었다. 엽록소가 빛을 흡수하는 것은 순간이지만 빛 에너지를 이용해 생화학 반응이 진행되는 것은 그렇지 않다는 어떤 경계를 설정한 연구였다. 에머슨과 아놀드는 화학을 수행하는 능력에 비해 광계가 가진 엽록소가 많다는 사실에 주목했다. 마치 빛을 포획하는 커다란 물리적 깔때기가 좁은 생화학적 통로에 연결된 꼴이었다. 전자전달 사슬로 밀어 넣고자 하는 에너지가 너무 빠르게 당도하면 시스템은 다시 에너지를 엽록소 안테나로 돌려보낸다. 거기서 형광 형태로 소멸하는 것이다. 역류하는 위산의 광합성 등가물은 바로 저 지체된 빛이다.

이 지체된 빛은 전자전달 사슬을 조사하는 강력한 수단이라는 사실이 드러났다. 온도를 변화시켜도 들어오는 빛의 양을 조절할 수 있었다. 위가 꽉 차 더부룩하면 트림이 올라오듯이 빛에서 도달하는 에너지도 소화 과정에서 뒤틀릴 수 있는 것이다. 전기장에서도 이런 현상이 목격된다. 지체된 빛을 생물리학적으로 검사하는 일은 광합성 연구의 필수적인 요소가 되었다. 여기서 한 가지 놓치고 넘어간 사항은 엽록체가 ATP를 생산한다는 사실이었다. 몇 년 뒤 다니엘 아르논과 동료들은 엽록체가 ADP를 ATP로 전환한다는 결과를 발표했다. 스트렐러는 엽록소가 방출하는 형광의 파장을 차단하는 필터를 사용해서 과거의 실험을 수차례 반복했다. 그는 개똥벌레가 약한 빛을 방출하는 것을 볼 수 있었다. 바로 엽록체가 ATP를 생산한다는 반증이었다. 우연한 발견은 그러나 빛을 보지 못했다.

오크 리지에서의 두 번째 찾아온 행운의 발견은 생물리학자인 로드 클레이톤Rod Clayton에게서 나왔다. 칼텍 막스 델브뤼크의 지도를 받고 생물리학 박사 학위를 취득한 클레이톤은 반 니엘과 일했지만 정착하지 못한 상태였다. 아놀드와 광합성 연구를 하면서 클레이톤은 비로소 자신이 생물리학자라는 느낌이 들기 시작했다. "지금까지 일해 오면서 나는 미생물을 연구하는 생리학자로 자리매김하고 다른 방정식을 풀었다. 이제 나는 물리학, 화학, 생물학의 연구 공간으로 다시 돌아왔다." 클레이톤과 아놀드는 뒤센스의 통찰을 추적하면서 광합성 과정의 물리학과 화학을 연구했다. 광합성 연구 초기에 홍색황세균의 엽록소가 빛을 흡수하는 방식을 변화시켰다는 결과는 이 엽록소가 전자를 잃고 산화되었음을 의미했다.[8] 에머슨과 아놀드가 수행한 초기 연구에 반향하듯 클레이톤과 아놀드는 이 산화 반응이 순전히 물리적인 효과임을 보여 주었다. 그들은 말린 세균을 절대온도보다 1도 높은 -272도로 차갑게 식혔다. 상상할 수 있는 모든 화학 반응을 막을 정도로 열은 없었지만 산화 반응은 여전히 진행되었다. 광자 혹은 들뜬 전자에 의해 진행되는 산화 반응은 화학이 아니라 물리학 범주에 속했다.

흡수 파장대의 변화로부터 오직 일부 엽록소만이 전자를 잃는다는 사실을 알 수 있다. 이에 대해 뒤센스는 광계에서 독특한 지위를 차지하는 특별한 엽록소가 있으리라 해석했다. 광계와 결부된 대부분의 엽록소는 그 수가 상당히 많고 들뜬 전자가 여기저기를 자유롭게 움직

8) 여러 엽록소 분자가 있다는 점을 지적할 필요가 있다. 클레이톤이 쓴 홍색황세균은 박테리오클로로필b를 갖고 있다. 그러나 단순화하기 위해 특별히 오해의 소지가 없다면 그냥 엽록소라는 용어를 쓰겠다.

일 수 있다. 결국 전자는 위치의 미묘함 때문에 특별한 엽록소 중 하나에 도달하지만 이 엽록체는 유별나게 전자를 잘 잃어버리는 경향이 있다. 들뜬 전자에서 유래한 에너지가 전자를 밀어내면 에너지를 생화학적으로 전달하는 과정이 시작된다. 따라서 이 특별한 엽록소는 들뜬 전자가 쉽게 들어오지만 거꾸로 되돌아가기 쉽지 않은 한 방향 트랩(덫)과 같은 역할을 한다. 그러나 생화학 반응이 이루어지지 않아 형광을 발할 때처럼 진행에 어려움이 생기면 전자는 다시 빠져나간다.

클레이톤은 이 특별한 엽록소가 덫과 같은 역할을 한다는 가설을 좋아했다. 빌 아놀드가 뿌듯해했을 몇 가지 행운이 겹치면서 클레이톤은 곧 더 많은 증거를 확보하게 되었다. 2주간의 휴가를 마치고 실험실로 돌아온 클레이톤은 그가 없는 동안 빛 아래 놓아두었던 홍색황세균 배양액의 색이 어두운 푸른색에서 분홍색으로 변한 것을 알아차렸다. 클레이톤이 '노화의 기미'라고 부른 이런 현상은 마그네슘을 잃고 빛을 흡수하는 능력을 잃은 엽록소가 다른 색소인 페오파이틴pheophytin으로 변해 더 이상 광자를 흡수하지 못하는 형태로 전환되었기 때문에 나타난다. 그러나 조건이 적당히 맞추어지면 본성을 잃은 홍색황세균은 클레이톤과 아놀드가 연구했던 것처럼 여전히 산화된 엽록소의 흡수 스펙트럼을 나타낸다. 소량의 엽록소가 아직 남아 있고 그것만으로도 빛에 의한 산화가 가능하기에 광합성도 일부 진행된다. 대부분의 엽록소가 쓸모없는 페오파이틴으로 변해 버린 상황에서도 조건만 맞으면 광합성이 진행된다는 사실로부터 클레이톤이 생각한 가정, 즉 특별한 소수의 엽록소가 실재하고 광합성 단위 어딘가 안전한 위치에 자리 잡아 들뜬 전자가 전해 주는 에너지를 포획하는 덫 역할을 할 수 있으리라는 가설이 뒷심을 얻는다. 그리고 이런 과정은 안테나 엽록소가 전부 사라진 경우에도 계속될 수 있다.

실험실을 옮기고도 수년 동안 클레이톤은 변형된 세균 연구를 지속했다. 하지만 교수로서 코넬 대학에 자리 잡은 1967년 이후에야 그 발견을 본격적이고 실질적인 방법으로 추적할 수 있었다. 클레이톤은 특별한 엽록소 색소, 막에 박혀 밖의 엽록소를 붙들고 있는 단백질을 녹여 낼 계면활성제를 써서 실험했다. 몇 가지 단백질이 추출된 용액에는 예닐곱 개의 색소, 전자전달 사슬에서 전자를 운반하는 퀴논과 같은 작은 분자 그리고 막을 구성하는 지질 성분이 들어 있었다. 그러나 이 용액이 여전히 광합성을 수행할 수 있다는 점은 놀랄 만한 일이었다. 대부분의 안테나 엽록소가 없는 상태에서 광합성 속도는 그리 빠르지 않았다. 에너지를 주입하는 깔때기의 입구가 넓지 않은 것이다. 그러나 안테나 엽록소가 없는 체계가 분광기를 이용해 실험하기는 훨씬 쉬웠다. 신호가 뚜렷한 대신 잡음 피크가 줄었기 때문이다. 클레이톤은 이 체계를 '반응센터'라고 불렀다.

논란이 있었지만 반응센터의 발견으로 광합성 연구는 진정한 분자생물학 세계로 접어들었다. 반응센터는 분자생물학이 원래 의도했던 바로 그러한 종류의 연구 소재였다. 생명 과정의 가장 기본적인 물음을 분자 수준에서 답할 수 있기 때문이었다. 클레이톤은 분자생물학의 창시자로 제 역할을 했지만 다른 방향으로 흘러간 사람이었다. 하지만 어쨌든 로데릭 클레이톤이 광합성 분자생물학을 개척했다고 보아야 할 것이다.

특정 분야를 발견하는 데 결정적 기여를 한 많은 사람, 가령 대표적으로 프랜시스 크릭처럼 그도 물리학을 전공하고 생명 연구로 들어온 사람이다. 칼텍과 같은 분자생물학의 요충지에서 연구하게 된 일도 클레이톤에게는 행운이었다. 칼텍에는 클레이톤의 동료였던 샘 와일드맨Sam Wildman이 캘빈-벤슨 회로의 핵심 단백질인 루비스코를 연구할 때 사용한 초고속 원심분리기도 있었고 새로운 방법으로 단백질을 연구할 수 있는 X-선 회절 장치도 있었다. 이론 분야에서 선두를 달리고 있었던, 칼텍의 화학 천재 라이너스 폴링이 단백질 접힘 유형을 연구하고 있던 곳이기도 했다.

분자생물학자가 되기 적절한 시기에 적절한 장소에 있기도 했고 또 훌륭한 멘토도 거기에 있었다. 학위 과정에서 지도교수였던 막스 델브뤼크는 분자생물학의 창시자였다. 1930년대 물리학이 생명 과학에 무엇을 제공할 수 있는지 그리고 모멘텀이 불연속적 덩어리로 들어온다는 양자역학의 원리와 비슷한 '생물학의 기본적인 요소'가 있다는 닐스 보어의 강연을 듣고 감명을 받은 괴팅겐의 또 다른 물리학자였던 델브뤼크는 광합성에 흥미를 가지게 되었다. 닐스 보어는 이미 물리학의 기본 사실을 상당히 규명한 상태였다. 독일에 있는 동안 델브뤼크는 한스 가프론, 유진 라비노비치가 광합성을 주제로 개최한 학술대회에 참석했다. 잡음이 심했던 오토 와버그와 어쩔 수 없이 대면해야 하는 연구를 시작할 뻔하기도 했다. 그러나 결국 그는 유전학을 파고들어 돌연변이 초파리를 만들었다. X-선을 쬐어 유전자의 물리적 크기를 최초로 예측한 사람도 델브뤼크다.[9)]

유전자의 물리적 본성에 관한 델브뤼크의 연구는 위대한 양자역학자인 에르빈 슈뢰딩거Erwin Schrödinger가 『생명이란 무엇인가?』를 쓰는 데 커다란 영향을 끼쳤다. 1944년에 출간된 이 책은 무질서에서 질서의 창조 그리고 약간 다른 종류의 질서에서 새로운 질서의 창조라는 두

9) 밟지 않은 길, 과학적 대안의 역사를 생각한다면 이 결정은 특히 흥미로운 데가 있다. 만일 델브뤼크가 유전자와 정보보다 광합성과 에너지에 천착했다면 분자생물학의 궁극적 발전은 얼마나 달라졌을까? 광합성 연구는 얼마나 달라졌을까?

가지의 수수께끼를 다루고 있다. 첫 번째 질문에서 슈뢰딩거는 볼츠만이 증명한 열역학을 언급했다. 생명은 환경에 엔트로피를 내놓고 자신 안에 '음의 엔트로피'인 질서를 구축하는 능력이라고 말했다. 여기서 볼츠만의 영향력은 직접적이고 개별적이다. 슈뢰딩거는 볼츠만을 탐구한 프리드리히 하세뇌를Friedrich Hasenöhrl과 함께 연구한 이력이 있기 때문이다. 둘째, 비슷한 질서에서 새로운 질서가 탄생하는 문제를 다룰 때 그는 유전학의 문제를 제기하면서 델브뤼크와 같은 과학자들이 나서서 물리적인 연구를 더 진행해야 한다고 제안했다. 아마 이런 제안에 따라 물리학자들이 생물학 연구로 뛰어들었을 것이다. 전통적인 생물학자들도 슈뢰딩거의 책을 심각하게 받아들였고 일부는 분자생물학의 길로 뛰어들었다. 그렇지만 여러 명의 젊은 물리학자들도 의심할 바 없이 생명 연구에 투신했다. 위대한 양자역학자가 던진 질문을 맞이하며 많은 사람이 마음을 연 결과였다.

『생명이란 무엇인가?』가 출간되었을 때 로드 클레이톤은 막 졸업을 앞두고 있었고 델브뤼크는 주로 세균을 침입하는 파지 바이러스 연구를 진행하고 있었다. 파지는 분자생물학이 발전하는 데 커다란 기여를 한 존재였다. 그렇다고 클레이톤이 바이러스 또는 광합성과 관련된 분자생물학 연구에 뛰어든 것도 아니었다. 보어 덕에 눈을 뜨게 된 빛과 생명의 문제에 델브뤼크의 관심이 쏠려 있던 시절이었다. 하지만 직접 광합성 연구를 한 것도 아니어서 클레이톤이 본격적으로 광합성 연구를 시작한 때는 빌 아놀드가 있던 오크 리지에 합류하면서부터였다. 거기에서 클레이톤은 홍색황세균이 빛을 어떻게 포획하는지, 그때 필요한 화합 물질이 무엇인지를 연구했다. 하지만 그 이력 때문에 클레이톤은 델브뤼크가 늘 생각하던 수소 원자와 생물학에 자연스럽게 접근하게 된다.

보어의 실험에서 델브뤼크가 선취한 것은 생물학의 가장 기본적인 측면에 접근할 수 있는 단순한 실험 체계였다. 하나의 양성자와 하나의 전자로 구성된 수소 원자 물리학과 비슷한 무언가를 찾아야 했다. 그렇게 찾은 것이 파지였다. 파지는 생물 정보를 전달하는 가장 단순한 완전체다. 분자 수준에서 생명체의 에너지를 확보하는 핵심 과정인 광합성을 탐색하는 가장 단순하고 추적 가능한 반응센터도 마찬가지다.

샌디에이고 캘리포니아 대학 물리학 교수인 조지 페헤르George Feher는 클레이톤의 반응센터가 은유적으로 수소 원자에 해당한다고 인식한 사람이었다. 클레이톤처럼 페헤르도 먼 길을 돌아 반응센터에 도착했다. 아니 그 일은 차라리 거의 우연에 가까웠다. 1941년 17세 때 그는 나치가 점령한 슬로바키아를 떠나 걸어서 팔레스타인으로 향했다. 하이파Haifa 기술 대학인 테크니온 공대에서 그는 교수의 조수로 전자 장비와 라디오 무선통신을 접하게 되었다. 그가 했던 일 중 하나는 잡동사니를 조립하여 의학 드라마에서 심장 박동을 측정하는 장치인 오실로스코프를 만드는 것이었다. 히브리어를 읽을 때처럼 오른쪽에서 왼쪽으로 지나는 동안 삑삑 소리가 나도록 고안한 팔레스타인 최초의 오실로스코프가 그의 손에서 탄생했다. 기계를 만들기는 했지만 성경 시험에서 낙제를 받았기 때문에 테크니온의 대학생이 되지는 못했다. 지하 공간은 까다롭지 않아서 그는 영국 고등 외교관이자 영국령 팔레스타인 자치령 총독을 다우닝 거리와 연결하는 전화선을 설치하고 수리하는 일을 담당했다.[10)]

10) 지하에서 페헤르가 했던 또 다른 일은 초당 50회 깜박이는 네온등을 이용한 에머슨과 아놀드의 독창적 작업과 일맥상통하는 데가 있다. 이렇게 깜빡거리는 등을, 같은 주파수로 셔터를 설정한 망원경을 통해 보면 완전히 어둡게 보일 수 있다. 페헤르와 한 친구는 셔터

버클리로 갈 경비를 마련하기 위해 페헤르는 전기와 관련된 부업을 계속했다. 클럽에서 쓸 마이크 결정crystal을 만드는 일이었다. 여가를 즐기려는 수요가 커지면서 공급이 달렸기에 가능한 일이었다. 어쨌든 버클리에 도착하느라 그간 번 돈을 다 써 버렸기 때문에 그와 그의 룸메이트는 생리학 실험 뒤 남은 개구리 다리를(실험 대상이 토끼로 바뀌면서 사정이 조금 나아졌다) 요리해서 먹으며 어려운 시절을 보냈다. 여름에는 과일 따는 일을 했지만 문화적 충격까지 겹쳐서 힘든 나날이 계속되었다. "키브츠에서 우리는 프롤레타리아의 고난과 같은 이념적 문제를 토론했지만 과일을 따는 것은 그야말로 놀면서 할 수 있는 일이었다."라고 나중에 그는 적었다. "여기서 나는 어떤 것도 토론할 만한 시간이 없는 가난한 프롤레타리아를 만났다. 채운 상자의 수만큼 돈을 받기 때문에 그저 빨리 과일을 집을 수밖에 없었다."

팔레스타인에서 슈뢰딩거의 『생명이란 무엇인가?』를 탐독한 페헤르는 생물리학자가 되기로 마음을 굳혔다. 준결정성 유전자 복제물에 의존하여 생명이 새 질서를 구축한다는 슈뢰딩거의 통찰은 성장하는 결정체로 살아가는 인간에게는 강력한 것이었다. 그러나 비자는 오로지 실질적인 도움이 되는 직업군에게만 허용되었기 때문에 버클리에서 그는 공학물리학을 공부했다. 박사 학위를 취득한 페헤르는 AT&T의 벨연구소 연구원으로 자리를 잡았다. 반도체와 태양 전지 그리고 메서(레이저의 전신)를 개발 중이던 1950년대 전자 기술 절정기에 페헤르는

가 장착된 망원경으로 보는 사람들에게 모스 부호를 전송하여 네온등 주파수를 변경하는 아이디어를 실험했다. 맨눈으로는 알아차릴 수 없게 빛의 파동이 겹치거나 멀어지면 모스 부호의 점과 선이 달라지는 것이다. 네온등은 병원 지붕에 다윗의 별처럼 설치되었고 영국령 전역에 은밀한 통신 네트워크가 형성되었다.

원자 안에서 핵 주위를 빙빙 도는 전자가 뿜어내는 에너지를 감지할 새로운 분광학 장치를 개발하는 데 몰두하고 있었다. 벨연구소 내부 잡지에 발표한 1957년 논문에서 페헤르는 전자 상자기 공명 분광기를 만드는 최선의 방법에 대해 기술했다. 그의 논문 중 지금까지 가장 많이 인용된 것이다.

1960년대 들어 페헤르는 서부로 거처를 옮겨 로저 르벨과 함께 일하게 되었다. 르벨은 캘리포니아 대학이 스크립스 해양 연구소 옆 부지에 나중에 UC 샌디에이고UCSD가 될 라호야 캠퍼스를 지을 것이라는 확신을 가지고 있었다. 거기에 그는 벨연구소처럼 쟁쟁한 물리학 부서를 창설하고 싶었다. 결정의 '고체 상태' 물리학, 반도체 등을 구상하던 르벨은 페헤르를 초빙하여 새 캠퍼스의 미래를 설명하고 아름다운 풍광도 보여 주었다. 바다가 보이는 절벽 위에 집도 제공하겠다고 하면서(초빙을 받은 과학자들 대부분이 그런 제안을 받았지만 실제 절벽 위에 집을 지은 사람은 없었다).

아이디어를 제공했지만 (컬럼비아 대학 교수직도 사양한 채) 페헤르가 받은 보상은 변변치 않았다. 고체상 물리학 실험실을 설계하는 데 도움을 준 페헤르는 이제 생물리학으로 그의 에너지를 쏟을 수도 있었을 것이었다. 슈뢰딩거를 읽고 받은 열정이 아직도 페헤르에게 남아 있었다. 그렇지만 그는 르벨과 성공적인 거래를 하지 못했다. 새로운 캠퍼스를 설계하느라 너무 많은 난관을 넘어서야 했고 조정할 일도 많아서 페헤르는 거의 기진맥진한 상태가 되었다. 하지만 그 덕에 UCSD는 순항을 계속했다. 라호야의 바다 내음과 유칼립투스 향기가 바람을 타고, 희망찬 미래가 앞에 열린 듯했다. 대학의 절벽 꼭대기 공터에 세워진 원자력 연구소는 핵 우주선을 설계하고 과학자들을 토성의 궤도에 보내겠다는 야심 찬 계획을 진행하고 있었다. 해안가 스크립스에서는 데이브 키일링이 해양 대기를 분석해서 지구 대기의 이산화탄소 농도를 측정하기 시작했다. 21세기 지구적 문제의 발단이 된 사건이었다.

안정한 방사성 동위원소 화학의 대가인 헤럴드 유리Harold Urey는 달과 생명의 기원을 연결하느라 골몰하고 있었었다. 르벨만큼 포섭력이 뛰어나지는 않았지만 마틴 카멘도 최대한 많은 동료를 광합성 연구에 끌어모았다. 세미나 현장에서 카멘은 청중이 혹할 만한 그럴싸한 도표를 가지고 있었다. 광합성이 진행되는 시간대에 관한 것이었다. 자라는 세포에 광자가 도달하는 과정을 빛의 복사 물리학, 안테나의 고체상 물리학, 최초 산화 과정의 물리화학, 전자전달 사슬의 생물리학, 캘빈-벤슨 회로의 생화학, 생화학 과정을 조절하는 생리학 그리고 이 모든 것을 수렴하는 식물학, 태양을 먹는 식물과 환경의 생태학 등 인접 과학 분야의 전문성을 총동원해서 설명했다. 카멘은 현 단계에서 '모르는 정도'를 그래프로 그려 해결되지 않은 문제를 조목조목 지적했고 해답을 제시하는 과학자들은 '스톡홀름으로 가는 차표'를 얻은 것이라는 희망적인 이야기도 잊지 않았다. 물론 그는 청중에 따라 노벨상 수상의 가치가 있는 '모르는 정도'를 조정하기는 했다.

페헤르는 뛰어난 포커 플레이어[11]였기에 다른 직업도 생각해 보았지만, 과학자로서의 정열은 꺾이지 않았다. 카멘이 구상하는 생물리학 주제는 미해결의 물리학적 문제에 여러 학문 분야의 사람들이 공동으로 연구해야 하는 매력적인 것이었다. 마침내 1967년 르벨의 제안에 따라 연구 분야를 바꾼 페헤르는 스크립스 해양 연구소와 쌍벽을 이루는 매사추세츠 우드 홀 연구소에서 미생물학 여름 강좌를 들었다. 로드 클레이톤이 강사였다. 거기서 그는 반응센터가 분리되었다는 이야기

11) 1992년 미국 포커 챔피언십에서 3위. 그는 세븐카드 스터드 하이/로우를 좋아했다.

를 처음으로 들었다. 다음 10여 년 동안 UCSD의 페헤르 연구진은 그가 만든 전자 상자기 공명 분광기를 써서 홍색황세균 반응센터 구조 연구를 주도했다.

클레이톤이 얻은 반응센터는 막을 깨서 거기에 박힌 단백질을 분리하는 조금 온화한 계면활성제를 사용함으로써 더욱 품질이 좋아졌다. 새로이 정제된 복합체는 처음 분리했던 반응센터 10분의 1 크기로 줄어들었다. 약 1만 개 정도의 원자가 13나노미터 크기로 배열되었을 뿐이지만 기능에는 아무런 문제가 없었다. 여기서 발견된 세 개의 단백질은 무게에 따라 각기 가볍고L, 중간이고M, 무거운H 단백질로 표기되었다. 이들 세 단백질은 네 분자의 엽록소와 결합했다. 그리고 두 분자의 페오파이틴, 두 분자의 퀴논과 한 개의 철 원자가 더 있었다. 산화 상태, 환원 상태의 색소 혹은 퀴논에 빛을 쬐고 전자 상자성 공명 스펙트럼이 변하는 양상을 비교 분석한 페헤르는 들뜬 전자가 반응센터에 접근하면 서로 인접한 두 분자의 '특별한 엽록소 쌍'이 전자를 밀어내면서, 뒤센스와 클레이톤이 예측했듯, 에너지를 포획한다는 사실을 밝혀냈다. 이제 전자는 엽록소를 지나 페오파이틴 그리고 퀴논, 다음 두 번째 퀴논으로 옮겨간다.

살아 있는 세균의 반응센터와 그와 결부된 시토크롬은 지질막 층에 박혀 있다. 특별한 엽록소 쌍에서 잃어버린 전자는 근처에 있는 시토크롬에게서 충당한다. 빛 에너지가 두 번째 전자를 보내 첫 번째 전자와 만날 때 완전한 환원 상태가 되는, 즉 전자가 도달하는 마지막 지점인 환원된 퀴논은 전자와 균형을 맞추기 위해 수소 이온을 무대로 불러들인다. 그런 다음 이들은 반응센터를 떠난다. 이제 환원된 퀴논은 막을 지나쳐 다른 시토크롬으로 향한다. 여기서 퀴논은 전자들을 내놓고 또 반응센터에서 취했던 수소 이온들도 덩달아 버린다. 여기서 눈여겨볼 점은 시토크롬이 원래 있던 장소가 아니라 막 건너편에 수소 이온들을 내다 버린다는 사실이다. 바로 이것이 광계가 수소 이온을 막 건너로 보내는 방식이다. 그렇게 막을 중심으로 수소 이온의 농도 차이가 생기고 이 화학 삼투가 ATP를 생산하는 동력을 제공한다. 그 와중에 전자는 시토크롬 복합체 부분에 머물다 다시 길을 떠나 새로운 반응센터와 만나기를 기다린다. 따라서 이 전자는 뒤이어 도달하는 빛이 다시 산화시킬 때까지 특별한 엽록소 쌍을 환원 상태로 유지한다. 이런 방식으로 회로가 계속 진행된다.

1980년대에 접어들며 페헤르와 그의 연구진은 반응센터에서 일어나는 연속적인 움직임을 하나도 놓치지 않고 정교하게 파악할 수 있었다. 전자가 페오파이틴에서 퀴논까지 움직이는 데 200피코초가 걸린다. 하지만 특별한 엽록소 쌍에서 페오파이틴까지는 불과 몇 피코초가 걸릴 뿐이다. 물리학과 화학 사이의 경계에서 빛의 효과를 측정하는 기법은 지난 50년간 먼 길을 밟아 왔다. 과거 에머슨과 아놀드가 다룰 수 있었던 시간은 밀리초의 섬광이었음을 생각해 보라. 전자의 흐름을 시간적으로 정확히 측정할 수 있었지만 그것의 공간적인 위치는 약간 미심쩍은 데가 있었다. 시간에 따른 전자 경로는 아직 지도라고 할 만한 것이 등장하지 않았다. 광계의 모습도 아직은 오리무중이었다.

광계 II에는 4만 6,630개의 원자가

1985년 9월 짐 바버는 임페리얼 대학과 대학원 신입생들 앞에서 강연을 했다. 놀란 청중들에게 그가 보여 준 슬라이드는 복잡하고 거의 판독 불가능한 내용으로 채워져 있어서 신입생들 일부는 정열이든 아니

광합성 전자 전달 사슬

1. 들어오는 빛 에너지가 광계2 한 부분을 산화하면 전자 한 개가 방출된다. 물에서 얻은 전자 한 개가 이를 대체한다.
2. 이렇게 방출된 전자들이 퀴논 분자를 환원시키면서 두 개의 수소이온을 얻는다.

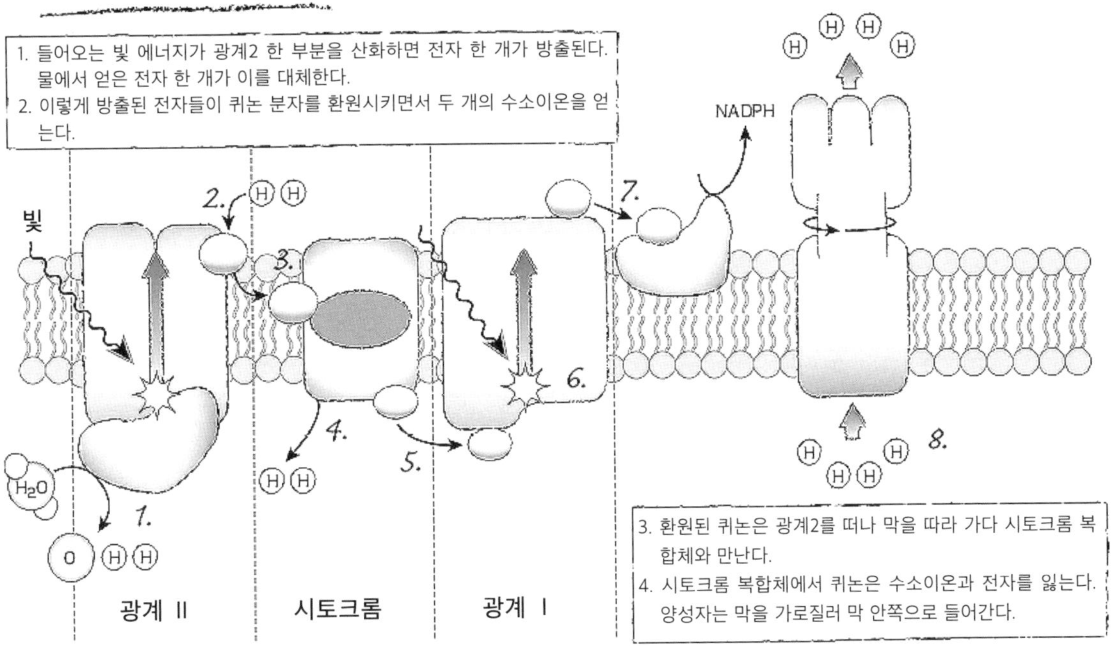

빛

NADPH

H_2O

광계 II

시토크롬

광계 I

3. 환원된 퀴논은 광계2를 떠나 막을 따라 가다 시토크롬 복합체와 만난다.
4. 시토크롬 복합체에서 퀴논은 수소이온과 전자를 잃는다. 양성자는 막을 가로질러 막 안쪽으로 들어간다.

5. 전자는 계속 진행하며 플라스토시아닌 분자를 환원시킨다. 이 분자는 전자를 광계1로 옮긴다.
6. 들어온 빛 에너지가 광계1을 산화하면 전자 한 개가 나가고 곧이어 플라스토시아닌에서 온 전자가 이를 대체한다.
7. 이렇게 방출된 전자는 다른 운반 분자인 페레독신을 환원시킨다. 페레독신은 이 전자를 NADPH에 전달한다.
8. 이 과정을 거쳐 막의 한쪽에 농축된 수소이온은 화합 삼투압 기울기를 따라 막을 가로질러 거꾸로 흐른다. 이때 막통과 단백질이 회전하며 ATP를 만든다.

면 놀라서든 손으로 베끼기도 했다. 학생들은 아마 그 슬라이드를 처음 본 사람들일 것이라고 바버는 말했다. 계속해서 그는 바로 여기서 노벨상이 나올 것이라고도 덧붙였다.

이 복잡한 슬라이드는 X-선 결정법으로 확정한 세균의 반응센터 원자 구조를 그린 것이었다. 분자생물학은 단백질을 두 가지 측면에서 생각한다. 하나는 아미노산의 조직화이고 다른 하나는 고체 물질이다. 이는 단백질을 구성하는 아미노산의 서열을 보는 것이다. 수백 개의 아미노산이 줄줄이 결합하여 아이들 구슬 목걸이 비슷하게 연결된 구조다. 그렇지만 이런 아미노산 구슬 곁사슬 사이에 결합력이 생기거나 주변의 물 분자와 결합하면 복잡한 3차원 형상이 만들어진다. 물론 이 형상은 아미노산의 서열에 따라 우선 결정된다. 이런 얽힌 구조가 단백질에 힘을 부여하는 것이다. 단백질의 움푹 팬 곳에는 엽록소, 헴 또는 퀴논이 붙을 수 있다. 도토리와 깍정이처럼 두 개의 단백질이 결합한 복합체들도 흔하다. 형태가 약간씩 변하면서 두 개의 작은 분자를 한데 모아 특정 반응, 예를 들어 인산과 그 전구체가 ATP가 되는 것 등을 매개하기도 한다.

사슬에 도입되는 다른 특성을 가진 아미노산 서열이 단백질의 구조를 결정한다. 아미노산 서열은 유전 정보를 암호화하는 DNA에 의해 결정된다. 그렇지만 유전자 정보를 통해 단백질의 사슬이 어떻게 구체적인 형태를 띠게 되는지 지금도 정확히 예측하지 못한다. 그 구조는 오직 X-선 분석을 통해서만 파악할 수 있으며, 빛보다 훨씬 더 큰 에너지를 가진 광자는 파장이 극히 짧아 분자 내 개별 원자와 상호 작용한다. X-선이 나오는 곳에 결정을 집어넣으면 결정 내 규칙적으로 배치된 원자 및 반복적인 내부 구조 때문에 X-선이 산란되어 분자 고유의 복잡한 유형을 드러낸다.

20세기 초반 X-선 회절 결정법은 비교적 단순한 다이아몬드 혹은 소금의 구조를 밝히는 데 사용되었다. 뮌헨 대학을 사임한 윌스테터와 함께 일했던 영민한 지구화학자 빅터 골드슈미트Victor Goldschmidt는 이 기법을 이용해서 지각을 구성하는 광물의 구조를 연구했다. 1920~1930년대 거의 '현자'[12]라고 불릴 정도로 박식했던 아일랜드 공산주의자 데스먼드 버널Desmond Bernal은 X-선 결정학을 생물학적 문제를 해결하는 데 적용했다. 모든 것에 관심이 있었던 버널은 X-선 결정학의 매력에 푹 빠져 들었다. X-선 결정학을 두고 서로 교류했던 옥스퍼드의 과학자 도로시 크로풋(Dorothy Crowfoot, 나중에 호지킨(Hodgkin)으로 성이 바뀐다)과 케임브리지 막스 페루츠Max Perutz는 X-선 회절법을 기술적으로 구체화했다. 데이비드 케일린의 혜택을 입은 페루츠는 화학자인 존 켄드루John Kendrew와 함께 일했다. 이 두 과학자는 전쟁 중 실론 섬에서 인도 총독이었던 마운트배튼 백작 고문으로 X-선 결정학에 그야말로 묻혀 살았다. 1950년대 그들은 헤모글로빈 구조를 연구했고 그와 유연관계가 있는 미오글로빈의 구조를 100억분의 1미터인 몇 옹스트롬 내에서 밝혀낼 수 있었다. 이 정도의 해상도라면 단백질 내 모든 단일 원자의 위치를 규정할 수 있다. 이 연구로 켄드루와 페루츠는 스톡홀름행 차표를 끊었다.

1970년대 조지 페헤르의 연구진과 로드 클레이톤 등의 실험실에서 반응센터의 작동 방식을 분석하고 있을 때 X-선 결정법 연구는 몇 옹스트롬 단위 해상도를 가진 수백 개의 반응센터 구조를 파악해 냈다.

12) 1960년대 로빈 힐은 논문에 이렇게 썼다. "얼마 전 실험실에 우리와 같이 있었던 '현자'가 내게 물었다. '왜 초지는 푸르고 피는 붉은지 누가 말했나요?" 힐도, 식물생리학연보(Annual Review of Plant Physiology) 편집자도 그 '현자'가 누구를 지칭하는지 굳이 언급할 필요를 느끼지 않았다.

어린 시절 다루었던 라디오파 무선송신기의 결정을 성장시키는 데 정통한 페헤르는 반응센터의 원자 구조를 확인하려고 이 기법을 배우기 시작했다. 구조를 명확히 알고 싶었던 것이다. 하지만 여기에도 맹점이 있었다. 어떤 단백질 결정은 쉽게 자라나지만 그렇지 않은 것들도 많았기 때문이다. 반응센터가 바로 그런 경우였다. 또 막에 박힌 탓에 빼내기도 수월하지 않았다. 이런 단백질은 막의 부스러기가 따라 나오거나 계면활성제가 남아 있어서 결정이 온전하게 형성되지 않는다. 페헤르가 반응센터 구조를 연구하겠다고 했을 때 국립 보건원은 이 연구가 '이해하기 어렵고 쓸데없는' 일이라며 연구비를 지원하지 않았다. 그렇다고 좌절할 페헤르가 아니었다. 팀원들 앞에서 그는 벽에 붙은 야생조류 모자이크 판화를 치면서 만일 에셔Escher가 오리duck를 결정화할 수 있다면 그들도 기필코 반응센터의 결정을 얻을 수 있으리라 공언했다.

그리고 그들은 해냈다. 당시 주류 생물학에서 가장 관심을 끈 막 단백질은 박테리오로돕신bacteriorhodopsin이었다. 일부 고세균에서 이 단백질은 양성자를 막 밖으로 퍼내는 역할을 한다. 피터 미첼Peter Mitchell의 화학 삼투 이론을 두고 벌어지던 논쟁의 핵심 단백질이다. 수년 동안 독일의 분자생물학자 하르트무트 미헬Hartmut Michel은 박테리오로돕신의 결정을 얻으려고 시간을 탕진했다. 힘에 겨워 미칠 지경이었다. 절망한 그는 홍색황세균 반응센터 단백질로 선회해서야 결정을 얻을 수 있었다. 1년 정도가 지난 후 페헤르와 그의 동료들도 비슷한 방법을 써서 반응센터 단백질 결정을 얻었다. 그러나 독일 연구진이 앞서 있었다. 마틴스라이트Martinsried의 막스 플랑크 연구소의 X-선 결정학 전문가와 함께 미헬은 반응센터 전체 구조를 밝힌 논문을 《네이처》에 투고했다. 이 논문은 곧 리뷰어들 손에 넘어갔는데 그중 한 명이 짐 바버Jim Barber

였다. 흥분한 그는 강당을 가득 메운 신입생들에게도 논문을 보여 주었다.

슬라이드나 그래프로 표현하기 힘든 이런 구조의 의미를 파악하려면 숙달 과정이 필요하지만 전문가들의 눈에는 구조가 밝혀진 것으로 보였다. L, M 단백질은 비슷한 꼴이었고 대칭적으로 배열되어 있었다. 막의 평면을 따라 측면에서 보면 피곤한 두 자매가 서로의 어깨에 고개를 처박고 춤을 추고 있는 모습이 떠오른다. 그들의 발목과 발은 막의 한쪽으로 삐져나와 있다. 뒷머리는 막의 반대쪽을 향한다. 한쪽 끝에서 막을 내려다보면 이들은 마치 보디빌더가 팔 근육을 보여 줄 때처럼 손을 엇갈려 잡고 악수하고 있는 듯이 보인다. 전자를 방출하는 특별한 엽록소 쌍은 마주 잡은 손아귀에 자리 잡고 있다. 전자가 움직이는 길이 눈에 훤히 보일 정도였다. 예상했던 것처럼 전자는 단백질 평면에 수직 방향으로 움직인다. 무릎 높이의 특별한 엽록소 쌍에서 튀어 오른 전자는 L 단백질의 허리 참에 있는 페오파이틴으로 간 뒤 다시 머리 높이의 M 단백질로 이동한다. L 단백질 어깨에서 잠시 쉰 다음 이들은 L 단백질의 머리로 향한다. 마지막으로 퀴논이 환원된 다음 전자가 방출된다.

흥분한 바버가 미헬과 그의 연구진이 스톡홀름으로 가는 차표를 얻었다고 확신한 이유는 이 결과가 식물 광합성의 '성역'인 광계 II의 구조에 관한 의미를 함축하고 있다고 보았기 때문이다. 광계 II와 홍색황세균 반응센터는 서로 관련이 있지만 그것을 알아차린 사람은 거의 없었다. 그들이 얼마나 밀접한 관련이 있는지 알려고도 하지 않았다. 2004년 사무실을 옮길 때 새로 얻은 활자본 논문을 살펴보며 바버는 내게 "광계 II가 물을 깨기 때문에 그것은 매우 다를 것이라는 의견이 지배적이었다. 그것이 세균의 반응센터와 비슷할 까닭이 없다고 보았기 때문이다."라고 말했다.

이런 경향에 반대하는 대표적인 사람은 블루스곡을 연주하는 분광학자 빌 러더포드였다. 그는 광계 II가 세균의 반응센터와 비슷하다고 볼 만한 근거를 가지고 있었다. 1970년대 초반 학생일 때 러더포드는 미국의 생물학자 린 마굴리스Lynn Margulis가 제시한 놀랄 만한 가설을 우연히 접하게 되었다. 1960년대 중반 마굴리스는, 이미 수십 년 전부터 제기되긴 했지만, 공생 식물의 광합성을 수행하는 엽록체 그리고 동물의 호흡을 책임지는 미토콘드리아가 본디 세균에서 유래했고 진핵세포가 수십억 년 전 이들 세균을 식민지화했다는 증거를 폭넓게 수집하고 있었다. 내부 공생을 통해 진핵세포가 탄생했다는 가설이다. 과학 잡지에서 수도 없이 거절당한 마굴리스는 그녀의 논문 원고를 등사기로 복사해서 관심을 가질 만한 사람들에게 뿌렸다. 대부분의 사람들이 냉담했지만 버널은 바로 확신을 두게 되었으며 마굴리스에게 축하의 메시지를 보냈다. 지금은 그 분야 고전으로 평가받지만 여하튼 1967년 마침내 그녀의 논문이 출판되었다. 10년도 지나지 않아 엽록체가 세균의 후손이라는 생각은 널리 퍼졌다. 원래 이 가설은 거의 한 세기가 흐르도록 제대로 된 모습을 갖추지 못했지만 마굴리스가 등장하면서 정설로 굳어졌다.

하지만 무언가를 받아들이는 일과 그 무언가를 받아들여 세계를 보는 방식의 일부로 삼는 일은 근본적으로 다르다. 생물학 분야에서 이미 확립되었음에도 불구하고 내부 공생은 흥미를 크게 끌지도 못했고 중요하다고 여겨지지도 않았다.[13] 그러나 러더포드를 과학으로 이끈

13) 밥 화틀리Bob Whatley는 예외다. 그는 내부 공생이 실제로 어떻게 발생했는지에 관심이 컸다. 아르논 실험실에서 엽록체를 공들여 추출한 밥은 엽록체가 어떻게 처음에 거기에 도

계기는 바로 이 내부 공생설이었다. 그의 마음에 진화가 매우 중요하다는 믿음이 굳게 자리 잡게 된 것이다. 그의 연구 경력에서 여러 번 있었던, 그가 옳고 다른 사람이 틀렸을 때 상황을 올바르게 판단할 수 있었던 것은 진화론을 진지하게 고려했던 덕이라고 러더포드는 회상했다. 그런 이유로 그는 분광학 분야의 다른 목표를 향한 가설을 세울 수 있었다. 생물학에서 이런 일은 흔하리라고 생각하기 쉽지만 사실은 그렇지 않다. 생물리학자, 생화학자 대부분은 진화에 대해 호기심을 갖지 않는다. 생명을 과거가 없는 수수께끼로 보는 것이다. 물론 두 가지 모두 강력한 수단이기는 하지만, 순전히 미학적인 혹은 직관적인 모델에 기초해서 말이다. 혹은 머릿속에서 순간적으로 솟구치는 아이디어에 의존하기도 한다. 그러나 이런 접근 방식은 신빙성이 다소 떨어진다.

1980년대 초반 어바나에서 박사 후 연구원으로서 러더포드는 녹색 식물과 세균의 반응센터가 비슷한지 알아보기 위한 일련의 분광학적 연구를 시작했다. 실험은 무리 없이 잘 진행되었다. 복잡한 식물이 세균의 반응센터와 같은 기제를 통해 에너지를 얻는다는 가설을 사람들은 마뜩잖아 했다. 러더포드는 밤에 사람이 없을 때 혼자 실험을 진행했다. 그의 가설의 핵심적인 연구 결과도 밤에 홀로 얻은 것이었다. 결정적인 데이터를 얻었을 때 승리의 춤도 어둠 속에서 홀로 이루어졌다.

바버도 진화적인 생각을 하는 사람이었다. 1980년대 근대적인 분자생물학 기법을 도입한 그는 광합성에 필요한 유전자를 연구하고자 결심했다. 지금까지 살펴본 것처럼 물리학에서 분자생물학 기제가 처

달했는지 알아내고자 애를 썼다.

음 등장했지만 이때만 해도 생물학계 분야의 도구들을 두루 사용할 수 있었다. 유전 암호를 간직한 단백질 안에 포함된 정보를 밝히는 일이 그런 예다. 특이한 구조를 가지기 때문에 특정 단백질과만 결합할 수 있는 항체도 실험실에서 만들 수 있었다. 연구자들은 유전자 가위를 사용해서 어떤 생명체에서 유전자를 끄집어내 다른 곳에 옮긴 다음 거기서 무슨 기능을 하는지 자세히 살펴볼 수도 있었다.

마굴리스가 내부 공생을 진지하게 고려하게 된 한 가지 이유는 엽록체가 핵에 저장된 정보와 별개로 자신만의 유전자를 가졌다는 사실이었다. 다른 사람도 그랬겠지만 바버는 이들 유전자 서열에 관심이 깊었다. 식물 엽록소의 유전자와 페헤르 연구진이 밝힌 세균 유전자의 서열을 비교하자 두 가지가 놀랄 만큼 비슷하다는 사실이 밝혀졌다. L 단백질의 서열은 광계 II에서 발견되는 D1이라는 단백질과 비슷했다. M 단백질은 D2라고 이름 붙인 단백질과 거의 쌍둥이처럼 보였다. 그 당시에 D1은 특별히 중요하게 여겨지지 않던 단백질이었다. 하지만 몇 종류의 제초제가 D1 단백질과 결합하여 이를 쉽게 분해한다는 사실이 밝혀지면서 약간 관심을 끌기는 했다. D2 단백질의 기능은 알려지지 않았고, 심지어 광계 II의 구성 요소로 받아들여지지도 못했다. 그렇지만 세균의 반응센터와 구조를 비교하고 엽록체 단백질의 서열이 세균의 반응센터와 비슷하며 거칠게나마 항체를 이용하여 단백질을 확인한 결과 분광학에 바탕을 둔 광계 II의 핵심 사항이 뒤집혔다. 밤새 혼자 실험했던 러더포드의 가설이 검증된 것이다. 홍색황세균에서 전자가 반응센터 L로 가듯 전자는 식물 엽록소의 D1 단백질로 올라갔다. M 단백질이 L 단백질을 얼싸안듯 D2도 D1을 배우자로 기꺼이 받아들인다.

그것이 어떤 역할을 하든 세균의 반응센터를 구성하는 막 단백질

구조를, 여기서는 여러 개의 막 단백질들을 밝힌 업적은 노벨상을 받을 가치가 있는 것이었다. 반응센터 구조는 지구 생명체의 가장 기본적인 과정과 우리 농업 문제의 토대를 이해할 식견을 제공하기 때문이다. 노벨상 위원회도 동의했다. 3년 뒤, 바버에게 넋이 나갔던 학생들이 졸업한 직후에 요한 다이젠호퍼Johann Deisenhofer 그리고 로버트 후버Robert Huber는 스톡홀름행 차표를 받았다.

다음 10년 동안 바버는 많은 시간을 광계 II를 이해하는 데 투자했다. 1995년 마침내 그는 다른 모든 것을 포기하고 오로지 광계 전체의 3차원 구조를 규명하는 데만 힘을 쏟게 되었다. 단출한 반응센터를 연구하는 것보다 훨씬 복잡하고 난해한 작업이었다. 구조를 자세히 밝히는 것일 뿐만 아니라 대부분 막에 박혀 있는 수백 개 분자 사이의 관계도 밝혀내야 했다. 막에 걸터앉은 단백질을 결정화하는 솜씨 좋은 누군가가 필요했다. 이는 여전히 어려운 기술이었다. 바버는 당시 막 단백질 결정 만들기의 경지에 이른 스웨덴의 소 이와타So Iwata를 임페리얼 대학의 교수로 초빙하기로 했다. 바버와 동료들은 전체 광계를 분리하는 새로운 방법을 개발하고 이를 전자 현미경으로 관찰했다. 광계 II의 입자는 함께 서로 연결된 듯 보였다. 2차원의 결정은 전자를 산란시키지만 3차원 결정은 X-선을 산란시킨다. 또한 그들은 그들보다 앞서서 연구하는 팀이 있는 것을 알고 최고 속도로 작업을 밀어붙였다.

뒤센스 세대인 독일의 물리학자 호르스트 위트Horst Witt를 따라잡아야 했다. 1950년대에 광합성 연구에 뛰어든 위트는 계속 선두권을 지켜 왔다. 그는 칼텍의 빌 아놀드보다 더 짧은 속도로 빛을 반복 노출시켜 분광학 데이터의 미묘한 변화도 놓치지 않으려고 했다. 산소를 발생하는 능력과 함께 광계 II는 특히 그의 관심을 끌었다. 1980년대 위트는 분자생물학 기법을 체계적으로 갖추었다. 바버는 실험실 박람회에서 진행된 위트의 강연을 기억하고 있었다. 경쟁자들이 스스로 포기하고 집으로 돌아가게 할 만큼 무척이나 인상적인 강연이었다.

2000년에 접어들자 베를린 연구진이 광계 II의 X-선 결정 구조를 4옹스트롬 수준에서 얻었다는 결과를 보고했다. 어떤 면에서는 그것으로 충분하다고 볼 수도 있었지만 어디에 어떤 원자가 있는지 밝히기에는 아직 미흡했다. 짐 바버는 위에서 신물이 넘어오는 심정으로 위트의 논문을 보았다. 하지만 바버가 낮은 해상도의 전자 현미경과 X-선 결정법으로 본 구조를 확인해 주었다는 점에서 안도의 감정이 들기도 했다. 특히 쌍을 이루는 광계 II의 단위인 D1, D2 단백질 '이중체'는 더욱 그랬다. 긴급히 일을 해결해야 한다는 뜻이었다. 그는 포기하지 않았다. 위트 연구진이 잠시 영예를 누리는 틈을 바버는 분주히 보냈다.

2003년 임페리얼 연구진은 지금까지 광합성 연구에서 빛의 물리학이 제공한 그 어떤 것보다 인상적이고 훌륭한 결정 구조를 확보했다(이 경우 분자 구조도 밝힐 수 있었다). 일본과 미국의 그것과 맞먹는 그르노블의 유럽 싱크로트론 방사선 연구소ESRF는 1930년대 에른스트 로렌스Ernest Lawrence가 개발한 방사선 실험실의 입자 가속기 연구를 이어받은 곳이었다. 크기는 커다란 축구 경기장만 했고 조금 다른 원칙 아래에서 움직였다. 방사선 실험실이 입자에 에너지를 부여하여 가속기 안을 돌게 했다면 ESRF와 X-선은 입자선에서 에너지를 뽑아내는 원리로 설명되었다. 전자가 빠른 속도로 회로를 회전하면서 마치 캐서린 휠이나 불꽃놀이 장치에서 불꽃이 튀듯 독특한 광도와 순도의 X-선을 내놓았다. 과학자들은 가속기에서 전자 자체가 아니라 이 X-선을 이용했다. 이러한 싱크로트론은 자동차 경주 코스와 비슷해서 바둑판 모양의 깃발은 중요하지 않고 다만 튕겨 나오는 바퀴만이 전부였다. 거기에서는 약

50년 전 막스 페르츠와 존 켄드루John Kendrew가 사용했던 것보다 1조 배나 밝은 X-선을 얻을 수 있었다.[14]

그르노블에서 바버와 그의 연구진은 자신들이 만든 결정으로부터 어마어마한 양의 데이터를 얻었다. 런던으로 돌아와서 이제 짜 맞추기만 하면 되었다. X-선 회절 데이터로부터 결정의 전자 밀도에 관한 지도를 작성했다. 원자들이 어디 있는지 알게 되는 것이다. 그렇지만 어떤 원자가 어디에 있어야 하는지 일관되게 작업하는 일은 쉽지 않았다. 임페리얼 대학 연구진은 그들이 알고 있는 아미노산 서열과 전자 밀도의 지도를 씨줄과 날줄로 엮어 모든 원자를 배치했다. 모든 과정이 착실히 진행된다면 그들의 해석은 보다 강고해질 것이었다. 임페리얼에서의 작업은 순탄하게 진행되었다. 3.5옹스트롬의 해상도를 가진 구조를 얻은 그들이 모든 면에서 베를린의 구조보다 정확하다고 말할 수는 없겠지만, 그들은 원자의 위치를 규정하고 모든 아미노산을 배치할 수 있었으며 엽록소 분자와 다른 색소들도 제 자리를 차지해 들었다. 19개 단백질, 36개 엽록소 그리고 기타 미량 존재하는 분자가 광계에 들어 있었다. 이것이 2004년 몬트리올에서 바버가 발표한 바로 그 구조였다.

바버가 가장 뿌듯하게 생각하는 부분은 지금껏 볼 수 없었던 상세함이었다. 망간 원자가 달라붙어 물 분자를 분해하는 D1 단백질도 선명하게 보였다. '산소 발생 복합체oxygen evolving complex'는 두 분자의 물을

14) 여기서 밝기란 특정 에너지 범위, 특정 단면적 안에 광자가 방출되는 속도를 뜻한다. 평균적으로 과학자들이 사용할 수 있는 X-선 광원의 밝기는 지난 50년 동안 15개월마다 두 배가 되었다. 과장 없이 X-선 광원은 마이크로칩보다 더 빠른 속도로 나아졌다. 그런 추세는 한동안 지속되었다.

붙들 수 있는 것처럼 보인다. 한 분자의 물에서 두 개의 수소 이온을 (따라서 두 개의 전자도) 빼내고 남은, 유별나게 전자를 갈구하는 산소 원자 하나와 두 번째 물 분자로부터 수소 이온과 전자를 취하고 남은 산소 원자 하나, 합하여 두 개의 산소 원자가 이 과정의 부산물로 남는다. 이 모든 작업이 망간 이온을 포함한 작디작은 덩어리에서 진행된다. 이 복합체의 산화환원 전위는 오르락내리락하면서 물을 단위 원자로 분해한다. 햇빛을 이용해 물을 수소와 산소로 쪼개는 일이 어떻게 진행되는지 이해하면 물을 깨서 에너지를 얻는 새로운 기술도 언젠가 개발될지 모른다. 이 책 마지막 장에서 그 가능성을 다시 살펴보겠다.

다른 연구진뿐만 아니라 바버 연구진이 애쓴 덕에 광계의 구조가 밝혀졌다. 3.5옹스트롬도 나쁘지 않지만 4만 6,630개의 모든 원자를 적소에 배치하려면 아마 2옹스트롬 정도의 해상도를 가져야 할 것이다. 이 정도면 약간 초점에서 벗어나 흐릿한 부분이 있는 바버의 구조가 옳은지 아니면 틀린 부분이 있는지도 확인해 줄 수 있을 것이다. 바버의 후속 연구 결과는 필시 X-선 결정법에 의해 얻은 엉킨 구조, 특히 산화환원에 민감한 부위인 산소 발생 복합체의 망간 구조를 더 확실하게 보여 줄 수도 있다. 그러나 만약 바버가 규명한 구조가 옳다고 판정되면 그도 스톡홀름행 차표를 얻게 될 것은 자명했다. 다른 과학자들과 마찬가지로 바버도 스웨덴 왕립 과학 재단과 노벨 위원회가 무엇에 영예를 부여하는지 관심을 가졌다. 1960년대 중반 바버가 광합성의 물리적 측면을 연구하게 된 계기 중 한 가지는 자신을 지도했던 멜빈 캘빈이 광합성 화학으로 노벨상을 받은 사건이었다. 따라서 노벨 물리학상도 가능하리라 여겼던 것이다. 다른 과학자들처럼 바버도 자신이 노벨상을 타야 한다는 둥, 그럴 자격이 있다는 둥 말하기를 꺼렸다. 내가 보기에는 바버의 겸손함이 오히려 말밥에 올랐다. 그렇지만 어쨌든 바버는 광계 II의 구조가 중요하고 노벨상을 받을 만한 가치가 있다고 보았다. 1980년대 세균의 반응센터가 노벨상을 받자 사람들은 이제 광계 전체의 구조에도 상이 돌아가야 하는 것 아니냐고 수선댔다. 끝까지 바버가 희망을 놓지 않은 이유일 것이다.[15)]

몬트리올 학회가 끝난 어느 날 오후 나는 공중보건 정책과 조각을 겸업하고 있는 친구와 담소를 나누고 있었다. 그와 나는 AIDS 학회에서 처음 만난 사이이다. 그 학회는 구석이나 조금 채우고 말 광합성 학회와는 비교할 수 없을 정도로 큰 학회이고 대규모 컨벤션 센터를 가득 채울 만큼 사람을 끌어들였다. 그는 개조한 창고를 빌려 공사장에서 발견한 두꺼운 철선과 철로에서 주운 철근을 자르고 구부려 조립하는 예술가이기도 했다. 거친 바위와 나무에 걸쳐 있는 그의 작품은 원시적이기도, 산업적이기도 또 우연적이기도, 고도로 계산된 것이기도 하다는 평을 듣는다. 이런 예술을 보는 것처럼 어떤 편린은 우리가 생각하는 것 이상의 의미가 있지만 그와 동시에 다른 환경에서라면 아무런 의미를 띠지 못할 수도 있다.

바버의 발표는 암시적이었을망정 곧이곧대로 보여 주려 하지 않았다. 분명 그들은 단백질의 구조에 대한 언급을 회피하려고 했다. 그 누구도 그들을 그러리라 생각하지 않았기에 나는 깜짝 놀랐다. 1주일에 걸쳐 컴퓨터 작업을 마친 광계 II의 복잡성은 그날 슬라이드에서 보여 준 것과는 사뭇 달랐고 청중들은 무언가 색다른 것을 찾기 어려웠

15) 짐 바버는 좀체 정장 차림을 하지 않지만 몬트리올에서 기조 강연을 했을 때 블레이저에 드물게도 넥타이를 했다. 나중에 커피를 마시고 웃으면서 그는 넥타이를 느슨하게 푼 채 실토했다. 스웨덴 왕립 과학아카데미 외국인 회원 넥타이라고. 그에게는 '행운의 넥타이'다.

다. 바버가 밝힌 구조는 이전에 그 누구도 보지 못한 것이기에 새로운 맥락에서 새로운 목표를 가지고 자신의 길을 찾아갈 수 있었다. 그렇지만 그들은 다소 범접하기 어려운 방식으로 발표를 했다. 단백질 핵심 부위를 구성하는 아미노산을 표시하는 리본이 뒤틀려있어서 접힘 구조를 알아보기 피곤할 지경이었다.[16)]

내가 보기에 단백질을 그런 식으로 단순하고 매개 변수가 전혀 없이 표현하면 그에 걸맞은 의미가 퇴색하는 결과가 초래될 수도 있다. 결국 단백질은 기본적으로 조각과 같다. 단백질은 그 역동성이 부피로 표현되고 그렇게 자신의 형상을 드러낸다. 그들은 어떤 예술 작품보다 순수성을 표방했다고 하지만 광계 II는 빛이 어떻게 생명으로 전환되는지 아무런 단서도 보여 주지 못했다. 형상은 곧 과정이다. 형상이 없으면 과정도 없다. 살아 있는 생명체가 30억 년 동안, 아니 그 이상의 세월 동안 해 왔던 어떤 것에 형상을 부여하는 일은 앞으로도 계속될 것이다.

물리학자는 생명의 신비를 찾기 위해 나섰고 물리학이 그랬듯 생물학이 스스로 설 수 있는 놀라운 가설을 제공했다. 그렇지만 그들은 분자를 샅샅이 뒤졌어도 비밀은 없었다는 사실을 발견했다. 다만 원자가 형상을 만들 뿐이었다. 이중나선과 같은 단순한 형상도, 광계와 같

16) 나중에 몬트리올에서 남쪽으로 향하는 기차 안에서 나는 이 책의 어려움을 같은 방식으로 볼 수 있다는 생각이 들었다. 단백질처럼 이 책은 문자열로 정의하는 데 필요한 복잡한 공간을 채울 수 있다. 여기서는 단어, 문장 및 맥락의 순서다. 광합성의 전체적인 모양을 정의하기 위해 끈은 스스로 휘어지고, 뒤로 돌아가고, 접히고, 지그재그로 구부러진다. 사슬에서 서로 멀리 떨어져 있는 아미노산이 거의 서로 닿을 수 있게 접히듯 책의 다양한 개념이 서로 다른 각도에서 다른 시간에 반복적으로 나타난다. 모양이 중요하다. 하지만 문자열은 손수 내가 한 땀 한 땀 수놓아야 하는 모든 것이다.

은 복잡한 형상도.

절묘한 스릴

말년에 제임스 프랭크James Franck는 플로리다 호텔 방에서 당시에는 완전히 구식이 된 자신의 이론을 로데릭 클레이톤Roderick Clayton에게 자세히 설명했다. 말미에 프랭크는 젊은 과학자에게 이렇게 말했다. "내가 얼마 못 살 거라는 것을 알지. 1년이나 더 살까? 의미 없는 일이야. 그렇지만 내게도 정확히 어떻게 모든 일이 작동하는지 알았던 아슬아슬하고 절묘한 순간이 있었어!"

그 누구도 모든 일이 정확히 어떻게 작동하는지 모른다. 예컨대 광계 II는 자신이 만든 산소가 막을 통해 전자를 흐르게 하는 D1 단백질을 무시로 공격하는 상황을 어떻게 타개할 것인가? 빛이 잘 스며드는 장소에서는 어떤 광계 II일지라도 30분이 채 지나지 않아 자신이 생산하는 산소에 맥을 못 춘다. 바로 이 순간에 광계가 열리면서 불구가 된 D1 단백질을 핵심 부위에서 토해 낸다. 새로운 단백질로 교체해야 하는 것이다. 그렇게 전투 태세를 정비한 뒤 광자를 받아들인다. 어떻게 생각 없는 분자가 정전기적 인력과 비슷한 힘에 의해 결합할 수 있을까? 어떻게 시스템 일부가 스스로를 조절할 수 있을까? 광계의 중심 부위는 그들에게 들뜬 전자를 제공하는 빛-포획-복합체를 수용하거나 주변으로 넘길 수 있을까? 막을 오락가락하는 퀴논 분자들은 공간을 공유할 수 있을까? 두 광계는 어떻게 조화를 이루며 일을 할까? 엽록체는 언제 어떤 유전자를 활성화해야 하는지를 무슨 수로 알게 될까? 식물 혹은 조류의 종이 다르면 이러한 질문에 대한 답이 달라지는 것일까?

이런 모든 질문이 몬트리올에서 쏟아졌다. 모든 연구 영역에서 광계 II의 상세한 구조는 최종적인 해답은 아닐지라도 거기에 접근하는 데 도움을 줄 것이다.

몬트리올에서 나는 로빈 힐 메달 수상자를 비롯한 많은 젊은 과학자들과 이야기를 나누었다. 그들 중 누구도 광합성 연구 분야가 최종 결론이 났고 더 연구할 분야가 없다는 말을 하지 않았다. 분자생물학의 도구가 더 이상 답을 할 수 없다면 분명 떠오르는 다른 '기생충' 분야가 광합성의 미진한 답 찾기에 도전할 것이다.

최후라는 느낌이 드는 순간, 환상일지 모르지만 모든 것을 다 알았다는 느낌이 드는 순간은 어떤 정당성이 필요하다. 질문이 사라지는 일은 없다. 과학적인 사고를 하는 사람이라면 질문이 고갈되는 일은 결코 없다. 하지만 특정 분야를 추동했던 에너지가 소진되는 경우가 있을 수는 있다. 1960년대 초반 대광명의 시대가 그러했다. 힐과 뒤센스, 미첼, 아르논 그리고 에머슨이 각기 자신의 몫을 다했고 광합성의 생화학적 개요가 그려졌다. 엄청난 분량의 X-선 구조가 이즈음에 밝혀졌다. 광계 II뿐만 아니라 광계 I, Z-체계에 들어가는 시토크롬 복합체, 광계의 중심에 여분의 에너지를 공급하는 빛-포획 복합체. 상황은 이제 끝난 것처럼 보였다. 한때 가정이고 직관이었던 많은 것들이 사실이 되었다. 심지어 구조조차도 분자의 작동 방식에 대해 아무것도 새로운 이야기를 하지 못했지만, 결국 그것은 과거에 알려졌던 것을 새로운 방식으로 접근 가능하게 하며 구체화되어 나타난다.

1915년 빌슈테터와 스톨이 137개 원자로 구성된 엽록소의 화학적 구조를 다룬 논문을 발표한 뒤 사람들은 어떻게 그 분자가 태양 빛을 받아서 탄소를 환원시키는지 물었다. 오늘날 우리는 그 답을 안다. 앤디 벤슨이 태어난 뒤, 한 사람의 생애 동안 운까지 따랐던 지식인 하나가 광합성의 어두운 방에 환하게 불을 켰다. 그야말로 지식의 등불이 켜진 셈이다. 잇달아 불을 켠 사람들은 하나의 단서가 어떻게 모든 것을 함께 움직이게 했는지 알지 못했지만 그들은 요점을 직시했다. 단편적일망정 확실히 볼 수 있었던 것이다.

사람은 살아가는 동안 또 다른 극적인 삶, 평온하고 보편적인 삶이 뒤섞인다. 나치 치하를 벗어나 정원에서 난초를 키운다. 시간제로 일하다가 봉급을 받고 무기를 들다가 다이빙을 배우고 사고로 죽는다. 배신, 열정, 우울, 사랑에 빠짐, 포커에서 이김. 똑똑한 사람, 결정력이 있는 사람, 운이 좋은 사람, 자신들이 잘하는 일을 하는 사람, 완전히 수수께끼였던 사실의 전모를 밝혀낸 사람. 20세기의 뒷배를 위해 그들은 새로운 지평을 열었다. 이제 분자가 산처럼 보이고 태양이 내리쬐는 기간이 빙하기처럼 지속되는 기이하고 새로운 풍경이다. 빛과 생명의 소우주를 가로질러 그들은 지구상 모든 생명을 태양의 불에 연결하는 길을 추적했다.

우리는 모든 것을 알지 못한다. 하지만 어떤 것도 인간의 일생만큼 많은 것을 이야기하지 않는다. 정말 그 안에는 절묘한 스릴이 있다.

제2부 지구의 수명

식물을 사랑하는 마음이
제국보다 더 크고 진득하게 자라.

앤드루 마블Andrew Marvell, 〈수줍은 연인〉

다른 세계에선 이런 일이 일어나지 않으리.
더 좋은 행성에서도 일어나지 않았으리.

킹메이커Kingmaker, 〈10년간의 잠〉

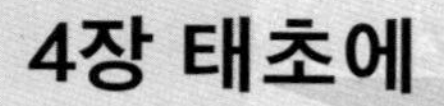

4장 태초에

망원경과 생체경Bioscope

생명의 한계와 기원

세상을 열다

지구를 산화하다

다른 세상

그렇다고 해도 어디를 연구해야 하는 것일까?

망원경과 생체경Bioscope

이제 입장을 조금 달리해 보자. 우리는 작은 것에서 큰 것으로, 과거에서 미래로 그리고 과학의 역사에서 역사를 다루는 과학으로 움직일 수 있다. 위를 보되 아래를 보지 않고 밖을 보되 안을 보지 않을 수 있다. 지구 관점으로 광합성을 파악하려면 현미경 대신 망원경을 들여다보아야 한다.

특히 그것은 아직 설치되지 않은 망원경이다. 우리는 이 망원경이 어떤 모습일지 혹은 어디에 설치해야 할지 모른다. 그게 '하나'일지 '여럿'일지도 모른다. 거울이 거의 불가능한 기하학적 완벽함을 가진 허블 우주 망원경처럼 성능이 좋은 것일 수도 있다. 아니면 좁은 범위의 파장을 지닌 빛을 측정하기 위해 궤도를 도는 작은 비행대대일지도 모른다. 두 대의 우주선으로 만든 핀홀pin-hole 카메라일 수도 있다. 여기서 핀홀은 지구에서 달을 보듯 집광 장치로부터 절반 거리에 있어야 한다. 아니면 맑은 하늘을 통해 쏟아지는 빛을 최대한 모을 수 있게 지구에 설치할 수도 있다. 안데스나 극지방의 두꺼운 얼음도 좋다.

누구도 그 모습을 확실히 모른다. 누가 설치할지, 천문학적 비용을 누구에게 청구할지도 모른다. 모아서 분석해야 할 광자는 지구로부터 몇 광년 떨어져 있다. 10광년 아마도 20광년은 떨어져 있을 것이다. 광자가 도달하기 전까지는 그것이 어디로 향할지 모른다. 미지의 것들이 많기는 하지만 한 가지 확실한 것은 최고급 망원경을 설치해야 한다는 사실이다. 거울의 수가 얼마이든, 우리가 무엇을 보려고 하는지를 스스로 잘 알고 있기 때문이다. 우리는 생명이 살 수 있는 지구와 비슷한 제2의 행성이 존재한다는 증거를 원한다. 우리는 생명체 세계의 거울상을 보고 싶어 한다.

대중의 상상력을 담보로 외계 생명체를 찾으려는 우주 탐사가 기획된다. 생명체를 찾는 망원경이 있다면 그런 연구는 커다란 도약을 맞을지도 모른다. 과학자들은 태양과 맞먹는 밝기를 가진, 항성 주위를 도는 지구 크기의 행성을 열심히 찾을 것이다. 우리 지구 대기와 비슷한 조성을 갖는지를 알기 위해 빛의 스펙트럼을 분석하려고도 들 것이다. 지구를 지구답게 만든 신호는 순전히 광합성이 가져다준 선물이다.

이런 신호는 대기화학의 문제다. 여러 종류의 가스를 한데 섞으면 우리는 어떤 종류의 화학 반응을 관찰할 수 있다. 예를 들어 발전소 터빈에 메탄과 산소 기체 혼합물이 섞여 있다면 에너지가 방출되어 일하는 데 사용된다. 그와 동시에 엔트로피도 증가한다. 혼합물을 내버려둔 상태에서 어느 정도 시간이 지나면 그 반응은 종료된다. 반응을 끝낸 화합물들은 평형 상태에 도달한 것이다. 만일 여러분이 태양계에서 지구와 가장 비슷한 행성인 금성과 화성의 대기 조성을 분석한다면 금세 그 행성들이 화학적 평형 상태에 있음을 알게 된다.

반면 우리가 숨 쉬는 대기는 그렇지 않다. 거기에는 고도로 환원된 메탄과 산소의 양이 엄청나게 많다. 논문을 보면 지구 대기에서 폭발적인 산화환원 반응이 금방이라도 진행될 것 같다. 사실 그런 산화환원 반응은 일어나기를 기다리고 있는 게 아니라 우리 주변에서 진행되고 있다. 우리가 살고 있는 대기는 서서히 타고 있지만 결코 스러지지 않는 불꽃과 같다. 천연가스 발전소 회전하는 터빈에서와같이 메탄이 이산화탄소로 산화되기 때문이다.

1965년 영국의 화학자 제임스 러블록James Lovelock은 이런 가연성이 행성에 생명체가 존재하는 증거라고 말했다. 나사NASA에서 1세대 행성 탐사선 화학 장비의 상담역으로 일했던 그는 화성에 생명체가 있는지를 탐지하는 장비를 보고 깊은 인상을 받지 못했다. 그에게 그 장비는 생화학적 의미에서 지구상의 생명체와 비슷한 뭔가를 찾으려 한다는 느낌을 주었다. 하지만 그는 외계에 생명체가 있을 가능성에 대해서는 관심을 보였다. 러블록이 보기에 외계 생명체는 지구에 사는 생명체와 근본적으로 달라야 했다.

그것은 최근에 외계 생명체를 연구하는 '외계생물학' 분야의 커다란 딜레마였다. 지구의 모든 생명체는 공통 조상을 가진다. 따라서 지구에 사는 생명체를 연구하는 일은 생명 일반이 아니라 DNA와 ATP 등의 생화학적 기제에 의해 가동되는 특별한 삶의 방식 중 한 가지를 연구하는 데 불과한 것이다. 또 관련성이 없는 생명체를 연구하면 과학이 빠질 수도 있는 편협함에서 벗어날 수도 있으리라 생각했다. 생각 자체는 매력적이다. 하지만 그런 생명체를 지구생물학적 기술로 추적하기는 어렵다. 흥미롭지만 충분히 다른 어떤 생명체는 연구하기가 결코 쉽지 않다.

지구생물학 테두리 밖에서 생명을 인식할 무언가 보편적인 접근방식이 필요하다. '우주적 차원에서 유일한 물리적 이론'이라고 아인슈타인이 말한 것처럼 과학자에게 열역학보다 보편적인 학문은 없다. 기본 개념이 적용되는 범주 안에서 그 이론이 틀릴 가능성은 전혀 없다고 아인슈타인은 확신했다. 슈뢰딩거의 『생명이란 무엇인가?』를 보면 볼츠만은 특정한 통화인 엔트로피를 감소시키는 과정으로 생명을 인식했다. 생물학자는 아니지만 과학적 관심의 폭이 넓었던 러블록은 엔트로피의 감소를 측정함으로써 생명을 인식할 수 있다는 착상을 매우 좋아했다. 지구생물학이나 생화학의 우연성보다는 열역학이 우주적 확실성을 가졌다고 보았기 때문이었다.

러블록은 엔트로피의 감소를 측정하는 다양한 방식을 연구하기에 이르렀다. 그중 가장 나은 방법은 어떤 면에서 가장 단순한 것이기도 했다. 생명체에 내재적인 엔트로피 감소는 그들 환경의 화학적 균형을 깨뜨릴 것이다. 만일 어떤 행성이 태양에 의해 따뜻해지는 분자의 집결체라면 그것은 화학적으로 평형 상태에 있다. 하지만 내부의 엔트로피가 줄어드는 생명체가 존재한다면 지구의 화학적 평형은 교란된다. 생명체가 지구에 있기 때문이다.

처음에 지구 대기권이 곧 엔트로피를 내놓는 생명의 증거라는 생각은 혼란스러웠다. 2장에서 살펴보았듯이 금성과 화성의 대기는 평형 상태다. 계의 엔트로피가 가장 높은, 가장 있을 법한 상태라는 뜻이다. 반면 지구 대기의 엔트로피는 놀랍도록 낮다. 산소와 메탄이 우연히 섞여 있기란 불가능하기 때문이다. 지구의 생명체가 많은 엔트로피를 생산한다면 왜 그들을 둘러싼 환경은 낮은 엔트로피를 갖는 것일까? 답은 지구가 닫힌계가 아니라는 데 있다. 지구에 에너지원을 제공할 뿐 아니라 우주가 기꺼이 엔트로피의 저장소 소임을 다하는 까닭이다.

온도를 가진 모든 물체와 마찬가지로 지구는 광자를 내놓으며 에너지를 방출한다. 온도가 높으면 파장이 짧은 광자를 내놓는다. 상온에서 쇳조각은 눈에 보이지 않는 적외선을 내놓는다. 그러나 용광로 안에 집어넣은 철은 검다가 붉고 주황색으로 변하면서 뜨거워지고 파장이 짧은 고에너지 광자를 방출한다. 뜨겁고 흰 파장의 빛으로부터 우리는 태양 표면의 수소와 헬륨 온도가 6,000도라고 단정한다.

우주에서 보면 지구는 평균 온도가 영하 19도인 물체로 보인다. 따뜻한 지구 표면에서 방출된 적외선 광자가 곧바로 우주로 나가지 못하기 때문이다. 대신 그것은 이산화탄소, 수증기 및 온실가스에 흡수되고 다시 방출된다. 따라서 마지막에 우주로 방출되어 나가는 광자는 따뜻한 지표면이 아니라 차가운 대기권 상층부에서 비롯된다. 우리가 지구를 순전히 광자의 흡수자 혹은 방출자로만 본다면 지구는 한 방향에서 오는(빛은 모두 태양에서 온다) 고에너지 광자를 받고 낮은 에너지 광자를 모든 방향으로 내보내는 물체다. 에너지 측면에서 들어오고 나가는 양은 거의 같다.[1] 많은 수의 광자가 밖으로 나가지만 그들이 가진 에너지는 상대적으로 적다. 그러나 엔트로피 측면에서 두 흐름은 현저하게 다르다. 조직화된 고에너지 광자는 모든 방향으로 향하는 저에너지 광자에 비해 있을 법하지 않은 데다 질서 정연하다. 따라서 질서 있는 어떤 것을 평형에 가깝게 변화시키면서 지구는 우주에 많은 엔트로피를 떠넘긴다.

이 엔트로피 대부분은 단순히 뜨거운 광자를 차가운 광자로 변환하는 과정에서 비롯된다. 바람의 물리적 운동, 표면에서 대기 중으로 물의 증발, 해수의 순환도 마찬가지로 엔트로피 증가에 한몫한다. 이것들은 적도와 극지방, 대기와 표면 사이의 온도 차에 따라 구동되는 매우 효과적이며 거대한 엔진이다. 매일매일 수십억 톤의 물과 공기가 움직이면서 엄청난 양의 일을 하고 거대한 양의 엔트로피를 생산한다.

1) 지난 세기 지구는 내보낸 것보다 조금 더 많은 에너지를 흡수했다. 우리가 경험하는 지구 온난화는 이와 같은 불균형의 결과다. 이 책 3부의 주제다.

금성과 화성의 대기에서도 이와 비슷한 재분배가 일어나고 엔트로피를 생산한다. 그러나 지구는 대기화학을 통해 많은 양의 엔트로피를 추가로 더 한다. 다른 행성의 대기는 평형 상태에 있으며 지닌 엔트로피는 크지만 엔트로피 생성 속도는 낮다. 정의상 평형은 순 화학 반응 또는 에너지의 유입이 없는 상태이기 때문이다. 지구 생명체는 유입되는 태양 빛 일부를 사용해서 산소를 만든다. 그 산소 때문에 대기는 영구적으로 비평형 상태에 있다. 산소와 그의 부산물이 메탄과 반응하여 이산화탄소를 만드는, 즉 평형 상태로 돌아가려는 후속 반응에서 막대한 양의 엔트로피가 생성되어 우주로 되돌아간다. 지구에서 방출되는 적외선이 그것이다.

1960년대 러블록은 이런 확고한 생각의 틀을 갖지는 못했다. 하지만 그는 지구 대기가 엄청난 양의 엔트로피를 생성한다고 주장했다. 그리고 그는 외계생물학자들이 생명 탐사선을 보내고 싶어 하는 행성, 화성의 대기가 화학적으로 평형 상태라고 말했다. 화성 대기에서는 이러한 엔트로피가 생성되지 않는다는 뜻이었다. 따라서 거기에는 생명이 없다. 그것은 1970년대 외계생물학자들의 바이킹 탐사선이 차가운 사막에 도착하고 임무를 마쳤을 때 그 연구에 참여했던 과학자 대부분이 내릴 결론이기도 했다. 착륙 지점에도, 행성의 다른 지역에도(추론이지만) 생명은 없었다.[2] 러블록이 옳았다.

그 무렵 러블록은 대기에 미치는 생명체의 역할에 대한 통찰력을 더욱 발전시켜 나갔다. 대기를 살아 있는 과정의 생성물로 보기 시작하

2) 화성 대기를 더 심도 있게 연구한 결과 이 결론에 회의적인 시각이 등장했다. 나중에 다시 살펴볼 것이다. 하지만 어떤 종류의 생명체가 있다 해도 러블록의 본디 생각이 훼손되지는 않는다.

면서부터 그는 세상의 구성 요소를 다르게 보게 되었다. 슈뢰딩거가 말했듯 생명이란 엔트로피를 밖으로 내보내면서 그것을 낮게 유지하는 시스템이다. 지구의 엔트로피도 낮다. 만약 우리가 엔트로피가 낮은 곳과 그렇지 않은 곳의 경계를 그린다면 그 선은 세균의 세포막, 동물의 피부 또는 나뭇잎의 큐티클 층은 아닐 것이다. 그 선은 대기권의 가장자리에 그려진다. 엔트로피 시각에서 대기권 자체는 지구의 살아 있는 부분인 것이다.

게다가 평형에서 벗어난 지구 대기권의 폭, 지구 대기의 화학적 불안정성은 수억 년 넘게 지속된 것으로 보인다. 단지 균형을 벗어나 있을 뿐만 아니라 대기권은 지질학적 시간에 걸쳐 균형을 잃은 상태로 유지된다. 러블록에게 대기권은 인체의 체온이나 혈압처럼 조절이 필요한 생리적 속성을 가진 것처럼 보였다. 내적으로 불안정한 상태가 지속되는 것이다. 러블록은 지구 생명체가 미리 설정된 물리적 환경 안에 존재하는 수많은 개별 유기체의 집합이 아니라는, 과학자들이 생물상biota이라고 부르는 결론에 도달했다. 생명은 복잡하며 유기체와 환경을 함께 어우르는 체계다. 러블록은 지구 생명체, 생명체가 상호 작용하는 공기, 물, 바위 모두를 포함하여 가이아Gaia라고 불렀다. 엔트로피를 낮추고 생리적으로 스스로를 조절한다는 의미에서 가이아는 통째로 살아 있는 실체다.

출현 이래 러블록의 가이아는 많은 사람에게 영향을 끼쳤다. 1970년대 내부 공생 이론으로 엽록체의 기원을 설명한 린 마굴리스와 러블록은 지구의 살아 있는 부분이 그렇지 않은 부분, 대기와 바다 등을 조절하여 안정되고 유용한 환경을 만든다는 '가이아 가설'을 발전시켰다. 조금 더 최근 러블록은 목적론적 성격이 약한 '가이아 이론'을 내놓았다. 그가 심취했던 환경 안정성을 어떤 계획된 결과가 아닌 전체로서

계의 내적 특성이라고 본 것이었다. 다수의 정통 생물학자들은 질색으로 여겨 가이아를 좋아하지 않았다. 신비주의자들을 결집하고 젊은 연구자들에게 영감을 준 까닭이었다. 어쨌든 시적 풍미가 가득한 과학이기도 했던 러블록의 책 제목은 『가이아: 지구 생명체를 보는 새로운 시각』과 『가이아의 시대: 살아 있는 지구 연대기』였다.

이 모든 것들 중 가이아에 관해 확실하게 이야기할 수 있는 것이 한 가지 있다. 가이아가 광합성'적'이라는 사실이다. 그렇게 말할 수 있는 까닭은 오직 태양 에너지를 사용한 광합성에 의해서만 산소가 풍부한 대기가 만들어지기 때문이다. 우리는 생명이 무엇이고 어떤 의미를 지니는지 논쟁을 벌일 수 있다. 망원경을 현미경으로 바꾸어 다니엘 아르논의 실험실에서 분리된 엽록체 또는 조지 페헤르 실험실에서 발견된 반응센터에 대해서도 마찬가지다. 하지만 그들이 모두 무엇을 하는지 부정할 사람은 없다. 그들은 태양을 먹고 있다.

가이아에 대해 또 하나 확실하게 말할 수 있는 것은 그것이 일종의 장비라는 점이다. 장비 제작자로서 러블록은 40세의 나이에 대학을 떠나 영국 의학 연구 위원회에서 일하면서도 나사 구성원들의 상담역을 계속할 수 있을 정도로 명성이 자자했다. 그는 자신의 아이디어가 가장 확실하게 구현되고 세계의 활동 방식이 가장 명백히 드러나는 것은 장비를 제작하고 나아가 그것을 사용할 실험을 설계할 때라고 내게 말한 적이 있다. 이런 의미에서 가이아는 그 자체로 장비였고, '생체경'은 '그것을 통해 지구 생명체를 볼 수 있는' 도구였다.

러블록이 언급하는 생체경의 생물학적 등가물은 아폴로 우주선 창문이었다. 이 구멍을 통해 인류는 지구 전체를 처음으로 볼 수 있게 되었다. 이 창문은 가이아의 이론적 대응물이자 내재적이고 촬영이 가능한 '지구 생명체의 새로운 모습'을 보여 주었다. 무언가 비정상적으로 복잡해 보이는 푸르고 초록에 황금 바탕인 팔레트 위로 구름이 휙휙 지나가는 모습이었다. 이는 달의 잿빛 폐기물과 사뭇 대조를 이룬 활발한 자연이기도 했다. 러블록은 그의 첫 번째 책 첫 단락에서 이 이미지로부터 경외감을 느꼈노라고 고백했다. 또 아폴로 사진 중 하나가 그 책 표지를 장식하고 있다.

가이아가 과학적 유행으로 머물지만은 않을 것이다. 러블록은 다른 행성을 연구하는 도중 이런 착상이 떠올랐다고 했다. 생명은 처음이자 가장 중요한 행성의 현상이라는 생각을 그는 고수했다. 생명의 몇 가지 기본적 특성은 개별 유기체나 그것을 구성하는 분자가 아니라 전체 행성 수준에서 이해해야 한다. 이런 의미에서 『가이아: 지구 생명체를 보는 새로운 시각』은 슈뢰딩거의 『생명이란 무엇인가?』와 비슷하다. 슈뢰딩거는 분자 수준에서 설명할 수 있는 생명 현상이 있으리라고 주장했다. 러블록은 행성 차원에서 설명할 수 있는 생명 현상이 있다고 주장한다. 『생명이란 무엇인가?』는 물리학자들에게 생명의 정수가 무엇인지를 생각하게 만들었다. 『가이아: 지구 생명체를 보는 새로운 시각』은 사람들에게 생명의 정수가 행성에 있다는 생각을 하게 만들었다.

『생명이란 무엇인가?』의 과학은 분자생물학에 영감을 불어넣었다. 러블록의 책은 1990년대에 확립된 우주생물학에 생기를 부여했다. 새로운 학문 분야가 그렇듯 우주생물학도 부분적으로는 지적 도약이었으며 과학자들이 추구할 공통된 목적을 제시했다. 우주생물학의 정수는 천문학 혹은 행성 차원에서 생명을 연구하는 데 있다. 우주생물학은 어딘가에 생명체가 있다는 외계생물학과 관련이 있고 실제로 그것을 포함하지만 생명 자체보다는 행성이 살 만한 곳인가 하는 문제를 다루는 천문학을 강조한다. 생명 자체가 존재하는지보다 살 만한 곳이 어떤 공간이어야 할지를 정의하는 것이 넓게 봐서 구분하기에도 좋다. 또 우주생물학에서 지구의 거주 가능성을 주제로 설정함으로써 생명체가 살 수 있는 행성의 여러 조건을 대상으로 토론할 기회를 제공하는 이점도 있다. 심지어 현장 실험이 진행될 수도 있다. 우주생물학의 지적 리더십은 천문학자나 행성과학자가 쥐고 있지만 다양한 연구 작업이 새롭게 등장하는 미생물생태학 분야로 퍼져 나간다.

우주생물학의 큰 주제는 이 장을 시작하면서 언급한 망원경을 세우는 일이다. 생명을 찾는 도구인 가이아 생체경도 이론적인 접안렌즈다. 러블록의 가설은 논란의 여지가 있고 또 우주생물학자 전부가 가이아 가설을 지지하지도 않는다. 모든 분자생물학자들이 슈뢰딩거에 동의하지는 않듯 대기의 조성을 생명의 표식으로 보는 러블록의 가설에 모두가 박수를 보내지도 않는다. 태양계를 넘어 지구와 비슷한 행성을 관찰할 때 필요한 망원경을 구상하는 사람들은 기본적으로 행성 스펙트럼을 분석하고 그들의 화학을 연구할 만큼 광자가 감지되어야 한다고 말한다. 충분히 평형을 벗어난 화학적 현상을 볼 수 있다면 생명이 있다고 진단할 수 있다는 것이다.

우주생물학자들은 주변 천문 환경에서 생명이 없다고 판정할 단서를 공간이 아니라 그 행성이 우리와 멀어지기 시작한 시간에서 찾으려고 한다. 마치 다른 세계 자체처럼 보였던 초기 지구의 역사를 생체경으로 관찰하는 일도 포함된다. 그 렌즈를 통해 우리 행성의 과거를 보는 일은 바위와 물, 공기, 생명체 그리고 끝없이 계속되는 에너지 흐름의 연관성을 밝히는 작업이다. 이 장과 다음 세 장에서 연이어 살펴볼 것이다.

서쪽으로 내리막이지만 동쪽으로는 오르막 언덕인 그르노블Grenoble 남쪽 드문드문 석회암이 널려 있는 베흐꾸흐Vercors 정상을 걸으면서 나는 스스로 가이아인Gaian이라고 느꼈다. 그때 나는 고원의 동쪽 가장자리 아래, 깎아지른 절벽 옆 계곡에 있었다. 예전 해양 바닥 아래 깔려 있던 흰 암석, 새하얀 푸른 하늘에 박힌 밝은 태양, 송진을 흘리는 소나무, 꽃이 만발한 목초지, 이웃한 알프스의 위용을 안은 풍광이 도드라지던 곳. 모든 것이 거대한 하나로 보였다. 바위와 공기 그리고 산세와 나무와 용담gentian과 등산객, 모두가 살아서 하나 되는 경이로움을 맛본 것이다.

가이아 가설에서 생명과 무생명을 구분하는 방식은 특히 범신론적 호소력이 있었다. 하지만 20세기 들어 생명의 경계를 묻는 질문은 처음도 유일한 것도 아니었다. 생물학의 커다란 문제는 생명이 무엇인지에 대해 모두가 동의하는 만족할 만한 정의가 없다는 점으로, 대부분의 생물학자에게는 실제적인 관심사가 아니다. 생명의 기본적 본성에 대한 동의가 부족하다는 점을 들어 생명이 외계에서 왔다는 외계생물학 가설이 고개를 들기도 했다. 생명은 무엇이 다를까? 그 차이는 어디에서 유래한 것일까? 무생물체와 구분할 수 있는 근거는 무엇인가?

19세기 초기 생물학자들은 생명의 본질은 생명력에 있다고 확신했다. 오랜 시간 곳곳에서 생물과학은 거대한 물질을 움직이고 하루살이, 금잔화 및 미어캣을 발생시키는 비밀스러운 힘을 찾고자 분주했다. 한 세기 넘게 지칠 줄 모르고 해부하고 분석한 뒤 생물학자들은 생명의 비밀은 '비밀이 없는' 것이라는 결론에 도달했다. 귀신의 으스스함을 설명할 귀신이 없는 것이었다. 20세기 생화학자들 그리고 이후 분자생물학자들은 생명이 무생물을 구성하는 재료와 같을 뿐만 아니라 같은 원리를 따른다는 사실을 증명했다. 조직이나 세포에서 일어나는 생명의 여러 과정을 시험관에서 재현할 수 있었다. 전자에 관한 한 호흡은 부식과 다를 바 없다.

1930년대 투철한 케임브리지의 생화학자 빌 피리Bill Pirie는 '생명'이라는 용어에 어떤 과학적 의미도 없다는 의미심장한 말을 남겼다. 어릴 적부터 피리는 매우 회의적인 분위기에서 성장했으며 바꾼 이름에 걸맞게 논쟁을 즐겼다. 태어났을 때 그는 노먼Norman이었다. 고집이 너무 세서 가족들은 그의 이름을 '카이저 빌Kaiser Bill'로 불렀다. 하지만 마침내그는 빌로 살다 죽었다. 빌은 1920년대 케임브리지 생화학과 시절 초기에 자신의 기질이 '동성애적 논쟁'을 좋아한다는 사실을 발견하기도 했다. 1930년대 빌은 담배 모자이크 바이러스 결정을 얻은 초기 과학자 대열에 끼었다(어떤 면에서 노벨상을 받은 사람보다 나은 일을 했다). 그것은 기술적으로 놀라운 일이었을 뿐만 아니라 사고의 전환을 불러온 과학의 성취이기도 했다. 감염되기에 충분히 살아 있고 식물 세포를 파괴하고 죽일 수도 있지만 소금처럼 결정을 만들 수 있었던 바이러스는 충분히 불활성이기도 했던 것이다.

1930년대 말 홉킨스를 기념하여 쓴 논문에서 피리는 화학에서의 은유를 받아들여 단순히 바이러스가 '살아 있다'거나 아니면 '죽어 있다'고 말할 수 없다고 주장했다. 그는 '산'과 '알칼리'가 한때 반대의 의미를 지녔지만 근대 화학에서는 측정 가능한 단일 요소의 양적 차이를 나타낸다고 지적했다. 산은 수소 이온이 많고 알칼리는 적다는 뜻이다. 마찬가지로 명백히 살아 있거나 죽어 있다는 것이 우리가 아직 확실하게 이해하지 못하는 어떤 에너지학의 연속선상에서 다른 위치를 가리킬 수도 있는 것이다. 그렇다면 대부분의 생화학자들에게 흥미로운 주제는 이제 스펙트럼의 중간쯤에 자리하게 된다. '삶'과 '죽음'이라는 용어가 거의 사용되지 않는 영역이다. 삶과 죽음을 언급하면서 "시인과 도축업자 그리고 군인은 이 용어를 명확하지만 각기 다르게 사용한다."라고 피리는 말했다. 하지만 "조직 배양, 바이러스 연구 혹은 동력학이나 관련 효소 현상을 관찰할 때는 이런 말을 사용할 필요가 없다."라고 덧붙였다.

피리가 예리하게 지적했어도 여전히 일부 과학자들은 L-단어Life를 사용했다. 슈뢰딩거가 그랬듯 생명의 궁극적 의미를 파악하려는 시도도 막지 못했다. 사실 『생명이란 무엇인가?』에서 영감을 얻고 그러한 질문에 답을 구하려고 한 비생물학자들이 무척 많았다(피리는 슈뢰딩거의 책을 읽는 것이 시간 낭비라고 생각했다). 1947년 '생명의 물리적 기초'라는 강연에서 피리의 친구 J. D. 버널은 이 주제를 이렇게 정의했다. 생명은 '개방적 또는 연속적인 반응계인 현상의 한 구성원이며 환경에서 얻은 자유에너지를 바탕으로 내부 엔트로피를 줄이고 뒤이어 분해된 물질을 제거할 수 있는 것'이다. 슈뢰딩거와 볼츠만의 열역학적 시각과 비슷하다. 또한 지구 자체를 살아 있는 것[3]으로 보는 러블록의 시각과도 흡사하다. 모든 사람이 보편적으로 공유하는 것은 아니지만 이런 시각이 아직 인류가 정확하게 파악하지 못하는 완전한 생명 개념의 기초가 될 것이라고 보는 사람도 적지 않다.

버널이 지적했듯 이런 특성을 보이는 모든 현상이 상식적인 면에

3) 러블록과 버널은 1940년대 초반에 만났다. 러블록은 영국 버크벡 대학에서 시간제 학생이었고 버널은 교수였지만 한 번도 생명의 본성에 대해 서로 토론해 본 적은 없었다. 파티에 젊은 여성과 함께 온 러블록에게 버널은 침대에 함께 들기에 너무 어리다는 충고를 했다고 또렷이 기억했다. 버널은 도덕적으로 성적 개방에 반대했다.

서 살아 있지는 않다. 이를테면 불꽃과 허리케인은 고유한 구조를 유지하고 그 구성 원소가 살아 있는 방식으로 움직이지만 우리는 그것들이 살아 있다고 생각하지 않는다. 생명을 생명 비슷한 무언가와 구분하려면 물리학의 역사를 보충해야 한다고 버널은 말했다. 생명은 나머지 '열린 반응계'와 다르다. 왜냐하면 그들은 공통 조상을 공유하고 따라서 행동하는 방식이 보편적이기 때문이다. 불꽃과 허리케인은 벼락이나 열대 대기의 압력 차이 때문에 무생물계에서 성장한다. 생명은 언제나 생명에서 비롯된다. 비록 버널이 이런 표현을 쓰지는 않았지만 공통의 후손은 정보를 저장하고 재생하는 생명체의 능력에 의존하여 살아간다. 허리케인과 달리 생명 현상을 가능하게 한 것은 자연선택을 통해 진화한다. 생명은 기억하는 불꽃이다. 버널의 생각을 '생명에 아첨'한다고 피리는 비웃었지만 약간 자비를 베풀어 "슈뢰딩거만큼 나쁘지는[4] 않다."라고 말했다.

버널은 공통 후손 개념이 지구에서 진화한 생명체와 완전히 다른 곳에서 진화한 생명체를 비교하고자 할 때 중요한 의미를 띤다고 주장했다. 그런 뒤에야 모든 생명체가 공유하는 특성과, 지구에서는 보편적이지만 그렇지 않을지도 모를 외계 생명체의 특성을 구분할 수 있다. 버널과 피리 모두에서 흥미로운 지점이었던 생명 정의의 경계 또 그것이 일반적으로 가지는 혼란스러운 문제를 이해하기 위해서도 의미가 있다. 특별한 집단 내부에서 엔트로피를 감소하는 일이 시작된 역사적 출발선이 곧 생명의 기원이다.

4) 그들에게는 비슷한 점이 있다. 물리학과 역사에 대한 버널의 지식은 슈뢰딩거의 질서와 무질서 주제(열역학적 주제) 및 질서에서 질서가 나온다는 견해(유전적 주제)와 조응한다.

오늘날 지구 생명체가 만든 핵심적인 유기화합물은 언제나 세포 또는 화학자들이 생산한다. 가령 단백질을 만드는 아미노산은 환경에서 거저 주어지는 것이 아니다. 그러나 1920년대 두 사람의 마르크스주의 생화학자들은 지금과 현저히 달랐던 초기 지구 역사에서 생명체가 없었더라도 유기화합물이 주변 환경에 흔했다고 독립적으로 주장했다. 케임브리지 생화학과 홉킨스의 첫 제자인 J. B. S. 홀데인과 러시아 과학아카데미 생화학 연구소 알렉산더 이바노비치 오파린Aleksandr Ivanovich Oparin은 초기 태양계의 화학적 조건에서 유기화합물이 저절로 생겨났을 것이라고 주장했다. 오파린은 지구가 탄생했을 초기 대기에 수소, 메탄 및 암모니아와 같은 환원된 화합물로 가득 찼다고 말했다. 이런 물질이 만들어지는 환경에서 생명이 탄생했다는 것이다. 이는 어떤 목적을 가진 가설은 아니었다. 그것은 오늘날에도 그런 기체로 둘러싸인 목성의 천문학적 분광기 데이터를 기반으로 나온 가설이었다. 모든 행성이 같은 물질에서 같은 시기에 만들어진 것이라면 가장 크고 가장 차가운 행성이 한때 모든 행성이 공유했던 조건을 가장 많이 지니고 있으리라는 가정을 비논리적이라고 간주할 수는 없다. 초기 지구의 환원성 대기에서 반응이 시작되어 유기물질이 만들어지고 이것은 바다에 풍부히 녹아들었을 것이다. 홀데인의 유명한 말로 '일관성 있게 뜨겁고 묽은 수프' 안 비유기적 재료에서 만들어진 유기화합물이 이제 생화학자들에게 익숙한 반응을 개시하게 되었다는 것이다. 그 결과 '자기 영속적인 화학 반응'이 진행되었다. 홀데인에게 그것은 생명의 특징이었다.

오파린과 홀데인은 사람들에게 생명이란 우주의 불가피한 한 부분이며 화학의 보편적 법칙과 공통적인 조건의 결과라는 생각을 심어주었다. 내가 보기에 이런 믿음은 이 두 마르크스주의 유물론 과학의 가장 위대한 유산 중 하나다. 1950년대 들어서 멜빈 캘빈과 헤럴드 유리 등 다양한 화학자들은 실험실에서 여러 에너지원을 사용하여(캘빈은 동위원소 실험실의 입자 가속기를 썼다) 원시 수프 가설을 재현하려고 노력했고 어느 정도 성공을 거두었다. 1960년대 외계생물학이 생겨나자 이런 연구가 한데 통합되었다. 생명이 처음 탄생했던 조건을 이해하면 다른 곳에서 생명체를 찾는 기준이 생겨날 것이기에 초기 지구 수십억 년과 비슷한 환경을 연구하는 일은 곧 생명의 기원을 연구하는 일이다. 태양계에 생물이 없다는 바이킹 탐사선의 보고에 실망했지만 외계생물학자들의 주된 연구는 생명의 기원 분야로 수렴했다. 새로운 세계는 사라졌지만 외계생물학자들은 이 세계의 가장 오래된 부분으로 연구 방향을 틀었다.

지구 역사로 연구를 집중한 결과 우리는 언제 생명이 탄생했는지 비교적 정확히 알고 있다. 45억 년 지구 역사는 크게 네 개의 누대eon로 나뉜다. 우리는 현생누대Phanerozoic에 살고 있으며 5억 4,300만 년 전에 시작되었다. 현생누대는 매우 많은 복잡한 생명체가 바위에 화석을 남긴 시기를 일컫는다. 대부분 단세포 생명체 화석이 발견되는 25억 년 전부터 5억 4,300만 년 전까지를 원생누대Proterozoic라고 한다. 그 이전은 시생누대Archaean, 시생누대 이전은 명왕누대Hadean라고 한다.

우리는 시생누대 초기에도 생명의 흔적을 찾을 수 있다. 약 40억 년 전이다. 화석 덕분에 시기를 짐작하게 된 것은 아니다. 가장 오래된 암석에서 화석처럼 보이는 것을 확실하게 찾아내기란 여간 어렵지 않다. 있느냐 없느냐를 두고 격렬한 논쟁이 오가기도 한다. 그러나 미생물이 만든 고대 퇴적물 구조는 시생누대 암석에서도 발견된다. 그 매트 비슷한 미생물 화석층에는 지금도 일부 세균이 살고 있다. 동위원소 분석 결과도 이런 추정을 뒷받침한다.

지구 생물권이 하나의 통일체라며 러블록이 가이아 가설을 제기했을 때 그 기틀을 제공한 러시아의 베르나츠키Vernadsky는 1920년대에 유기체가 생물학적 과정에 편입되는 동위원소를 미묘하게 구별할 수 있다고 말했다. 곧 그의 말은 사실로 드러났다. 질소, 황 그리고 가장 중요한 탄소 동위원소를 두고 생명체들은 선호도가 다르다. 캘빈-벤슨 회로를 거쳐 탄수화물을 만들 때 세포는 탄소-13보다 탄소-12를 좋아한다. 회로의 주요 효소인 루비스코가 가벼운 분자를 선호하기 때문이다.

생태계 안에서 루비스코가 탄소를 고정할 때 유기물질은 동위원소 측면에서 동시에 퇴적된 석회암 같은 탄산염 암석에 있는 무기물 탄소보다 가볍다는 뜻이다. 석회암이 침전되어 조개나 산호의 껍질이 될 때도 이와 동일한 현상이 발견되는데, 탄산 이온은 이들 생명의 구조 속에 들어가지만 루비스코는 그것을 사용하지 못한다. 오늘날 퇴적물 안의 유기물질에 들어 있는 탄소-13의 양은 탄산염에 있는 함유량보다 3퍼센트 적게 포함되어 있다. 이는 바위에 새겨진 루비스코의 서명인 셈이다.

동위원소 비율을 왜곡할 수 있는 다른 요인이 있기 때문에 상황은 다소 복잡해진다. 일부 시료는 시생누대 중기까지 구분할 수 있는 표지자가 있지만 그 이전으로 가면 상황은 훨씬 불명확하다. 어떤 과정은 가볍거나 무거운 탄소 동위원소 분석을 통해 38억 년까지 분간할 수 있다. 그러나 루비스코가 관여하는 과정은 전혀 그렇지 않다.

그 이전에는 지구가 다른 소행성과 충돌했다. 약 39억 년 전 지구가 태양계를 만들고 남은 물질과 부딪힌 '후기 대충돌late heavy bombardment'이라는 대격변이 있었다. 이 충돌은 달 표면에 마마 자국을 남겼다. 오늘날 태양계에 남은 가장 큰 소행성만큼이나 큰 물체가 지구를 가격한 것이다. 충격이 너무 커서 이 충돌로 인해 지구 바다의 모든 물이 펄펄 끓었다. 지구 전체가 증기로 가득 찼고 바위도 뜨겁게 달구어졌다. 이런 환경에서는 어떤 생명체도 살아남을 수 없었고 지구 표면에서 지속적인 삶은 아예 불가능했다.

명왕누대 혹은 바로 직후에 생명체가 기원했는지 과학은 아직 일관성 있는 답변을 못하고 있다. 생명이 어떻게 출현했는지 설명하는 설득력이 있거나 심지어 그럴싸한 이론도 없다. 여전히 추론에 불과할 뿐 만족스러운 설명은 아니다.[5] 생명의 기원과 지구에 생명체가 최초로 등장한 사건이 같은 일인지 확실하게 말할 수 있는 상황도 아니다. 포자와 같은 형태로 우주에서 생명이 흘러왔다는 견해도 여전히 힘을 받고 있다.

그러나 이 책의 정신을 해치지 않는 선에서 생각해 볼 방식이 전혀 없지는 않다. 그것은 생명의 기원을 이해하고자 연구 초창기 실험을 주도했던 홀데인이나 오파린의 '원시 수프'와 다소 반대되는 생각이다. 초기 지구 대기가 가졌을 법한 상태에서 자발적으로 주성분인 아미노산이나 DNA 재료인 핵산이 농축될 수 있었을까? 이렇게 물질보다 에너지를 살피는 대체적인 방법 혹은 보완적인 방법이 등장했다. 생명은 이 세상의 물질에서 그냥 탄생한 것이 아니다. 초기 생명체의 대사 과정을 통해 에너지가 흐르고 그 에너지는 무생물 세계에서 이미 작동하고 있는 그런 흐름이어야 한다는 상상을 해 볼 수도 있는 것이다. 평형에 이르기까지 관철되는 냉혹한 열역학 법칙에 따르는 에너지 흐름 말이다.

5) 이 논쟁을 비판적 시각으로 그린 시몬 콘웨이 모리스Simon Conway Morris의 『생명의 해법』을 참고.

행성은 이런 대조적인 흐름을 늘 제공한다. 물리적인 힘은 커다란 행성을 화학적 구성이 각기 다른 층상으로 만든다. 작은 물질이 연속적으로 충돌하면서 행성이 형성될 때 남은 열과 방사성 물질이 붕괴하면서 생긴, 커다란 행성 내부에 갇힌 열이 조심스럽게 쌓인 층을 교란한다. 오늘날 상당량의 지구 내부 열은 지각판을 움직이는 대류 흐름을 통해 소실된다. 이 흐름은 뜨거운 암석을 깊은 곳에서 끌어와 표면에서 차가운 암석을 만드는 일을 반복한다. 화학적 층상 구조인 지구 내부를 휘저으며 여기저기로 흐르는 열의 흐름은 모든 지역에서 화학적으로 약한 고리를 뚫고 나온다. 오늘날 이런 장소는 다양한 형태의 생명체들이 먹고 사는 에너지 원천이다. 과거 이런 평형하지 않은 상태에 조응하는 비생물적 반응은 생명체가 탄생할 터전이 되었다.

최근까지 글래스고 대학에 재직했던 지구화학자 마이크 러셀Mike Russel은 끓는 물과 함께 지각 깊은 곳에서 나온 화학물질이 방울방울 차가운 바닷물과 섞이면서 매우 다른 화학적 조성을 만들어 내는, 바로 이 열수분출공에서 초기 생명체가 탄생했다는 모델을 제시했다. 뜨거운 물에서 환원된 황이 바닷물의 철과 반응하여 황화철 격자를 만든다. 여기까지는 단순하고 관측 가능한 지구화학이다. 러셀은 벌집 모양의 이 격자가 화학적 플라스크가 될 것이라고 주장했다. 황과 철 사이에 일어나는 산화환원 반응에서 에너지가 나오며 이를 이용하여 유기물질이 만들어지고 농축된다는 뜻이다. 이들 일부 격자 안에서 자기 촉매 반응이 일어나 점점 복잡해진다. 이런 반응은 더 많은 황화철을 만들고 더 빈번한 산화환원 반응을 촉진한다. 더욱더 산성인 바다에서 양성자가 따뜻한 알칼리 물속으로 자발적으로 흘러들어 온다. 아마도 이 과정에서 이산화탄소가 새로운 유기 분자로 고정되었을 것이다. DNA의 사촌인 핵산이 이제 무대에 등장했다. 이 화합물은 처음에는 촉매로,

나중에는 복제자로 정보를 저장하게 되었다. 지구화학이 생화학으로 변했다.

언제 물방울 속에 들어 있던 이 모든 것이 살아나게 되었을까? 어떤 부분이 살아 있게 되었을까? 유기물 분자 또는 그것이 들어 있던 황화철 금속 격자 안에서 무엇이 그들을 자라고 번식하게 할 수 있었을까? 아니면 유기물 분자와 격자가 함께 살아 있는 세포가 된 것일까? 어떤 방식으로도 진실을 설명할 수 없을지도 모른다. 하지만 시도마저 실패로 간주해서는 안 될 것이다. 그 자체로 막강한 힘을 발휘하는 생화학적 또는 생물학적 환원주의는 폭넓고 모호한 것보다 작고 세세한 부분에 집착함으로써 우리를 잘못된 길로 인도할 수 있을 수도 있다. 세부 사항에서 맞든 그렇지 않든 러셀의 주장은 생명이 개별적인 물질이 아니라 처음부터 포괄적이고 광범위하게 시작했다는 설득력 있는 시각을 제공한다. 생명은 물질의 특정한 배열이 마모되면서 생긴 것이 아니다. 그것은 지구의 에너지를 보다 밀집되고 생산성 높은 포장에 욱여넣어 응축한 실체다.

아니면 둘 다일 수 있다. 생화학적 측면에서 '생명'의 정의에 대해 버널의 친구 빌 피리는 부정적인 견해를 피력했지만 그렇다고 생명의 기원에 대한 흥미를 잃지는 않았다. 오히려 그 반대였다. 피리는 케임브리지 시절 홀데인과 함께 일하던 초기부터 죽을 때까지 60년 넘게 생명의 기원에 관심을 가졌다. 또 그것은 그의 다양한 관심사 가운데 하나였다. 피리는 경구 피임약에 관심을 가졌고 괴이쩍다 생각할 수도 있지만 궁극적으로는 잎에서 루비스코를 분리하여 개발도상국 사람들에게 단백질원으로 공급할 생각도 하고 있었다(두 가지 다 그가 사회주의적이고 국제주의적 이상을 가졌음을 뜻한다). 피리는 수십 년 반복된 생명의 기원에 관한 자신의 노력을 '극단적으로 반복적인' 작업이었다고 탄식하듯 말했다.

하지만 자신이 제기한 가설에 자부심을 가지고 있었다. 그는 복수성의 문제를 처음으로 지적한 사람이었다. 생명의 기원 그 자체가 아니라 기원의 '문제'에 관한 것이었다.

피리는 생명의 역사와 그의 조상을 모래시계처럼 생각했다. 위쪽에는 광범위한 원시 대사와 모든 종류의 무기 지구화학에 기초한 거의 다 된 생명체가 있다는 상상을 했다. 시간이 지남에 따라 모래시계는 점점 가늘어지고 모든 잠재적인 힘이 한데 섞여 복잡한 배열을 이루게 된다. 모래시계의 목에서 그들은 응축되고 거기서 모든 것을 갖춘 생명체가 탄생한다. 그 뒤 모래시계 아래쪽에서 생명체들은 다양한 생명수를 그리며 퍼져 나갔다. 화학적 다양성이 생물학적 다양성으로 모습이 바뀐 것이다. 요약하자면, 공통된 유전이 생명의 출발점이며 그 역사는 그것을 닮은 모든 열린 과정으로 분리되어 나갔다는 것이다. 공통의 기억을 가진 불꽃이 튀는 지점 말이다.

생명체 비슷한 지구화학적 과정이 응축되었다는 피리의 견해는 생명의 기원에 관한 생화학적 접근 방식과 대척점에 있는 것처럼 보였다. 그는 이 결과를 스푸트니크가 발사되기 몇 주 전 모스크바에서 개최된 생명의 기원에 대한 국제 심포지엄에서 발표했다. 그는 생명이 분산되고 다양한 기원을 가질 것이라고 끝을 맺었다. 일상의 감각을 깨우는 힘을 불러일으키는 루이스 맥니스Louis MacNeice의 시 '눈snow'을 소개하면서. 고집스럽지만 대담한 이 생화학자는 지구 자체의 깨어남을 포착할 수 있으리라 생각했으며, 나도 그랬으면 했다. 그리고 그렇지 못했다 해도 그들은 그것을 상상할 분위기만은 충분히 전했다.

> 세상은 우리가 상상하는 것보다 훨씬 뜻밖이다.
> 생각하는 것보다 사뭇 광적이다.

천의 얼굴을 가졌다니!

세상을 열다

동위원소 기록에 따르면 시생누대 초기에 지구상에 미생물이 있었으며 그들은 가볍거나 무거운 탄소를 구분할 생화학을 구비했음을 짐작할 수 있다. 확신할 수 없지만 나는 이 생명체가 오늘날의 생명체와 생화학적으로 거의 같다고 추측한다. 그들의 유전자는 아마도 DNA로 만들어졌고 그 생화학은 우리 세포가 여전히 사용하는 것과 같은 20개의 아미노산으로 구성된 단백질에 의해 작동된다. 여전히 익숙한 지질로 구성된 막 안팎의 화학 삼투 기울기를 따라 만들어진 ATP가 필요한 에너지를 공급한다. 그렇게 생각하는 이유는 오늘날 살아 있는 모든 생명체가 이러한 형질을 공유하기 때문이다.[6] 오늘날 지구상에서 발견되는 살아 있는 모든 것들은 세균, 고세균[7] 또는 진핵생물 세 종류의 왕국에 포함된다. 그것이 무엇이든 이 생명체들은 그들 공통 조상의 기본적인 생화학을 공유한다. 피리의 모래시계 목 주변에 있던 것들이다.

하지만 이 책에서 다루는 근본적인 점에서 초기의 생명체는 지금과 사뭇 달랐을 것이다. 당시 생명체가 국지적으로 발생했을 것이기 때

6) 일부 예외처럼 보이는 것들이 있다. 이를테면 추가적인 아미노산을 사용하거나 전적으로 발효에 의존해서 살아가는 탓에 화학 삼투 전위가 필요 없는 세균도 있다. 이는 기본 설계를 정교화한 것이지 대안은 아니다.

7) 초기 지구 역사의 한 시기인 시생누대Archaean에 생명의 3대 왕국 중 하나인 고세균archaea의 역할을 설명할 때는 불가피하게 혼란이 뒤따른다(저자). 영어권 사람들 이야기다(옮긴이).

문이다. 최초의 미생물은 평형 상태에서 벗어난 무기화합물에서 직접 에너지를 얻었을 것이다. 문자 그대로 그들은 그 에너지원과 직접 접촉하고 있었을 것이다.

그런 생명체는 오늘날에도 존재한다. 지각 깊숙한 곳에서 이산화탄소를 수소로 환원시켜 메탄을 만드는 세균 집단이 있다. 그 숫자는 매우 들쭉날쭉 하지만 지표면 세균 생물량 전체를 넘는다고 추측하는 과학자도 없지 않다. 하지만 그것이 사실이라도 행성의 생체경 시각에서 그들의 생물량은 그리 큰 의미를 갖지 않는다. 지구화학 불균형에 따라 가동되는 그들의 에너지 공급이 미미하기 때문이다. 지구 전체의 대사 활성에서도 미미한 부분을 차지할 뿐이다.

내부의 열이 활활 타오르는 젊은 지구에서 그러한 생명이 탄생할 가능성은 오늘날보다 훨씬 컸을 것이다. 그러나 여전히 그 가능성은 제한적이고 일시적이었을 것이다. 배터리가 수명을 다하듯 환경에서 산화환원 기울기는 쉽게 마모된다. 이런 화학적 기울기를 이용하는 생명체는 항상 이런 과정을 가속하는 경향이 있기 때문이다.

아마도 화성에서 그러한 예를 찾아볼 수 있을 것이다. 1960년대 러블록이 사용했던 것보다 훨씬 감도가 좋은 기기를 사용한 2004년 측정 결과, 과학자들은 대부분이 완전히 산화된 화성의 대기에서 메탄의 흔적을 찾아냈다. 이는 화성의 대기에 메탄 공급원이 반드시 있어야 함을 뜻한다. 산화를 통해 화성 대기에서 메탄이 끊임없이 파괴될 것이기 때문이다(대기에 산소가 거의 없다고 해서 화성에서 산화가 일어나지 않음을 의미하지는 않는다). 여러 가능한 원천이 있지만 외계생물학적 관점에서 볼 때 그럴듯한 존재는 차가운 표면 아래 사는 미생물이다. 차가운 화성 내부에서 공급되는 소량의 수소를 우적우적 씹는 세균이 있을 수 있다.

1960년대 러블록이 새롭게 지구를 바라보게 되었을 때, 그가 일종의 자기조절계라고 규정한 가이아가 복잡하고 확대된 지구 생물권이 없이는 가능하지 않고 이른바 가이아의 조절 능력 없이 벌어지는 환경의 극적인 요동을 제어할 수 없다면 이 지구에 아예 생명이 살 수 없다는 사실을 깨달았다. 따라서 그는 생명은 만개하거나 아니면 없어야all-or-nothing 함을 알게 되었다. 행성에는 풍부한 생명을 보유하거나 아니면 생명이 없어 스스로를 조절할 수 없거나 둘 중 하나다. 건조하고 차갑고 먼지투성이인 화성에 생명체가 있다면, 만개하거나 아니면 없다는 명제는 틀린 것이 될 것이다.

그러나 활동적인 생명체가 있는 행성과 생명이 단지 수동적인 승객에 불과한 행성들 또는 살아 있는 행성이라 불릴 만한 아니면 생명이 거의 없는 행성 사이에도 가이아식 구분이 가능할 여지가 있다. 이런 입장에서 세포와 물질, 즉 생물학적 생명체는 복잡하고 자기조절 특성을 가진 풍부한 생물권 행성의 생명체를 위해 필요하지만 충분조건은 아니다. 그리고 한쪽에서 다른 쪽으로 넘어가는 데 필요한 여분의 요소는 광합성에서 나온다.

광합성의 힘은 어떤 온천이나 깊은 지각 속의 지구화학보다 태양이 훨씬 더 큰 에너지원이라는 사실에 국한되지 않는다. 그 힘은 지구화학적 기울기를 사용하는 생명체들이 평형을 향해 달려가는 대신 광합성이 그것을 거스른다는 데 있다. 광합성은 이전에 이미 화학적으로 평형 상태인 장소에서 새로운 산화환원 기울기를 만들어 낸다. 따라서 생명체를 지구의 화학으로부터 해방시킨다. 예를 들어 호흡이 황산염을 아황산염으로 환원시킨다면 광합성은 그 과정을 역전할 수 있다. 광합성은 상호 작용하는 것들로 지구 생물권을 가득 채울 수 있으며 생명체에 새로운 기회를 제공했다. 반면 그 과정에서 현재 균형이 깨진 세계를 조절하는 자신의 고유한 역할을 차지하게 된 것이다.

바로 이 점 때문에 1970년대 짐 러블록의 유일한 대학원생이었으며 현재 이스트 앵글리아 대학의 교수인 앤드루 왓슨Andrew Watson은 생명의 출현이 아니라 광합성의 등장이 가이아 탄생의 표식이라고 주장한다. 광합성으로의 전환을 결코 겪지 못한 행성에서, 또는 우연히 광합성이 시작되었듯이 광합성이 종말을 맞는다면, 생명은 환경을 추동할 힘을 아예 갖추지 못했다고 할 수 있다. 내 직감에 화성이 그랬을 것이다.

지난 10년 동안 초기 지구에서 진화하고 번성한 생물권에게 광합성이 꼭 필요했다는 이러저러한 단서들이 맞추어졌다. 새로운 화석의 발견을 통해서는 아니었다. 시생누대의 잠재적 광합성 생명체 화석 또는 '가짜 화석pseudofossil'은 최근의 논쟁적 주제였고, 오랜 논쟁을 거쳤어도 광합성의 진화에 관한 흥미 있는 징후를 찾아내지는 못했다. 대신 오늘날 주변에서 볼 수 있는 식물 혹은 세균의 DNA가 도움이 되었다. 실제적인 경험을 통해 우리는 단단한 암석, 높은 산 및 광활한 대륙이 안정적이고 오래 지속될 수 있다고 생각한다. 하지만 생명체의 작은 분자는 일시적이다. 생물학은 짧고brevis 지질학은 길다longa. 사실 행성 전체의 역사에서는 그 반대가 옳다. 산맥은 풍화되어 해저에 퇴적된다. 대륙은 서로 멀어지고 한편으로 가까워진다. 바다는 열리고 닫힌다. 그 결과 오늘날 분석해 볼만한 유용한 고대의 지각은 거의 남아 있지 않다. 예컨대 명왕누대에 형성된 암석은 한 개, 캐나다의 아카스타 편마암 밖에 남아 있지 않다. 그 외 지역에서 명왕누대의 암석 조각은 더 젊은 암석에 통합된 것에 불과하다. 그나마 가장 커 봐야 자갈 크기 정도다.

그러나 산산조각이 난 오랜 시기의 분자들은 오늘날에도 DNA 서열의 형태로 우리 주변에 존재한다. 우리 유전자 대부분은 수십억 년

된 것들이다. 어떤 것은 최후의 공통 조상에까지 소급된다. 엔트로피의 바람과 파도는 산맥을 마모시켰지만 생명체는 우주적 시간을 거치면서도 내적 질서를 유지했다.

분자의 서열뿐만 아니라 관계 양상도 파악해야 한다. 단백질처럼 유전자도 각기 다른 환경에서 다른 기능을 하도록 적응하면서 다양해졌다. 그러나 그 과정에서도 유전자들은 일정한 유사성을 유지한다. 서열을 살펴보면 두 개 유전자가 어떤 관련이 있는지, 최소한 한 유전자가 다른 유전자에서 유래했는지 알 수 있다. 이러한 유사성 비교를 통해 우리는 광합성의 발달에 관해 놀랄 만한 양의 정보를 추론할 수 있었다.

지금 우리는 광합성 과정이 세 왕국 중 어디에서 등장했는지 확실하게 말할 수 있다. 진핵세포 생명체에서 광합성은 오직 세균에서 갈취한 엽록체의 도움을 통해서만 가능하다. 현미경을 통해서는 세균과 구분하기 어렵지만 생화학 실험실에서나 유전자 서열 기계에서라면 현저히 다른 생명체로 인식되는 고세균은 광합성과는 전혀 다른 방식으로 에너지를 얻는다. 이들은 지각 깊은 곳에서 메탄을 만들고 뜨거운 온천에서 유황을 환원시키기도 한다. 일부 고세균은 햇빛을 이용해서 에너지를 얻는다. 하지만 그들은 햇빛을 이용해 탄소를 고정하는 어떤 방법도 가지고 있지 않아서 진정한 광합성 생명체로 거듭나지 못했다. 진정한 광합성 현상은 오직 세균에서만 나타났다.

이는 그리 놀랄 만한 일이 아니다. 세균은 살아가기 위해 필요한 에너지를 찾는 데 둘도 없는 능력을 갖고 있다. 서로 다른 산화환원 전위를 가진 물질이 모여 있는 곳이라면 한 곳에서 다른 곳으로 전자를 흘려보내 소량의 에너지를 뽑아내는 세균은 지구 어디에서든지 찾아볼 수 있다. 세균의 엄청난 생화학적 능력은 지구상의 나머지 생명체가 살아가는 데 필수적이다. 거의 모든 것을 쉼 없이 분해하고 재조립하는 세균 덕분에 황과 질소가 순환된다. 또 우리가 엽록체의 기원을 세균으로 인정한다면 탄소 순환도 세균 소관이다. 세균의 대사 과정은 전자를 끊임없이 움직이면서 지구를 살 만한 곳으로 만드는 일종의 배경음악이다.

DNA 염기 서열을 분석한 결과 광합성의 첫 번째 광계는 호흡에 사용되는 세균의 전자전달 사슬 단백질 중 하나를 차용한 것이었다. 클레이튼과 페헤르가 연구한, 홍색황세균의 반응센터에서 함께 작동하는 L과 M 단백질 아미노산 서열은 시토크롬 서열과 특별히 비슷하고 어느 정도 모양도 비슷하다. 시토크롬의 고리 일부는 철을 포함하는 헴 분자를 고정하고 있으며 이는 반응센터 안에서 엽록체 분자를 고정하는 위치와 같다.

그러한 시토크롬을 암호화하는 유전자 하나가 중복되었고 문제의 세균이 두 벌의 복제본을 가졌다고 상상해 보자. 이런 복제는 진화의 강력한 재료가 된다. 이를테면 두 가지 일을 잘하는 단백질이 한 가지 일을 훌륭하게 수행하는 두 가지로 진화할 수 있다. 이렇게 유전자 중복은 진화를 위한 여지를 마련한다. 한 유전자가 본디 기능을 지속하는 동안 다른 하나는 새로운 기능을 타진해 볼 수 있는 것이다. 공간을 열어 하나의 유전자 사본을 실험하고 다른 하나는 본디 기능을 유지한다. 시토크롬의 경우 이 색소 단백질 안의 헴 분자를 엽록소로 치환한 뒤 각 단백질이 서로 짝이 되어 반응센터의 핵심 역할을 하게 되었다.

이러한 변화가 가능하려면 진화의 각 단계마다 무언가 이점이 있어야 했을 것이다. 진화는 언젠가 반응센터가 될 수 있지만 단지 자리만 차지할 뿐인 반-조립 분자를 용납하지 않는다. 그렇다면 색소 단백질이 시토크롬 중간체로 변하면서 세포는 무슨 이득을 얻었을까? 그럴싸한 하나의 가능성은 이 중간체 단백질이 자외선을 흡수했다는 것이다. 높은 에너지를 가진 자외선 광자는 물 분자를 분해하여 산소 하나와 수소 하나를 가진 '수산화 라디칼'을 만든다. 이러한 라디칼은 화학적으로 매우 활동적이며 DNA에 손상을 입힌다. 행성의 표면이나 얕은 물에 사는 생명체 대부분은 라디칼의 피해를 줄이기 위해 자외선에 대한 방어 기제를 진화시켰다. 아직 오존층이 형성되지 않았기 때문에 초기 지구에서 그런 방어 체계는 필수 불가결한 것이었다. 오존은 산소의 한 형태이지만 산소는 광합성이 등장한 후, 특히 제2 광계가 진화한 후에야 대기 중에 다량으로 유입될 수 있었다.

따라서 초기 세균에서 자외선을 흡수하는 이 색소 단백질 덩어리는 열로 다시 방출하는 것 이외에 흡수한 에너지로는 아무 일을 하지 않았더라도 유용한 자산이었을 것이다. 차라리 따뜻한 단백질이 수산기가 많은 것보다 훨씬 낫다. 어쩌다 산화된 색소가 에너지를 받으면 원래 전자전달계에 자리하던 시토크롬이 느슨한 전자를 사용할 수도 있었을 것이다. 더 많은 전자를 생산하는 돌연변이 단백질이 선호된다는 뜻이다. 또 단백질 모양도 바뀌어 전자를 움직이는 데 적합해졌을 것이다. 이웃하는 분자가 서로 어울리면서 오늘날 보듯 '특수한 쌍'으로 묶인 엽록소의 핵심이 되었다.

이것은 진화생물학자들이 '그래서 그렇게 된' 이야기라고 말하는 것이다. 꼭 그런 식으로 일이 진행될 필요가 없다는 뜻이다. 하지만 대체로 그런 일이 일어났으리라는 설득력 있는 방식이다. 물론 다른 가능성도 있다. 런던 대학 부속 로열 홀로웨이Royal Holloway 대학의 에우안 니스벳Euan Nisbet은 시생누대에 관심이 지대한 짐바브웨 출신의 지질학자다. 초기 생명체들처럼 적외선 복사를 감지할 수 있는 열수분출공 근처 미생물들이 증거가 될 것이라면서 그는 반응센터의 기원 분자가 자외선을 막는 것이 아니라 센서라고 주장했다. 아마 반응센터로 진화한 색소 단백질 쌍이 따뜻한 곳으로 움직여 갈 세균의 방향을 지시했을 것이라는 뜻이다. 일부 세균이 사용하는 엽록소는 감응기처럼 적외선 복사를 흡수한다.

그 이유가 무엇이든 이 시토크롬-광계 전이는 아마도 한 번 일어났을 것이다. 세균계에서는 두 종류의 광계가 발견된다. 홍색황세균과 일부 친척 세균에서 발견되는 것은 제2 광계와 밀접한 관련이 있으며, 녹색황세균에서 발견되는 것은 제1 광계와 연관이 깊다. 이들 두 유전자의 서열은 무척 달라 보인다. 하지만 단백질의 전반적인 기하학적 배열과 일부 세부 사항이 놀랄 만큼 일치하기 때문에 그들이 공통 조상을 가졌다는 점을 의심하기 어렵다. 원래 시토크롬은 초기 반응센터로 진화했다. 그중 일부는 제1 광계로, 나머지는 제2 광계로 귀결되었다.

모든 광합성 세균은 반응센터를 가지지만 대부분 제1 광계 또는 제2 광계 한 가지 형태만을 가진다. 오직 남세균만이 두 가지를 다 가지고 Z-체계를 이룬다. 이런 일은 두 가지 방법으로 이루어질 수 있다. 이번에는 전체 광계에 영향을 끼치는 더 많은 유전자 중복이 있었을 수도 있었지만 어쨌든 두 광계를 가진 세균이 다양하게 혹은 보완적인 방식으로 진화해 나갈 수 있었을 것이다. 특별한 생태 지위에 적응하고자 이들 세균의 일부 자손은 그들이 직면한 산화환원의 필요에 따라 두 광계 중 하나를 잃었을 가능성이 있다. 반면 두 개를 다 지니던 세균은 남세균으로 진화했다. 아니면 원래 광계를 가지고 있던 세균의 후손이 두 계통으로 갈려 나가 하나는 제1 광계와 비슷한 체계를, 다른 하나는 제2 광계와 비슷한 체계를 가진 생명체로 진화할 수도 있다. 나중에 어떤 종류의 합병 혹은 재조합이 일어나 두 광계가 합쳐졌을 수도 있다. 세균은 주변에 유전자를 버리거나 혹은 쉽게 얻을 수 있다. 광계를 만드는 데 필요한 모든 유전자를 다른 세균으로부터 얻을 수도 있다. 자연에서 이런 일은 결코 불가능하지 않다. 나는 런던 대학 퀸 메리의 존 알렌John Allen이 제시한, 복제가 먼저 일어나고 나중에 분기해 나갔다는 설명이 그 반대의 경로보다 더 마음에 든다. 그러나 거시적인 면에서 보면 차이는 없다. 향후 10년에 걸쳐 방대한 양의 유전체를 분석하면 곧 우리는 답을 얻을 수 있을 것이다.

남세균 집단 내부에서 광합성은 커다란 도약을 이루었고 최종적으로 물을 전자 공급원으로 사용하는 방식을 터득했다. 오늘날 광합성 세균이 사용하는 철이나 황화물과 같은 전자 공여자 공급원이 줄어드는 잠재적인 한계를 사뿐히 뛰어넘은 것이다. 최소한 지구에서 세포막의 모양을 빚고 단백질이 활동하는 장소인 물은 생명체에게 협상 거리가 아니다. 이렇듯 생명체는 물 근처 혹은 물에서만 탄생할 수 있었다. 물이 전자의 공급원이 되자, 빛이 비추고 축축하기만 하다면, 거의 대부분의 장소에서 광합성이 가능해졌다. 물을 사용해서 산소를 만드는 광합성은 남세균, 나중에는 식물의 광합성으로 거주 가능한 행성의 모든 근거지[8]를 열어 주었다.

8) 바다 깊은 곳, 특히 열수분출공 주변의 활기찬 지역은 예외다. 하지만 심지어 그곳에서도 광합성이 일어난다. 빛이 비치는 생태계에서 심해까지 온 생명체들은 다양한 산화제(산소, 황산염, 질산염)를 이용하여 광합성을 한다. 해가 지면 열수분출공은 이들 표면 생명체를 지원하지 못한다. 이들 집단은 위축되고 오직 심해 생물권을 지탱하는 지구화학적 산화환원 기울기가 제공하는 약한 에너지원 말고는 이용할 것이 없다. 하지만 열수분출공 자체의 뜨거운 용암에서 나오는 빛을 이용하기도 한다. 최근 결코 햇빛이 들지 않는 심해에서 뜨거운 빛을 사용하는 광합성 세균이 발견되었다. 흥미롭기는 하지만 에너지의 흐름이 매우 적기 때문에 지구화학적으로 큰 의미를 띠지는 않는다. 열수분출공에서 광합성이 시작되었다는 에우안 니스벳의 가설과도 관련이 없다. 왜냐하면 이 세균은 원시적 조상이 아니라 현대적인 형태를 띠기 때문이다.

구조가 비슷하지만 단순한 오늘날 홍색황세균의 반응센터에서 제2 광계가 어떻게 진화했는지 추측이 난무하다. 한 가지 가능성은 시생누대의 과도한 자외선으로부터 세균을 보호하기 위한 시나리오와 연관된다. 자외선은 수증기를 과산화수소로 만들어 물에 녹여 버린다. 따라서 시생누대의 비에는 과산화수소가 섞여 있었을 것이다. 머리카락을 표백할 정도로 충분하지는 않았겠지만 민물 호수나 연못에 사는 세균에게는 문제가 심각했을 것이다. 과산화물은 위험하기 짝이 없는 수산기 라디칼을 생산하기 때문이다.

이 문제에 직면한 세균은 대처 방안을 진화시켰다. 한 가지 방법은 과산화물을 깨뜨려 물과 산소 분자를 만드는 카탈라아제catalase라는 효소를 이용하는 것이었다. 수산기 라디칼을 만들기 전에 그것을 분해하는 것이다. 세균의 반응센터가 어떤 식이든 카탈라아제의 작업을 자신의 목적에 맞게 전용했으리라는 점은 상상하기 어렵지 않다. 세균이 이 체계를 약간 바꿔 과산화물을 분자 산소와 수소 이온 및 전자의 흐름으로 바꾸고 반응센터가 이들을 광합성에 이용하는 것 말이다.

과산화수소는 쉽게 깨지고 그래서 더 위험하지만, 이것은 물을 쪼개는 것보다 쉽기 때문에 제2 광계의 커다란 힘이 아니라 세균의 광합성 센터에서 생성된 약한 산화력만으로도 충분하다. 그러나 과산화수소나 물을 깨는 일은 화학적으로 매우 유사해서 두 번째 기제가 첫 번째 기제로부터 진화했을 가능성을 높인다. 제2 광계의 일부가 물 분자를 깨듯 카탈라아제는 망간 원자가 조심스럽게 배열된 장치를 이용하여 과산화수소를 물어뜯는다.

일하다 보면 효소도 잘못된 분자를 건드릴 때가 있다. 분자가 작을수록 더 그렇다. 오늘날에 비해 초기 효소를 가공할 때 그런 실수가 더 잦았을 것이다. 카탈라아제는 과산화수소가 아니라 걸핏하면 물을 집어 들었을 수도 있다. 반응센터의 산화력이 진화 과정에서 커졌다면(예를 들어 특별한 쌍에서 엽록소가 조금 더 멀어지면 그러듯이) 가끔은 과산화수소가 아니라 물도 처리했을 것이다. 이런 일이 빈번해질수록 세균은 익숙하게 물을 깼을 것이며 점차 카탈라아제의 능력도 일종의 자연선택의 대상이 되었을 것이다.

다시 말하지만 이것은 그래서 이렇게 되었다는 투의 이야기다. 따라서 분야에 따라 과학자들은 각기 다른 각본을 선호한다. 기초생물학에서 금속을 함유하는 복합체들의 기원이 그러하듯 망간 복합체가 어떻게 제2 광계에 편입되었는지는 커다란 수수께끼다. 피리의 모래시계 위쪽에서 활동하던 원래 지구화학적 전구체 후손이 자신의 길을 찾았을 수도 있다. 그러나 전체적인 그림을 그릴 때 자세한 내용 하나하나를 다 따질 필요는 없다. 홍색황세균 반응센터와 단백질 구조 및 DNA 서열과 제2 광계의 그것 사이에서 논란의 여지가 없는 유사성을 관측할 수 있기 때문이다. 제2 광계는 시토크롬과 조상을 공유하는 초기 광계에서 진화했다. 지구가 우주를 향해 열려 있듯 지구의 생명체는 진정한 행성 현상으로 자리 잡았다.

지구를 산화하다

지구 생물권에서 차지하는 엄청난 중요성을 감안했을 때, 인류가 멀리 떨어진 곳에서 생체경을 통해 지구 역사를 연구하는 외계인이라면 제2 광계의 발명이 쉽게 눈에 띄었을 것이다. 제2 광계는 산소를 생산한다. 이 산소는 대기의 화학적 평형을 멀리 밀어내고 말았다. 그렇게 산소는 지구를 상징하는 기체가 되었다.

우리는 최초로 산소를 생산한 남세균이 즉각적인 성공을 거두었고 지구 광합성 생물체를 석권했으리라 합리적으로 추론할 수 있다. 그들이 성공할 수 있었던 것은 부분적으로 전자 공여자가 제한 없이 공급될 수 있었고 또 Z-체계라 불리는 두 광계를 합쳐 세균과 비교할 수 없을 정도로 많은 에너지를 추출할 수 있었기 때문이다. 그러나 남세균의 등장이 즉각적으로 대기의 산소 증가로 이어지지는 않았다. 사실은 거리가 멀었다. 최소한 3억 년 동안 아니 10억 년도 넘게 남세균이 지구 생태계를 주도했지만 대기에는 직접적인 영향을 끼치지 못했다. 최초의 남세균이 언제 출현했는지 알고 또 대기 중에 산소가 보편적인 기체가 되었는지 알기 때문에 우리는 이렇게 말할 수 있다.

대산소 사건The Great Oxidation Event인 대기 중에 산소가 출현한 때는 약 24억 년 전, 시생누대가 끝나고 얼마 지나지 않아서다. 이 사실을 뒷받침하는 증거는 많다. 대부분 화학이나 토양, 퇴적 광물학 증거들이다. 한 가지 예를 들면 영국 데본기의 붉은 사암이나 애리조나 오색 사막의 녹슬지 않은 시생누대 암석에서 그 흔적이 발견된다. 퇴적층의 부식은 산소 의존적이다.

대산소 사건의 시기를 추정하는 특별한 방법은 1990년대 후반에 개발되었다. 황 화학의 미묘한 변화를 이용하는 방식이다. 황은 네 가지 안정한 동위원소로 구성되어 있다. 이들 동위원소의 다른 핵 구성은 그들 전자의 움직임에 미묘하게 반영된다. 대기 중의 황 화합물과 자외선이 반응할 때 이런 사소한 차이에 따라 특정 동위원소가 풍부하게 형성되기도 한다.

대기 중에 산소가 있으면 작지만 일관된 동위원소 효과를 나타내는 화합물은 지속될 수 없다. 황은 황산염 또는 이산화황으로 산화되어 미묘한 동위원소 효과의 증거가 사라진다. 대기 중의 산소가 없다면 모든 종류의 황 화합물이 암석으로 들어가고 동위원소 표지가 보존된다. 산소가 없는 대기의 특징적인 황 동위원소가 분포된 상황을 시생누대 암석에서 광범위하게 찾아볼 수 있다.

펜실베이니아 주립대학교 짐 캐스팅Jim Kasting은 다양한 대기 조성의 함의를 밝힐 수 있도록 이 모델을 실제 혹은 가상의 초기 지구 혹은 다른 행성에 적용하고 관측 전에 황 동위원소의 효과를 예측하여 인상적인 경력을 쌓았다. 그는 팔 흔들기조차도 간단한 수학적 모델을 써서 과학적으로 분석할 수 있다고 주장한다. 그리고 캐스팅 모델에 따르면 시생누대 대기의 황 동위원소 분석 데이터는 대산소 사건 이전 지구 대기 산소의 농도가 20퍼센트인 오늘날 산소 수준의 약 10만 분의 1에 불과하다고 예측했다.

시생누대 암석에서는 아직 크기와 모양에 근거하여 남세균으로 분류할 수 있는 화석을 발견할 수 없다. 하지만 멜빈 캘빈은 한때 생명체가 거기 있었다는 것을 말해 줄 유기화합물 분자가 보존되는, 다시 말해 암석에 기록될 수 있는 생명의 속성을 분석하는 '화석-화학'이라는 분야를 개척하는 데 선구적 역할을 했다. 두 누대 사이 뜨거운 지구 내부는 유기화합물을 다른 화합물로 '익혀' 버렸다. 석유가 생긴 방식이다. 그러나 만일 바위가 깊이 묻히지 않았다면 원래 성분을 확인할 수 있을 정도로 열 효과가 적었을 것이다. 약한 열에 노출된 시생누대 유기화합물은 대산소 사건 이전에 남세균이 존재했다는 사실을 확실하게 보여 준다.

1999년 호주 지질 조사국과 시드니 대학 과학자팀이 호주 북서부 위트눔Wittenoom 근처 700미터 깊이의 시추공으로부터 약 27억 년 된 셰일shale 표본에서 유기 분자를 추출하는 데 성공했다. 그들은 두 가지 흥미로운 유기물인 2-알파 메틸호판methylhopanes과 긴 사슬 스테란steranes의 흔적을 발견했다. 메틸호판은 남세균 세포막에서만 발견되는 지질이 가열된 형태다. 스테란은 스테롤이 변형된 형태다. 오늘날 스테란은 주변 환경의 산소를 이용하여 생화학적 방법으로 만들어진다. 두 가지 화석 화합물이 동시에 발견되면서 산소를 생산하는 남세균과 주변 산소를 이용하여 자신의 생화학적 목표를 달성하는 생명체의 존재에 대한 강한 확신이 들기도 했다. 황 동위원소 분석에 의해 산소가 대기 중에 퍼지기 약 3억 년 전에 이 셰일이 퇴적되었다는 사실이 알려졌다. 10억 년을 다루는 마당에 몇백만 년은 사실 별것 아닌 것 같다. 그러나 3억 년은 긴 시간이다. 최후의 공룡이 지구를 거닐던 날로부터 지금까지의 시간보다 네 배나 더 길다. 지각판 운동이 모든 지구 표면의 대륙을 밀어 한데 붙였다 떨어뜨리기에 충분한 시간이다. 태양이 20만 광년의 은하 궤도를 순환하기에 충분하고 물고기가 울버린wolverine으로 진화할 수 있는 시간이다.

그 셰일은 남세균의 증거를 간직하고 있는 가장 오래된 화학 화석이다. 그러나 화석화된 남세균이 최초의 남세균이라고 단정할 근거는 없다. 사실 그럴 가능성은 거의 없다. 그러나 더 이른 시기의 화학 화석이 나타나지 않았다면 무슨 증거가 더 필요할까?

에우안 니스벳에 따르면 그 대답은 다시 탄소 동위원소에 있다. 이미 살펴보았듯 동시에 사용된 유기탄소보다 암석 안에 탄소-13이 3퍼센트 더 많다는 루비스코-탄산염의 독특한 표지가 시생누대 먼 과거에도 발견된다. 하지만 그것 자체로 꼭 남세균이 있었다고 단정할 수는 없다. 산소를 만들지 않는 일부 광합성 세균도 루비스코를 사용하기 때문이다. 루비스코 표지에 혼동을 줄 수 있게 가벼운 동위원소를 써서 다른 방식으로 유기탄소를 생성하는 방식을 상상해 볼 수도 있을 것이다. 니스벳이 보기에 핵심은 두 암석 사이에 탄소-13 함량의 차이가 아니라 바로 함량 그 자체였다. 특정 시기 탄산염 안 탄소-13의 절대량은 특정한 전제 조건에서 당시 유기탄소가 얼마나 많이 저장되었는지 판단할 수 있는 단서가 된다. 그것은 또한 지구 생물권의 활성이 얼마나 진행되었는지 추정할 근거가 될 수 있다.

2005년 초반 런던 서부에 있는 자신의 사무실에서 동위원소의 미묘함을 설명하던 에우안 니스벳은 키프로스의 조난구조relief 지도 아래를 뒤적이며 내게 작은 벽돌 모양의 거친 돌멩이를 넘겼다. 캐나다에서 수집한 회색 석회암인데 보통 벽돌보다 무거웠다. 산호초처럼 켜켜이 쌓인 층이 무언가 단순한 생명체가 섞여 있는 것처럼 보였다. 에우안은 돌멩이 안의 탄산염 균형이 오늘날 가벼운 탄소가 유기 퇴적층에 묻힐 때와 얼추 비슷하다고 말했다. 쉽지는 않지만 논쟁해 볼 만하다는 전제하에 그것은 활발한 지구 생물권이 있었음을 나타내는 증표가 된다. 니스벳은 오늘날의 수준과 비슷한 활동성을 가진 지구 생물권은 물을 깨고 산소를 만드는 광합성이 없다면 불가능한 일이라고 주장했다.

니스벳은 그와 동료들이 저 돌멩이와 산호초를 분석했고 잠정적으로 약 30억 년 전의 것으로 추정했다고 말했다.

이 지점에서 나는 대화의 맥락을 슬쩍 놓쳤다. 이 형언할 수 없는 시대는 추상적인 개념이 아니었다. 그것은 내 손에 있고 형태도 일정하고 만지면 차갑다. 3차원 형상에다 모든 감각을 동원해도 그것은 그냥 평범했다. 니스벳 사무실을 거의 절반이나 메운 서류 뭉치 속을 떠도는 이론이 너무 멀리 못 가게 눌러 주는 예외적인 책 누르개 기능을 할지도 모르겠다. 4차원의 시각에서 그 돌멩이가 지구 나이 3분의 2만큼 뒤로 뻗어 있고 빅뱅에서 시작된 우주 나이의 4분의 1이나 된다는 사실이 아니었다면 그리 멍하지는 않았을 터이다. 밤하늘에 보이는 대부분의 별도 그 돌멩이보다 더 젊다. 나는 만족스러운 무게를 필요한 시간보다 길게 손바닥에 두었고 내 마음속 돌멩이 나이는 길게 이어졌다.

30억 년 된 이 석회암은 같은 종류의 것들 중 가장 오래된 것도 아니다. 이와 비슷한 동위원소 표지를 갖지만 그보다 몇억 년 앞선 암석도 있다. 생산성이 좋고 제2 광계 의존적인 지구 생물권이 시생누대 중반 혹은 초반에 있었다는 가설은 그리 놀랍지 않다. 예를 들어 마이크러셀은 반응센터를 진화시킨 세균이 등장하자마자 물을 깨는 광합성이 진화하지 못할 이유를 찾지 못하겠다고 말한다. 언젠가 그는 세균의 특정 생화학이 진화하는 데 2,000만 년이 더 걸린다고 생각하는 사람은 무늬만 창조론자일 것이라고 농담처럼 말했다. 그러나 여전히 그 문제는 수수께끼다. 산소 발생 생물권이 등장하고 지구 대기권에 산소가 나타나기까지 어떻게 10억 년이 걸릴 수 있었을까?

한 가지 대답은 남세균의 산소 생성 속도가 아니라 합성 속도에서 호흡 속도를 뺀, 전체 생물권의 순 생산 속도를 보아야 한다는 점이다. 시생누대 생물권에서 오늘날과 같은 속도로 산소를 생산했다 해도 당시 환경이 산소를 즉시 사용했다면 대기 중에 축적되는 산소의 양은 무척 적었을 것이다. 요즘이라면 식물이 만든 것 중 동물이 호흡하는 양을 빼고 난 나머지 산소가 대기 중으로 갈 것이다. 우리는 우리가 호흡하는 산소가 아마존이나 극지방 어디에서든지 오고 마찬가지로 내뱉는 이산화탄소도 지구 전역으로 흩어질 것이라고 생각하는 경향이 있고 또 그래야 할 것이다. 1.5미터나 되는 높이의 폐를 통해 공기를 호흡하는 대형 동물의 입장에 선 데다 광합성 생명체가 우리 머리 위에 있기 때문에 그런 생각을 쉽게 하는 것이다. 시생누대 세균은 땅바닥 근처, 평평한 세계에서 살았고 탄소 순환은 매우 조밀하며 국지적 현상이었다.

과거 세계의 지배적인 생태계와 비슷한 오늘날 염호鹽湖 혹은 석호에서 발견되는 미생물 매트 위의 생명체는 그들의 산화환원 선호도에 따라 계층화된다. 광합성 생명체는 보통 맨 꼭대기에 위치한다. 그 아래에는 산소를 사용하는 호기성 세균이 있고 그 아래에는 혐기성 세균이 산다. 이들에게는 산소가 치명적인 독이다.[9] 이들은 위층에서 만든 유기 혹은 무기 화합물을 사용한다. 몇 센티미터 위에 산소가 풍부한 대기가 있는데도 혐기성 세균은 행복하게 살아간다. 그들에게 산소가 도달하지 않기 때문이다. 밤에는 산소가 없는 구역이 위쪽 매트 표면까지 올라간다. 남세균이 산소 생산을 멈추기 때문이다. 사실 밤의 이런 조건에서 남세균은 혐기성 방식으로 물질을 대사한다. 매트 주변에 산소가 없으니 어쩔 수 없는 선택이다. 이렇듯 시생누대 미생물 매트에서 대기로 방출되는 산소의 양은 극히 적었을 것이다.

그럼에도 불구하고 산소는 조금씩 방출되고 있었다. 탄소-13의 비율이 그렇게 말하고 있다. 시생누대 탄산염의 동위원소를 분석하면, 설령 유기탄소가 오늘날에 볼 수 있는 것과 같은 속도로 묻혔다는 니스벳의 주장이 틀렸다 해도 일부는 여전히 묻히고 있었음을 보여 준다. 또한 그 말은 생물권이 산소의 순 생산자라는 것을 뜻한다. 닫힌계에서 유기물로 환원되는 모든 탄소와, 광합성으로 생성된 모든 산소 전부가 호흡에 사용될 수 있다. 그러나 일부 유기탄소를 제거하면 분명 잉여 산소가 남게 된다. 땅속에 유기탄소가 퇴적되면 전체적으로 생물권은 필요한 것보다 많은 산소를 생산하는 셈이 된다.

9) 일부 혐기성 세균은 우리 몸에도 산다. 혈액에서 힘들게 산소가 공급되는 세포 안조차 산소의 양은 대기 중 산소량의 1퍼센트를 넘지 못한다. 소화기관 안에는 산소가 거의 닿지 않는 곳이 있다(데이비드 케일린이 연구한 말파리 유충이 왜 그렇게 많은 헤모글로빈을 필요로 하는지 말해 준다. 헤모글로빈은 산소 방울이 접근하자마자 잽싸게 포획한다).

유기물질의 매장을 통한 산소의 방출은 좋은 일이었고, 이런 일이 발생하지 않았다면 지구는 결코 많은 양의 산소를 확보하지 못했을 것이다. 이는 판구조론의 위대한 선물이라고 할 수 있다. 지표면이 늘 그대로 있었다면 퇴적의 속도가 너무 느려 유기화합물이 쌓일 때 만들어지는 산소를 분리할 수 없었을 것이기 때문이다. 지각판이 움직이면서 쉼 없이 새로운 산맥이 올라가고 침식되어 깎이며 바다 깊이 쌓이는 일이 반복된다. 지구 표면이 생성되고 파괴되는 이 느린 순환은 지구 에너지 흐름의 작은 부분에 불과하지만 지구 내부에서 그들이 가져오는 열은 태양 에너지와 맞먹는다. 물리적 환경에 생물학적 복합성을 더해 간혹 수백만 년 또는 수십억 년을 격리하는 일이 가능하다.

유기탄소를 매장하면 산소가 환경에 그대로 남게 된다. 환경에 산소가 남아 있다고 해서 대기 중에도 그렇다는 말은 아니다. 시생누대 바다, 대기 그리고 지표면의 광물 모두 환원된 화학물질로 가득 차서 산소를 보자마자 환호성을 질렀다. 화학적 산소 '저장소'는 생물학적 공급원의 용량을 훨씬 뛰어 넘었다. 환원된 화학물질이 국지적으로 계속 공급되면 여분의 자유 산소는 거의 없다고 보아야 한다. 오늘날에는 이런 상황이 역전된 곳도 있다. 폭발성이 매우 큰 불의 요정이 놀기에 충분한 메탄이 매립된 습지 위를 산소가 가득 채우기도 한다. 그러나 과도하게 환원된 시생누대 환경에서 생명체의 잉여 산소는 대규모로 대기를 채울 수 없었다.

필요한 것은 전체적으로 환경을 덜 환원된 상태로 돌리는 일, 전체 행성을 산화시키는 일이다. 자연은 기꺼이 그렇게 했다. 빗속에 놓아둔 장난감 자동차가 녹슬 듯이 햇볕 아래에서 지구와 같은 행성도 점차 산화될 것이다. 대기권 가장 바깥쪽에서 태양 빛은 원자를 두드려 깨 우주로 돌려보낸다. 대부분 수소 원자일 것이다. 가장 가벼운 원자이기 때문이다. 어떤 물질로부터 수소를 제거한다면 그것은 산화된 것이다. 유기화합물에서 그러듯이 행성에서도 같은 일이 일어난다. 지금 녹슬어 붉은 화성의 표면이 산화될 때 틀림없이 수소 탈출 사건이 벌어졌을 것이다. 금성에서도 비슷한 일이 일어났음에 분명하다. 우주 공간에서 얻은 지구의 자외선 이미지는 희미하지만 연속된 흐름을 이루어 수소 원자가 지구를 떠나는 광경을 목격할 수 있는데, 지구 코로나geocorona라는 아름다운 효과다. 수소가 떠나면 전체적으로 지구는 더 산화된다.

아름답기는 하지만 지금 이 순간 지구 코로나는 무시할 만하다. 지구 대기권에서는 하루 약 50톤의 수소를 잃어버린다. 지구 전체 대기의 수소 무게는 하루 잃는 수소 무게의 100조 배이다. 대기권 상층부에서 수소를 잃어버리기 쉽지만 거기까지 수소를 끌어올리기가 어렵기 때문이다. 오늘날 대기의 수소는 화산이나 생명체가(세균 매트에서 많은 양이 생성된다) 공급한다. 이 수소 기체는 대기 하층부에서 화학 반응을 일으켜 물로 변한다. 이들 물 분자 혹은 다른 물 분자들이 오존층에 다다를 수 있다면 자외선에 의해 수증기가 깨지면서 수소가 우주 밖으로 달아날 수 있다. 그러나 물 분자는 그렇게 대기권 높은 곳까지 올라가지 못한다. 성층권 아래 차가운 온도에서 언 물은 지표면으로 되돌아온다. 따라서 지구 코로나 형태로 지구를 벗어나는 수소의 양은 매우 적다.

1990년대 짐 캐스팅이 동료들과 함께 제시한 모델은 지금보다 수소가 더 많이 방출되었고 그것과 반응할 산소가 없었던 시생누대 환경에서 상당량의 수소가 대기권 상층부에 도달했으며 따라서 우주로 나갔을 것이라고 예측한다. 수소가 탈출하면서 전체적으로 지구 환경의 산화 수준이 늘어났다. 2001년 당시 캘리포니아 소재 나사의 에임즈 연구소 데이비드 캐틀링David Catling, 케빈 잔레Kevin Zahnle, 크리스 맥케이Chris McKay는 메탄을 이 방정식에 포함하는 새로운 가설을 제안하였다.

메탄을 만드는 고세균은 지구에 최초로 등장한 생명체 중 하나다. 메탄을 생성하는 기제가 루비스코처럼 매우 독특한 탄소 동위원소 표지를 가진 덕분에 우리는 그 사실을 알게 되었다. 2006년 35억 년 된 암석을 채취하여 밀봉한 소량의 메탄 시료가 이러한 표지를 가지고 있다는 결과가 발표되었다. 이때 이미 메탄을 만드는 생명체가 왕성하게 활동하고 있었다는 의미다. 오늘날 대기에서 메탄은 호시탐탐 기회를 노리는 수산기 라디칼의 공격을 받아 쉽게 분해되지만 수산기의 양이 적었던 시생누대에 메탄은 조금 더 오래 살아남을 수 있었다. 가볍고(산소 분자의 절반 무게다) 어는점이 낮기 때문에 시생누대 메탄은 대기권 상층부까지 올라갈 수 있었다. 거기서 방사선은 수소 원자를 찢어 별까지 가는 코로나 고속도로를 따라 내보냈을 것이다. 산화된 메탄의 탄소는 사용한 로켓 추진 장치처럼 지구에 남게 되었다. 지구가 메탄을 더 많이 생산할수록 더 많은 수소가 사라지고 평균적으로 더 산화된다. 궁극적으로 대기 중에 산소가 출현할 길이 열리는 것이다.

메탄 생성이 수소의 손실을 유발할 뿐만 아니라 지구를 따뜻하게 한다는 사실은 무척 흥미롭다. 메탄은 강력한 온실 기체로 이산화탄소보다 훨씬 강하다. 오늘날 대기권의 메탄은 약 10년 동안 산화를 피할 정도의 양밖에 없기 때문에 온실 효과가 크지 않다. 시생누대 메탄은 수백 년 혹은 수천 년 지속될 만큼 많았기 때문에 이들 기체의 온실 효과는 더욱 컸을 것이다.

또 지구가 따뜻할 필요가 있었던 시기이기도 했다. 태양 크기의 항성이 오래 연소하면 더 밝아진다. 지금 나이의 3분의 1에 불과했던 시생누대 초기 태양은 오늘날 밝기의 75퍼센트 정도였다. 태양 에너지가 오늘날보다 25퍼센트 적었기 때문에 지구는 이루 말할 수 없이 추웠을 것이다. 시생누대 지구가 얼음 덩어리가 아닌 다른 것이 되려면 무언가 강력한 온실 효과가 필요했을 것이다. 초기 지구에서 이산화탄소는 지금보다 풍부했지만 캐스팅 모델에 의하면 약간의 온기를 더했을 뿐 그리 큰 온실 효과를 나타내지 못했다. 여분의 온실 효과가 없었다면 지구 표면 대부분은 여전히 얼음으로 뒤덮여 있을 상황이었다. 이때 메탄은 강력한 온실기체 후보였다. 여러 지질학적 지표에 따르면 시생대 대부분 지역은 따뜻했고 오늘날보다 더웠으리라 짐작한다. 작은 돌멩이에 밀봉된 기포가 발견되기 이전 이미 많은 양의 메탄이 만들어졌다는 지질학적 증거들이 존재한다.

생명체가 확산되기 전 메탄 생성균이 만드는 메탄의 양은 지구 깊은 곳에서 필요한 만큼의 수소를 충분히 확보할 수 없었기에 그리 많지는 않았다. 그러나 메탄 생성균은 지구 역사 초기에 존재했던 소량의 유기물질을 가공할 수 있었다. 늪지에서 올라오는 메탄은 산소가 없는 물에서 부패하는 식물을 재료로 만들어 진다. 광합성이 시작되면서 지구 전체 생물량이 증가하자 유기탄소를 원료로 하여 살아갈 수 있는 메탄 생성균의 수도 증가했다. 기꺼이 '양성 되먹임'이라고 부를 만한 현상, 즉 결과가 원인을 증폭하는 과정이다. 따뜻해지면 생물량이 늘고 생물량이 늘면 메탄 생성량이 증가하며 그 결과 더 따뜻해진다. 1988년 『가이아의 시대』에서 러블록은 아마도 고세균이 만든 메탄이 지구를 살 만한 곳으로 만든 첫 번째 영웅이었을 것이라고 지적했다.

지구를 따뜻하게 만들었던 메탄은 또한 수소를 잃게 만들기도 했다. 이런 방식으로 메탄은 환경을 산화시키고 스스로 붕괴 단계로 접어들었다. 최근 캐틀링과 잔레 그리고 이들과 함께 일했던 학생인 마크 클레어Mark Claire는 환경이 산화되면서 황산염이 더 많이 활용되었을 것이라고 지적했다. 황산염을 환원시켜 유기물질을 산화하는 데 관여하는 산화환원 전위는 이산화탄소를 환원시켜 메탄으로 만드는 방법보다 에너지 측면에서 세균에게 더 매력적이다. 따라서 산화된 지구에서 황산염을 더 활용할 수 있게 되자 메탄 생성균의 입지는 줄어들었다. 메탄 생성 속도가 줄어들면서 대기 중 산소를 화학적으로 가두어 두지 못하게 되자 산소가 점차 전 세계 대기권으로 확산되기 시작했다.

황산염의 이용 가능성 말고도 또 다른 가능성이 없지는 않다. 지각판의 움직임이 변하면서 탄소가 묻히는 속도가 증가하고 따라서 산소를 가둘 만한 환경 요소가 사라지면서 이 기체가 대기 중에 더 축적될 수도 있었다. 대기 중에 산소량이 눈에 띄게 늘고 오존층이 형성되자 상황은 산소 축적에 더욱 유리해졌다. 대기층 낮은 곳에 도달하는 자외선 빛이 약해졌기 때문이다. 이 말은 곧 산소가 메탄과 반응하는 데 시간이 걸린다는 뜻이다. 산소의 수명이 길어진다는 말은 곧 대기 중 산소의 양이 늘어난다는 말과 같다.

시생누대가 끝난 뒤 대산소 사건을 가능케 했던 화학적 이동은 생물지구화학적으로 근본적인 것은 아니었다. 모든 가능성이 가시화한 것일 수도 있다. 메탄 온실 기체가 가득한 하늘은 두껍고 흐릿했을 것이며 행성 높은 곳까지 메탄과 이산화탄소가 반응하면서 만들어진 유기화합물 연기가 가득했을 것이다. 산소의 양이 증가하면서 수산기 활성산소가 이들 유기 분자들을 공격하고 표백제가 화장실의 얼룩을 일시에 제거하듯 연기를 날려 보냈을 것이다. 메탄 온실 기체가 등장한 후 처음이자 아마 지구가 형성된 후 처음으로 하늘 천장이 푸른색으로 변했을 것이다.

광합성 부산물인 산소는 문제가 많은 폐기물이다. 하지만 대부분의 생물권에서 그것은 천혜의 선물이었다. 이 선물의 핵심은 산소가 전자에 매우 굶주렸다는 데 있다. 적절한 상황에서 산소는 대부분의 물질로부터 전자를 끌어당긴다. 이런 강력한 산화환원 전위는 전자전달계 사슬 끝으로 산소를 이끌었다. 황산염이나 이산화탄소와 같이 덜 게걸스러운 물질에 비해 산소 분자 안으로 전자가 빨려 들어간다면 전자전달 사슬에서 보다 많은 에너지를 얻을 수 있었다. 그 결과 산소 대사는 혐기성 대사에 비해 훨씬 많은 에너지, 가령 양치류나 플라밍고와 같이 크고 복잡한 생명체를 먹여 살리기에 충분한 에너지를 제공할 수 있게 되었다. 지구상의 커다란 다세포 생명체들은 생존하기 위해 오직 산소가 충당할 수 있는 정도의 에너지를 필요로 한다. 대산소 사건 이전에는 이런 생명체가 등장할 수 없었다.

브리스톨 대학의 데이비드 캐틀링은 그것이 지구에서만의 제약이 아니라고 주장한다. 이것은 생명의 보편적인 현상이다. 외계생물학자들도 무언가 보편적인 것을 찾고 있다. 우리가 지구 생명체로부터 알고 있는 사실들, 가령 전자전달계 끝에 산소처럼 강력한 전자 수용체가 없다면 복잡한 생명체를 형성할 방도가 전혀 없다. 전 우주에 걸쳐 산소만큼 좋은 전자 수용체는 없다. 원자핵의 조립을 지배하는 규칙은 오직 92개의 안정한 화학 원소만을 허용하며 생물권에 동력을 공급하는 데 있어 다른 원소나 이들의 단순한 조합 중 그 어느 것도 산소에 버금가지 못한다.

전자에 대한 욕구만으로 산소가 성공하기는 어려웠다. 불소와 염소도 전자에 대한 욕구가 엄청나게 크다. 사실 불소는 산소보다 더 게

걸스럽게 전자에게 덤빈다. 물이 액체로 존재하는 온도에서 산소처럼 불소와 염소 모두 기체다. 지금까지 그 누구도 물이 생명에 필수적이라는 사실을 보여 주지 못했지만 물 없이 생명체가 지구에서 영위하기란 결코 쉽지 않다. 만일 생명체가 액상의 물이 필요하다면 전자 수용기는 물에 우호적인 온도에서 기체로 존재할 필요가 있다.

불소와 염소가 전자에 굶주린 기체이기 때문에 화학 교육을 받은 작가가 쓴 과학소설에서 이들 기체를 호흡하는 외계인이 등장한 적도 있었다. 그러나 그런 생명체가 진화할 가능성은 희박하다. 첫째 이유는 두 기체가 무척 희소하다는 점이다. 반면 산소는 우주 공간을 통해서 풍부하게 공급된다. 항성에서 융합 반응을 통해 엄청난 양의 산소가 만들어지기 때문이다. 염소와 불소는 매우 적은 양만 만들어진다. 우주에 물이 풍부한 것은(대부분은 분자 구름이나 얼음의 형태로 존재한다) 산소가 많기 때문이다.

산소는 우주에 물을 공급할 뿐만 아니라 물에 잘 녹아 든다. 모든 상황이 같다면 자유 산소가 풍부한 행성에는 바다가 있을 것이고 대기와 마찬가지로 바다는 산소 공급원 역할을 할 수 있다. 용해도가 일정하다는 말은 곧 물과 물성物性이 같은 세포질 안과 밖을 산소가 오락가락 할 수 있다는 뜻이다. 반면에 불소와 염소는 물에 녹지 않는다. 대신 물과 반응하여 매우 강력한 산을 만들어 낸다.

산소의 용해도는 화학 결합에 도움이 되는 보편적 속성의 특별한 경우다. 전자를 강하게 끌어당기면서 산소가 놀랄 만큼 안정해지기 때문이다. 하지만 간혹 두 산소 원자가 결합하여 분자가 될 때면 다른 물질과 반응하는 능력이 크게 줄어든다. 산소 원자끼리 결합하면 여분의 전자를 삼키기 어려워진다. 따라서 산소 분자는 모든 종류의 화합물과 별 무리 없이 무난히 섞일 수 있으며 세상을 떠돌아다니는 호랑이처럼 배회할 수 있다. 그러나 좁디좁은 반응 틈으로 전자를 하나하나 밀어넣을 기회를 모색하면서 산소 원자는 반응성을 키울 수도 있다.

산소 분자의 자기 부정은 그들이 동력을 제공하는 생물권과 상대적으로 자유롭게 섞일 수 있음을 의미한다. 그와 동시에 산소에게 전자를 공급하는, 철을 함유하는 분자 기계는 산소의 강력한 식욕을 최대로 끌어올린다. 염소와 불소는 그런 미묘함이 없으며, 이 원자들은 어떤 물질이든 접근해서 전자를 잡아당긴다. 유기물질이 불소와 접촉하면 바로 폭발한다.

따라서 산소는 지구가 공급할 것으로 기대되는 다른 분자로부터 전자를 추출하는 가장 좋은 수단이 된다. 날카로운 날을 가졌지만 사용하기 편리할 뿐 아니라 안전하기도 하다. 캐틀링이 주장하듯 대형 생명체가 필요한 힘을 얻고자 전자의 흐름을 이용할 때 산소는 거의 유일한 수단이다. 산소를 사용할 수 없는 생명체는 작거나 아니면 영원히 단세포로 남을 수밖에 없을 것이다. 행성 규모에서 이러한 생명체는 무척 중요하며, 오늘날에도 세균은 생물지구화학 순환의 거의 대부분을 책임지고 지구를 살 만하게 유지한다. 하지만 그들은 산소와 붙임성이 좋지는 않다.

다른 항성을 연구하는 망원경 설계자들은 어떤 곳이든 산소를 검출할 수 있는 가능성을 발견하면 예외 없이 흥분한다. 또한 그들은 메탄에도 흥미를 보인다. 시생누대에서 발견된 정도로 메탄을 검출할 수 있을지도 모른다. 만일 대기의 다른 부분과 화학적으로 평형 상태가 아니라면 생명체 없이 그 상황을 설명하기 어려울 것이다. 하지만 산소는 상대적으로 검출하기가 쉽고 이야기할 주제도 넘친다. 미생물을 넘어 복잡한 생물권을 움직일 지배력power이 허용된다는 뜻이기 때문이다. 산소는 인간과 같은 복잡성의 세계를 암시하고, 실제 산소의 존재 여부는 우주에서 생물권을 판단하는 강력한 기준이 된다.

그러나 산소가 생명의 절대적인 신호라는 뜻은 아니다. 예를 들어 금성은 어느 순간 산소를 가졌던 것으로 간주되지만 원래 지니고 있던 바다를 잃는 격변을 겪었으리라 추측한다. 금성은 지구보다 태양에 가깝다. 시생누대 태양 빛이 희미했던 시절에도 금성에는 오늘날 지구가 받는 것보다 40퍼센트나 더 많은 에너지가 도달했다. 태양이 가열하는 바다에서 증발이 가속화되면서 대기는 그 자체로 온실 기체인 수증기로 꽉 찼다. 금성 표면이 더 데워진 것이다. 표면에서 나온 어떤 열도 우주로 나가지 못했고 그 온도는 물의 끓는점을 넘어 결국 대양을 날려버렸다. 대기권에 수증기가 쌓이면서 성층권까지 뻗어 나갔다. 자외선은 물을 깨뜨리고 수소는 도망갔다. 대기권에 산소가 남게 된 것이다. 하지만 일시적일 뿐이었다. 금성은 매우 빠른 속도로 모든 바다를 잃었다. 지금은 그저 뜨겁고 지옥처럼 건조할 뿐이다.

따라서 주의가 필요하다. 끓는 금성과 살아 있는 지구를 구별하고 혼동하지 않을 잣대가 필요하다. 금성은 매우 짧은 기간 자유 산소를 가졌던 반면 지구는 지금까지 역사 절반이 넘는 동안 계속해서 산소의 양을 늘려 왔다. 우리는 없는데도 있는 것처럼 보이는 거짓 정보false positives를 걷어 내고 지구와 같은 생물권을 탐지할 수 있어야 한다.

시간이 지나면서 우리는 더 많은 것을 배울 수 있었다. 조금 더 먼 거리에서 지구를 바라보면 우리는 산소 스펙트럼을 볼 수 있고 엽록소 스펙트럼도 관측할 수 있을 것이다. 엽록소를 연구하면서 과학자들은 그 분자가 적외선에서 높은 반사율을 보인다는 사실을 알게 되었다. 가시광선을 벗어나 파장이 상당히 길어지면 엽록체가 바로 빛을 반사하기 시작한다. 만일 우리 눈이 이 적외선 파장을 감지할 수 있다면 숲은 화염처럼 이글거릴 것이다.

과학자들은 이런 '적색 가장자리' 효과가 엽록소에게 중요하다고 주장한다. 필요한 것보다 오래 광자를 흡수하여 과에너지화되지 않도록 제어하기 때문이다. 또 이런 장치는 어떤 광합성계에도 필수 요소라고 지적한다. 지구에서 적색 가장자리 효과는 행성 차원에서 볼 수 있을 정도로 강력하다. 달의 어두운 부분으로부터 반사된 '지구 빛' 스펙트럼을 연구한 결과를 보면 전체적으로 지구 빛의 뭉텅이 진 스펙트럼에서 일관되지는 않지만 적색 가장자리 효과가 관찰된다(달이 반사하는 지구 한쪽이 구름으로 가려졌다면 스펙트럼은 잡음으로 보일 것이다).

초기 행성 스펙트럼을 연구했을 당시에는 이런 효과를 보지 못했을 것이다. 그러나 영원히 불가능한 일은 아니었다. 망원경을 통해 지구 광합성 매개자가 엽록소란 사실을 알 수도 있었다. 1970년대 유명한 생화학자 조지 왈드George Wald는 엽록소가 광합성에 적합하고 그런 역할을 할 수 있는 유일한 색소이기에 다른 곳에서 생명체를 찾으려면 광합성 쓰임새를 가진 엽록소를 발견해야 한다고 주장했다. 현재 생물학자들은 지구 생명체가 아직 시도해 보지 않은 다른 가능성을 찾아야 한다는 생각도 없지는 않다. 아마도 엽록소가 너무 훌륭하기 때문일 것이다. 하지만 지구 비슷한 행성의 스펙트럼을 면밀히 분석해 보기 전까지 무어라 말할 수 없다.

그렇다고 해도 어디를 연구해야 하는 것일까?

우주생물학자들이 앞 다투어 문제의 망원경을 만드는 이유는 바로 근본적 불확실성에 있다. 그들은 지구에 사는 생명체와 비슷한 생명체가 얼마나 흔한지 아니면 드문지 이야기할 것이다. 지금도 우리는 이 문제의 답을 추측조차 할 수 없다. 단순히 생명체가 탄생하고 유지하는 데 필요한 조건이 무엇인지 모르기 때문이다. 생명은 우주적으로 매우 드문 조건에서 탄생했을 가능성이 있다. 또 에너지의 흐름이 있는 곳이라면 어떤 행성이든 다소간 생명이 탄생할 수 있었을 것이다. 그것은 광합성 센터와 함께 진화하기 힘든, '물 깨는' 복합체의 등가물일 수도 있다. 이 두 가지는 지구에서 오직 단 한 번 진화한 것 같다.

지구에서 탄소 매립을 설명할 판구조론 같은 체계가 다른 행성에서도 작동하리라 상상하기도 어렵다. 지구 크기의 행성은 대체로 매우 커다란 내부 열이 폭발하려는 순간에 탄생했다. 좋다. 그러나 물이 적은 상태에서 행성이 출발했다면 바다와 그것이 관장하는 침식에 의한 수문학적 순환을 결코 발달시킬 수 없었을 것이다. 많은 물이 없었다면 절대 대륙이 발달하지 못했을 것이다. 그와 반대로 침식이 적고 모두가 바다인 행성에서 유기탄소와 접촉하지 못하도록 산소를 단속했다면 그것이 축적되는 일도 결코 생길 수 없다.

이는 산화에 관한 일반적인 질문으로 이어졌다. 판구조론은 지구와 비슷한 생물권에 꼭 필요한 요소가 아닐 수도 있다. 하지만 산소 그리고 산화된 환경은 필요하다. 환원 대기에서 출발한 지구 크기의 행성에서는 시간이 지나면서 의심할 여지없이 수소를 잃고 산화 과정을 거칠 것이다. 메탄을 생성하는 생명체는 그 과정을 가속화한다. 그러나 상세한 행성의 화학과 크기는 결정적 통제를 가할 수 있다. 반직관적이지만 지구와 같은 행성이 약간 더 컸다면 수소의 손실이 가속화되었을 것이라고 모델은 말한다. 행성이 정말 크거나 또는 매우 추울 경우에만 수소를 붙잡을 수 있다. 그렇지만 커다란 행성이 빨리 산화되더라도 내부 깊은 곳에 환원된 화합물질을 상당량 보유할 수도 있다. 그 화합물이 표면으로 나오는 속도가 충분히 빠르면 그것은 생물권의 산소 생산량을 헛되이 중화할 것이다. 마침내 기체가 대기권에 들어오기까지 10억 년 넘게 국지적으로 남세균이 산소를 생산하고 있던 모습을 상상할 수 있을 것이다. 심지어 산소가 대기권에 당도하는 데 걸린 시간이 행성을 낳게 한 별[10]의 수명보다 더 길었다고 상상할 수도 있다.

행성을 산화하는 데 시간이 얼마만큼 걸리는지 그리고 그 방법은 몇 가지나 되는지에 대한 질문은 화학, 물리학, 지질학, 생물학 그리고 내부에 들어 있는 기체의 본성과 같은 행성의 구성요소에 따라 언제든 달라질 수 있다. 이들 요소를 따로따로 생각하면 문제 풀이는 요원해진다. 지금 이 순간 우리가 연구할 행성의 산화 사건은 지구 하나뿐이다. 심지어 여기서도 대단히 활동적인 지구가 모든 증거를 은폐해 왔던 지난 20억 년 때문에 어려움을 겪는다.

데이비드 캐틀링과 같은 우주생물학자도 30대에 이 상황이 바뀌기를 바랐다. 다른 행성의 대기를 관찰할 망원경이 금방 만들어지지는 않을 것이다. 그러나 기술적 능력과 우주 전망에 대한 열정이 지속되는 한 어떤 면에서는 향후 10년 안에 그러한 장치를 만들고 사용할 수 있게 될 것이다. 살아 있는 행성, 즉 인간과 같은 복잡한 생명체가 살고 있는 외계 행성이 몇 개나 될지에 대한 대답은 다른 항성 주위의 온화하고 습한 대기에 산소가 있다는 사실을 관측함으로써 가능하다. 그것이 현재 우주생물학에서, 어떤 점에서는 과학계 모두가 답을 기다리고 있는 가장 중대한 질문이다. 또한 그러한 관측을 위해 궁극적으로 적절한

10) 태양보다 훨씬 오래 산 항성들은 100억 년도 넘게 걸려야 행성의 대기에 산소를 공급할 수 있다. 그러나 이런 항성들은 태양보다 더 붉은 스펙트럼을 가지며 광자가 가진 에너지도 적다. 고에너지 광자가 없다면 물에서부터 전자를 얻어 탄소 화합물을 환원시키는 두 단계의 도약이 불가능하다. 아마 세 단계의 도약이 필요할지도 모르겠다. 두 개의 광계 Z 체계보다 세 광계인 W 체계. 사실 이런 체계가 진화하는 것은 불가능에 가깝다.

도구를 확보해야 하는 까닭이기도 하다.

그 반대도 마찬가지다. 우리는 아직 망원경을 갖추지 못했지만 다른 곳에서 고등 생명체가 오래 전에 이런 일을 마쳤을 수도 있다. 만약 그렇다면 그들은 그 기기를 우리를 향해 켰을 것이고 놓칠 수 없는 생명의 표식을 찾았을 것이다. 수백 광년 또는 수천 광년 떨어진 외계의 망원경 기술이 우리보다 수 세기 또는 수백만 년 앞섰다면, 또 그 성능이 그만큼 훌륭하다면 그들은 우리 행성을 볼 수 있었을 것이고 그것이 제공하는 생명의 흔적을 관측했을 것이며 시공간적으로 멀리 떨어진 그 안의 거주자들에 대해 궁금해했을 것이다.

만일 그들이 기계가 아니라 동물이라면 그들은 자신의 세계를 향해 열린 외계 항성 생태계에 일종의 광합성을 하는 생명체의 존재를 궁금해할지도 모른다. 그 항성은 천천히 연소하는 산소 하늘을 통해 그들의 놀라움을 북돋워 줄 것이다.

5장 화석

다운을 향해 운전하다
첫 번째 눈덩이 지구
엽록체 세계
지루한 10억 년
대기권을 침범하다

한동안 그녀는 바위 정원을 눈여겨보았다. 혹시 바위가 자라는지 확인하려고 했지만 늘 그랬던 것처럼 실패했다. 그러나 이런 아름다운 곳이라면 그런 실패쯤은 언제든 허용할 수 있었다.

스파이더 로빈슨Spider Robinson, 〈권력의 밤〉

다운을 향해 운전하다

1988년이 저물어 갈 무렵 어느 토요일, 낡은 미니 승용차 안에 밥 스파이서, 앤디 놀과 함께 나는 교통량이 한껏 늘어난 런던 남동부로 이어지는 길을 따라 찰스 다윈이 살았던 다운하우스로 향하고 있었다. 지금은 하버드 대학 교수인 앤디는 한 번도 다윈의 집을 방문한 적이 없었기에 순례 여행을 고대하고 있었다. 나중에 런던 개방 대학에서 지구와 우주 과학의 거대 프로젝트를 총괄하게 되는 뎁트퍼드Deptford 인근 골드스미스 대학의 밥이 이 여행을 주선했다. 지난주 왕립학회가 주관한 화석 기록 소멸을 주제로 한 학회에서 이들을 만났던 나도 공교롭게 이 여행의 동반자가 되었다.

영국에서 가장 오래된 과학자 단체인 왕립학회 모임은 내게 많은 도움을 주었다. 휴식 시간에 영국의 구세대 고생물학자들을 화나게 했던 미국의 저명한 학자를 둘러싸고 젊은 과학자들은 모든 영국 사람이 고루하고 편협한 생각을 가지지는 않았다고 변명하기도 했다. 당시 미국의 저명한 학자는 바로 시카고 대학의 데이비드 라우프David Raup였다. 1980년대 중반 당시 그는 복잡한 생명체가 탄생한 지 약 5억 년 후 지구에서 화석 기록의 마침표를 찍은 대멸종이 일어난 것은 혜성과 지구의 충돌 때문이라고 주장했다.

초반에 라우프는 무척 신빙성이 있는 증거를 제시했다. 그게 사실이라면 약 6,500만 년 전 백악기 후기에 공룡을 사라지게 한 대멸종은 혜성 혹은 소행성과의 충돌에서 비롯된 것임에 틀림 없었다. 앤디 벤슨의 물리학 수업에서 잿빛 얼굴로 핵폭발 뉴스를 알렸던 루이스 알바레즈Luis Alvarez와 고생물학자인 그의 아들 왈터Walter는 당시 퇴적층에 상당량의 이리듐이 축적되어 있음을 발견했다. 지구에서 이리듐은 매우 드물기에 알바레즈는 이들 원소가 커다란 혜성 혹은 소행성이 지구와 충돌하면서 쌓이게 되었다고 말했다. 그와 함께 먼지가 솟아 지구 전체에 걸쳐 광합성이 마비되었고 어둠 속에서 지구 생명체의 절반이 굶어 죽었다고 추정했다.

라우프와 그의 동료인 잭 셉코스키Jack Sepkoski는 이 가설을 더욱 발전시켜 모든 종류의 대멸종이 이런 충돌과 관련이 있다고 주장했다. 그는 느린 천문학적 주기에 따라 지구에 혜성이 꾸준히 접근한다고 보았다. 이런 과한 논리적 도약에 영국의 고생물학자들은 성급한 반응을 보이기 시작했다. 그들에게 지질학적 변화는 점진적으로 진행되는 것이지 격변이어서는 안 되는 소재였다. 당시 패러다임paradigm의 커다란 전환이었던 지각판 개념이 그들의 시각을 붙들고 있었던 것이 그 이유였다. 세계를 보는 방식에 변화가 찾아오긴 했지만 판구조론은 지구가 빠른 속도로 모습을 바꿔야 하는 이유까지는 설명하지 못했다. 지구를 따라 태곳적부터 천천히 고요하게 움직이는 대륙으로도 거의 모든 것을 설명할 수 있으리라 판단한 것이다. 하지만 강연이 진행되면서 나도 원리상 이런 거대 담론이 미심쩍어지기 시작했다. 이런 거대 담론이 이론으로 정립되는 과정에는 불가피하게 다양한 분야의 과학이 섞이기 마련이다. 이 점에서도 의심이 갔다. 또한 이런 이론화의 핵심인 현장 연구에 필요한 시간이 너무 부족했던 것도 마음에 걸렸다. 한편 이런 식의 냉소적인 발표도 라우프에게 좋을 것은 없었다. “이 슬라이드는, 미국 동료들을 위해 꼭 설명해야 하지만, 이른바 우리가 바위라고 칭하는 물건을 보여 주고 있습니다.”

다른 사람들도 그랬겠지만 나는 라우프가 제시한 첫 번째 가정이 마음에 끌렸다. 라우프는 처음 화석 조개 암모나이트를 보고 수집했던 장소에서 더 많은 것을 관찰했고 다른 암모나이트 껍질과 비교해서 무언가 다르다는 사실을 발견했다. 그는 우표를 수집하듯 화석을 모은 데서 더 나아가 보다 광범위한 시각에서 화석을 해석하고 수억 년에 걸쳐 일어난 독립된 사건들을 연결하려 했다. 해상 진흙 바닥에서 발견된 무척추동물의 죽음과 태양계 변방에 위치하는 혜성의 움직임을 같은 맥락에서 보려고 노력한 것이다. 그는 커다란 진실과 이 세상의 역사가 포괄적인 유형을 띠고 있음을 확신했고 그것이 고리타분한 학계의 경계선을 넘어 존재한다고 보았다. 게다가 그는 화석을 믿었고 그것으로 진실을 밝힐 수 있으리라 생각했다.

이 장에서 우리는 24억 년 전 대산소Great Oxidation 사건에서 시작하여 3억 6,000만 년 전 석탄기까지 지구 광합성의 역사를 살펴볼 것이다. 지구를 바라보는 융합적인 시각에서 남세균과 나무의 등장을 다룰 것이다. 또한 그것은 교통지옥 미니 승용차 안에 갇힌 우리가 서로 도와가며 함께 일했던 이야기이자 행성 관점에서 본 우주생물학 이야기이기도 하다. 1988년에 놀과 스파이서는 고식물학자 또는 고생물학자로 알려졌지만 그 뒤에 천체생물학 전문가라는 꼭지를 더 달게 되었다. 그러나 그들의 주된 관심사는 지구이든 화성이든 언제나 화석이었다.

놀과 스파이서는 라우프의 추종자였다. 하지만 주관이 뚜렷한 학자들이 그러하듯 밥 스파이서는 백악기를 끝낸 충돌의 효과에 대해서는 못내 회의적이었다. 그런데도 그들은 화석이 설명하는 라우프의 폭넓은 시각을 존중했다. 그들은 모두 광합성과 관계된 화석에 깊이 끌렸고 식물이 환경의 절대적인 지표라는 사실을 철석같이 받아들인 사람들이었다. 따라서 그들에게 식물은 환경 변화의 가장 중요한 요소였다. 특히 스파이서는 식물이 고생물학의 변방에 위치하는 것을 못마땅하게 여겼다. 이런 상황을 타개하기 위해 그는 식물이 없다는 전제하에 지구의 역사를 보고자 특별히 노력했다. 한결같은 논조를 고수하는 놀과 달리 광적인 호기심에 약간 비굴하기까지 한 스파이서였기에 식물 왕국의 집사 같은 역할을 상정했을지도 모르겠다. 그는 이 행성에 헌정된 모든 가설 안에 "식물을 위한 것은 무엇이 있는가?"라고 질문했다.

다운 하우스에 도착하자 좁은 차 안에 갇혔던 온갖 종류의 터무니없는 가설과 학제간 융합 시각은 뿔뿔이 흩어졌다. 그러나 여전히 스파이서는 지금도 그가 일하고 있는 통계적 기법에 사로잡혀 있었다. 그는 통계를 이용해 화석화된 잎의 모양을 정확히 보고 강수량과 연평균 기온을 측정한다. 다윈이 산책하며 사색했을 모래가 깔린 다운의 길을 따라 걸을 때 보았던 낙엽은 미래를 비추는 상징 같았다.

연구 초기에 식물의 형태에 관한 질문에 천착했던 놀은 식물이라는 존재가 등장하기 이전의 시기에 관심을 두고 있었다. 그는 원생누대Proterozoic 지구에서 작동했을 광합성 생명체의 화석이 어떤 것인지 알고 싶어 했다. 이는 25억 년 전 시생누대Archaean 말기에서 약 5억 4,300만 년 전 현생누대Phanerozoic가 시작될 때까지 방대한 시기를 훑어야 하는 작업이었다. 원생누대에는 잎의 화석이 없다. 사실 식물 화석도 없다(물론 조류는 있다). 또한 원생누대 말기에는 동물의 화석조차 없어서 다윈을 난처하게 만들었다. 하지만 그것들이 어디에 있고 볼 줄만 안다면 남세균과 같은 세균의 화석은 풍부한 편이었다. 1988년 당시 놀의 주된 연구 주제가 바로 그것이었다. 지금도 그렇지만 그때에도 놀은 생명체와 환경이 어떻게 함께 진화했는지 설명할 주인공이 식물이라고 생각했다. 식물이 연출하는 드라마는 단순한 화석의 연대기적 나열보다 훨씬 복잡하고 흥미롭다. 하지만 연속적인 화석 형태가 식물 이야기를 뒷받침할 단서가 된다.

첫 번째 눈덩이 지구

대산소 사건과 함께 원생누대가 힘찬 출발을 내디뎠다. 그 사건은 지구 대기 화학을 변화시켰을 뿐 아니라 갑작스럽게 기후도 바꾸었다. 지구 역사상 처음으로 겪는 장관이자 지구에 사는 생명체가 직면한 진정한 재난이기도 했다. 메탄 온실 효과가 붕괴한 것이다. 그것은 산소 증가의 전초전이자 부분적으로 대기 중 산소의 양이 증가하는 과정이기도 했다. 그 결과 꽁꽁 얼어붙어서 지구는 고체가 되었다.

지구에 관해 지난 반세기 동안 이루어진 발견 중 가장 충격적인 것은 지구가 자연적인 온도조절 장치라는 사실이다. 1950년대 해럴드 유리가 지적했듯 대기 중에 존재하던 물과 이산화탄소가 지각의 주요 성분인 규산염 암석을 탄산염 암석으로 풍화시켰다. 화학적 풍화라 일컫는 과정이다. 다른 화학 과정과 마찬가지로 이런 풍화weathering 과정도 온도가 올라가면 더 활발해진다. 온도 의존성에 덧붙여 이산화탄소가 지구 밖으로 방출되는 적외선 광자를 흡수함으로써 온도를 올린다는 점을 감안하면 음성 되먹임의 효과를 여실히 짐작할 수 있을 것이다. 효과가 원인을 상쇄하는 것이다.

화산에서 대기로 방출되는 이산화탄소의 양과 풍화 작용을 통해 이산화탄소가 제거되는 속도가 서로 균형을 이루고 있는 세계를 상상해 보자. 이산화탄소 수준은 안정된 상태로 유지될 것이다. 온도도 마찬가지다. 여기에 지각판이 움직여 새로운 화산이 늘었다고 치자. 이산화탄소의 양이 늘고 행성은 더욱 따뜻해진다. 그러나 행성 온도가 올라가면 풍화 속도가 빨라지고 따라서 대기 중에서 이산화탄소가 제거되는 속도도 증가한다. 풍화의 속도가 빨라지면 이산화탄소의 양이 줄고 지구의 온도는 떨어진다.

거꾸로 행성이 어떤 이유로 온도가 떨어진다고 가정해 보자. 그러면 풍화 속도가 줄어들 것이다. 화산 폭발로 대기 중에 나오는 이산화탄소의 양이 늘면 세상은 다시 따뜻해진다. 한 방향으로 계를 밀면 다른 쪽에서 당기는 힘이 작동한다. 세게 밀면 저항이 강해진다. 1980년대 제기된 이런 온도조절기 모델은 태양이 점점 뜨거워 가는 오랜 기간에 걸쳐 지구의 온도가 안정적으로 유지되는 현상을 설명할 수 있었다.

온도를 조절한다는 면에서 풍화는 결코 완벽한 음성 되먹임 고리가 되지 못한다. 풍화는 지구에 얼음이라곤 찾아볼 수 없는 '온실' 기간을 허용할 뿐만 아니라 극지방에 만년설이 쌓여 있는 '이글루' 기간도 역시 허용한다. 하지만 이 두 기후 사이의 평균 온도는 큰 차이가 나지 않아서 대부분 온대 지방의 여름과 겨울 기온 차이보다 더 크지 않다. 몇 가지 다른 이유가 있겠지만 금성과 화성의 온도조절 장치는 고장 났거나 제대로 설치되지 못해서 기온이 엄청나게 요동을 친다.[1]

이러한 온도조절 장치의 강점 중 하나는 풍화 덕택에 다른 되먹임

1) 온실 효과가 폭증하는 바람에 금성의 온도조절 장치는 고장 났다. 화성에서 온도조절 각본은 더욱 복잡하다. 여기서는 이산화탄소가 충분히 공급되지 않는 게 더 중요한 역할을 하는 것 같다. 표면에 소량 존재하는 물의 산성도도 문제가 된다. 너무 산성인 물에서는 탄산염이 형성되지 않기 때문이다.

장치가 조절된다는 사실로, 스스로 촉진되는 양성 되먹임이다. 어떤 행성의 온도를 좌우하는 주요한 조절 인자는 햇빛을 우주 공간으로 반사하는 '알베도albedo'다. 알베도가 클수록 행성은 더 춥다. 구름은 알베도를 키운다. 화산재도 마찬가지다. 얼음 모자도 그렇다. 행성이 식고 만년설이 커지면 알베도의 효과가 증폭된다. 모든 것이 동등하다면 점점 더 추워지고 만년설이 더더욱 커진다. 만년설-알베도 효과는 지난 100만 년 동안 간헐적으로 지구를 찾아왔던 빙하기에 얼음이 어떻게 성장했는지를 정확히 설명해 준다.

극지방 얼음이 대륙을 따라 확장하면 온도가 내려가고 공기 중 이산화탄소를 소모하는 풍화 속도도 떨어진다. 어느 곳이라도 온도가 0도 이하로 떨어지면 풍화 과정은 진행되지 않는다. 풍화 과정에는 액체 상태의 물이 필요하기 때문이다. 지구 표면에 얼음의 양이 늘어나면 대기 중 이산화탄소 농도가 늘고 다시 온실 효과가 커진다. 이렇게 음성 그리고 양성 되먹임이 균형을 이룬다.

효과적인 이산화탄소 온실 기체가 없다면 만년설이 계속 커지지 십상일 것이다. 만년설이 클수록 얼음-알베도 효과도 늘어난다. 극지방으로부터 얼음 세력이 확장되고 중위도 지역을 넘어 결국 적도 지방까지도 집어삼킬 것이다. 그러면 지구는 완전히 얼음 고체가 된다. 우리가 살펴보았듯 시생누대에는 효과적인 이산화탄소 온실이 부족했던 것 같다. 당시에는 아마도 메탄이 온실 효과 대부분을 담당했을 것이다. 메탄을 빼면 양이 많지 않았던 대기 중 이산화탄소가 온실 역할을 맡기에는 역부족이었다.

1960년대에 접어들며 24억 년 전 원생누대 초기에 형성된 다양한 암석층이 빙하에 눌리거나 변형되었다는 증거들이 나오기 시작했다. 어떤 방식으로 진행되었는지 잘 알려지지는 않았지만 그 뒤로 20억 년 동안 지각판은 끊임없이 움직였을 것이기에 어디에 있는 바위가 빙하에 깔려 있었는지 단정하기는 쉽지 않다. 또 그 바위가 고위도에 있었다면 그리 놀랄 만한 현상도 아니었을 것이다. 그러나 적도 혹은 해수면 근처까지 빙하가 내려왔다는 증거도 적지는 않다. 열광적인 데다 도전적인 캘리포니아 공과대학 지질학 교수 조 커쉬빙크Joe Kirschvink는 1990년대 '눈덩이 지구snowball earth' 가설을 제안하기에 이르렀다. 메탄 온실이 붕괴되었지만 이산화탄소의 양이 부족한 상황에서 얼음이 두 극지방 사이를 채워 버렸다는 것이다. 따스했던 일부 화산 지역을 제외하고 얼음이 두껍게 쌓였다. 이때 지구 표면 평균 온도는 영하 50도까지 떨어졌다.

커쉬빙크는 이 상태가 수천만 년 동안 지속했을 것이라 추산한다. 그러나 화산과 거기서 끊임없이 분출되는 이산화탄소가 마침내 구원의 손길을 내밀었다. 춥고 건조한 눈덩이 지구에서 이산화탄소는 어떤 암석도 풍화시키지 못한 채 다만 대기 중에 축적되었다. 천천히 형성된 온실은 궁극적으로 바다에 얼린 얼음을 녹여 내기에 이르렀다. 한번 녹기 시작한 얼음은 걷잡을 수 없이 사라져 갔다.

해저 화산에서 수천만 년 동안 분출된 이산화탄소 덕택에 해양은 거의 포화되다시피 했다. 뚜껑이 열리자 억눌렸던 바다에서 이산화탄소 기체가 분출되었다. 어떤 과학자들은 이 상황을 샴페인에서 가스가 쏟아져 나오는 모습에 빗대기도 했다. 대기 중 이산화탄소의 양이 급증하기 시작했다. 수증기도 강력한 온실가스인데 그 양이 폭발적으로 늘었다. 이런 양성 되먹임이 얼음에 작용하기 시작했다. 얼음이 물러나고 어두운 바위와 해양이 팽창하면서 태양에 의해 데워지고 더 많은 양의 온실가스를 분출하게 되었다. 만년설은 점점 더 후퇴했다. 기후라는 엔진이 하는 일의 양을 결정짓는 요소, 즉 적도와 극지방의 온도 차이가 엄청나게 벌어졌다. 허리케인은 온실 효과로 뜨거워진 적도의 물을 머금고 극지방으로 후퇴하는 얼음의 뒤통수를 가격했다.

한편 아마도 얇은 얼음이 낀 화산 온천에서 어찌어찌 살아남은 남세균은 그동안 한 번도 경험해 본 적이 없었던 대기 중의 급증한 이산화탄소를 게걸스럽게 먹어 치우기 시작했을 것이다. 그렇게 지구에서 생명체가 성세를 회복하기 시작했다. 대양을 채웠던 환원철이 산화되면서 산화철층을 이루어 침강하고 이와 더불어 망간과 같은 금속들도 비슷한 운명을 겪었다. 이런 일련의 과정을 거쳐 유기탄소가 다량으로 매장되었다. 대기와 대양 표면에 산소가 풍부한 환경[2)]이 조성된 셈이다.

초기 지구에 대해 이야기하는 대부분의 사람들처럼 커쉬빙크와 그 동료들의 가설도 확고한 증거를 가지고 있지 않다. 그러나 정황 증거는 무척 많다. 적도 근처에서 빙하가 새긴무늬를 가진 암석들이 발견된 경우가 그런 사례다. 세계에서 가장 큰 나미비아 망간 광산은 정확히 그때 바다에서 침전된 것 같다. 탄산염에 들어 있는 동위원소를 측정한 결과 다량의 탄소가 빠르게 매장된 것으로 확인되었다. 우리가 시생누대 메탄이 없었다는 짐 캐스팅의 결론을 받아들이면 그 시기가 따뜻하게 유지되지 못했을 것이라 추측할 수 있다. 또한 그 추위가 원생

2) 몇 년 전에 아내 낸시 하인즈와 나는 데본과 콘웰의 접경 지역 집에서(러블록은 이 집을 아들과 공유했다) 제임스 러블록과 그의 부인인 샌디와 함께 지낸 적이 있었다. 그때 나는 바다에서 얼음이 물러가면서 미생물의 세계가 재현되지 않았을까 생각하고 있었다. 어느 날 아침 러블록은 겨우내 덮어 두었던 수영장 투명 덮개를 걷어 냈다. 수영장 물을 깨끗하게 유지하는 이 덮개는 염소 대신 광합성 조류의 막으로 덮여 있었다. 오후가 되자 이 조류의 막 여기저기가 풍선처럼 부풀어 올랐다. 물러나는 얼음에서 벗어난 것처럼 조류는 자라나기 시작했고 탄소를 고정하면서 산소를 뿜어내기 시작한 것이었다.

누대까지 길게 이어지지 않고 당시 바위에 산소 화학의 흔적이 존재한다는 사실을 인정한다면 한 극단에서 다른 극단으로 지구의 기후가 요동치지 않을 수 없었으리라는 점도 수긍할 수밖에 없다. 지구의 날씨는 거의 발작적이었다. 원생누대 초기에 한 번이 아니라 여러 차례 빙하기가 반복되었다는 증거도 있다. 새롭게 안정을 되찾을 때까지 지구에 얼음이 왔다 가기를 반복했다.

지구는 이런 난국도 극복했다. 다른 행성들은 그런 행운을 누리지 못했을 것이다. 다시 말하지만, 화성은 이와 정반대되는 일을 겪었다. 초기 지구처럼 메탄이 대기를 둘러싼 화성에 남세균 비슷한 무언가가 있었다고 상상해 보자. 화성 내부는 부피가 지구의 10분의 1 정도로 작기에 열이 많지 않다. 그렇기에 화산을 통해 내뿜는 환원 가스의 양도 풍부한 편은 아니다. 이런 상황이라면 대기는 환원 상태에서 산화 상태로 넘어가기 쉽다. 다시 말해 대산소 사건이 지구보다 훨씬 일찍 일어났을 것이다. 당시 상대적으로 태양은 차가웠고 화성은 지구보다 두 배나 멀리 있었다. 따라서 눈덩이 화성은 결코 그 상태를 벗어나지 못했을 것이다. 화성의 광합성 생명체는 장렬히 전사했고 생물권과 우주의 고리는 끊어졌다. 오직 메탄의 흔적만이 살아남아 땅 깊은 곳에 생명의 그림자만 남긴 채 화성은 죽은 행성이 되었다.

엽록체 세계

생명의 역사에서 세 가지 혁명적인 사건이 있었다. 둘은 내적인 것이지만 하나는 외적이다. 산소 발생 광합성이 첫 번째 내적인 혁명이었고 그에 따라 오늘날 우리가 눈으로 볼 수 있는 커다란 생명체를 출현할 수 있게 했던 대산소 사건은 외적인 것이다. 산소와 같은 잠재력 있는 물질을 이용하기 위해 생명체는 또 다른 내적 혁명을 치러야 했다. 그 정체는 세균이나 고세균보다 훨씬 크고 적응력이 뛰어난 진핵세포였다. 복잡한 형태, 그것을 보조하는 유전체, 행동과 생활사의 세계는 진핵세포 영역이다.

세균은 왜 커다란 생명체로 진화하지 못했을까? 그 이유 중 하나는 엄청난 대사 다양성을 가졌음에도 불구하고 세균이 견고한 외벽으로 둘러싸여 있어서 한정된 형태로밖에 자랄 수 없었기 때문이다. 하지만 더 근본적인 이유는 ATP를 생산하도록 양성자 기울기를 만들어야 할 세포막이 세포 자신과 세포벽에 둘러싸여 있다는 데서 찾을 수 있다. 따라서 세균이 생산할 수 있는 ATP의 양은 막의 표면적에 의해 제한될 수밖에 없다. 하지만 생존하고 번식하는 데 필요한 ATP의 양은 세균의 부피에 의존한다. 세균의 크기가 커지면 수요가 공급을 초과하는 사태가 벌어진다. 다른 모든 것은 같은데 길이와 폭이 두 배로 늘면 표면적은 네 배 늘고 부피는 여덟 배 늘어난다. 따라서 큰 세균에게는 에너지 제약이 뒤따를 수밖에 없고 번식의 속도도 느려진다. 이웃하는 세균보다 빠르게 번식하도록 진화되었기 때문에 다른 조건이 같다면 세균은 스스로를 작게 유지한다.[3)]

커다란 생명체를 만들기 위해 반드시 커다란 세포가 필요한 것은 아니라고 항변하는 독자들이 있을 것이다. 작더라도 숫자가 많으면 되지 않을까? 세포가 작다는 것은 유전체가 작다는 의미다. 하지만 커다란 생명체는 보다 큰 유전체를 필요로 한다. 세균의 크기를 유지하는

3) 여기에도 예외가 있다. 우리 생각은 그들 안중에 없다.

데 필요한 유전체를 가지고 복잡한 생명체를 만들지는 못한다. 남세균은 평균적인 세균보다 큰 편이다. 그게 가능한 이유는 광합성을 담당하는 막이 접혀 단위 부피당 많은 에너지를 제공할 수 있기 때문이다. 바로 그것이 다른 종류, 가령 광합성 유형과 질소 고정 유형의 세포를 감당할 복잡한 유전체를 남세균이 가지게 된 배경이다. 질소 고정 기제는 산소가 전혀 없어야 할 정도로 민감하다. 일부 남세균은 여러 개의 띠를 이루어 자라며, 산소 생산자들 사이에 질소 고정 세균이 끼어들어 있다. 이 정도가 아마 세균계에서 가장 복잡한 형태일 것이다. 하지만 다세포 생명체 처지에서 볼 때 두 종류의 세포를 가진 생명체는 누추하게 보일 수밖에 없다.

진핵세포는 세포 안에 ATP를 생산하는 독특한 소기관을 잔뜩 가진 덕에 에너지 제약에서 벗어났다. 또한 에너지를 처리하는 능력은 부피가 커질수록 단계적으로 늘어난다. 원하기만 하면 진핵세포는 더 커질 수 있고 큰 유전체를 유지할 수 있다. ATP를 생산하는 미토콘드리아 덕분이다.

빌 러더퍼드가 진화적 입장에서 생물학을 생각하게 만들고 비슷한 연배의 앤디 놀이 그 무엇보다 초기 생명체를 연구하도록 영감을 불어넣었던, 1960년대 후반에서 1970년대 초반에 걸쳐 이루어진 린 마굴리스의 위대한 승리는 한때 자유로운 생활을 하던 세균인 미토콘드리아와 엽록체가 두 차례 '세포 내부 공생'을 거쳐 진핵세포에 편입되었다는 점을 밝힌 사건이었다. 미토콘드리아가 먼저 들어왔고 보다 근원적이다. 엽록체가 없는 세계일지라도 식물과 같은 생화학적 일을 수행하며 생물권에 산소를 공급하는 남세균에 의지할 수 있었을 것이다. 하지만 미토콘드리아가 없었더라면 산소를 이용할 수 있는 커다란 생명체는 진화할 수 없었다.

공생 사건이 일어난 시간을 포함하여 모든 부분에 걸쳐 논란은 끊이지 않지만 유전체 분석에 따르면 원시미토콘드리아 세균이 침입한 생명체는 메탄을 만드는 세포였다. 그러나 시원 연구에 정통한 앤디 놀을 포함하여 상당수 과학자는 세균 혹은 고세균이라 보기에는 커다란 세포 화석이 시생누대가 아니라 초기 원생누대에 보존되어 있다는 사실을 알고 있다. 이 점은 미토콘드리아가 공생을 거쳐 세포 내부로 들어간 때가 시간상으로 대산소 사건과 매우 가깝다는 사실을 암시한다. 다시 말하면 이는 생명체의 외적 혁명과 두 번째 거대한 내부 혁명이 거의 같은 시기에 일어났음을 의미한다. 그게 우연적인 사건인지는 조금 더 두고 볼 일이다.

커다란 크기로 자라는 능력이 있는 데다 세포벽 족쇄를 풀어 버렸다는 사실을 감안하면 초기 진핵세포가 지금 아메바가 그러는 것처럼 세균을 통째로 먹고 살았을 가능성은 상당히 크다. 분명 남세균도 먹잇감이었을 것이다. 이런 포식 과정을 거쳐 엽록체가 탄생했을 개연성도 높다. 우리가 현재 확실히 말할 수 있는 사실은 전 세계의 모든 식물이 특정한 진핵세포에 삼켜진 특정한 남세균류의 직계 후손이라는 점이다. 하나의 특정한 종은 아니지만 특정한 한 생명체가 특정한 시기에 특정한 장소에서 탄생했다.[4)]

문제의 그 진핵세포는 태양 빛에 기반을 두고 삶을 꾸릴 계획이 없었을지도 모른다. 하지만 진화는 앞을 보지 못한다. 이 특별한 경우 무

4) 아메바 일종인 폴리넬라Paulinella 안에는 엽록체와 비슷한 무언가가 살고 있다. 최근에 공생을 거쳐 세포 안으로 들어간 남세균의 후손으로 보인다. 유일한 예외지만 그 사실은 오늘날 식물 혹은 조류의 조상이 된 최초의 공생체가 새롭게 등장한 공생체들보다 훨씬 경쟁력이 뛰어났다는 점을 반영하기도 한다. 그렇지 않았다면 다양한 조상을 가진 엽록체가 주변에서 관찰되어야만 한다. 폴리넬라의 엽록체는 식물의 엽록체와 다르다.

은 이유 때문에 삼킨 남세균은 소화되지 않았다. 최소한 처음에는 그랬다. 그 남세균은 세포 안에서 스스로를 증식할 수 있다는 사실을 알게 된 것이다. 그러다 진핵세포 안에서 남세균이 증식하는 속도와 그것이 소화되는 속도가 비슷한 안정 상태에 도달했을 것이다. 궁극적으로 살아 있는 남세균이 만들어 낸 탄수화물을 공출할 숙주 단백질 집단이 등장했다. 마치 시럽을 만들기 위해 메이플 단풍나무 수액을 채취하는 관과 비슷한 단백질들이다. 이제 남세균은 먹잇감으로 삼켜진 존재가 아니라 진핵세포 내부에서 과일을 수확할 수 있는 과수원이 되었다.

진핵세포에게 이보다 더 매력적인 일은 없었다. 자신의 몸에서 음식물이 생산된다면 굳이 스낵을 사러 멀리 갈 필요도 없다. 이런 형질의 이점은 대를 이어 내려왔다. 세포가 분열할 때 최소한 딸세포 일부는 자신의 몸속에 자리 잡은 남세균과 함께 삶을 영위했을 것이다.

이때만 해도 이 과정은 가역적이었을 것이다. 광합성을 하는 것과 그렇지 않은 것 사이의 공생 관계는 무척 흔하다. 동물인 산호는 몸 안으로 조류를 끌어들여 광합성 산물을 획득한다. 이끼류도 거의 비슷한 행동을 하는 곰팡이다. 자유로운 생활을 하는 동물들도 비슷한 행위를 선보인다. 심지어 멍게나 달팽이도 그렇다. 하지만 연합은 매우 느슨해서 조류 혹은 남세균은 이 상황을 어렵지 않게 벗어날 수 있다.

진정한 엽록체를 포함한 조류 혹은 식물에서 공생의 계약 관계는 구속력이 있다. 엽록체 홀로는 아무 일도 할 수 없기 때문이다. 공생 초기부터 남세균은 유전자 대부분을 잃어버렸다. 일부 유전자가 뭉텅이로 사라졌고 그나마 일부 남은 것도 초라한 고리 DNA에 묶여 있다. 대신 나머지 대부분 유전자는 숙주의 핵 안으로 편입되었다.

유전자가 이렇게 편입되면 친밀한 공생에 부작용이 불거질지도 모른다. 흔히 유전체 동질성에 문제가 있을 것이라 걱정할 수 있지만 사실 세포는 외부의 낯선 DNA를 놀랄 만큼 잘 수용한다. 세포 안에서 남세균이 죽을 때 이들 DNA 일부가 숙주의 유전체로 들어온다고 해도 눈에 띄지 않았을 것이다. 유전공학자가 새로운 유전자를 엽록체에 집어넣어 형질을 변화시켰을 때 놀랍게도 몇 세대 지나지 않아 그 유전자가 식물의 핵에서 발견되는 경우가 자주 나타난다.

일단 한 유전자가 핵 안으로 편입되면 엽록체 안에 남은 같은 유전자는 불필요해질 뿐 아니라 위험할 수도 있다. 생식할 때 같은 유전자를 반복적으로 복제하는 것은 낭비이며 공존하는 유전자들끼리 갈등을 빚을 수도 있는데, 이는 매우 흥미로운 주제이지만 여기서 깊이 다루지 않겠다. 동일한 유전자를 두 벌 갖는 일은 상당히 위험하다. 남세균 공생체 유전자를 제거하지 못한 원시-조류protoalgae는 번식하지 못한다. 그렇게 일부만 남고 엽록체의 유전체는 점점 사라지게 되었다. 식물이나 조류의 종류에 따라 남아 있는 유전자의 수는 서로 다르다. 일반적으로 약간 다른 종류의 엽록체를 가진 '적'조류가 '녹'조류보다 (엽록체에) 많은 유전자를 보유하고 있다. 현생 식물은 녹조류의 후손이다. 녹조류의 일부 종들은 세포 하나에 한 개의 엽록체가 있고 그 엽록체에는 100개가 안 되는 유전자가 들어 있다.

숙주의 핵 안에 유전적으로 많은 것을 빼앗긴 상태를 노예화라고 흔히 간주한다. 하지만 단순한 삶을 살기로 작정한 엽록체가 극단적 긴축 정책을 벌여 고달픈 삶의 근심을 줄일 수 있었다고 의인화하기도 한다. 잃어버리긴 했지만 핵 안에 편입된 엽록체 유전자들은 필요할 때마다 단백질로 번역된 후 다시 엽록체로 운반된다. 그러므로 엽록체는 유전자를 유지하느라 걱정할 필요가 크게 줄어든다. 광계 혹은 전자전달계를 통해 전자가 움직일 때 산화되거나 환원되는 단백질을 암호화하는 핵심 유전자들이 아직도 엽록체에 남아 있는 이유는 광합성이 진행되는 동안 환경의 변화에 빠르게 대처하기 위해서라고 과학자들을 결론을 내렸다.

현재 태양 빛을 얻어 살아가지만 최소한으로 유지되는 엽록체 유전체는 광합성의 중심 기제가 가능하게 할 뿐 아니라 다른 세포 과정에서 유래할 수 있는 흐트러짐을 최소화할 수도 있었다. 이런 저런 걱정할 필요 없이 엽록체는 시토크롬과 안테나 단백질의 배열을 조정하기만 하면 되었다. 바람의 균형을 잡는 요트의 닻을 미세하게 조절함으로써 에너지의 흐름을 균형 있게 유지하면서 바다의 요동에도 길을 잃지 않고 편안하게 항해할 수 있게 된 것이다. 매 순간 우리 존재의 중요하지도 않은 유전자를 지키고 저장하는 지난한 작업을 타인에게 양도하면 어쩔 것인가? 필요할 때 적절한 유전자가 발현되기만 한다면 그것이 어디에 보관되어 있든 무슨 대수이겠는가?

어떻게 엽록체는 거대하고 우아한 세상으로 출항했을까? 인간은 거대한 생명체이기 때문에 이와 같은 공생 시나리오를 섭취와 같은 행동에서 비롯되었다고 자연스럽게 생각한다. 하지만 남세균 입장에서 보면 그것은 식민지화에 가깝다. 공생 사건이 벌어지기 전 광합성 세균은 여러 종류의 환경, 이를테면 열린 바다, 갯벌의 세균 띠, 호수의 퇴적층 등에서 살고 있었다. 초기 진핵세포 내부는 생존은 허용하되 식민지화가 불가피한 또 다른 환경이었다. 초창기에는 별로 우호적인 환경이 아니었을 것이라는 뜻이다. 세대를 지나면서 그들 중 상당수가 먹잇감이 되었기 때문이었다. 하지만 살아남은 일부 광합성 세균은 이로운 점도 찾아냈다. 열린 바다와 달리 내부 환경이 매우 안정되었고 살고 번식하는 데 필요한 모든 화학물질을 숙주가 공급해 주었기 때문이었다. 게다가 숙주세포가 번식하면 실제로 새로운 환경이 확장되기도 했다. 세대마다 새로운 방이 만들어지는 가정집 같았다.

시간이 흘러 계속 팽창하던 집은 피크[5]의 고르멩거스트Gormenghast처럼 그 자체로 매혹적인 장소가 되었다. 이들은 지구 전체로 퍼져 나갔고 공상 과학소설 속 우주 껍질을 통해 얽힌 웜홀wormholes처럼 먼 미래까지 지속될 것이다. 시간과 공간을 통해 무수히 뻗어 나가는 엄청난 수의 엽록체는 오늘날에도 엄연히 살아 있다. 광합성 세포가 분열할 때마다 엽록체는 가지를 쳐 나간다. 일부 엽록체는 남고 일부 엽록체는 딸세포로 넘어간다.

웜홀을 통해 뻗어 나가는 것처럼 엽록체의 서식처는 시간이 지남에 따라 각기 다른 필요성에 발맞추어 스스로 변화하였다. 여기서든 저기서든 진화가 작동했다. 아직도 세균처럼 보이는 세포 안에서 자그마한 녹색 캡슐 모양으로 존재하는가 하면 소용돌이치는 나선처럼 바깥쪽 막에 단단히 밀착된 엽록체도 있다. 어떤 것은 붉은 별 모양의 엽록체가 세포에 들어 있기도 하다. 그러나 그들은 모두 같은 공통 조상의 후손과 다름이 없다.

수십만 개의 낙엽에서 그리고 후손을 남기지 못한 수많은 화석종 식물에서 우리는 네트워크 안의 막다른 골목을 목격한다. 하지만 스스로 재창조하며 살아 있는 네트워크의 끈들도 셀 수 없이 많다. 엽록체는 늘 우리 주변에서 매 순간 웜홀의 통로를 따라 움직이며 미래로 나아가고 있다.

네트워크 안의 엽록체는 바깥세상에서 자유로운 생활을 영위하는 남세균보다 더 중요한 이 세계의 일차 생산자로 부상했다. 진화는 아름답게 직조된 생명 보조 장치를 식물 혹은 조류의 망 안에 형상화했고

5) 시인이자 화가로, 『이상한 나라의 앨리스』에 삽화를 그렸다. 고르멩거스트는 1950년에 출간된 3부작 소설의 제목이다(옮긴이).

엽록체에게 빛과, 물, 이산화탄소 및 미량 영양소를 공급할 수 있었다. 엽록체는 이제 다른 방식으로 살아갈 수 없다. 그들은 웜홀 세상 밖으로 나가지 못한다. 엽록체는 우리와 투명한 막을 경계로 분리되어 있지만 손을 뻗으면 닿을 만큼 가까운 곳에 존재한다. 푸른 잎을 볼 때마다 우리는 그들을 매일 바라본다. 수십억 년 전에 문을 열고 들어갔던 그들은 아직도 밖으로 나오지 않고 있다.

지루한 10억 년

오늘날 엽록체는 식물 혹은 조류 세포 내에 묶여 있지만 아무런 문제가 없다. 놀은 과거 어느 순간 엽록체가 어려움을 겪었던 적이 있었다고 말한다. 그는 원생누대 상당 기간 광합성 진핵세포로 살기가 녹록지 않았다는 가설을 발전시켰다.

지구 역사를 넷으로 구분하면 명왕누대, 시생누대, 원생누대 및 현생누대이며 그중 원생누대가 가장 길다.[6] 거의 20억 년이며 지구에 생명이 출현한 후 거의 절반의 시기에 해당한다. 오랜 세월만큼 원생누대는 밋밋했다. 대산소 사건과 눈덩이 지구로 원생누대의 시작은 극적이었다. 그 뒤로는 비슷한 과정이 되풀이되었다. 동위원소 분석에 따르면 몇 번의 전 지구적 빙하기가 반복되다가 현생누대 시작의 기폭제가

6) 공정하게 말하면 5억 4,300만 년 전에 시작된 현생누대는 아직 끝나지 않았다. 언제일지는 정확히 알 수 없지만 우리는 현생누대가 어떻게 끝날지 예상하고 있다. 다음 장에서 살펴볼 것이다. 현생누대가 시생누대 14억 년을 뛰어넘을 수는 있지만 원생누대는 그렇지 못할 것이라고 거의 확실하게 말할 수 있다.

된 '캄브리아기 대폭발'이 일어났다. 화석 기록에서 복잡한 생명체가 대량으로 발견된 시기다. 그 사이에 사건이라곤 없는 긴 시간이 자리한다. 탄소 동위원소 분석도 일요일 오후 델프트 산책길만큼이나 변함이 없다. 비록 진화적 혁신이 없던 것은 아니었지만 그 일은 매우 더디게 진행되었다. 포유동물은 어림도 없지만 공룡이 군림했던 시간보다 더 긴, 수억 년의 차이가 나는 원생누대 두 개의 바위에서 사실상 같은 화석이 발견되기도 한다. 영국 고생물학자인 마틴 브라시에Martin Brasier는 원생누대 중기를 '지루한 10억 년'으로 불렀고 그 이름이 정착되어 굳어졌다.

원생누대 초기 지구에서 복잡성을 가진 생명체에 필요한 혁명은 이미 일어나고 있었다. 오늘날처럼 많지는 않았어도 대기 중에는 산소가 있었고 진핵세포도 있었다. 원생누대 원시 조류 화석은 유성 생식이 절반쯤 완성되었다는 사실을 보여 준다. 생명이 복잡하고 커다란 유전체를 향해 진화하고 있다는 뜻이다. 단순하지만 조류와 같은 초기 다세포 생명체도 거기에 있었다. 이들은 아직 사촌 세균이 살아가는 방식을 고수하기도 했다. 어쨌거나 신참자들에게 그리 좋은 시절이 아니었다.

아마도 현재 원생누대에 관해 가장 정통한 앤디 놀이 바로 이 정체 상태를 설명하고자 뛰어들었다. 황 동위원소를 집중적으로 연구한 덴마크 지구과학자 돈 캔필드Don Canfield의 작업에 기초하여 앤디는 지구화학자 아리엘 앤버Ariel Anbar와 함께 독자적인 가설을 구축해 나갔다. 1990년대 후반 캔필드는 대산소 사건이 이름만큼 그리 거대한 것은 아니라고 지적했다. 그는 대기 중의 변화가 바다에 미친 중요한 효과는 산소를 채운 것이 아니라 황 화학을 변화시킨 것이라고 주장했다. 그는 산화된 행성 표면이 바다에 엄청난 양의 황산염을 제공했고 산소가 없는 바다 깊은 곳에서 세균은 그것을 황화물로 환원시켰다고 주장했다.

오늘날 공기가 잘 통하지 않는 흑해의 물에서 벌어지는 일과 비슷한 현상이다.

캔필드의 생각은 원생누대를 바라보는 사람들의 시각을 바꿨다. 이전에 사람들은 질질 끌었던 원생누대를 시생누대와 현재를 선형적으로 잇는 중간 단계로 파악했다. 캔필드의 대양은 원생누대를 지구화학적으로 독특한 독자성을 갖도록 이끌었다. 황화물이 철을 모조리 침전시켜, 철이 풍부했던 시생누대와 바다 깊은 곳까지 산소가 풍부한 현대의 대양과도 달랐다고 판단한 것이다. 그는 독특한 특성을 지닌 원생누대만의 바다를 그려 냈다.

놀과 앤버는 캔필드의 바다가 진핵생명체 조류에게 호의적이지 않았던 점이 중기 원생누대 밋밋함의 진정한 의미라고 판단했다. 모든 세련미에도 불구하고 질소를 고정할 능력이 없던 진핵세포는 태생적 결핍을 안고 태어났다. 생명체에게 유용한 형태가 되려면 공기 중의 질소는 고정되어 암모늄NH_4^+ 이온 형태로 환원되어야 한다. 그 어떤 진핵세포도 질소가 필요한 전자를 펌프 해 줄 효소와 에너지가 농밀한 전자전달계를 갖추지 못했다. 일부 남세균을 포함한 몇 세균만이 질소를 고정할 수 있다. 20세기 들어 질소를 고정할 화학 공장이 설립되기 전까지 지난 20억 년 동안 질소 고정에 관한 한 진핵세포는 거의 전적으로 세균에 의존했다.

질소를 고정할 때 가동되는 전자전달계 단백질에는 철과 몰리브덴이 필요하다. 캔필드 바다에는 저 두 원소가 무척 희박했을 것이다. 철 농도는 질소 고정이 시작된 시생누대의 1,000분의 1도 되지 않았다. 바닷물 속의 황화물은 거기 녹아 있는 산화 몰리브데마저(오늘날 세균에게 제공되는 몰리브덴 금속이다) 제거해 버렸다. 철도 적은 데다 몰리브덴은 더 모자라서 질소 고정은 지금보다도 더 어려웠다. 진핵세포 살림이 곤궁했을 것은 미루어 짐작할 만하다.

유용한 질소 원천이 변했을 뿐 아니라 이미 만들어진 질소에 대한 경쟁도 심해졌다. 한 종류의 세균이 질소를 만들면 다른 세균이 달려들어 바로 먹어 버렸을 것이다. 암모니아는 세균 혹은 일부 고세균의 음식이다. 이들은 암모니아를 질산 혹은 아질산 이온, 산화질소(탄소와 마찬가지로 질소도 산화환원 상태가 다양하다) 등으로 산화시킨다. 산소가 녹아들면서 캔필드 바다 얕은 곳은 더 살벌한 공간이 되었다. 암모니아를 두고 경쟁하는 진핵세포 신참자가 끼어들었기 때문이다.

이것이 그리 심각한 상황은 아니었을 가능성도 있다. 진핵세포가 질소원으로 암모니아뿐만 아니라 세균이 먹고 버린 질산 혹은 아질산을 사용할 수도 있었기 때문이다. 하지만 이때도 몰리브덴[7]이 필요했다. 진핵세포는 지구화학적 상황에 종속되었다. 그들은 질산을 쓰기 위해 몰리브덴이 더 많은 쪽으로 모여들었다. 몰리브덴이 격리될수록 질소 고정 세균이 만드는 질산의 양은 상대적으로 줄어들 수밖에 없었다.

일반적으로 생명체, 특별히 조류는 질소가 한참 부족했다. 앤버와 놀이 말했듯 바로 이것이 지루한 10억 년의 가장 기이한 점인, 변화 없는 탄소 동위원소 분석 결과를 설명해 준다. 정상적이라면 탄산염 암석 속의 탄소-13 동위원소 농도는 해양 생태계의 생물학적 생산성의 변화를 반영하여 움직인다. 예를 들어 지각판이 움직여 커다란 산맥을 형성하면 바다의 생산성도 높아진다. 산이 많다는 말은 침식이 잦다는 뜻이

7) 고등 식물에게 몰리브덴이 필수 영양소인 까닭이다. 1930년대 식물영양소를 연구하던 다니엘 에어런Daniel Aaron이 이 사실을 밝혔다. 일부 조류에서는 구리가 그 역할을 한다. 이 점도 캔필드 바다에 몰리브덴이 부족했음을 의미할 뿐이다.

고, 다른 요인이 같다면 잦은 침식은 바다로 흘러가는 물속에 인이 많다는 의미다. 다른 곳도 마찬가지지만 바다의 생산성은 인산염이 공급되는 속도에 좌우된다. 인은 다른 어느 것으로도 만들 수 없을 뿐만 아니라 그것 말고는 가용성 인이 없고 그것을 운반하는 기체도 대기 중에 없기 때문이다. 생명체는 이산화탄소로부터 탄소를 고정하고 필요할 때 대기 중의 질소를 암모니아로 고정할 수 있지만 인은 주어진 것 말고는 그 어디에서도 얻을 수 없다. 19세기 리비히Liebig가 처음으로 지적했듯이 식물의 성장 속도는 필수 영양소 중 가장 공급이 적은 물질에 좌우된다. 오늘날 해양 생태계에서 가장 부족한 물질은 대개 인이다.

비록 원생누대 중기가 지질학적으로, 또 거의 모든 면으로 매우 조용한 시기였지만 대륙이 완전히 정적인 상황은 아니었다. 따라서 바다에 공급되는 인의 양은 시간에 따라 반드시 변동해야 한다. 오늘날과 비슷한 상황이라면 바다가 고정하는 탄소의 양도 오르락내리락 해야 한다. 탄소 동위원소의 양도 마찬가지다. 하지만 어디에서도 이런 오르내림이 보이지 않는다. 오늘날 기준에서 보면 바다의 생산성이 다소 낮았을 뿐만 아니라 바다에 공급되는 인의 양에도 무관심한 채 별다른 반응을 하지 않은 것으로 보인다. 놀과 앤버는 약 10억 년 동안 부족했던 영양소는 인산염이 아니라 질소였다고 해석한다. 인산염의 공급 변화가 해양 생태계에 별다른 영향을 끼치지 못한 까닭은 고정된 질소의 양이 충분하지 않았기 때문이라는 것이다.

다양한 증거와 함께하기 때문에 놀의 의견은 호소력이 있다. 하지만 과학자 모두를 설득할 수 있도록 완벽하지는 않았고 또 시간의 시험대를 통과할 수 없을지도 모른다. 생명 탄생 초기부터 지구화학과 생화학이 떼려야 뗄 수 없는 관계라는 생각을 하고 있는 나는 이런 놀의 의견을 좋아한다. 따라서 황의 순환과 몰리브덴 화학의 미묘한 상호 작용에 의해 복잡한 생명체의 등장이 10억 년가량 지체되었다는 사실이 그럴싸하게 생각된다.

이런 나의 취향이 꼭 지적인 문제만은 아니다. 기질 탓도 있기 때문이다. 나는 상황에 그리 예민한 사람이 아니다. 인식력도 떨어지고 사람 이름도, 세세한 사실도 잘 기억하지 못한다. 식물 잎의 모양이나 바위의 질감을 해석하는 방법도 무척 더디게 배웠다. 도시가 아닌 풍광에도 익숙지 않아서 무의식적 관찰을 통해 무언가 습득하기도 어려웠다. 이런 모든 점을 감안하면 생명의 본성에 대한 믿음이 분자 혹은 행성에서, 즉 감정이 아니라 지성에 의해 감지될 수 있는 수단에서 비롯된다는 점은 얼마나 다행한 일인가! 그것은 자연에 가깝다는 느낌보다는 훨씬 더 귀납적이다. 즉 느낌보다는 논쟁에 의존하는 것이다. 생명을 접한 경험에서 모든 것이 비롯되지는 않겠지만 나는 그것이 경험을 풍부하게 하고 거기에 깊이를 부여한다고 생각한다. 조악한 경험이 감당할 수 없는 세밀한 방식으로 하늘은 씨앗 그리고 비는 바위와 긴밀한 관계를 맺는다. 강둑에 앉아 강을 거슬러 오르는 송어를 잡을 때보다 좁고 밀폐된 창가 의자에서 환경에 해를 끼치는 비행기 승객으로 여행할 때 나는 이 세계와 더 하나가 되는 묘한 슬픔을 느낀다. 이런 믿음은 내 마음이 움직인 탓이다. 새의 노래나 여름의 향기가 내 정서를 건드린 탓이 아니다. 믿음은 분석으로 축소할 수 없고 나를 움직이는 힘이 있다는 데 큰 의미가 있다. 내가 보기에 그것은 자연과 공감대를 보다 전통적인 방식으로 확대하는 일이다. 그것은 내가 산비탈의 나무, 바람에 흔들리는 잡초 혹은 절벽 위의 이끼, 하늘의 별을 보는 방식을 풍요롭게 한다. 비록 내가 종species이나 암석의 명칭 또는 별자리를 인식하는 일은 드물지만 말이다. 그러나 행성에 대한 감각은 장소를 보는 감각을 증폭한다.

세상에 접근하는 그의 방식에 편견이 있다는 점을 실토해야 하겠지만 원생누대 시간 길이에 관한 놀의 가설을 아무것도 아닌 것으로 만든 또 다른 견해를 이야기하려고 한다. 지금은 케임브리지 소속으로, 한때 놀의 학생이었던 닉 버터필드Nick Butterfield는 원생누대의 진화 속도가 느렸던 까닭은 단순히 동물이 적었기 때문이라고 주장했다. 신경계와 소화기관을 갖추고 주변을 배회할 수 있는 생명체 말이다. 오늘날에는 먹이사슬을 둘러싸고 동물이 다른 동물 혹은 행성과 맺고 있는 상호작용에 대응해 강력한 자연선택이 작동한다. 이런 상호 작용이 없다면 자연이 선택할 수 있는 재료는 많지 않다. 또한 버터필드는 얼음으로 뒤덮인 원생누대의 진화 속도가 동물이 없는 상태라면 지극히 자연스러운 속도라고 강조했다. 캄브리아기가 시작된 때부터 지금까지 이루어진 진화의 속도에 우리가 익숙한 탓에 상대적으로 원생누대의 진화 속도가 느리게 보일 뿐이라는 것이다. 다시 말해 그는 캄브리아기 이후 진화 속도가 더 빨라졌다고도 말했다. 빙하의 흐름은 액체 상태의 물에 익숙한 생명체들에게 무척 느릴 수밖에 없다.

버터필드가 바라보는 세계에서 가장 초기 동물은 원생누대 말기에 등장했다. 그들의 존재는 몸통 화석에 의해서가 아니라 그들이 먹었던 단세포 생명체의 급작스러운 다양성과 함께 나타난다. 동물로서의 기예를 습득하는 순간 캄브리아기에서 보이는 다양성의 폭발은 불가피해진다는 것이다. 여기에는 10억 년 전이라도 동물이 진화되었다면 바다의 화학이나 몰리브덴과 관계없이 캄브리아기 대폭발과 같은 일이 벌어졌을 것이라는 의미가 숨어 있다. 누군가 질소를 고정하기만 한다면 동물은 그 생명체를 먹기만 하면 된다.

다양한 지질학적 가설들은 그것이 어떻게 캄브리아기 대폭발을 가능케 한 환경적 '방아쇠'가 될 수 있는지를 반드시 설명해야 한다. 원

vol.1

70쪽 | 값 48,000원

천체투영기로 별하늘을 즐기세요!
이정모 서울시립과학관장의
'손으로 배우는 과학'

make it! **신형 핀홀식 플라네타리움**

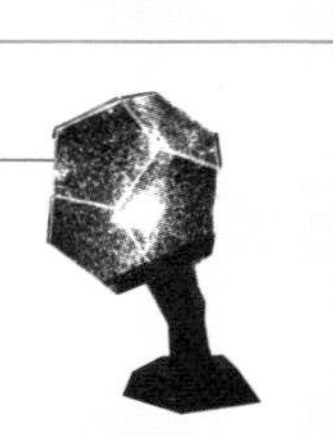

vol.2

86쪽 | 값 38,000원

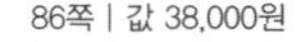

나만의 카메라로 촬영해보세요!
사진작가 권혁재의
포토에세이 사진인류

make it! **35mm 이안리플렉스 카메라**

vol.3

Vol.03-A 라즈베리파이 포함 | 66쪽 | 값 118,000원
Vol.03-B 라즈베리파이 미포함 | 66쪽 | 값 48,000원
(라즈베리파이를 이미 가지고 계신 분만 구매)

라즈베리파이로 만드는
음성인식 스피커

make it! **내맘대로 AI스피커**

vol.4

74쪽 | 값 65,000원

바람의 힘으로 걷는 인공 생명체
키네틱 아티스트
테오 얀센의 작품세계

make it! **테오 얀센의 미니비스트**

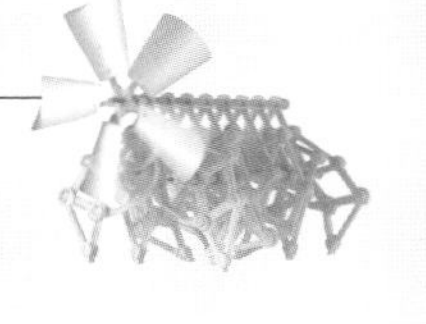

vol.5

74쪽 | 값 188,000원

사람의 운전을 따라 배운다!
AI의 학습을 눈으로 확인하는
딥러닝 자율주행자동차

make it! **AI자율주행자동차**

생누대 마지막 몇억 년 동안 환경적으로 경이로운 변화가 찾아왔다. 지구를 눈덩이로 만들었던 빙하기가 최소한 두 번은 지나갔고 탄소 동위원소의 기록이 급하게 변했다. 또한 지각판 이동이 활발해졌고 꽤 커다란 소행성이 지구와 부딪히기도 했다. 생명의 각본을 환경과 연결하고자 하는 사람들은 이런 사건들이 몇 퍼센트에 불과하던 대기 중 산소의 농도를 10퍼센트 혹은 20퍼센트까지 올렸고 그래서 생명이 사용할 물질이 풍부해졌다고 강조할 것이다.

전적으로 생명체가 이 문제에 관해 수동적이라고 단정할 필요도 없다. 앤드루 왓슨의 학생 출신으로, 지금은 동료가 된 러블록의 추종자 팀 렌턴Tim Lenton은 환경 변화가 보잘것없는 이끼에 의해 촉발되었다고 말했다. 원생누대가 끝나기 훨씬 전인 지루한 10억 년 화석 기록에 곰팡이가 처음으로 등장한다. 이들 초기 곰팡이가 남세균과 공생하면서 이끼류로 등극하지 못할 뚜렷한 이유는 하나도 없다.

이러한 공생이 시작되기 전 대륙의 생명체는 바위 위에 사는 세균의 얇은 매트가 전부였을 것이다. 세균이 아니라 진핵세포 생명체인 곰팡이가 바위나 모래로부터 영양소를 더 잘 빨아들일 수 있었던 덕분에 이끼는 조금 더 멀리 퍼져 나갈 수 있었다. 왓슨과 렌턴은 곰팡이의 이런 활동이 대륙에서 화학적 풍화 속도를 빠르게 촉진했다고 주장했고, 여기에 커다란 반론은 없다. 따라서 이런 거대한 온도조절 기전이 작동하자 이산화탄소의 양이 줄어들기 시작했다. 추론에 불과하지만 이끼는 대륙의 바위에서 빠르게 인산염을 추출했고 궁극적으로 바다에 그 염류가 다량으로 흘러들었다. 일차 생산성이 늘고 바다 깊은 곳에 묻히는 탄소의 양도 크게 늘었다. 그 어느 때보다 더 많은 탄소가 매장되었고 남아도는 산소의 양은 늘어만 갔다.

그렇게 이끼는 이산화탄소의 양을 떨어뜨렸을 뿐만 아니라 간접적으로 산소의 수치를 끌어올렸다. 이런 일들이 중첩되며 빙하기가 찾아왔다. 이산화탄소의 양이 줄자 주변의 기온이 떨어졌고 산소가 많아지자 메탄의 양이 줄었다. 당시 메탄의 농도는 시생누대에 비해 현저히 줄었지만 전반적으로 행성을 따뜻하게 유지하는 데 중요한 역할을 했을 것이다.

이런 각본이 필요 없다거나 혹은 원생누대 말기 동물의 등장이 거대한 환경적 격동과 밀접한 관련이 없다는 버터필드의 주장은 받아들이기 어렵다. 그렇지만 그의 말은 설득력이 있다. 다행스럽게도 그의 가설이 예측하는 몇 가지는 시험해 볼 수 있다. 만약 환경이 앤드루 놀이 생각하듯 생물권을 제약했다면 버터필드가 생각하는 것보다 더 오래전에 원형-동물ur-animals이 존재해야만 한다. 그러나 확실히 그렇다고 말하기는 어렵다. 흥미롭게도 원생누대가 끝나갈 무렵 산소의 양의 극적으로 올라갔다는 매우 뚜렷한 증거가 최근에 등장했다. 그와 함께 대형 동물과 복잡한 조류가 탄생했다. 그 조류 중 일부가 육상을 넘보는 일은 이제 단지 시간 문제였다. 게다가 자신을 먹는 동물에 대항해 복잡해진 조류의 진화가 더욱 가속화되었다.

대기권을 침범하다

런던의 자연사 박물관 동쪽 1층에는 길고 넓지만 크기에 비해 천장이 낮은 방이 있다. 반은 성당이고 반은 철도 터미널 같은 철제 아치형 중앙 홀을 가진 방이다. 이런 구조는 박물관 문서들이 유물처럼 보이게 했지만 빛바랜 초록색 칠 때문에 너무 밝아서 다소 밋밋한 벽에 무표정한 금속 캐비닛의 행렬이 구닥다리처럼 만들었다. 빅토리아풍의 박물관 건물과는 대비되는 1970년대식 단조로운 캐비닛에는 웅장한 표본이 들어 있다. 디플로도쿠스 공룡 뼈대가 바닥에 놓이고 위로 성당풍의 장미 장식 유리창 옆에 나이테로 보아 거의 2,000년은 되보이는 삼나무 그루터기가 걸려 있다.

초록색 유물의 놀라움은 오히려 화려하지 않고 숨겨져 있다는 데 있다. 박물관 캐비닛 안에는 고대 식물의 표본이 가득하다. 식물 화석을 간직한 약 25만 개의 암석이 시간 순서로 배열되어 있는 것이다. 캐비닛을 따라 복도를 걸으며 우리는 행성의 가장 최근 약 5억 년에 이르는 시기가 조심스럽게 모인 역사를 목도한다.

우리는 여기에서 최초의 육상 식물을 찾을 수는 없다. 화석 기록으로는 첫 번째 식물을 찾을 여지가 없다. 화석에서 첫 번째 생명, 최초의 남세균, 최초의 진핵생물 또는 최초의 동물을 찾아보기는 무척 어렵다. 그러나 우리는 언제 이런 식물들이 출현했는지 그 증거를 얻을 수 있다. 현생누대는 11개의 기[8]로 나뉘며 캄브리아기가 첫 번째다. 두 번째는 오르도비스기이며 초기 식물의 것으로 보이는 포자가 퇴적층에서 발견된다. 오르도비스기의 포자는 화석을 통해 식물과 동물을 연구하는 방식이 다르다는 점을 보여 준다. 식물은 다양한 방식으로 암석에 흔적을 남긴다. 초기에는 포자, 나중에는 꽃가루를 어디에서든 쉽게 발견할 수 있다. 적당한 진흙 또는 가는 모래에 떨어진 잎도 화석으로 쉽게 발견된다. 식물의 화석과 잎이 서로 관련 없는 경우도 있다. 이렇듯 대부분의 고생물학자들은 불완전한 표본을 대상으로 작업을 진행한다.

8) 미국인은 12기로 나눈다. 유럽인이 석탄기라고 부르는 시기를 미국인은 전통적으로 펜실베이니아기와 미시시피기로 나눈다.

오르도비스기와 그 이후 지질학적 시기인 실루리아기의 식물 화석은 무척 드물다. 부분적으로 땅이 건조해서 화석이 묻히기에 좋은 환경이 마련되지 못했기 때문이다. 대부분의 퇴적층이 바다에서 형성되기 때문에 대체로 동물 화석은 수생 생명체다. 초기 식물들은 작고 부서지기 쉬웠다. 나중에 동물들이 육상으로 올라왔을 때 그들은 독특한 크기와 형태 및 행동 양식을 정착시켰다. 물고기는 바다 밑을 건너올 때 짧은 지느러미를 이용하여 진흙밭을 기다시피 했고 절지류도 자신의 조상이 그랬듯이 짧은 다리를 바삐 움직여 땅으로 올라왔다. 반면 식물은 거의 가진 것이 없이 시작했다. 계통도에서 육상 식물과 가까운 친척인 조류는 작고 보잘것없었다. 그들의 직계 후손은 아마도 왜소한 이끼처럼 보였을 것이고 화석으로 남기에 무언가 단단한 것이 절대적으로 부족했다. 전혀 나무 같지 않은 조류에서 나무가 진화했고 관목 비슷한 해조류에서 관목이 탄생했다. 오늘날 볼 수 있는, 너른 범위에 걸쳐 다양한 형태와 크기를 가진 식물은 물에서 육상 표면으로 자리를 옮겼던 가냘픈 공통 조상에서 비롯된 것이다.

약 1억 년 안에 진화는 방대한 영역에 걸쳐 다양한 도구 상자를 조립했다. 자연사 박물관 가장 초기의 포자와 절편을 보관하는 캐비닛 바로 뒤에 있는, 스코틀랜드 라이니Rhynie 지방에서 발견된 특별한 암석에서 우리는 변화된 식물의 모습을 발견할 수 있다.

라이니 처트chert는 어두운 암석으로 무거우며 단단하고 거칠다. 대개 검은색이지만 여기저기 밝은색 띠가 가로질러간다. 표면은 매끄러운 광택을 낸다. 바위를 자세히 관찰하면 거기에 아주 작은 길을 볼 수 있을 것이다. 표면 바로 아래 연한 회색의 특이한 얼룩은 연못 표면 아래 흐릿하게 보이는 잉어를 연상시킨다. 의사이자 지질학자이며 세계대전이 발발하기 몇 해 전 애버딘셔Aberdeenshire 암벽에서 처트 조각을 채

취해 조사했던 윌리엄 맥키William McKie처럼 잘 훈련된 눈을 가진 사람들은 이 얼룩이 암석에 보존된 식물에서 유래했다는 사실을 안다. 또 이 처트 표본을 갈아 얇아서 빛을 투과하고 현미경으로 관찰이 가능한, 지질학자들이 '얇은 단면'이라고 부르는 조각을 관찰하면 믿을 수 없이 잘 보존된 고대 식물의 모습을 엿볼 수 있다. 라이니 처트 화석은 지금까지 지질학자들이 발견한 것 중 가장 완벽한 육상 식물의 모습을 간직하며 전체 식물 화석 중에서도 최상의 보존 상태를 보여 준다. 마치 음성 기록 연구자가 모든 사람이 유실되었다고 믿었던 에디슨 시대의 왁스 실린더를 발굴했는데 그것이 고음질의 소리를 간직하고 있는 것과 같았다.

늦겨울 어느 흐린 날 오후 박물관의 고식물학자 폴 켄릭Paul Kenrick은 맥키가 라이니 처트로 만든 얇은 단면 몇 개를 내게 보여 주었다. 현미경을 통해 본 검은 암석에서는 투명하고 작은 황금의 세계가 펼쳐졌다. 작지만 전체 생태계를 자세히 볼 수 있었다. 이렇게 잘 보존된 까닭은 식물의 위치가 좋았기 때문이다. 식물은 간헐천이나 온천 근처 실리카가 가득한 물에 잠겨 자랐던 것으로 보인다. 식물이나 동물과 접촉하면 실리카는 침전되어 고형의 작은 석영 결정을 이루게 된다.

맑은 석영 기질 안에는 각각의 세포 하나까지 볼 수 있는 고대 식물이 간직되어 있는데 진드기와 노래기 그리고 작은 거미 비슷한 생명체들의 몸통도 들었다. 다른 슬라이드에서는 줄기의 단면을 볼 수도 있었다. 거기에서는 지름이 약 5밀리미터 크기의 벌집 모양으로 밀집된 세포들도 관찰할 수 있다. 가로질러 두꺼운 뱀 비늘 비슷한 줄기 모습도 보인다. 어떤 슬라이드든 밝고 노란빛이 가득하다. 가장자리가 어두운 줄기의 세포들은 리그닌lignin의 존재를 드러낸다. 견고하고 내구성이 있어서 나무에 구조적 힘을 부여하는 화학물질이다. 생존을 위해 촉수를 내민 곰팡이가 있는 줄기도 보인다. 독특한 모양의 포자가 바람에 날리는 모습도 볼 수 있다. 또한 육상 생물이 이산화탄소를 받아들이는 작은 구멍인 기공이 두꺼운 줄기 큐티클 표피 아래에서 열려 있다.

식물의 이런 놀라운 점은 단지 그들이 육상에 살았다는 데 있지 않다. 남세균 매트 형태로, 나중에는 이끼로 광합성 생명체는 대륙에서 10억 년을 넘게 살았다. 줄기와 리그닌 그리고 바람에 날리는 포자를 구비한 식물은 처음으로 육상 표면을 떠나 기체를 먹고 사는 생명체로 자신의 고향을 새로 찾아낸 것이다. 그곳은 공기였다.

우리는 식물이 폭넓게 내린 뿌리로부터 생겨난 것이라는 선입견을 가지고 있다. 그럴듯한 생각이다. 흙은 어디든 있고 즉각적이며 특별하고 우리가 느끼고 냄새 맡을 수 있는 존재다. 손가락으로 비벼 가루를 낼 수도 있다. 씨를 뿌리면 우리는 비밀의 장소에서 생명체가 탄생하는 모습을 볼 수 있다. 흙은 우리에게 속하고 우리는 흙에 속한다고 말한다. 보수적이고 낭만적인 생각에 사로잡혀 우리는 흙이 인류의 고향이고 인간의 혈액을 규정하며 흙에서 비롯된 정령은 우리를 특별하게 번성하게 할뿐만 아니라 인간 자체를 만드는 것이라고 생각한다. 흙에 바탕을 둔 뿌리내리기는 소속감에 대한 인류의 일차적 은유다.

흙은 그 자체로 그 어떤 특별한 생명력도 없다. 그러나 맞다. 흙은 식물에 필수적이다. 우리가 먹거나 먹지 않거나 상관없이 흙은 필수적이다. 식물에 영양소를 공급하고 그것을 지탱하여 쓰러지지 않게 한다. 식물과 미묘한 과정에 참여하는 미생물과 다른 생명체가 기거하는 장소이기도 하다. 흙은 필수적이고 신비하며 독특하지만 어떤 점에서 그것은 부차적인 조연에 불과하다. 그들이 뿌리를 내린 특별한 토양은 나무에게 그저 우연한 사건이다. 나무의 목표는 하늘에 있다.

겨울에 잎을 다 떨구고 흐린 하늘에 어두운 가지를 드러내고 있는 너도밤나무를 생각해 보자. 로빈 힐이 그의 아이들에게 예술가의 눈을 가지게 하려고 '일반적인 상식'에서 벗어나 고개를 숙이고 다리 사이로 나무를 보라고 했던 사실을 떠올려 보자. 나무의 성장은 하늘에서 무언가 끌어올렸다기보다는 흙에서 밀어낸 것처럼 보인다. 줄기와 가지 그리고 잔가지는 종이 위로 퍼지는 잉크 또는 유리의 갈라짐처럼 욕망과 균열 사이에서 무언가를 구현한다.

나무의 형태는 우리에게 진실을 말한다. 나무는 공기 중에서 자란다. 공기를 뚫고 자라기 때문이다. 나무의 몸통은 그 아래 있는 흙으로 만들지 않았다. 사실 대부분 흙은 나무로 만들어진 것이다. 흙과 나무는 위에 있는 하늘에서 끌어당긴 탄소로 만든 것이다. 나무는 태양과 바람과 비의 합작품이다. 땅은 그저 나무가 서 있는 장소다.

현미경 아래로 라이니 처트의 황금빛 미시 세계를 보면 초기 식물의 조상이 대기권과 전 세계로 퍼져 나간 데본기 폭발이라는 식물의 참신성을 목도하게 된다. 지질학적으로 4억 800만 년에서 3억 6,200만 년 전 사이의 기간이다. 라이니 식물 중 가장 키가 큰 것은 겨우 무릎 높이에 이르렀다. 대부분은 그보다 작았다. 대개 잎은 없었고 자라면서 폭을 확장하는 방법이 없었다. 뿌리도 약해서 안정감도 떨어졌다. 하지만 이들은 물속에서와 달리 하늘에서 살기 위한 기초적인 생물학적 기제를 마련했다. 공기 중에서 다양한 이점을 확보하려는 모든 대책을 강구한 것이다. 여과되지 않은 햇볕, 광합성 조직 안과 밖을 자유롭게 흘러 다니는 이산화탄소, 포자, 씨 혹은 꽃가루를 흩날리는 바람, 그 어느 것이든 최대로 활용해야 했다.

줄기가 처음으로 발달한 것은 아마 마지막 목표를 위한 것으로 보인다. 가장 초기의 육상 식물은 키 작은 이끼와 다를 바 없었고 이들은 흐르는 바람과 땅 사이의 '경계층'에 국한해서 살아갔다. 경계층의 깊이는 표면의 거칠기에 따라 달랐다. 강 가장자리 자갈이 깔린 곳은(초기 육상 식물이 살려고 시도한 자연적인 장소) 몇 센티미터 정도였을 것이다. 그 위에서는 바람이 빨랫줄에 매달린 옷을 말리듯 식물 조직을 말려 버렸을 것이다. 이런 건조 상태를 다룰 방책이 제한적이었기 때문에 최초의 식물은 아직 공기가 축축한 채로 불어오는 경계면에 붙들려 살았다.

오늘날에도 그런 장소에서 식물들이 살아간다. 뿔이끼hornworts, 우산이끼liverworts, 이끼류 등 선태식물bryophytes은 낮고 평평하게 자라며 습한 표면을 따라 포자를 퍼뜨리며 살아간다. 이들은 이런 조건에서도 상당히 잘 살아간다. 물이끼가 덮은 토탄 수렁 지역은 아마존에 육박하는, 지구 표면 1퍼센트를 차지하는 공간에서 엄청난 양의 탄소를 저장하고 있다. 그러나 나머지 지구 표면 위로는 식물이 높게 자라며 번성한다. 자연선택은 생명체의 자손이 이웃 생명체가 접근하지 못하는 곳으로 퍼져 나가는 방식을 기꺼이 채택한다.

진화는 포자를 바람에 방출하기 위해 경계층 위로 자란 식물의 줄기를 선호했다. 시간이 지남에 따라 식물은 내부를 습하게 유지하는 왁스 큐티클 층을 갖추는 등 다양한 방어 체계를 구축하고 건조한 기후에 맞서게 되었다. 큐티클 층은 이산화탄소를 빠져나가게 할망정 물을 지킬 수 있었다. 만일 줄기가 광합성을 하면 이산화탄소를 받아들이는 대신 물을 잃을 각오를 해야 한다. 이런 절충안을 중재한 것은 기공이다. 식물은 녹색 조직에서 광합성의 양을 감지하고 그에 따라 기공을 여닫는다. 전체적으로 환경의 입장에서 기공은 식물생리학의 가장 중요한 특성이다. 이들은 물과 탄소 순환을 긴밀하게 연결한다.

손실을 줄였다곤 해도 공기를 향해 기공을 여는 일은 여전히 물을 잃는다는 의미이고 그것은 언제든 문제가 될 수 있다. 식물은 세포 내 물의 압력에 의지해서 견고함을 유지할 수 있다. 하지만 물을 잃어버리는 일이 식물에게 유리할 수도 있다는 점이 드러났다. 물관 안의 가는 물줄기는 놀라운 인장 강도를 가질 수 있다. 나무 꼭대기에서 물을 강하게 끌어당기면 마치 강철선을 끌어올리듯 물을 위로 올릴 수 있다. 내부에 배관이 있는 관다발 식물은 이런 힘을 사용하는 방법을 배웠다. 증산이라는 과정을 거쳐 식물이 기공을 통해 물을 잃어버리면 강철선처럼 흙에서 물을 끌어올리는 관다발이 더 조직화된다. 게다가 위로 올라오는 물은 대기 중에서는 충당할 수 없는 무기질 영양소인 질산, 인산 및 철분 등과 함께 온다. 물을 잃는 것은 하늘을 향해 솟구치는 식물에게 비가역적인 사실이다. 조직의 견고함을 부여하고 아래쪽으로부터 영양소를 끊임없이 끌어올림으로써 관다발 식물은 물의 손실이라는 약점을 자신의 고유한 특성으로 변화시켰다.

위로 높이 자라면서 식물은 땅으로도 깊이 파고들었다. 하늘로 솟은 나무는 공기 중의 조직에 물을 공급할 뿐만 아니라 구조적 지지를 위해 뿌리가 필요했다. 식물 전체가 훈풍에 쓰러진다면 강한 바람을 견딜 만큼 튼튼한 줄기를 갖는 것은 별다른 의미를 갖지 못한다. 라이니처트에서 발견된 식물은 이미 가느다란 뿌리를 가지고 있었다. 나중에 데본기 화석 식물은 위뿐만 아니라 아래로도 자라는 방법을 배웠다. 결정적으로 그들은 흙에서 곰팡이와 화학적 물질 계약을 맺어 영양소를 얻고 세균에게서는 고정된 질소를 얻는다. 대신 위쪽 광합성 조직에서 만든 탄수화물을 보상으로 제공한다. 공생 관계의 이런 포괄적인 성격은 아직 잘 모르지만 그 복잡성은 흙으로 다리를 내린 뿌리 체계 자체와 맞먹는다.

데본기 폭발을 가능하게 했던 대부분의 해부학적 발달은 줄기, 기공 및 뿌리와 같은 구조물의 건축을 지배하는 새로운 유전 프로그램이었다. 이런 발생의 일부는 생화학적인 것으로 새로운 종류의 분자를 만드는 화학적 경로였다. 왁스를 이용해서 줄기와 잎에 방수성 피막을 입혔던 일도 한 가지 예다. 리그닌도 마찬가지다. 식물 세포는 포도당과 다른 당의 고분자 화합물인 셀룰로스 및 그와 비슷한 물질로 만든 세포벽을 가진다. 길고 얇은 셀룰로스 관은 식물 줄기를 강하고 단단하게 만든다. 유리섬유처럼 가느다란 섬유를 함께 묶어서 나무를 강건하게 한다. 셀룰로스에 리그닌을 보강함으로써 풀이나 꽃처럼 시들거나 약해지지 않도록 물을 충분히 제공할 필요가 줄어들었다. 또한 셀룰로스를 목재로 바꿈으로써 리그닌은 식물이 점점 더 자랄 수 있는 발판을 마련했다.

라이니 처트가 퇴적된 지 4,000만 년이 지나 데본기가 끝날 무렵 진짜 나무라고 할 만한 생명체가 출현했다. 다양한 계열의 식물 집단이 등장한 것이다. 하지만 누가 어떤 생명체 집단에서 유래했느냐보다는 어떤 종류의 생활 방식이 진화했느냐는 점이 훨씬 중요했다. 뿌리, 줄기 그리고 왕관처럼 위로 옆으로 잎을 지탱하는 가지 등인 기본적인 식물계는 최소한 일곱 가지 식물계통에서 독립적으로 진화했다. 이런 수렴 진화는 공기 중에서 광합성 효율을 높이는 방향으로 전개되었다. 일부 데본기 나무, 예를 들어 아키오프테리스Archaeopteris[9]는 겉보기에 나

9) 데본기 말기에 습기가 많은 저지대로 퍼져 나가 숲의 상당 부분을 차지한 아키오프테리스는 인상적인 초기 리그닌 사용 방식을 보여 주지만 또한 고대 식물이 직면한 특이한 문제점을 드러내기도 한다. 20세기 초 러시아의 미하일 드미트리에비치 잘레스키Mikhail Dmitrievich Zalessky는 도네츠 분지 퇴적물에서 구과 식물처럼 보이는 흥미로운 나무줄기를 발견했다. 그는 그 나무를 칼릭실론callixylon이라고 불렀는데 높이는 8.5미터, 지름은 1.5미터에 이르렀다. 이 나무는 캐나다의 지질학자인 J. W. 도손Dawson이 50여 년 전에 발견한 양치식물 군락에서 자라고 있었다. 원시 조류를 그리스어로 오래된 깃털을 의미하는 아키오프테릭스(시조새)라고 부르는 것과 같은 이유로 도손도 그의 고사리를 아키오프테리스라고 불렀다. 1960년대 들어 미국의 찰스 벡Charles Beck은 두 화석의 연관성이 잘못되었다는 사실

무처럼 보였지만 세세한 면에서 오늘날 볼 수 있는 그것과 완전히 달랐다. 밥 스파이서Bob Spicer는 행성의 마른 땅에서 진보된 생명 형태를 구축하고 살아가는 보편적인 특성을 나무가 가진다고 말했다. 복잡한 형태를 취할 수 있는 광합성 생명체가 번성할 수 있는 행성에서 그러한 생명체는 자신의 목적을 달성하기 위해 일종의 나무와 같은 모습을 가질 가능성이 크다는 말이다. 그들은 우리가 보는 나무와 분명 정확히 같지는 않을 것이다. 모든 행성에서 엽록소가 광합성 색소가 아닐 수 있으며 잎이 다른 색을 띨 수도 있는 것이다. 하지만 다섯 살배기가 나무를 알아보듯 그렇게 나무 비슷한 형태를 취할 것이다. 괴이함 때문에 불평하든 아니면 즐거워하든 말이다. 멀리 떨어진 항성에서 나무 몇 개를 가져다 수목원에 옮겨 심는다 해도 우리는 그 나무를 두 번 이상 쳐다보지 않을 것이다. 바오바브나무처럼 낯설게 보이지는 않았을 것이기 때문이다.

이는 캄브리아기 대폭발과 데본기 대폭발 사이에 한 가지 다른 방식이 있음을 보여 준다. 캄브리아기에 시도된 각기 다른 방식의 몸통 설계(몇 가지는 현대인인 우리가 보기에 매우 독특하다)는 진화하는 동물들 사이의 상호 작용에 따라 구체화되었다. 어떤 참신성은 그것 없이 살아가기에 매우 곤란할 정도로 유용한 것들이다. 먼저 눈이나 다리, 소화기관 그리고 지느러미가 떠오른다. 그러나 형태를 조립하기 위한 묶음들은 직접적이고 무작위적이었다. 반면 식물을 형성하는 힘은 단순하기 그지없었다. 공기, 빛, 습기 그리고 표면적과 부피 사이의 민감한 균형과 같은

을 지적했다. 아키오프테리스의 잎은 칼릭실론의 아래가 아니라 위쪽에 매달려 있었다. 이 두 화석은 같은 나무의 각기 다른 부분이었다(도손은 양치류 잎의 화석을, 잘레스키는 구과 식물의 몸통을 발견했지만 사실은 나무 형태를 띤 양치식물이었다. 옮긴이).

직접적인 필요에 따라 형태가 빚어졌다. 나무처럼 잎도 같은 환경적 압박에 반응하여 여러 차례 진화했다. 물리적 제약만을 직접적 변수로 하는 단순한 컴퓨터 모델은 놀라울 정도로 초기 식물의 실제적인 상을 제시한다. 데본기 폭발은 생명체가 공기 중에서 광합성을 수행할 기본적 기하학을 찾으려는 다양한 시도 끝에 마침내 형상화되었다.

데본기의 마지막 위대한 혁신은 씨의 진화였다. 식물의 성생활은 음탕과는 거리가 멀지만 어리둥절할 정도로 복잡하다. 서로 다른 시간에 각기 다른 구조의 성세포를 만드는 매우 다양한 전략을 취한 덕분이다(그들은 때때로 단성생식 개체군인 클론을 만든다). 하지만 자손을 널리 퍼뜨리기 위해 개별 식물이 유전자를 최대한 섞는다는 일반적인 원칙을 결코 외면하지 않는다. 동물은 새로운 배우자를 찾아 멀리 헤매고 그 자손들도 그런 행동을 따른다. 고정된 자리에서 자라는 식물은 다른 전략을 취해야 했다. 한 식물이 만든 배아에 다른 식물의 꽃가루가 날아오는 방식을 선택한 씨앗이 최선의 방책이었다.

데본기가 끝나갈 무렵 씨앗을 만드는 식물이 등장했고 거의 모든 식생을 독차지했다. 오늘날 대다수 식물은 씨를 만든다. 하지만 초기 식물이 씨를 만들었다고 해도 모든 환경에서 즉각적인 이득을 보지는 못했다. 후기 데본기 화석의 대부분은 저지대 숲에서 살아가는 씨 없는 식물이나 나무였다. 대신 씨앗식물은 건조하고 척박한 환경 또는 산불이 나서 최근에 상처를 입은 토양에 뿌리를 내리기 시작했다. 하지만 그곳은 날아온 씨앗이 정착하더라도 화석이 퇴적될 만한 환경은 아니었다. 따라서 초기 씨앗식물이 대륙의 안쪽에서 화석으로 발견된 경우는 거의 없다. 그러나 전 세계 곳곳으로 퍼져 나간 꽃가루는 그들의 존재를 증언한다.

씨와 줄기, 뿌리와 잎(더 나중에) 그리고 관다발과 기공을 갖춘 식물은 물의 가장자리에서 대륙 깊숙히 그리고 땅에서 하늘로 영토를 확장해 갔다. 데본기 이전에는 식물 화석이 거의 없다. 데본기 말기 어느 지역에서 시커먼 탄소 고체의 죽은 식물이 바위에 채워졌다. 석탄이다. 이 단계는 석탄기의 비정상적인 생물지구화학적 격변으로 이어졌다. 이는 또한 간접적이기는 하지만 먼 과거에 고정된 탄소를 연료로 사용하고 지구를 데움으로써 현재 진행 중인 탄소/기후 재앙으로도 이어진다.

이 새로운 시대의 선구자인 라이니 처트의 경이로움이 자연사 박물관 기록보관소에 내팽개치듯 던져져 있다는 사실이 나는 부끄럽다. 그들은 행성의 오랜 과거, 특별한 기간으로 들어가는 출입문이며 현미경적으로도 아름다운 세상을 간직하고 있다. 능히 축하 받을 가치가 있다. 아름답게 보존된 포자는 일반 대중들의 상상력을 불러일으킬 수 있어야 한다. 그러나 일반적으로 대부분의 식물은 박물관에서 찬밥 신세를 면치 못한다. 식물은 환경의 절묘한 표식이자 환경 변화의 주된 요소이지만 대신 동물들이 각광을 받는다. 방추형 아스파라거스 조각처럼 보이는 라이니 처트의 식물상을 재건하는 일은 쉽지 않을 것이다. 도도새와 공룡이 방문자의 관심을 독차지할 것이기 때문이다.

그래도 박물관에서 어디를 보아야 할지를 안다면 식물이 그 길을 지시할 것이다. 19세기 대성당 기둥의 일부는 눈에 띄는 다이아몬드 질감을 가진다. 이는 후기 데본기 뱀 비늘처럼 생긴 수피 식물을 흉내 내어 그 무늬를 새긴 것이다. 전화기 기둥처럼 생긴 인목Lepidodendron이 초기 석탄 늪지에 무성하게 자라고 있었다. 가운데 커다란 홀에 디플로도쿠스가 증기 기관 같은 문을 바라보며 서 있는 박물관은 오래전에 죽은 커다란 식물이 떠받치고 있다. 빅토리아 시대의 부를 상징하는 저 화석화된 유물을 우리는 매년 수백만 톤씩 소비한다.

6장 숲과 되먹임

정적인 특성agency

세상을 펼치다

산소 불꽃

생명, 행운 그리고 엔트로피

특히 그를 괴롭힌 그림이 있었다. 바람에 날리는 잎사귀 하나에서 시작해 곧 그것은 나무가 되었다. 나무는 자라 수많은 가지를 뻗었다. 튼튼한 뿌리도 땅에 박혔다. 신비한 새들이 날아와 가지에 둥지를 틀고 새 식구가 되었다. 나무 둘레에 그 잎과 가지 틈새로 한 세계가 열리고 있었다. 숲이 끝없이 이어지고 산꼭대기에는 눈이 내려앉았다.

J. R. R. 톨킨Tolkin, 〈니글Niggle의 이파리〉

정적인 특성agency

동물의 특징은 가시성visible thing에 있다. 눈은 깜박이고 아가미는 퍼덕이며 목털이 솟구치고 맥박이 삶의 리듬을 두드린다. 동물은 앞뒤로 움직인다. 치타의 잽싼 움직임과 자벌레의 느릿한 걸음으로 여기저기 돌아다니며 역사를 그린다. 바다 상공을 선회하는 알바트로스에서 유리창에 대항하여 무질서하게 움직이는 파리에 이르기까지 동물들이 그리는 선은 전 세계를 가로지른다. 동물로서 그들의 모든 목표는 어딘가에 도달하는 것이다. 예를 들어 굴과 같은 아주 일부 동물은 타고난 특성을 포기하고 파도의 흐름이나 바다의 섭리에 의존해 살아간다. 그러나 대부분은 그렇지 않다.

반면 식물은 움직이는 경우가 드물다. 그들은 그저 자라지만 대부분 남들이 쉽사리 눈치채지 못한다. 식물의 전체적인 특성은 불가시성이다. 아마도 이 점이 빛을 먹는 생명체와 다른 생명체를 먹는 생명체 사이의 가장 단순하고 아마도 가장 심오한 차이일 것이다. 그렇기에 식물은 동물보다 자신을 둘러싼 환경과 밀접하고 추상적으로 관련을 맺는다. 식물이 얼굴도 없고 심장도 없는 까닭이다.

이런 큰 차이는 광합성 효율 측면에서 태양 빛이 오히려 희석된 에너지원이라는 사실에서 비롯된다. 에너지원이 동물의 요구량을 충족시킬 수 있는지 알아보려면 숲의 정령 그린맨Green Man을 상상해 보라. 그린맨의 녹색이 그가 자급자족하는 기관인 엽록소 때문이라고 가정해 보자. 그린맨의 피부 면적이 주어지면 그는 주어진 시간 중 일부는 불가피하게 태양 빛을 받지 못한다는 사실과 함께, 자신의 신진대사를 진행하는 데 필요한 에너지가 수 제곱미터의 정원 안에서만 구할 수 있다고 해보자. 그렇다면 그가 하루에 먹을 수 있는 모든 것은 하루에 그 정도 넓이의 땅에서 자라는 만큼일 것이다. 아침에 이파리 몇 개, 저녁에 뿌리 한 조각. 일요일 점심에 산딸기 두어 개.

신경과 근육은 엄청난 양의 에너지를 쓰기 때문에 이런 미미한 식사에 필적하는 태양 빛만으로 숲속의 잭은 움직이거나 생각할 수 있는 에너지를 결코 얻지 못할 것이다. 그에게는 숨을 들이켜고 내쉴 에너지가 부족하며 차가운 바깥 공기로부터 몸통을 따스하게 유지할 수 없다. 그는 매일 앉아서 엔트로피 균열과 마모를 수리하는 일 말고 별달리 할 일이 없을 것이다. 사실 그것조차도 수행할 에너지가 부족하다. 금방 썩어서 그는 사라질 것이다. 그린맨은 식물이 되어야 한다.

식물은 동물처럼 주변으로 돌진하거나 심장을 펌프질하고 날개를 퍼덕이거나 팔다리에 신경 자극을 가할 에너지를 갖지 못했다. 그래서 그들은 근육의 조밀함을 피하고 잎의 느슨함을 선택했다. 그들의 삶은 풍광을 가로질러 앞뒤로 움직이는 동선을 그리지 못한다. 대신 그들은 싹과 둥치와 가지에 기록을 남길 뿐이다. 동물이 행동하듯 식물은 형태를 가진다. 그들의 역사가 그 형태에 상세히 기록된다. 비둘기를 쫓는 매의 급습이 끝나면 곧바로 나무는 빛의 방향에 따라 줄기를 이쪽 혹은 저쪽으로 내뻗는다. 기록된 결정 사항은 나무의 나머지 생애 내내 지속된다. 간혹 거친 바람이나 동물때문에 가지가 부러지는 일도 생긴다.

이런 수동적 특성 때문에 식물이 변화의 주동자라는 생각은 여간

해서 들지 않는다. 이 세상을 돌아다니지는 않지만 식물은 물리적으로 또는 화학적으로 천천히 모습을 빚고 동물보다 훨씬 폭넓게 세상을 변화시킨다. 동물은 그들만의 생물지구화학적 역할이 있다. 남은 음식물을 작은 똥으로 가공하면서 캄브리아기 대폭발 때 새롭게 진화한 이 동물들은 바다에서 영양소가 순환되는 방식에 영향을 끼쳤다. 그러나 그들이 공헌한 바는 식물에 비할 바가 못 된다. 데본기와 뒤를 잇는 석탄기 및 페름기와 같은 지질학적 시기의 식물은 행성을 전적으로 재배치했다.

초기 식물의 줄기와 가지는 세상에 새로운 수직선을 더했다. 줄기가 만드는 수관은 그늘이라는 전에 없던 장소를 만들었다. 사막과 평원을 그저 유리 위를 지나듯 스쳐 지났던 강은 뿌리로 단단히 묶인 퇴적물에 의해 흙처럼 단단히 자리잡았고 강둑이 새롭게 탄생했다. 수십억 년간 사막과 바다에 하릴없이 내리치던 벼락은 최초의 땔감을 찾아냈다. 지구에서 불꽃이 피기 시작한 것이다. 다만 묘지일 뿐이었던 대륙의 물가에서 이제 동물들은 먹을 것을 구했다.

그늘과 쉼터가 있는 새로운 풍광이었다. 새로운 소리도 등장했다. 벌레의 날갯짓, 시냇물 소리, 바람이 잎을 건드리는 소리. 수관이 빛을 막아 생긴 수천 가지 녹색의 그림자가 봄빛으로 출현했다가 카키색으로 변한다. 식물이 있는 곳은 모두 변했다. 그렇지만 그런 풍경은 이야기의 한 자락에 불과했다.

우리 동물들은 A와 B 그 어느 곳으로 움직일지 염려하는 경향이 있지만 사실 세계는 그리 단순한 곳이 아니다. 세상은 다양한 과정이 모인 곳이다. 그것은 순환의 집합체다. 세상은 물, 탄소, 질소, 황 등 다양한 물질의 순환이 진행되는 장소다. 과정의 세계는 장소의 세계와 달리 공간도 없고 사이도 없다. 그 안에 있는 모든 것은 서로를 밀어내고 모든 것이 주변에 영향을 끼친다. 변화는 더욱 커다란 변화를 추동한다. 때로 변화가 증폭된다는 뜻이다. 또는 때로 중화되어 사라진다는 뜻이기도 하다.

장소의 세상을 바꾸었듯이 육상 식물은 과정의 세상도 확실하게 바꾸어 버렸다. 이 변화는 대산소 사건이나, 원생누대 말기 식물이 등장하고 서로 영향을 끼친 사건만큼 심오하지는 않았다. 그러나 그들은 화석이나 동위원소의 형태로 자신의 흔적을 바위에 새겨 놓았고 우리가 그러한 변화의 근저에 놓인 원칙이 무엇인지 실험할 수 있는 가설의 근거를 제공했다. 이런 각본과 원칙이 이번 장의 주제다. 러블록의 가이아 이론으로 돌아가 그 원칙을 되짚어 볼 것이다. 생명이 뿌리를 내리고 주변의 세상을 강화한 원칙들은 때로 변화에 저항한다. 그러나 데본기에 시작된 변화의 바람은 이 세상에서 다시 볼 수 없었던 대멸종을 이끌어 냈다.

세상을 펼치다

데본기에 식물이 그들의 환경에 어떤 영향을 주었는지 묻자 밥 스파이서는 자신이 지적했듯 가이아주의자다운 대답을 내놓았다. 생명체는 자신의 취향대로 이 행성을 바꾸어 왔다.

어디로 퍼지든 식물은 대기권과 맞닿는 경계를 높이 끌어올렸다. 초기 이끼 비슷한 식물들의 경계면은 몇 센티미터 두께였다. 우리가 라이니 처트의 식물 군락을 걸었다면 그것은 정강이 높이쯤 되었을 것이다. 데본기가 끝날 무렵 아래쪽 공기를 습하게 만들 수관을 지닌 나무의 높이는 10여 미터에 이르렀다. 습한 기운과 함께 하늘까지 뻗친 식물들은 그 전보다 수천 배나 행복한 삶을 영위할 수 있었다.

이렇게 확장된 경계층 내부에서 광합성 효율은 좋지 않다. 수관이 자신의 목적을 이루고자 유용한 복사선을 갈취하기 때문이다. 그러나 이끼처럼 아래쪽 줄기나 가지에 붙어서 자라는 식물들은 그들의 후손이나 친척이 그랬듯이 약한 빛을 다룰 수 있다. 그들보다 이전에 바닷속 조류도 그런 방식으로 살았다. 조류는 층화된 공동체에서 살아간다. 어떤 조류는 깊은 곳에 스며드는 희미한 빛에 적응했고 그리고 더 붉은 어떤 식물은 조금 더 위험하지만 얕은 곳에서 밝은 빛을 받고 살아간다. 숲은 습한 공기층[1]에서 똑같은 상황을 재현했다. 다양한 광합성 생명체는 각기 자신의 취향에 따라 생태적으로 적합한 곳을 찾아갔다. 줄기와 가지 그리고 엽록체로 가득 찬 잎으로 채워지고 액체인 물이 사라진 숲은 텅 빈 바다 같았다. 바람 부는 수관 아래 광합성하는 조류 후손이 만개한 것이다. 바닷물을 빨아올리는 대신 광물을 캐내는 뿌리를 갖춘 이들 조류 후손은 수천 마일 퍼져 나가 오랜 세월을 지속해 나갔다. 빛이 희미하지만 숲은 풍부하고 습하고 풍요로운 세상이 되었다.

그러나 새로운 숲의 보습 효과는 수관의 아래쪽에만 국한되지 않았다. 숲은 위쪽 하늘에 습기를 보탰고 지구의 물 순환에도 변화를 주었다. 사막은 수증기를 거의 내놓지 않는다. 사막에 떨어지는 비는 지

1) 런던 대학 퀸 메리 캠퍼스의 콘래드 멀리노Conrad Mullineaux는 이러한 햇빛이 희미한 조건에서 광합성을 하는 기술을 새롭게 배워야 한다고 지적했다. 육상 식물의 가장 최근 공통 조상인 조류는 얕은 민물에서 살았다. 초기의 육상 식물 후손은 희석되지 않은 태양 빛에 완전히 노출되었다. 그럼에도 불구하고 데본기의 약한 햇빛에 적응하는 새로운 방법을 배워야 할 필요가 있었기 때문에 식물은 독자적인 엽록체 안테나 배열을, 조류와 남세균은 광합성 막을 갖게 되었다고 멀리노는 지적했다.

하수가 되거나 홍수로 물이 빠지거나 아니면 잠시 물웅덩이에 고여 있을 뿐이다. 이 셋 중 마지막 경우에서만 비교적 많은 양의 물이 기화되어 하늘로 돌아가 다시 비가 되어 내려온다. 하지만 여기에 식물이 관여하면 상황은 급변한다. 식물은 토양을 만들고 물을 보유하고 있다. 잎은 증산하고 그들이 덮고 있는 땅보다 훨씬 넓은 표면적을 통해 물을 공기로 돌려보낸다. 그래서 식물의 위쪽도 습하다. 그리고 이 수증기 때문에 더 많은 비가 내린다. 우림의 비는 대부분 바다에서 유래하지 않는다. 그것은 순환된다. 오후 열대 우림 위쪽에 쌓인 구름은 숲 아래쪽의 연속선 위에 있다. 같은 과정을 거쳐 물은 위로 올랐다가 다시 아래로 내려온다. 정도는 약하지만 잔약한 식물들도 비슷한 일을 할 수 있다.

데본기 대륙으로 식물이 퍼져 나가면서 그들은 땅 위에 수증기를 보충하는 공급원이 되었다. 이들은 바람이 부는 지역을 습하게 만들 수 있었고 덩달아 식물도 멀리 퍼졌다. 경계층에서와 마찬가지로 이들은 양성 되먹임 고리가 되었다. 생명체가 멀리 퍼질수록 그것은 더욱더 퍼져 나가게 된 것이다.

그러나 이런 양성 되먹임 선순환이 숲이 환경에 끼친 유일한 효과는 아니었다. 식물은 물을 자급했을뿐더러 단식을 수행하기도 하거나 최소한 절식을 했다. 데본기 중반에 대기 중 이산화탄소의 양이 급격히 줄어들었다. 그에 따라 기후도 함께 변했다.

어떻게 이런 일이 생겼는지 이해하려면 우리는 지구에 실제 두 가지의 탄소 순환이 있다는 사실을 수긍해야 한다. 하나는 생물학적이고 다른 하나는 지질학적이다. 생물학적 탄소 순환은 상대적으로 빠르고 강력하다. 바다와 대기 속 이산화탄소는 식물 광합성을 통해 저장된다. 대기 속 이산화탄소의 약 6분의 1에 해당하는 양이 매년 이런 방식으로 고정된다. 이렇게 광합성을 통해 고정된 탄소는 호흡 과정을 거쳐 상당히 빠른 속도로 다시 공기 중으로 돌아온다. 땅속에서 탄소는 수백 년을 머물거나 바다 깊은 곳에 녹아 수천 년을 지낼 수 있다. 그러나 약 100만 년 정도의 시간 범위에서라면 탄소는 여러 차례 순환할 수 있을 것이다.

반면 지질학적 탄소 순환은 아주 느려서 지각판의 시간 척도에서 진행된다. 지각판이 서로 만나는 해령에서 화산이 활동하면서 지각이 형성되고, 그에 따라 거대한 고체 지구가 만들어질 때 그 아래 맨틀에서 이산화탄소가 방출된다. 대기 중 이산화탄소는 풍화 과정을 거쳐 탄산염 고체 형태로 제거된다. 이미 살펴보았듯 이 두 과정 사이의 되먹임을 통해 지구 온도가 조절된다. 상당한 양의 탄산염은 그리 오래 가지 못한다. 암석이 놓인 해령 지각판이 맨틀 속으로 가라앉거나 두 대륙이 충돌하여 서로 마모될 때 탄산염에 저장된 이산화탄소가 대기 중으로 돌아간다. 하지만 전부 그렇지는 않다. 판구조 움직임의 영향을 받지 않는 탄산염 재고량은 시간이 지남에 따라 늘어난다.

지질학적 순환은 매우 빠르게 진행되는 생물학적 순환에 비해 느리다고 여길 수도 있다. 수천 년에 걸쳐 모든 시간대에서 중요한 것은 생물학적 순환이다. 그러나 궁극적으로 이런 순환이 작동되도록 추진하는 것은 지질학적 순환이다. 지질학적 순환의 포괄적인 뼈대가 없다면 생물학적 순환은 멈추게 될 것이다. 예컨대 유기탄소의 매장은 생물학적 순환에서 지질학적 순환으로 탄소가 서서히 빠져나간 결과라고 볼 수 있다. 이런 누출은 지각에서 새롭게 방출되는 이산화탄소에 의해서만 충당된다.

데본기 육상으로 식물이 확장하면서 생물학적 탄소 순환이 강화되었다. 그러나 그 자체로 대기의 이산화탄소 수치가 변한 것은 아니었다. 광합성으로 저장된 탄소가 머지않아 호흡을 통해 분해되기 때문이다. 최소한 처음에는 그랬다. 그러나 식물이 물리적으로 팽창하면서 지질학적 탄소 순환을 변화시켰다. 그렇게 지구의 온도조절계가 재설정되었다.

이런 연관 관계를 최초로 파악한 사람은 짐 러블록이었다. 1970년대 초반 러블록은 지구의 기후를 안정하게 유지하는 가이아의 방식이 있어야 한다고 예측했다. 그는 지질학적 탄소 순환 모델에서 이 예측이 들어맞는다는 사실을 알게 되었는데, 약 10년쯤 뒤에 이산화탄소 풍화 온도조절 장치 개념이 편입되었다. 앤드루 왓슨과 함께 일하면서 러블록은 풍화 속도가 온도 및 이산화탄소 수치뿐만 아니라 풍화되는 암석의 표면적과 습기의 양에 의해서도 달라진다고 주장했다. 데본기 폭발 이후 생명체들이 이러한 여분의 조절 기능을 담당하게 되었다. 식물의 뿌리 및 그와 공생하는 곰팡이는 바위를 구멍이 많은 흙 입자로 잘게 부수어 버렸다. 표면적이 엄청나게 늘어났다는 의미다. 물을 방출하는 잎이 지구에 넓은 표면적을 제공했듯이 뿌리도 지구 표면적을 늘려 이산화탄소의 흡수량을 증가시켰다. 이렇게 새로운 표면적은 축축했고 풍화되기 쉬웠다. 식물은 비를 몰고 왔고 자잘한 흙 입자는 깨지기 전의 바위보다 물을 잘 머금을 수 있었다. 흙 속의 바위 입자는 엄청난 양의 이산화탄소에 노출되었다. 식물은 광합성과 호흡을 분리하는 경향이 있다. 수관과 잎은 광합성을 하는 장소이지만 흙은 호흡하는 곳이다. 광합성에 의해 생성된 탄수화물은 흙에서 이산화탄소로 돌아간다. 식물 자체 그리고 세균 및 곰팡이가 탄수화물을 분해하기 때문이다. 잎에서 광합성을 하고 뿌리에서 호흡하면서 데본기 숲은 효과적으로 이산화탄소를 땅의 축축한 구멍 속으로 밀어 넣었다.

육상 식물은 대기와 암석 지층 사이의 경계층을 더 크고 축축하고 이산화탄소가 풍부한 곳으로 만들었다. 그 결과 풍화 속도가 급상승했다. 풍화 속도가 빨라졌다는 말은 대기 중의 이산화탄소 수치가 떨어졌다는 뜻이다. 따라서 온도도 떨어졌다. 기온이 계속 낮아지면서 풍화 속도도 줄었다. 점차 흙이 생기는 속도와 풍화 속도 사이에 균형이 맞추어지기 시작한 것이다. 빙하에 상처를 입은 바위를 보면 데본기가 석탄기로 넘어가던 약 3억 6,200만 년 전 행성 남극에 빙하가 걷히고 새로 돋은 대륙에서 식물이 번성했음을 짐작할 수 있다.

생명체가 온도조절 기능을 한 것은 이번이 처음은 아니었을 것이다. 1980년대 후반 지구화학자 데이비드 슈왈츠먼David Schwartzmann과, 러블록의 성실한 추종자 중 한 명이었던 생물학자 타일러 폴크Tyler Volk는 단순한 세균 매트가 어떻게 시생누대 풍화 과정을 촉진했는지 밝혔다. 지난 장에서 살펴보았듯이 앤드루 왓슨과 팀 렌턴은 이와 비슷한 일이 원생누대 말기에도 진행되었으리라 일관되게 주장했다. 악취를 풍기던 캔필드 바다에서 생명체들이 고난을 겪고 동물이 출현하기 직전이다.

데본기와 석탄기에 풍화가 가속되고 행성이 식었다는 강력한 증거가 있다. 예일대학 지구화학자 로버트 베르너Robert Berner가 천착한 덕분이다. 이제 60대에 접어든 베르너는 1980년대에 독립적으로 온도조절 기능의 힘을 발견한 두 팀 중 하나의 구성원이었다. 하관이 긴 그는 늘 심각한 태도를 견지했다. 19세기 풍으로 초상을 그린다면 아마 그는 존경받는 약재상이 아니었을까 싶다.

베르너는 10여 년 이상 진화를 거듭한 '지구탄소Geocarb'라는 거대하고 인상적인 모델을 통해 온도조절 기전을 설명했다. '지구탄소'는 과거 특정 시기에 지구의 탄소 순환과 관련된 모든 지질학적 데이터, 가령 물과 접촉하는 대륙의 표면적이 얼마인지, 태양의 온도는 얼마인지, 거기에 몇 개의 화산이 있는지, 새로운 산맥이 솟구치고 있는지 등을 모았다. 그리고 온도조절 모델을 당시 대기 중의 이산화탄소 수치와 관련지어 설명하고자 노력했다.

바위 자체로는 이산화탄소 수치와 관련해서 아무 말도 할 수 없었기 때문에 이런 작업은 힘이 든다. 다양한 종류의 화석으로부터 이산화탄소의 수치를 추론하는 방법이 없지는 않지만 그런 방식은 1980년대 베르너가 최초로 시작해서 발전시킨 것들이었다. 과거로 갈수록 실수할 확률도 높았고 때로 서로 모순되는 경향도 나타났다.

지구탄소의 가장 최신 버전은 과거 이산화탄소 수치에 관한 실제값은 아닐지라도 가장 최선의 추측값을 제공한다. 다른 대부분 모델과 마찬가지로 이것도 함의를 엿볼 수 있는 수단이다. "세계가 우리가 생각하는 방식으로 작동한다면 이산화탄소의 수치는 과거에 이 정도였을 것이다."라고 이야기할 수 있는 방법이라는 뜻이다. 만일 화석의 증거가 베르너의 예측을 뒷받침하지 못한다면 세계가 작동하는 방식에 대한 가설을 손봐야 한다는 뜻이기도 하다. 이런 과정을 거쳐 새로운 발견이 이루어지기도 했다. 지금까지 증거들을 종합하면 베르너는 바른길을 가고 있다. 그리고 그의 계산에 따르면 데본기가 시작되면서 이산화탄소의 수치가 급격히 떨어지기 시작했다.

식물이 가세한 풍화가 이산화탄소 감소의 유일한 원인은 아니다. 지각판도 한몫했다. 데본기 지구에는 두 개의 커다란 대륙이 있었다. 유라메리카Euramerica와 곤드와나Gondwana 대륙이 그것이다. 이어지는 석탄기에 이 두 개의 대륙이 합쳐져서 하나의 판게아Pangaea 초대륙이 되었다. 이는 여러 가지 효과를 낳았다. 대륙이 충돌하면서 높다란 산맥이 올라선 것이다. 산맥은 빠르게 침식하고 아래로 굴러떨어진 잔해는 다시 풍화 과정을 거쳤다. 어느 식물이 풍화를 가속하는지와 상관없이 이런 산맥의 형성은 대기 중의 이산화탄소 수치를 끌어내렸다. 물론 전체 식물은 이 과정을 가속했다. 앞으로 살펴보겠지만 히말라야산맥의 부상에 따른 풍화 작용을 통해 대기 중의 이산화탄소 수치가 격감했다.

대륙이 재배치되면서 생긴 또 다른 효과는 지구 해령의 전체 길이가 감소한 것이다. 오늘날 해령에서의 화산 활동은 대서양 전체, 아프리카 둘레, 인도양 북부, 호주와 남극 사이 그리고 남동부 태평양에 걸쳐 새로운 지각을 부지런히 만들어 내고 있다. 어떤 지각판이 멀어지든 해령은 쉬지 않고 그 틈새를 메꾼다. 이때 바닷속 약 6만 킬로미터에 걸친 해령에서 이산화탄소가 뿜어져 나온다. 두 대륙이 판게아로 합쳐졌을 때 이 커다란 대륙은 판탈라시아Panthalassia라는 하나의 바다에 둘러싸여 해령은 무척 단순했고 짧았다. 짧은 해령은 곧 해저에서 화산 활동이 약해졌다는 뜻이다. 바다로, 다시 말해 대기 중으로 방출되는 이산화탄소의 양이 줄었다는 의미이기도 하다.

베르너의 지구탄소 모델은 이런 지각판 요소도 고려했다. 그러나 그중 어떤 것도 침식의 효과만큼 강력하지 않았다. 데본기와 석탄기를 지나며 대기 중 이산화탄소의 양은 70퍼센트가 떨어졌다. 오늘날 그와 같은 비율로 이산화탄소의 양이 줄어든다면 지구에는 최근 300만 년 동안 겪었던 그 어떤 것보다 센 빙하기가 찾아올 것이다.

데이비드 비어링은 이런 큰 그림을 확증하는 듯 보이는 결과를 내놓았다. 셰필드 대학의 젊은 교수인 비어링은 식물생리학이 이 세계가 작동하는 방식에 대해 많은 것을 이야기해 줄 수 있다고 생각하며 이를 증명하기 위해 동분서주했다. 비어링과 베르너는 생김새나 기질이 대조적이지만 매우 효율적인 팀을 이루었다.

1990년대 비어링과 그의 동료들은 잎이 나타나는 데 왜 그리 오랜 시간이 걸렸는지 의아하게 생각했다. 잎을 만드는 일은 어렵지 않다.

분지하는 가지 사이에서 무언가 자라나게 하면 된다. 이런 종류의 성장을 조절하는 유전자는 모든 식물과 다양한 녹조류에 보편적이었기에 라이니 처트가 등장하기 전에 진화할 가능성이 충분했다. 그러나 잎은 라이니 처트 이후인 데본기 중반까지도 나타나지 않았다. 왜 이렇게 늦어졌을까?

비어링은 생리학과 환경의 역사에 바탕을 두고 답을 끌어냈다. 태양 빛을 다량으로 흡수하는 일에 부작용이 있다면 그것은 다량의 열을 흡수하는 것이다. 잎은 열 스트레스에 노출될 것이다. 기공이 충분히 존재한다면 기공을 통한 증산 과정을 거쳐 식물은 잎을 식힐 것이다. 그러나 이산화탄소 수치가 높다면 식물은 그리 많은 기공이 필요하지 않다. 큐티클 층에 몇 개의 통로만 있어도 엽록체가 필요한 이산화탄소를 충분히 수급할 수 있기 때문이다. 데본기 초반의 식물 화석 줄기에는 오늘날 기준으로도 기공이 거의 없다. 대기 중에 이산화탄소가 충분히 존재했다는 뜻이다. 만일 식물이 잎을 발달시켰더라도 역시 기공의 수는 적었을 것이다. 반면 잎은 광합성을 진행하기에 너무 뜨거워졌을 가능성이 크다. 루비스코는 온도가 올라가면 작동하지 않는다. 이 경우는 기공이 많아야 문제가 해결된다. 하지만 잎에 물을 공급하기 위해 더 많은 관다발 체계가 마찬가지로 요구된다. 잎은 두꺼워지고 줄기는 복잡해지며 뿌리는 더 커져야 할 것이다. 따라서 가는 줄기를 많이 키우는 일이 두꺼운 줄기에 투자하는 것보다 현실적이다. 또한 두꺼운 잎에는 충분히 차가운 물을 공급해 주어야 한다.

데본기가 진행되면서 이산화탄소의 양이 줄었다. 식물들은 그들의 큐티클 층에 더 많은 기공을 만들었다. 단순히 광합성 수준을 유지하기 위한 조처였다. 기공이 많아서 잎을 차갑게 하기 쉬워졌다. 그러나 기후가 떨어지면서 잎을 차갑게 할 필요성도 줄었다. 따라서 잎과 줄기의 상대적인 장점이 달라지기 시작했다. 새로운 줄기에서는 잎이 돋아나기 시작했고 마침내 우리 눈에 익숙한 잎이 등장했다. 최초에는 고사리 같은 잎이, 다음에는 보다 정형화된 배열의 잎이 나타났다.

잎이 없이 식물이 왜 그렇게 오랜 시간을 허비했는지에 대한 답은 앤디 놀이 원생누대 진핵세포 생명체가 지지부진했던 이유에 대해 설명한 것과 비슷해 보인다. 두 경우 모두 환경적 제약이 그들을 사로잡았다. 그런 제약이 느슨해지자 비로소 참신성의 진화가 시작된 것이다. 차이가 있다면 식물은 석영 암석의 풍화를 촉진함으로써 스스로 그 제약을 벗어났다는 사실이다. 또한 그들은 자신이 필요한 연료인 이산화탄소의 공급을 줄여 나갔다. 이산화탄소의 양이 줄어들자 이제 잎을 활짝 펼치고 햇빛과 이산화탄소를 듬뿍 받아들였다.

밥 스파이서가 말했듯 데본기는 가이아주의자처럼 보인다. 살아 있는 것들은 자신들에게 맞게 환경을 변화시키고 있다. 아마도 이는 우연일 것이다. 생명이 스스로를 돕는 현상은 생물학과 지질학 사이의 되먹임 작용에 기인한다. 사람들은 가이아에 관심을 기울이기도 하지만 의심의 눈길을 보내기도 한다. 비어링과 베르너는 그러한 되먹임이 늘 계를 안정화하거나 생명에 호의적이라는 생각이 설득력이 부족하다고 여긴다. 생명체가 그 상황을 불안정하게 만드는 다양한 방법이 존재하기 때문이다. 데본기와 석탄기에 펼쳐진 새로운 대륙 생태계는 러블록의 원래 가설이 제기했던 평형으로부터 이 행성을 멀찍이 밀어냈다.

산소 불꽃

짐 러블록의 혁명적 과학을 이해하려면 그가 약간 예민했던 시절을 되돌아볼 필요가 있다. 런던 남부에서 다소 어렵게 자랐고 열정을 억누르는 학교에서 교육을 받았던 러블록은 스스로를 믿지 못했고 지나친 복종을 강요하는 권위에 냉소적이었다. 제2차 세계 대전을 겪은 세대답게 그도 오래된 계급사회의 틀을 불신했고 새로운 평등주의를 꿈꾸었다. 러블록에게는 출신보다 성취가 훨씬 중요한 덕목이었다.[2] 가이아에 대한 러블록의 생각은 이런 태도에 바탕을 두고 있다. 가이아 세계에서 사회 혹은 인간의 가치는 미미할 뿐이다. 『가이아의 시대』에서 러블록의 생각은 "가이아에서 우리는 단지 하나의 종일 뿐이다."라는 말로 압축된다. 그의 친구 피터 호튼Peter Horton은 머리글자를 따서 이를 이그와자스Igwajas[3] 라고 짧게 불렀다. 그는 내게 이 말을 부적처럼 지갑에 넣어 가지고 다니라고 말하기도 했다. 인간 중심주의에 반대하는 이그와자스 세계에서 생명체는 무엇을 물려받았느냐가 아니라 어떤 기여를 했느냐에 따라 판단된다. 비록 험한 곳에서 일하지만 소박한 세균은 당당한 척추동물보다 훨씬 중요하다. 가이아와 러블록은 능력주의를 표방한다. 무임승차는 없다. 모든 사람이 참여해야 한다. 가이아는 자수성가한 인류가 만든, 스스로 된 신이다.

처음으로 출판된 책 『가이아: 지구 생명체를 보는 새로운 시각』에서 우리는 러블록이 지구의 역사를 다룰 때 혹은 차라리 다루지 않는 방식을 선택한 것에서 그의 태도를 엿볼 수 있다. 1970년대 후반 그는

2) 기득권에 대한 혐오는 상투적인 견해에 대한 일반적인 불신으로 이어졌다. 그렇다고 해서 그는 부르주아를 무조건 흠집 내는 의견을 받아들이지도 않았다. 그러나 유기농업을 반대하거나 핵발전소를 찬성하는 주장에 일부 부르주아가 찬성한다면 기꺼이 그들의 의견을 수용할 것이다.

3) 가이아에서 우리는 단지 하나의 종일 뿐이다(In Gaia we are just another species). 밑줄 친 굵은 글자를 이으면 Igwajas다(옮긴이).

'인간 인식의 사각지대 중 하나'가 '조상에 대한 집착'이라고 썼다. 계급이 없던 사회의 영국인이라는 투의 집착 말이다. 계속해서 그는 "교과서와 논문이 희미하고 먼 과거만을 다루고 지구의 특성과 잠재력에 대해 우리가 알아야 할 필요가 있는 내용조차 이런 과거 지향적 시각을 고집한다."라고 썼다. 시간적으로 지구의 먼 과거를 바라보는 일은 우주에서 현재 복잡성을 가진 인간을 바라보려는 노력을 대체할 수 없다고 러블록은 말했다.

러블록 스스로가 비역사적인 시각을 가질 수도 있다고 느낀 이유 중 한 가지는 그의 가설이 변화 혹은 진화가 아니라 균형에 방점을 찍었기 때문이었다. 러블록이 이 세계에 대해 느꼈던 가장 인상적인 점은 거기에 거대한 변화의 경향이 엿보이는 듯했지만 실제 그렇지 않았다는 사실이다. 베르나츠키가 생물권의 원시적 힘에 감동했다면 러블록은 지구의 자기조절 능력에 경외감을 느꼈다. 가이아는 보수적 지구를 논박하는 혁명적 견해였다.

러블록의 두 번째 책 『가이아의 시대: 살아 있는 지구 연대기』는 과거에서 배우겠다는 새로운 의지를 천명했다. 이 지점에서 러블록은 린 미굴리스와 함께 제창했던, 지구시스템이 '생물권에 의해 생물권을 위해' 조절된다는 원래의 '가이아 가설'에서 '가이아 이론'으로 넘어갔다. 이 이론에서 생명체는 더 이상 목적이 있는 것처럼 행동하지 않는다. 대신 생명체는 환경을 안정되게 유지하는 되먹임 기체가 출현하기 위한 전제 조건이다. 생명체가 없는 시스템에서 이러한 되먹임은 예외일 것이다. 하지만 생명체가 있으면 그것은 법칙이 된다.

이런 새로운 시각에서 제공된 안정성은 일시적이며 동시에 불가항력적인 것이다. 『가이아의 시대』 이야기는 지구의 환경을 오랜 기간 안정되게 유지하는 '정체stasis'와 빠르고 급격하게 변경하는 '재앙crisis'

에 관한 것이다. 가끔 이런 변화는 섬광과 같지만 단절 이후 생명체는 다시 기나긴 현상 유지의 세계로 돌아간다. 소행성의 충돌이 그런 예다. 사실 러블록은 대멸종이 일반적으로 혜성에 의해 생긴다는 데이비드 라우프의 의견에 심취했다. 가설을 세우는 데 극적인 요소가 필요하기도 했지만 외부의 공격이 가이아에게 대멸종에 대한 면죄부를 부여하기 때문이기도 했다. 그것에 직면해서 대멸종은 생물권의 회피성 자기통제 기능처럼 보였다. 다른 경우 재앙은 대산소 사건처럼 근본적으로 새로운 체제를 이끌어 낸다. 다윈 이후 진화론 모델에서 빌려 온 '단속 평형punctuated equilibrium'의 영향도 받았다.[4] 명백히 변화가 없는 오랜 기간 사이사이에 참신성의 격변이 찾아든다.

이런 틀 안에서 데본기 폭발에 이은 기후 변화는 하나의 조절계에서 다른 조절계로 이동하는 상태로 볼 수 있다. 따뜻한 온실 세계에서 차가운 얼음 세상으로 바꾸었다. 사실 뿌리와 풍화 온도조절계의 상호관계는 강화된 생물학적 통제로 볼 수 있다(러블록은 따뜻한 세상보다 차가운 세계의 생산성이 더 높다는 가설을 좋아했다. 생명체는 어떤 면에서 차가운 것을 선호한다). 그러나 대륙에 걸친 식물의 확장은 러블록이 좋아할 만한 결과는 아니었다.

대기권의 산소 수준이 지질학적 시간에 걸쳐 안정하게 유지되었다는 생각은 러블록이 제기한 가이아 가설의 핵심 전제 조건이었다. 지

4) 가이아처럼 단속 평형도 논란의 여지가 있고 두 이론 모두 공통된 반대자가 있다. 다른 이유 때문이기는 하지만 주류 다윈주의자들은 이 둘을 싫어한다. 단속 평형을 지지했던 러블록의 생각에 영향을 끼친 변화의 다른 모델은 토마스 쿤Thomas Kuhn이 제기한 것이다. 과학은 정상 기간에서 떨어진 격리된 혁명을 거쳐 앞으로 나간다는 가설이었다. 1970년대와 1980년대를 지나면서 러블록은 혁명적인 생각을 시도했다. 소행성의 충돌로 인한 대멸종, 단속 평형, 두 가이아 체계의 변천. 혁명가들이 상상한 구조와 같이 지구 역사 자체에 대한 혁명적인 가설.

구 표면에는 나무나 사람 같은 가연성 물체가 산소 기체 안에 노출되어 있다. 만일 산소의 농도가 25퍼센트 이상으로 올라가면 러블록이 보기에 이 행성은 연소되어 바짝 타지 않기가 어려웠다. 산불은 타오르기 쉽지만 진압하기는 어려워지기 때문이다. 산소의 농도가 25퍼센트 이하로 떨어지면 많은 생명체들이 질식할 것이다. 수백만 년 동안 산소가 실제로 안전한 수준을 유지할 수 있었던 이유를 설명하기 위해 러블록은 생물권의 조절 능력을 소환했다. 처음에는 이런 생각이 허술했지만 되먹임 기전에 의해 산소의 수준이 일정하게 유지된다는 추론에서 출발하여 점차 확고해졌다.

1980년대 후반 베르너와 그의 제자였던 돈 캔필드는 함께 현생누대 전체에 걸쳐 공기 중 산소의 역사를 추적하는 새로운 데이터를 구축했고, 그들은 나중에 원생누대 바다 깊은 곳에서 의외의 황화물을 연구했다. 산소 수준을 나타낼 직접적인 화석 증거는 없었지만 어떤 과정을 거쳐 산소가 대기로 유입되는지 그리고 퇴적물에 묻히는지 알고 있었기 때문에 지질학적 데이터를 힘들여 뒤지고 어떤 종류의 퇴적물이 그 시기에 묻혔는지 그리고 얼마만큼의 분획이 퇴적물에 묻히고 남아 있는지를 측정함으로써 그들은 해당 시기 산소의 양을 추측할 수 있었다.

캔필드와 베르너의 연구에 따르면 캄브리아기와 데본기 사이에 산소 수준은 오늘날보다 약간 낮았지만 비교적 안정적으로 유지되었다. 그러다 산소의 양이 급증하기 시작했다. 석탄기에도 계속 올라서 놀랍게도 35퍼센트에 이르렀다. 이어지는 페름기에는 산소의 양이 줄어들기 시작해서 출발 당시보다 조금 더 떨어졌다가 약간 반등했다.

대기 중에 산소가 축적되려면 호흡할 수 없게 유기탄소를 묻을 필요가 있다. 석탄기에는 그런 방식으로 유기탄소를 매장했다. 키가 크고 풍성한 숲이 습해짐에 따라 엄청난 양의 유기탄소가 퇴적층 깊이 묻히고 궁극적으로 석탄으로 전환되었다. 석탄기는 지구의 역사 전체의 2퍼센트에 불과하지만 지구 최고의 석탄 대부분을 빚어냈다.

그렇다고 해서 숲이 완전히 묻혔던 것은 아니다. 오늘날 광합성에 의해 고정된 탄소의 99.9퍼센트는 상당히 짧은 시간 안에 호흡을 통해 대기로 돌아간다. 오직 1,200만 톤의 탄소가 매년 묻힐 뿐이다. 매장을 통해 생물학적 주기에서 지질학적 주기로 흐르는 탄소의 양은 수천분의 1에 불과하다. 석탄기에도 매장된 탄소의 비율은 그리 높지 않았다. 지금보다 약간 더 많았지만 탄소의 매장이 수천만 년 이어지는 바람에 10조 톤의 석탄이 매장될 수 있었던 것이다.

왜 그렇게 많은 탄소가 환원된 형태로 묻히게 되었을까? 가장 확실한 대답은 식물이 나무를 발명했다는 사실이다. 셀룰로스 및 그와 관련된 고분자 화합물에 리그닌이 강화된 나무는 견고하고 내구성 있게 설계되었다. 식물은 스스로를 분해하지 못한다. 일단 식물이 우람한 나무 몸통을 키우기 시작하면 그것은 그대로 유지된다. 게다가 리그닌은 마치 처음부터 분해할 수 없던 것처럼 보였다. 처음 가이아 이론에 찬성했다가 돌아서서 극렬한 반대자가 된 생태학자 제니퍼 로빈슨Jennifer Robinson은 1990년대 초에 일부 어려움을 토로했다. 리그닌 분자는 여러 가지 방법으로 서로 결합하고 있기 때문에 그것을 분해하기 위해서는 여러 가지 효소가 필요하다. 일단 구성 요소로 잘라 놓는다고 해도 이들은 즉시 결합하여 다시 붙어 버린다. 리그닌은 물에 녹지 않는 데다 독성이 있다. 설상가상으로 리그닌은 영양소도 아니다.

모든 어려움에도 불구하고 다양한 곰팡이는 큰 발짝을 디뎌 나무를 소화하는 작업에 착수했다. 현대의 삼림 지대를 걷다 보면 죽어 쓰러진 나무의 보호막인 수피가 벗겨진 모습을 쉽게 볼 수 있다. 그러나 석탄기에 이 백색부후균white-rot fungi 조상은 리그닌을 분해하는 데 몇 가지 문제를 안고 있었다. 로빈슨은 이 곰팡이가 자신들의 일을 제대로 수행하는 데 필요한 전략과 효소를 갖추지 못했다고 추측했다. 또 환경이 그들에게 적대적이었을 가능성도 지적할 수 있다. 리그닌을 분해할 때는 많은 에너지가 필요하다. 산소가 필요한 작업이라는 뜻이다. 그러나 석탄기에는 늪지대가 많았고 그 안의 물에는 산소가 부족하기 쉬웠다. 늪지에 잠긴 나무들은 숲 바닥에 넘어진 나무와 달리 썩지 않았다. 현대 과학자들에게 이런 보전은 좋은 일이다. 오래된 나무줄기에 남아 있는 성장 고리는 과거 기후를 정확하게 대변하는 기록이다. 늪 속에 보존된 나무는 지금부터 거의 빙하기에 이르는 시간을 보존하기도 한다. 석탄기 목재를 보호했던 늪지도 리그닌의 분해를 억제했다. 또 분해되지 않은 목재가 늪에 묻혔다는 말은 공기 중의 산소가 호흡으로 사용되지 않았다는 뜻이다.

석탄기 지구에는 왜 늪지가 많았을까? 한 가지 이유는 판구조론 때문이다. 앞에서 살펴보았듯이 초대륙 판게아의 중앙 해령 사이가 가까워졌다. 바다에서 발생하는 화산이 많지 않을 때 중앙 해령은 조금 내려가고 해수면이 낮아진다. 해수면이 낮아지면 넓고 평평한 대륙붕이 대기에 노출된다. 이런 식으로 해변의 평평한 땅은 늪처럼 습한 지역으로 변해 갔다.

그러나 밥 스파이서가 지적했듯 그게 전부는 아니다. 석탄기 주요 식물들은 적극적으로 늪지를 유지해 왔다. 런던 자연사 박물관의 기둥은 인목鱗木을 모델로 한 것인데, 인목은 길쭉하고 뾰족한 잎이 왕관처럼 펼쳐진 미국 서부의 여호수아 나무를 닮았다. 증산 속도를 줄이려는 장치를 진화시킨 나무들처럼 인목도 제한된 관다발 체계를 가지고 있다. 하지만 이들은 사막이 아니라 늪지에서 살았고 물을 조금만 사용하도록 진화함으로써 땅을 가능한 한 축축하게 유지했다. 땅을 습하게 유지하면 산불로부터 안전망 하나를 더하는 셈이다. 10년도 지나지 않아 나무가 빠르게 성장하여 지금 참나무 크기 정도인 30미터 높이에 다다랐다는 증거도 있다. 수명이 그리 길지 않았기 때문에 화재로 손상될 가능성도 적었다.

석탄기 습지가 산소 수준을 적극적으로 불안정하게 만드는 반가이아적인 되먹임을 의미할 수도 있었다. 소화하기 힘든 탓에 나무가 진화하면서 탄소 저장량이 증가했다. 탄소 저장량이 증가하면 대기 중의 산소가 늘어난다. 산소의 양이 증가하면 산불의 위험이 커진다. 식물은 그 위험에 맞서 적응해야 한다.

내화성耐火性이 있기 때문에 식물이 리그닌의 양을 증가시켰을 수도 있다. 리그닌의 함량이 늘수록 호흡에 저항이 있는 탄소가 저장되고 대기 중 산소의 수준이 높아진다. 화재에 저항하는 또 다른 방법은 습하고 늪지가 많은 환경을 조성하는 일이다. 이러한 적응도 상황을 더욱 악화시켰다. 늪지대가 확장될수록 목질화한 나무가 보존될 혐기성 진흙의 양도 늘어난다. 이렇게 산불에 대비하는 전략은 탄소 매장량을 늘렸고 그와 동시에 산소의 양도 증가시켰다.

화재 자체가 또 하나의 양성 되먹임 기제가 되기도 한다. 이는 직관에 반하는 일이다. 나무가 탈 때 많은 양의 환원 탄소가 대기 중의 산소를 써서 이산화탄소로 되돌아간다. 그러나 상황이 그렇게 단순하지는 않다. 숲에 있는 모든 것이 깔끔하게 기체로 변하지는 않는다. 상당량의 생물량은 목탄으로 변한다. 이는 탄소를 제외한 모든 것이 열에 구워진 상태이다. 목탄은 리그닌을 닭고기 수프chicken soup처럼[5] 보이게 한

5) 감기는 고추가루 뿌린 콩나물국에 뚝 떨어지는 '느낌'으로 쓴 것 같다. 예컨대 목탄은 리그닌을 '모든 것에 대적하는cure-all 불굴의 투사처럼' 보이게 한다(옮긴이).

다. 심지어 호기성 조건에서도 목탄은 쉽사리 붕괴되지 않는다. 산소 수준이 높아 화재가 발생하지만 목탄을 생성함으로써 특별히 호흡에 저항성이 큰 형태의 탄소를 만들기도 한다.

베르너와 캔필드는 산소 수준을 높이는 다양한 되먹임 기제의 증거를 조목조목 지적했다. 그들의 연구는 안정하게 대기를 조절한다는 가이아의 능력에 대한 믿음과 관련하여 가설의 기초에 허점이 있는 것은 아닌지 다소나마 문제를 제기했다.

1970년대 러블록은 리딩Reading 대학 인공두뇌학Cybernetics 연구실에서 객원 교수로 일하면서 대학원생을 가르칠 기회를 얻었다. 당시 유일한 대학원생이 앤드루 왓슨이었다. 그는 가이아 가설의 핵심 문제인 대기가 안전하게 유지할 수 있는 산소의 양은 얼마인지를 논문 주제로 선택했다. 왓슨은 여러 가지 실험을 고안했다. 각기 다른 양의 수증기와 산소가 존재하는 조건에서 컴퓨터 테이프 띠를 전기 불꽃에 노출하는 실험도 그중 하나였다. 이 결과는 책에 실렸다.『가이아: 지구 생명체를 보는 새로운 시각』에서 러블록은 산소 수치가 25퍼센트 이상이라면 비록 습한 식물조차도 벼락을 맞으면 탈 수 있다는 의견을 개진했다. 이렇게 25퍼센트 산소 수치는 더 오르지 못할 상한선이 되었다.

러블록의 책에 있는 왓슨의 데이터를 보면 상황은 칼로 벤 것처럼 뚜렷하지 않다. 수분 함량이 40퍼센트일 때는 30퍼센트의 산소가 대기에 있어도 불이 잘 붙지 않는다. 식물의 수분 함량은 쉽게 40퍼센트를 넘는다. 식물은 건조 중량보다 세 배나 많은 양의 물을 함유할 수 있어서 수분 함량이 300퍼센트에 이르기도 한다. 제니퍼 로빈슨이 지적했듯 물에 잠기더라도 테이프 종이는 너무 말라 있어서 습지의 대체물이 되기 어려운 데다 내화성 있는 리그닌조차 모두 제거한 상태다. 그렇기에 리그닌으로 무장한 습한 습지 식물이 풍부한 생태계에서 산소 수치가 25퍼센트를 넘는다 해도 불꽃이 튈 때마다 점화되는 일은 없었을 것이다. 하지만 한번 불이 붙으면 맹렬하게 타올랐을 가능성은 배제할 수 없다.

요즘 왓슨은 로빈슨이 제기한 반론을 받아들였지만 러블록은 별로 개의치 않는다. 그러나 산소 수치가 25퍼센트 이상, 어쩌면 30퍼센트를 넘었을지도 모른다는 증거는 상당히 강력하다. 석탄 그 자체가 증거로, 화석화된 목탄이 자주 발견된다. 석탄 늪지도 가끔 불에 탔다는 의미다. 오늘날 석탄 늪지 같은 환경에서는 거의 불이 나지 않는다. 화재의 생물학적 등가물인 호흡도 또 다른 증거다. 밥 베르너Bob Berner는 좋아하지만 왓슨은 아직도 이 증거를 썩 내키지 않아 한다. 석탄기는 길이가 거의 50센티미터에 달하는 거미와 같은 거대 곤충의 고향이다. 1미터짜리 노래기, 그만한 크기의 잠자리 화석 또한 발견된 시기다. 요즘이라면 폐의 이점이 없는 커다란 절지동물은 아예 날지도 못할 것이다. 빠르게 호흡할 수 없기 때문이다. 절지동물이 비정상적인 크기로 자랄 수 있었던 가장 단순한 이유[6]는 산소가 풍부한 대기에서 살았기 때문이다.

어느 지점에서 산소 수치를 올렸던 양성 되먹임 기제는 산소를 덜 만들거나 더 만들지 못할 조건으로 이끄는 산소의 효과, 궁극적으로 음성 되먹임의 저항을 받아야 했을 것이다. 산불은 이런 되먹임의 뚜렷

6) 너무 단순하다고 왓슨은 말했다. 산소의 수치가 두 배가 되면 곤충이 얻을 수 있는 에너지도 두 배에 그칠 것이라고 그는 주장했다. 반면 석탄기 대형 곤충의 무게와 부피는 오늘날 발견되는 동일 개체의 수백 배에 달한다. 포식자 조류나 박쥐가 없었기 때문에 대형 곤충이 살 수 있었다고 설명하기도 한다. 텔레비전 시리즈물 《친구들Friends》을 유심히 본 사람들은 로스 겔러Ross Geller의 아파트 벽에 걸린 잠자리를 기억할 것이다. 그게 석탄기 곤충의 본래 크기다.

한 후보다. 어느 면에서 화재는 광합성의 총량이 급격히 감소하는 문제를 야기할 수 있다. 따라서 산소 생산도 줄어들고 시간이 지나면 대기 중 산소 수치도 감소할 것이다. 그러나 또한 미묘한 음성 되먹임 작용이 있다. 육상 생태계는 영양소를 재순환한다. 특히 인의 순환에 탁월하다. 질소 혹은 유기탄소와 달리 공기 중의 인은 고정되지 않는다. 타일러 폴크가 계산한 바에 따르면 현재 인의 '육상 순환 비율'은 46이다. 이끼에 의해 광물에서 처음 침출된 후 평균 46종의 다른 생명체가 인산 이온을 사용한 다음 바다로 흘려 보낸다는 뜻이다. 주목할 만한 2세대 가이아주의자이자 짐 캐스팅의 동료인 펜실베이니아 주립대 리 컴프Lee Kump는 1980년대에 아마도 화재가 이 순환 체계를 빠르게 돌려, 재 구름에서 많은 양의 인산을 바다로 돌려보낼 수 있다고 주장했다. 육상 생물권에게는 좋지 않겠지만 해양 생명체에게는 환영할 만한 일이다. 석탄 늪지로 탄소가 매장되면서 산소 수치를 올리는 일은 대륙의 몫이 되었다. 반대로 육지의 생산성을 해양으로 옮기는 일은 산소의 축적을 막았을 것이다.

아직도 미묘하지만 조금 더 확실한 것은 광합성 자체의 분자생물학에서 직접 유래한다. 초기 광합성 연구에 가담했던 영민한 오토 와버그는 산소가 많을 때 식물과 조류가 탄소를 고정하는 속도가 줄어든다는 사실을 발견했다. 나중에 루비스코의 특이한 구조 탓에 이런 일이 벌어진다는 점도 알게 되었다. 탄소를 고정할 때 루비스코는 가운데 탄소가 있고 양쪽에 아령처럼 산소가 두 개 있는 이산화탄소 분자를 붙잡고, 이를 탄소가 다섯 개인 탄수화물 중간에 밀어 넣는다. 그러나 루비스코는 가운데 탄소는 없지만 양쪽에 산소가 있는 짧은 아령인 산소 분자도 잘 붙들어 탄수화물에 집어넣는다.

루비스코가 이산화탄소를 이용할 때 그 결과물은 두 분자의 인산

글리세르산이다. 나쁘지 않다. 루비스코가 산소를 쓰면 그 결과물은 인산글리세르산C3 한 분자에 인산글리콜산C2 한 분자다. 좋지 않다. 다섯 개의 탄소 원자가 들어가서 다시 다섯 개가 나오는 것이다. 이 반응에서 고정된 탄소는 없다. 더 나쁜 일은 이산화탄소를 받을 수 있었던 두 개의 탄소가 인산글리콜산에 붙들리면서 쓰임새를 다해 버리는 것이다. 이 두 원자를 다시 캘빈-벤슨 회로로 편입시키려면 엽록소에서 퍼록시좀이라는 곳으로 갔다가 다시 미토콘드리아를 거쳐 퍼록시좀 그리고 최종적으로 엽록체로 돌아와야 한다. 이런 장황한 세포 과정은 광호흡으로 알려졌다. 산소를 쓰면서 동시에 이산화탄소를 내놓기 때문이다. 게다가 정당한 호흡과는 달리 이 과정에서는 ATP가 만들어지는 대신 소모된다.

광호흡은 식물의 광합성 수율을 상당히 떨어뜨리는데, 어떤 조건에서 일부 식물의 루비스코는 거의 절반에 이르는 시간을 이산화탄소가 아니라 산소를 탄수화물에 집어넣고 있다. 이런 민망한 상태는 루비스코가 진화하던 당시에는 볼 수 없었던 일이었다. 루비스코가 처음 진화했던 시생누대에 이산화탄소는 풍부했지만 자유 산소는 거의 없었다. 산소와 이산화탄소를 구분하는 작업이 의미가 없던 시절이었다. 루비스코의 결점도 눈에 띄지 않았다. 사실 그것은 결점도 아니었다. 대기 중에 산소와 이산화탄소의 농도 비율이 약 10억 배 증가하고 나서야 광호흡이 비로소 문제가 된 것이다. 그리고 그렇게 되었을 때 이미 루비스코는 체계의 중심에 들어와 있었기 때문에 달리 손 쓸 도리가 없었다.

광호흡 속도는 온도와 엽록체 내부 이산화탄소와 산소의 비율에 의존한다. 석탄기에 산소 농도가 오르자 광호흡도 증가했을 것이다. 따라서 광합성 생산성도 떨어졌다. 이런 감소가 음성 되먹임 작용의 하나다. 이는 궁극적으로 러블록이 받아들인 것보다 훨씬 높은 수치로 산소의 양이 늘어나지 못하게 했다. 밥 베르너와 데이비드 비어링의 기법을 통합한 탄소 동위원소 연구에서도 좋은 결과가 나왔다. 1990년대 베르너는 가벼운 동위원소가 포함된 유기화합물이 석탄기에 얼마나 묻혔는지 측정하는 실험에 착수했다. 매립된 탄소의 양이 증가하면 그가 돈 캔필드와 1980년대 측정한 산소의 양을 독립적으로 추산할 수 있다는 것이 그의 생각이었다. 그들은 베르너가 가능하다고 생각한 것보다 상당히 많은 양의 탄소가 매립되었고 그에 따라서 산소의 수치가 높았다고 주장했다.

또한 베르너는 다른 가능성도 있다는 사실을 깨달았다. 그가 보았던 신호는 가벼운 동위원소의 양이 풍부한 유기물질에서 비롯되었다. 석탄기에 불가능할 정도로 증폭된 신호는 아마도 이때 매장된 유기탄소에 평소보다 더 많은 양의 가벼운 동위원소가 포함된 까닭일 것이다. 처음에는 모순된 것처럼 보이지만 사실 이는 광호흡이 증가된 결과로 설명할 수 있는 현상이다. 두 번 증류한 효과인 셈이다. 광호흡에서 낭비되는 탄소를 재활용하는 복잡한 순환 과정은 탄소 두 개짜리 분자 두 개를 탄소 세 개짜리 탄수화물과 이산화탄소로 바꾸는 일이다. 이 과정에 참여하는 모든 탄소 원자는 이미 한번 루비스코를 거쳤기에 이산화탄소는 자체로 가벼운 동위원소를 함유하고 있다. 또한 그 이산화탄소는 이미 식물 안에 있으며 장차 다시 루비스코에 의해 재사용 될 운명이다. 이미 탄소-12가 풍부한 이산화탄소를 다시 루비스코에 노출시키면 그것은 평소보다 훨씬 가벼운 동위원소가 포함된 유기물질을 만드는 결과로 이어진다.

1990년대 말 베르너, 비어링과 그의 동료들은 광호흡에 정확히 이런 효과가 있음을 입증했다. 광호흡 속도가 증가하면 유기탄소 안에 가벼운 동위원소인 탄소-12가 조금 더 풍부해진다. 이렇게 이중으로 풍부해진 동위원소 결과를 고려하면 베르너가 연구한 석탄기 탄소의 매장 추정값은 잉여 산소에 기초하여 예측한 값에 얼추 들어맞는다. 훌륭하게 아귀가 들어맞는 연구 결과였다. 광호흡의 효과를 고려함으로써 베르너는 광호흡이 반드시 일어났다는 새로운 증거를 제시할 수 있었다.

산불, 광호흡 그리고 인의 순환 모두가 섞여서 산소의 수치가 올라가는 일을 저지했을 가능성도 없지 않다. 확실히 무언가 있었을 것이다. 최고조로 올라간 뒤 산소 수치는 올라갈 때와 비슷한 규모와 속도로 떨어졌다. 나머지 대부분의 설명은 판구조론으로 미루어야 할 것 같다. 판게아 초대륙이 형성되자 기후의 양상이 변하기 시작했다. 적도의 거대한 석탄 늪지가 마르면서 탄소의 매장도 줄어들었다. 어떤 지역에서는 반대의 과정이 일어나 매장된 탄소가 노출되고 불에 탔다. 산소 수치도 떨어졌다. 이것이 유일한 원인은 아니었겠지만 육상보다 바다에서 산소의 수치가 더 떨어졌고 페름기 말기 대멸종을 이끌었다. 화석 기록에 따르면 페름기 대멸종은 공룡이 절멸한 백악기 말기의 그것보다 규모가 더 큰 것이었다.

인의 순환이 산소의 수치를 조절했다는 주제로 러블록과 함께 일했던 리 컴프는 공기보다 해양에서 산소의 수치가 더 급하게 떨어진 이유가 무엇인지 다양한 되먹임 현상을 연구했다. 그는 페름기 해양 순환의 변화가 깊은 바다에서 산소의 수치를 떨어뜨렸다고 생각했다. 유기탄소 매장의 기제와 관련된 양성 되먹임이 자기 강화를 초래했다는 것이었다. 원생누대 바다를 지배했던 황화수소가 다시 쌓이기 시작했다. 황화합물이 위로 올라와 얕은 바다에 사는 엄청난 수의 동물을 죽이고도 모자라 공기 중으로 방울져 나와서 육상 동물들도 떼죽음을 당했다.

페름기 말기 대멸종의 원인이 무엇인지에 대해서는 논란이 끊이지 않는다. 낮은 산소 수치 혹은 생명체가 추동한 되먹임이 전부를 설명한다고 누구도 여기지 않는다. 당시 판게아 대륙의 가장 북쪽에 있던 시베리아에서 다량의 현무암이 분출된 사건은 온실 효과를 부채질했고 그렇기에 아마도 중요했을 것이다. 그 결과 오존층이 깨지면서 많은 동물이 죽었을 수도 있다. 그와 관련해 해수면이 내려간 일도 해롭긴 매한가지였다. 일부 과학자들은 백악기 말기와 마찬가지로 소행성이 일부 역할을 했다고 생각한다. 그러나 컴프의 생각을 묵시적으로 뒷받침하는 증거가 최근에 등장했다. 당시 바다에 묻혔던 셰일에서 검출된 독특한 화학 화석은 깜짝 놀랄 만한 것이었다. 페름기 말기 열린 바다에서 번식하던 무산소 광합성 세균 집단이 산소가 없고 황화물이 풍부한 해양 환경을 만들었던 것 같다. 해양 표면에서 햇빛이 충분히 닿을 만한 가까운 곳이었다.

페름기 대멸종은 육상 식물이나 동물에게 역사상 가장 불행한 사건이었다. 화석 기록을 보면 회복하는 데도 엄청난 시간이 걸렸으며 제 속도를 찾는 데 약 2,000만 년 정도가 걸렸다. 부분적으로 이 대멸종은 생명체와 환경 사이의 되먹임 작용에서 비롯했다.

생명, 행운 그리고 엔트로피

2002년 여름 이 장에서 언급한 거의 모든 사람이 스페인 발렌시아에 모였다. 미국 지구물리학회가 주최한 제2회 가이아 콘퍼런스였다. 1988년 샌디에이고에서 개최된 1차 콘퍼런스는 가이아 가설을 알리는 중요한 발걸음이었다고 평가된다. 러블록은 몹시 실망했을 것이다. 미국 물리학자 제임스 커쉬너James Kirchner는 러블록과 마굴리스가 쓴 가이아 논문을 분석하고 가이아라는 용어를 사용할 때 서로 다른 개념들이 혼용되는 것을 두고 논리학적 정밀함의 잣대를 들이밀었다. 그는 논리적으로 수용하기 어려운 목적론적이며 '강한 가이아'라는 용어를 단순히 재설정함으로써 여러 분야를 망라할 수 있는 '약한 가이아'와 구분할 수 있다고 주장했다. 러블록은 이런 비판이 과학이 아니라 궤변에 가깝다고 느꼈지만 반응할 수 없다고 느꼈다. 그는 영감에 찬 작가였지 확신을 가진 논쟁가는 아니었던 것이다. 낙담한 그는 회의장을 벗어났다.

러블록은 침울했지만 샌디에이고 지구물리학회와 스페인 학회 사이에서 가이아 가설은 단단해졌다. 늘 논쟁만 있지는 않았던 것이었다. 러블록 자신은 가이아의 과학을 '지구생리학'이라고 말했다. 해부학과 달리 생리학은 살아 있는 생명체의 과정을 다루기 때문에 지구생리학도 살아 있는 행성의 과정을 다룬다고 볼 수 있다. 멋진 용어지만 러블록도 얼마 지나지 않아 이 용어를 버렸고 나도 별로 좋아하지 않는다. 대신 '지구시스템과학'이라는 용어가 등장하면서 기후, 생명체, 생물지구화학, 지질학적 과정 모두를 어우르게 되었다. 연구자들과 그들에게 연구 자금을 제공하는 사람들은 학문 간의 교차점이 앞으로 다가올 지구적 변화를 이해하는 데 결정적이라는 사실을 깨닫게 되었다.

발렌시아 콘퍼런스 개회사에서 러블록은 국제 지질생물권 프로그램, 세계 기후연구 프로그램 및 동종 조직이 2001년 작성한 지구시스템과학에 관한 '암스테르담 선언'을 언급했다. 그들은 주변 집단이 아니라 지구과학의 최첨단을 걷는 사람들이었다. "지구시스템은 물리적, 화학적, 생물학 및 인문학적 요소가 포함된 하나의 자기조절 체계."라고 선언했다. 그런 선언에 대체로 동의하는 세계에서 그 용어야 어찌 되었든 그의 가설은 승리했다고 러블록은 주장했다. 그렇게 승리를 선언한 뒤 러블록은 회의장을 떠나 선약이 있는 영국으로 향했다. 확실히 그는 기뻤을지 모르지만 샌디에이고의 기억은 고통스러운 것이었다.

러블록이 승리를 선언한 것은 이해할 만하다. 화학과 물리 및 생물을 함께 묶어 되먹임 고리에 방점을 두는 지구시스템 접근 방식은 탄소 순환과 현재 진행 중인 기후의 통합적 변화를 이해하는 데 불가결하기 때문이다. 흔들림 없는 환경에 수동적으로 적응하는 생명체라는 생각은 지난 40년 전에 생겨난 지배적인 패러다임으로 영구적일 것 같았지만 러블록은 과거 패러다임에 사망 선고를 내린 것이다. 빙하기 연구 등을 통해 지구시스템이 어느 정도 자기조절 능력을 가진다는 사실을 러블록은 뚜렷이 보여 주었다. 암스테르담 선언처럼 자기조절 능력을 강조하는 또 다른 이유는 인간이 지구시스템에 부과하고 있는 조절할 수 없는 변화와 대조된다는 점을 부각하려는 것이었다. 인간 간섭의 범위와 잠재력을 강조하고자 하는 욕망은 자칫 행성이 잃어버릴 수도 있는 자기조절 능력을 과도하게 주장하는 과학적 견해로 오도될 수도 있다.

가이아 또는 지구시스템적인 시각에서 거둔 성공은 차치하더라도 여전히 러블록의 핵심 사상인 저 안정성에 대해 우리가 나눌 수 있는 이야기는 무엇일까? 베르너와 비어링 등은 생명체가 진행 중인 변화에 반작용을 가하기보다 그것에 적응하려는 속성이 크다고 주장한다. 그리고 긴 시간에 걸쳐 실제로 다양한 환경적 요소가 안정성을 향해 가는 경향이 있는 듯싶다. 지구시스템과학의 일반적인 영역 안에서 벌어지는 이러한 환경적 안정성을 두고 가이아만의 독자적인 설명이 여전히 가능한 것일까?

이런 설명에 강하게 찬동하는 사람은 발렌시아에서든 어디서든 팀 렌턴이다. 1990년대 화학과 대학원생 시절 그의 아버지는 렌턴에게 러블록의 책을 몇 권 보냈다. 그는 책을 정독했고 러블록에게 편지를 보내 가이아를 연구하려면 무엇을 해야 하는지 물었다. 러블록은 당시 이스트 앵글리아 대학의 교수였던 앤디 왓슨과 함께 일해 볼 것을 제안했다. 그는 콘웰의 러블록을 방문했다. 그때 시작된 깊은 애정이 그 두 사람의 인생을 송두리째 바꾸어 놓았다.

렌턴은 영감을 얻었다. 러블록은 그의 생각을 훼손하지 않고 물려줄 후계자를 만났다고 느꼈다. 렌턴은 다양한 측면에서 생물지구화학 연구를 진행했다. 하지만 그의 가장 중요한 관심사 중 하나는 세계가 작동하는 와중에 (생명이나 시스템이 의도하지 않아도) 안정성이 어떻게 자연스럽게 나타날 수 있는 특성인지를 보여 줌으로써 생물학자들이 기꺼이 가이아 가설을 받아들이게 만드는 것이었다.

이러한 가이아 논쟁의 중심에 생명체가 선호하는 것이 있다는 변명의 여지가 없는 주장이 팽배하다. 온도, 염분, 산소 수치 등 어떤 환경적 변수에도 생명체는 다양한 범위의 값을 취할 수 있다. 그러나 상한이라면 그 값이 감소하면 더 좋고 하한이라면 그것이 증가하면 더 나을 것이다. 생명체가 온도, 염도 또는 산소 수치의 변화에 반응하는 방향은 수준에 따라 달라진다. 따라서 어떤 생명체의 되먹임 고리는 상황의존적일 수밖에 없다. 한 극단에서 그들은 다른 방향으로 틀 것이고 그 반대라면 다시 되돌릴 것이다. 생명체 혹은 생명체 집단이 다른 조건에서 다른 방법으로 환경을 변화시키는 이런 능력은 생명체가 없는 세상에서는 관찰할 수 없는 근본적으로 상이한 생물학을 포함하는 되먹임 작용을 빚어낸다.

식물의 성장과 온도 그리고 이산화탄소를 결합한 단순한 모델을 생각해 보자. 식물이 스트레스를 받을 정도로 뜨거운 세계에서 무언가 일을 시작하도록 온도를 약간 떨어뜨리자. 이 조건에서 식물은 약간 잘 자란다. 이산화탄소의 농도가 줄어들 것이다. 그래도 식물은 여전히 잘 자란다. 이제 양성 되먹임이 설정되었다. 어느 지점에 이르면 식물이 가장 좋아하는 값 아래로 온도가 떨어질 것이다. 온도가 더 떨어지면 식물의 성장도 줄어든다. 따라서 이산화탄소가 고정되는 속도도 떨어진다. 궁극적으로 온도가 다시 안정화될 것이다. 만일 우리가 온도를 높이면 식물의 성장 속도를 회복할 수 있다. 그러면 이산화탄소 수치가 줄고 온도가 내려간다. 식물의 성장 속도가 느려지면(식물이 죽을 것이기에) 이산화탄소 수치가 올라가게 된다. 그러면 다시 온도가 올라가고 식물의 성장세는 회복된다.

평형점은 실제 식물이 선호하는 지점에서 한참 멀리 있을지도 모른다. 그러나 중요한 사실은 존재가 선호하는 지점은 시스템이 목표한 것이 아니라는 점이다. 선호도에 따라 지탱할 수 있는 영역이 있다. 낮은 온도가 좋을 수 있지만 나쁠 수도 있다. 한쪽 끝 지점에서 시작된 어떤 양성 되먹임도 맞은편 끝 지점에 이르면 문제에 직면할 것이다. 이전에는 도움이 되었던 상황을 이제는 극복해야 한다. 눈덩이 지구에서 얼음-알베도 되먹임 또는 금성의 끓는 바다에서 온실 기체인 수증기가 나오는 것처럼 순전히 물리적 혹은 화학적 상황에서 부단히 벗어나면서 생명체는 양성 되먹임 순환이 더 이상 진행되지 못하게 막아 낸다. 양성 되먹임이 이런 방식으로 자체를 제한하기 때문에 환경과 생명의 관계는 음성 되먹임 특징이 있고 그렇게 안정성을 되찾는다는 것이다.

그렇다 해도 이는 생명체가 자신의 취향대로 모든 일을 결정할 수 있음을 의미하지는 않는다. 한때 러블록과 마굴리스가 말했듯이 '생물권에 의한 생물권을 위한' 조절은 시간이 오래 걸린다. 한쪽 끝에서 다른 쪽 극단으로 시스템이 옮겨가 스스로 안정화되는 길은 요원하다. 되먹임의 균형이 시작되는 지점은 그 강도를 결정하는 화학, 물리 및 역사적 요인들에 따라 달라진다. 또 이 시스템은 매우 연약해서 조절 능력을 벗어난 상황에서는 매우 흔들린다. 대륙이 한데 부딪히기도 하고 찢겨져 떨어지기도 한다. 남세균과 같은 혁신적이고 전혀 새로운 발명품이 만들어지거나 석탄 늪지가 등장하면 양상이 바뀐다. 양성 되먹임이 어느 한쪽으로 밀고 음성 되먹임이 그것을 안정화할 때까지 시스템은 목적 없이 한동안 오락가락한다. 그러다 마침내 새로운 안정이 찾아온다.

만약 그렇다면 생명체는 그런 일을 하는 과정에 단단히 매여 있다고 보아야 한다. 양성 되먹임 과정에서 생명체가 아무 일도 못한다면 원리상 이 지구는 살 만한 곳이 될 수 없다. 이는 가이아가 잘 작동하려면 생명체가 지구에서 일어나는 다양한 과정에 스스로 편입되어야 함을 의미한다. 렌턴이 주장했을지도 모르지만 자연선택은 어떤 식으로든 생명체에 도움을 준다. 시도해 봐야 할 것은 뭐든 해 봐야 하고 작동하는 것은 지속될 것이다. 생명체는 계속 퍼져 나가고 환경에 새로운 효과를 부여함으로써 더 많은 되먹임 고리를 만들어 낸다. 이런 일이 짧은 시간에 걸쳐 계를 불안정하게 할 수 있지만 궁극적으로 생명체의 영향력이 커지면 파국의 위험은 줄어들게 된다.

이러한 문제에 대해 열심히 연구한 렌턴은 가이아를 생물학적으로 인정할 만한 어떤 것으로 만들었다. 20세기 후반 영국의 저명한 진화생물학자 두 명이 관심을 보인 것도 그 덕택이다. J. B. 홀데인의 마지막 제자 중 한 명인 존 메이나드 스미스John Maynard Smith는 렌턴의 주장 일부를 요약한 《네이처》 논문을 만드는 데 도움을 주었다. 빌 해밀턴Bill Hamilton도 렌턴과 함께 논문을 작성했다. 이 늙은 두 거장은 렌턴의 모든 주장을 다 받아들이지는 않았지만 가이아는 진지하게 받아들일 가치가 있는 흥미로운 주제라고 보았다.

해밀턴은 역사가 코페르니쿠스와 비슷한 인물로 러블록을 평가할 것이라고 말했다. 코페르니쿠스는 지구가 움직인다고 주장한 사람으로 영원히 기억되지만 뉴턴이 왜 지구가 그런 방식으로 움직이는지 설명하기까지 한 세기가 넘게 걸렸다. 해밀턴은 생명체가 그들의 지구적 환경을 안정시킨다는 러블록의 통찰력이 아직 뚜렷한 증거는 없다고 해도 매우 심오하고 설득력 있는 가설이라고 생각했다.

하지만 발견할 만한 뚜렷한 설명이 없을 수도 있다. 앤드루 왓슨은 점점 가이아가 우연의 문제일지도 모른다는 생각으로 경도되어 갔다. 그는 항상 우주 연구에 관심이 있었고 '인류 원리'에 흥미를 느꼈다. 러블록을 만나기 전 그는 천문학 박사 학위를 받으려 했고 박사 학위를 취득한 후 최초의 연구는 금성의 대기를 관측하는 일이었다. 가이아 가설이 생물학적 테두리에서 그랬던 것처럼 우주론의 테두리 안에서도 그에 못지않은 논쟁이 있었다. 커쉬너의 그림자가 어른거리듯 '인류 원리'는 자신만의 특색과 강점을 가진다. 어떤 특색은 다른 사람들을 불쾌하게 만들기도 했다. 그러지만 적어도 가장 예외적이고 일반적인 명제는 우리가 관찰하는 우주는 반드시 지적인 관찰자의 존재를 허용하는 우주여야 한다는 사실이다. 우리는 몇 세기 만에 불타 사라지는 항성을 넘어 그리고 주기율표가 수소와 헬륨 넘어 펼쳐진 우주를 관찰하지 못하고 있다.

비슷한 맥락에서 왓슨은 어떤 지능형 관찰자가 존재하려면 그들이 진화하기에 충분히 오랜 기간 상대적으로 안정된 행성이 있어야 한다고 주장한다. 우리가 그런 전형적인 관찰자라면 그들이 진화하는 데 오랜 시간이 걸리고 정의상 그 모든 행성은 생명체가 진화하는 내내 살아갈 수 있는 곳으로 남아 있어야 한다.

하지만 수십억 년이 지난 지금 지구와 같은 행성은 상당히 심오한 환경의 변화를 겪어 왔다. 태양이 달아오르며 지구도 덩달아 뜨거워졌다. 수소가 빠져나가면서 지구 대기와 지표면의 산화가 가속되었다. 이런 격변에도 불구하고 지구는 화성이 그랬던 것처럼 영원한 눈덩이로 남거나 또는 우주에 바다를 상납한 금성처럼 끝나지 않았다. 어떤 되먹임 기제가 끊임없이 작동하면서 최악의 파국을 피해 계속 지구를 지켜 왔다. 지구에는 풍부하고 다양한 생물권이 유지되었으며 그 와중에 지성을 가진 생명체가 최종적으로 탄생했다.

왓슨이 주장했듯 이는 우리 인간과 같은 종이 행성의 과거를 돌아볼 때 조절된 환경을 살펴야 한다는 의미다. 그렇지 않았다면 관찰자가 거기 있을 수 없다. 그러나 모든 생물권의 기본적인 특성이 자기통제 능력이어야 할 필요는 없다. 조절 과정이 진행되어야 할 일관된 이유가 있을 수 없고 다른 행성에서 다른 종류의 조절에 대한 공통된 원인이 있을 수 없는 노릇이다. 생명체의 역사와 그를 둘러싼 환경은 행운의 연속이어서 레모니 스니켓Lemony Snicket[7]의 서술과 거꾸로 진행될 수 있다.

발렌시아 콘퍼런스 첫날 기조연설에서 왓슨은 자신의 아이디어를 약간 신경질적으로 발표했다. 러블록을 잘 알면서도 '행운의 가이아'를 제안함으로써 그는 비난을 받았다. 러블록의 발견이 요행수일 수 있다는 의미였다. 그는 기꺼이 그 비난을 받아들였다. 지금 두 사람의 관계가 나아졌지만 한때 거의 파탄에 이른 적도 있었다. 인류 원리처럼

7) 미국 소설가 대니엘 핸들러Daniel Handler, 『불행한 사건의 연속A Series of Unfortunate Events』 시리즈를 집필하고 있다(옮긴이).

추상적인 생각 때문에 한때 아주 가까웠던 사람들 사이에 찬바람이 부는 일은 이상하게 보일 수 있다. 하지만 반대로 친밀함 그 자체가 사상에 근거해서 깊어지기도 하는 것이다. 생명체와 환경 사이의 긴밀한 상호 침투성을 설명하는 가이아에 대한 러블록의 첫 번째 작업은 다양한 범주를 한 데 묶으려는 그의 폭넓은 성향을 반영한다. 러블록의 힘은 다른 사람들과 달리 분석하고 해석하고 또는 살아 있고 살아 있지 않고 따위의 구별을 만들지 않는 데 있었다. 비판과 거부 그리고 반대와 무시 사이의 구분이 어려운 것은 내가 보기에 그런 그의 기질 때문이다.

발렌시아에서 가이아 사상에 새로운 변화를 꾀하려고 했던 사람은 렌턴과 왓슨뿐만이 아니었다. 뉴욕 대학의 타일러 폴크와 같은 몇몇 노장들은 가이아를 믿지 않는 가이아주의자로 자리매김하면서 러블록을 괴롭혔다. 이들의 집단적 반추 과정은 독일의 젊은 생태학자인 액셀 클라이돈Axel Kleidon에게 영감을 주었다. 그는 미남에다 웃음기 넘치며 구레나룻 좋은 중세 조각 같은 남성의 모습을 간직하고 있었다. 당시 그는 식물 뿌리의 깊이와 기후 사이의 관계를 연구하던 스탠퍼드 대학의 박사 후 연구원이었다. 발렌시아 콘퍼런스 주최자 중 한 사람인 스탠퍼드 교수 스티브 슈나이더Steve Schneider가 그를 초청한 것이다.

식물원에서 클라이돈은 타일러 폴크와 그의 친구, 데이비드 슈왈츠먼이 엔트로피에 대해 이야기하는 것을 들었다. 당시에는 무슨 이야기인지 잘 몰랐지만 지금도 기억에 살아 있다고 그는 말했다. 클라이돈이 박사 과정 학생이었을 때 그와 그의 동료들은 기후물리학 교과서의 엔트로피 부분을 의도적으로 건너뛰었다. 모든 사람이 알다시피 엔트로피는 이상하고 복잡한 데다 혼란스럽기 때문이다. 발렌시아에서 가이아에 대한 이야기를 들은 후 그는 예전에 건너뛴 챕터를 정독하고 그것을 통해 대부분 잊힌 연구를 재발견했다. 가능한 한 가장 많은 엔트로피를 생산하도록 환경에서 에너지의 흐름을 허용할 때 가장 단순한 기후 모델도 실제 세계와 가장 잘 부합하는 것처럼 보였던 것이다.

이 고전적인 예는 1970년대 호주 물리학자 가스 팰트릿지Garth Paltridge가 기후를 열기관으로 상정한 모델에서 찾아볼 수 있다. 지구라는 거대 엔진을 작동시키는 열의 기울기는 적도에서(태양 빛이 직접 내리쬐기 때문에 뜨겁다) 극지방으로(햇빛이 비껴가기 때문에 춥다) 흐른다. 그러나 기울기 양쪽 끝의 온도는 주어지지 않는다. 만약 바람과 해양의 흐름이 매우 부드러운 체계에 상응할 정도로 행성의 열 수송 시스템이 매우 효율적이라면 극지방 온도는 금방 적도의 온도와 같아질 것이다. 엔진을 통해 많은 양의 열이 흐르고 태양은 여전히 적도를 더 데운다. 하지만 온도의 기울기가 없다면 일도 하지 않고 엔트로피 생산도 없다. 비가역적인 어떤 일도 진행되지 않으며 어떤 무질서도 창조되지 않는다. 이와 정반대로 바람과 해류 등의 열을 움직이는 과정이 매우 불량하게 진행되면 극지방은 매우 춥고 적도는 무척 따뜻할 것이다. 열이 A에서 B로 잘 흐르지 않기 때문이다. 기울기는 매우 가파르지만 열은 아래로 흐르지 않는다. 열 흐름 과정이 작동하지 않기 때문이다. 이때도 하는 일은 없고 엔트로피도 없다.

온도 차이가 가장 적으면서도 과도하게 열을 흐르게 할 수 있다면 계의 엔트로피는 최소화된다. 오늘날 지구에서 관측되는 온도 차이는 이 중간쯤에 있으며 엔트로피 생산을 최대화할 수 있는 계에 해당한다. 팰트릿지는 이것이 흥미로운 결과라고 생각했지만 받아들이기는 쉽지 않았다. 이전에 잘 몰랐던 어떤 유용한 것에 대해 사람들에게 이야기를 건네는 일과도 사뭇 달랐다. 기후 모델 연구자들은 극지방과 적도의 온도를 알고 있다. 그들이 관심 있어 하는 점은 적도와 극지방 사이에 놓여 있는 거대한 기후 체계가 작동하는 방식이었다. 이 체계가 가능한 한 빨리 엔트로피를 생산한다는 사실을 안다고 해도 실제 엔트로피를 생성하는 과정이 어떻게 작동하는지를 이해하는 데 별 도움이 되지 않는다. 그에게는 계를 설명하기보다 묘사하는 새로운 방법이 필요했다.

이 순간 클레이돈은 가이아에서 유사점을 보았다. 기전을 설명하는 방식이기도 했지만 가이아는 생체경을 통해 보며 묘사하는 방식이었기 때문이다. 아마 가이아도 최대 엔트로피 생산이라는 언어로 묘사할 수 있을 것이다. 대사 과정의 피할 수 없는 부산물로서 생물학적 과정은 엔트로피를 생산한다. 생물권의 생명체가 생산성이 높을수록 엔트로피는 더 많이 만들어질 것이다. 만일 행성의 기후가 엔트로피를 극대화하도록 설계되었다면 전체적으로 생물권이라고 그러지 말라는 법은 없지 않겠는가?

최대 엔트로피 접근법에 관심이 컸던 클라이돈의 눈에 그것에 사족을 못 쓰는 영국 태생의 행성과학자 랄프 로렌츠Ralph Lorenz가 들어왔다. 애리조나에서 일하는 로렌츠는 자신의 오랜 목표를 달성하기 위한 모델, 즉 토성의 가장 큰 달 타이탄의 대기를 다루는 컴퓨터 모델이 현실과 일치하는 방식으로 계가 작동한다는 사실을 재현하지 못했다. 그는 극지방과 적도의 온도 차이를 구할 수 없었다. 하지만 로렌츠는 곧 엔트로피 생산을 극대화할 방법을 연구한다면 곧 정확한 온도를 구할 수 있음을 알게 되었다. 어느 극지방이든 화성 대기의 상당 부분이 얼어 버렸기 때문에 상황은 조금 더 복잡했지만 화성의 대기도 엔트로피를 극대화한 것처럼 보였다.

지구 기후에서 다른 행성의 기후까지 그리고 물리기후학에서 생물시스템 모델링에 이르기까지 최대 엔트로피 접근법의 범위를 확장함으로써 클라이돈과 로렌츠는 이 분야를 다시 무대에 올렸다. 완전히 동떨어진 가설을 연구하는 과학자들은 같은 주제에 관심을 가진 사람들이 어딘가 있다는 사실에 전율한다. 그렇게 멀리 떨어진 두 과학자 사이에 연결망이 구축되었다.

이들 소집단 구성원 중 하나인 수학자 로데릭 듀어Roderick Dewar는 평형과는 거리가 먼, 에너지가 들고 나는 열린계를 일반적으로 분석한 논문을 발표했다. 그는 열린계가 충분한 '자유도'가 있다면 그곳으로 에너지가 흐를 수 있는 방법은 무척이나 많고 또 고정된 경계 조건이 없다면, 다시 말해 외부에서 온도와 다른 두드러진 세부 사항을 조절하지 않는다면 열린계가 엔트로피 생성을 극대화할 가능성이 상당히 크다는 사실을 깨달았다.

듀어가 증명한 것이 어떤 의미가 있다면 그것은 최대 엔트로피 생성이 일종의 자연법칙이라는 뜻이다. 가스 팔트릿지는 이것을 '열역학 제2 법칙의 추가 사항'이라고 말했다. 평형으로부터 점차 멀어져 가는 열린계는 그렇게 가는 것 외에 달리 선택이 없다. 클라이돈이 지적한 것처럼 그것은 안정하고 가이아 가설에서 이 세상이 그렇게 되어야 한다고 제시한 것이었다. 계는 늘 엔트로피를 최대로 생성하는 경향이 있으므로 그 상태에서 멀어지게 추동하는 어떤 것은 음성 되먹임 작용이고 계를 거꾸로 돌린다.

이런 종류의 사고가 행성 규모에만 적용되는 것은 아니다. 듀어가 증명했듯 일반적이라면 그것은 모든 규모의 계에 적용되어야 한다. 현재 듀어는 이 생각을 기공 모델에 적용하여 그것이 닫히고 열릴 때 계의 엔트로피 생산이 변화하는지 연구하고 있다. 크로아티아의 이론가 다보 쥬레틱Davor Juretic과 파스코 주파노빅Pasko Zupanovic은 최근 엽록체의 막을 가로질러 수소 이온을 운반하는 과정에 이 접근 방식을 적용하고 있다. 기본적인 원리는 열대 지방에서 극지방으로 열이 운반되는 것과 같다. 막을 가로질러 수소를 옮기는 일이 정말 쉽다면 이 계는 어떤 일도 하지 않는 셈이 된다. 반면 정말 어렵다면 수소는 움직이지 않을 것이다. 작용점은 그 중간 어딘가, 즉 엔트로피 생성이 극대화되는 지점에 있다. 배치스 농장 정원에서 계절이 바뀌는 것을 지켜보던 로빈 힐의 생각을 떠올리지 않을 수 없다.

듀어의 연구에서 클라이돈이 취한 핵심은 생명체가 계에 새로운 자유도를 부여한다는 점이었다. 그것은 에너지가 흐르게 하는 새로운 길이었다. 그가 가장 주목한 것은 광합성이다. 광합성은 놀라운 속도로 엔트로피를 생성한다.

현재 클레이돈은 생물권이 지구의 엔트로피 생성을 극대화하는데 어떤 도움을 줄 수 있었는지 그 방식을 연구하고 있다. 바람의 요동을 최적화하기 위해 거친 표면을 제공하든지 또는 기화를 통해 열의 흐름을 최적화하는 방식으로 기공을 열든지. 최적화는 곧 안정성을 뜻한다. 두 경우 모두 가이아가 선호하는 것이 있다. 그가 수긍하기 어려운 점은 그가 만든 모델이 실제 세계와 얼마나 잘 부합하느냐 하는 데 있다.

거칠게 말하면 지구 식물은 바람과 같은 속도로 엔트로피를 생성한다. 하지만 그리 요란하지는 않다. 또 오늘날과 같은 제약 조건에도 지구가 최대한의 광합성을 수행하고 있다는 증거도 있다. 지구계의 경계 조건을 기초로 현재의 기후와 식생의 분포를 간단히 예측할 수 있다고 믿을 만한 이유도 있다. 그런 점에서 식물 분포가 지금과 달랐다고 해도 지구가 더 나았으리라고 판단할 만한 근거는 전혀 없다.

열역학 제2 법칙의 추가 사항이 Z-체계에서 지구시스템에 이르기까지 모든 것에 적용될 수 있다는 생각은 성급하다. 그리고 이는 1947년 버널이 내렸던 생명의 정의로 우리를 이끈다. 그는 생명을 '환경으로부터 얻는 자유에너지를 대가로 내부 엔트로피를 줄이는 연속적 반응을 수행할 뿐 아니라 분해 형태로 내몰리기를 거부하는, 열린계를 운영하는 구성원들'로 정의했다. 이것은 최대 엔트로피 원칙이 적용되는 것과 정확히 같은 종류다.

버널은 유전학에 호소하여 태풍과 산불로부터 생명을 구분했다. 유전학은 생명 형태에서 생명 형태로 넘어가는 역사적 연관성을 다루며 그것은 결코 무생물의 경계를 넘지 않는다. 이런 점에서 가이아는 살아 있지 않다. 역사적인 대물림 고리를 찾아볼 수 없기 때문이다. 하지만 가이아 안에는 고리가 있고 계속 확장되는 다양한 행동 방식을 통해 지속적으로 엔트로피를 생성하며 산불과 허리케인이 가지지 않은 것들을 준다.

단순히 지구는 맹렬한 것이 아니다. 지구는 유전체를 가졌다. 지구에 사는 모든 종에 걸쳐 유전체는 퍼져 있다. 이 유전체는 생명체와 같은 방식으로 진화하지 않는다. 유전체는 세계와 상호 작용하면서 새로운 단백질과 세포 소기관 및 대사와 형태를 만들지 못한다. 그러나 특정한 종의 유전자가 가진 참신성에 잠재적인 힘을 불어넣을 수 있기 때문에 자연선택은 가이아에게 능력을 부여한다. 행성 유전체는 세균처럼 효율적이지는 않다. 세포나 생명체가 변화하고 발생하고 분화하는 진핵세포 프로그램처럼 그리 정교한 것도 아니다. 그러나 그들은 지속적으로 축적할 뿐이다.

그렇게 그들은 스스로 달라질 수 있다. 산불과 허리케인에서 어떤 일이 발생해도 그것은 현재 무슨 일이 일어났는지에 달려 있다. 행성 전체에 걸쳐 장차 무슨 일이 벌어질지는 과거에 진행된 모든 사건에 따라 달라진다. 왜냐하면 과거의 기록, 그 과정이 재생산되는 수단이 언제든 접근 가능하고 사용할 수 있는 요인들 안에 결박되어 있기 때문이다. 대멸종이 일어나 종과 형태와 행동을 제거할 수 있지만 생화학적 가능성에 대해서는 그렇지 않다. 누군가 사용하기만 한다면 지구는 결코 제2 광계의 작용 방식을 잃지 않을 것이다. 질소 고정도 마찬가지다. 나무가 되는 혹은 잎의 기공을 여는 방법도 그렇다. 단순한 산불과 달리 지구는 오늘과 다른 내일을 맞을 것이다. 계속해서 변화하지만 모든 시간이 거기에 살아 있다. 나무와 달리 그 자체로 행성은 살아 있지 않다. 그러나 생명체 덕에 행성은 기억이 담긴 불꽃이다.

7장 초원

다운스Downs에서
백악기 바다에서 불타는 사바나로
빙하기
비옥한 1000년
식물의 종말
오랜 여정

그대가 와서 보고 사랑한 풍광들.
나도 익히 알고 역시 사랑했던
초록빛 서섹스Sussex는 쪽빛으로 시드네.
바다의 한 줄금 잿빛과 함께.

테니슨Tennyson

다운스에서

지금 이 세계에서 식물이 어떤 역할을 하고 있는지 알고 싶다면 밖으로 나가 잠시 걸어 보라. 어디라도 상관없다. 뿌리가 흙으로 스미듯 생명체도 환경으로 관통해 들어가 긴밀한 관계망을 형성한다. 어디에서든 식물이 지금껏 해 왔던 일의 흔적을 엿볼 수 있다. 식물은 어떻게 지구에 영향을 끼쳤을까? 어떤 지방이라도 어느 정도는 지구적이다. 모든 풍광이 전체 이야기의 한 줄기를 이룬다.

이제까지 내가 이 책에서 기술한 대부분이 풍광의 영향을 받았다는 점을 실토해야겠다. 런던에서 100킬로미터쯤 떨어진 루이스라는 작은 도시를 둘러싸고 펼쳐지는 사우스다운스의 위용을 보라. 서섹스Sussex 해안 절벽에서 내륙으로 들어오는 길을. 나는 이 책 대부분을 루이스Lewes에서 썼다. 아래쪽 윌드Weald에서 급하게 솟은 백악의 부드러운 바위에 자리한 다운스를 가로질러, 영감을 얻거나 기분을 전환하려고 얼마나 자주 산책했던가? 지금 이 순간 세계를 하나로 묶은 가장 농밀하고 동시에 가장 확연한 연결고리를 여기서 발견한다. 다운스는 뒤틀린 겹겹의 토양과 이를 덮은 초지와 다름없다. 그러기에 지구에서 어디를 산책한다 해도 독자 여러분은 나와 함께 다운스를 걷고 있는 셈이다.

영국의 모든 시골과 마찬가지로 이들 풍광에는 인간의 간섭(혹은 발명)이 가미되어 있다. 하지만 그런 사실을 제쳐 놓더라도 다운스는 독특하게도 지금껏 우리가 살펴보았던 데본기와 석탄기 그리고 페름기를 지켜보았다. 자기 나름의 독특한 해부학과 생식 전략을 가진 700여 종 이상의 식물이 여기에 서식한다. 페름기 이래 이들 식물과 함께 동물들은 긴밀한 관계를 맺어 왔다. 그러나 식물이 자라고 있는 바위는 페름기 시기에는 알려지지 않았던 성분으로 구성되어 있다.

페름기가 끝날 무렵 잠시 산소가 부족한 대양으로 돌아간 시절의 여파로, 열린 바다에 살며 식물성 플랑크톤phytoplankton이라 불리던 단세포 조류가 득세하게 되었다. 위세를 떨치던 식물성 플랑크톤 두 집단, 즉 와편모조류dinoflagellates와 콕콜리투스cocolithosphores는 제각기 다른 방식으로 세계를 수놓았다. 콕콜리투스는 해저에 침전된 탄산염으로 만든 외골격을 걸치고 살아간다. 분필의 주요 성분인 이 외골격은 부드러운 백색으로 이전 형태의 석회암과 비교할 수 없게 곱다.

사우스다운스에서 출토된 분필 재료 콕콜리투스는 약 1억 년 전 백악기에 살았다. 판게아Pangaea 초대륙이 깨지고 지금의 유럽 대륙 대부분이 물에 잠겼던 시절이다. 현재 영국 위로 따스한 바다가 동쪽으로 수백 킬로미터 펼쳐졌다. 콕콜리투스는 얕은 대륙붕에서 번성했다. 외골격을 걸친 이들 플랑크톤을 잡아먹는 포식자들도 물론 함께 살았다. 이렇게 먹히는 과정에서 탄산염 골격은 압착되어 바닥에 침전되기에 이르렀다. 수백만 년에 걸쳐 침전된 탄산암 퇴적층이 해저에서 형성된 것이다. 나중에 이 퇴적층이 묻히고 압축된 곤죽이 분필이 된다. 영국 분필 채석장 중 가장 큰 규모를 자랑했던 다운스 채석장은 깎이고 깎여 지금은 하얀 반달 모양의 언덕으로 남아 있다. 겨울이면 나의 집 창문에서 오펌Offham 언덕 돌출부를 볼 수 있다. 파도가 세계의 가장자리를 타고 오르듯 봄이 푸른 잎을 틔워 다운스 정상 부위를 감싸고 있어서 지금은 그 모습이 보이지 않는다. 오래된 채석장 아래 가파른 비탈을 따라 서쪽으로 돌면 경작지와 목장이 섞인 부드러운 초원이 보인다. 샘물이 흘러와 이곳을 적신다. 비탈을 흘러내린 비는 탄산암과 그 아래 점토의 공간을 따라 흐르다 다공성 백악을 통해 흘러나온다. 초원과 하천 사이에는 키플링의 『푸크Pook 언덕의 요정』에 등장한 영국의 전통적인 나무들인 참나무와 덤불 잡목이 자란다. 여기서 동쪽으로 하루 혹은 이틀을 걸어도 흔히 볼 수 있는 전형적인 시골 풍경이다.

꽃은 어디에도 있다. 울타리 옆 하얀 산사나무hawthorn꽃, 나무 아래 초롱꽃bluebells, 초지에는 밝은 민들레. 초원 가득 꽃이 만발하고 있다. 이는 페름기 이후에 전개된 지구 위의 참신성이다. 그 이전의 숲은 오직 푸를 뿐 다채로운 색이라곤 없었다. 고대 석탄에서 꽃의 화석을 발견할 수 없는 이유다. 백악기에 들어서서야 꽃식물 혹은 속씨식물이 번성하기 시작했다. 다운스 배경이 된 콕콜리투스가 퇴적되던 시기다.

이들보다 앞서 진화한 침엽수처럼 속씨식물의 씨도 멀리 퍼져 나가 토양에서 좋은 때가 오길 기다려 싹을 틔우고 성장할 수 있었다. 사실 그들은 침엽수나 그의 사촌보다 조금 더 강하고 견고한 씨를 만들었다. 또한 이들은 색과 향기 그리고 설탕을 사용하여 씨를 생산하고 분배하는 방식을 진화시켰다. 속씨식물은 다소 정적인 삶에서 벗어나 먼 곳에 있는 동족 식물들과 유전자를 교환하고 자손을 널리 퍼뜨릴 새로운 전략을 찾아냈다. 그들은 자신들의 번식 사업에 동물을 끌어들였다.

만일 우리가 참나무 아래 초롱꽃을 한동안 보고 있으면 벌이 찾아드는 광경을 목격하게 된다. 이들 벌에게는 생물체에서 볼 수 있는 긴급함을 찾아보기 어렵다. 내게는 벌들이 바쁜 대신 나른하게 느껴진다. 꽃이 어디에 있는지 벌이 알 듯 꽃도 벌의 존재를 감지한다. 그들은 시간을 공유하는 것이다. 벌과 초롱꽃 사이의 인식 체계는 '공진화'의 대표적인 예다. 속씨식물이 있는 모든 곳에 동물이 함께 진화했다.

이런 공진화 경향은 속씨식물을 이전의 초기 식물과 다르게 규정하는 유일한 특성은 아니다. 속씨식물은 장력tension을 통해 가지를 지탱하는 더 튼튼하고 단단한 나무가 될 수 있었다. 버팀도리buttress 소나무 가지와 달리 속씨식물 나무는 마치 케이블처럼 가지 끝에서 잔가지들 여러 개가 흔들리도록 수형을 관리한다. 또한 겨울에 나뭇잎을 떨구는 활엽수 전략을 취하고 태양 빛이 약하거나 구름이 끼어 있을 때의 투자를 최소화했다. 덩굴성 속씨식물은 다른 식물들이 차지하지 못한 틈새를 노려 성공적으로 적응했다. 두터운 아이비 덩굴의 잎들은 몸통을 제공한 나무가 포기한 겨울의 희미한 빛을 수확하려 다운스 나무들 상당수의 몸통을 친친 감고 있다.

지난 수억 년 동안 창의적인 속씨식물은 식물 세계를 평정했다. 생태계 일부를 접수한 침엽수와 양치식물이 없지는 않지만 속씨식물은 지구 생물량의 대부분을 차지하고 육상에서 이루어지는 광합성 대부분을 책임진다. 한 연구 결과에 따르면 지구상의 27만 5,000종의 살아 있는 식물 중 23만 5,000종이 속씨식물이다. 여기서도 공진화가 결정적인 역할을 했다. 꽃의 작은 변화가 곤충의 작은 변화를 이끌고 새로운 종이 출현했다. 자연 상태에서 동물계의 진화 속도가 더 빠르다고 알려졌지만 속씨식물과 동물 사이의 상호 의존성을 참작하면 지난 수억 년 동안 식물은 동물의 진화 속도를 얼추 따라잡았다고 해야 정당할 것이다. 속씨식물은 자신의 목적을 달성하기 위해 동물을 이용했고 그 결과 동물과 보조를 맞춰 진화를 거듭했다.

다운스 북쪽 기슭을 따라 더 멀리 가면 두 갈래 길이 나온다. 수 세기 동안 양들이 다져 놓은 '길목'이 있다. 또 하나는 숲으로 열린 길이다. 열린 숲길로 우리는 벌이 윙윙대는 난초꽃을 볼 수도 있다. 공진화한 협력자 생명체들이다. 나는 나무들 사이로 계속되는 어두운 길을 떠올린다. 이 숲길의 주인공은 너도밤나무다. 새로 돋아난 섬세하고 우아한 잎들은 작고 가볍다. 잎자루도 깨끗하다. 흰빛 언덕을 얼굴로 가진 다운스를 위해 배수가 잘된 백악질 언덕 위 너도밤나무가 있는 듯싶다. 숲 가장자리 여기저기 다섯으로 갈라진 작은 잎을 가진 플라타너스 묘목은 가능한 한 많은 광자를 흡수하기 위해 애를 쓴다. 여름이 찾아와 짙은 나뭇잎이 하늘을 가리기 전에.

식물의 여정은 험난했다. 빙하기에 다운스 탄산 암반의 물은 얼어붙었고 얼음으로 단단해진 암석은 날카롭게 침식되었다. 급경사 바위가 빙하기에 날카롭게 잘린 것이다. 암반의 꼭대기로 열린 경사면이 이어지고 꼭대기에는 작은 언덕들이 오래전에 묻힌 흔적을 보여 준다. 숲의 가장자리에는 작고 단단한 나무들이 너도밤나무 사이에 끼어들었다. 산사나무, 금잔화gorse 덤불, 키 작은 참나무들이다. 노파의 머리칼처럼 바닷바람에 누운 덤불은 다운스의 상징이다. 더운 여름날 해풍에 실려 온 소금은 나뭇잎과 덤불의 잎을 태우고서야 이른 가을을 가져다줄 것이다. 하지만 오늘 공기는 차분하고 본격적인 여름은 아직 찾아오지 않았다. 모든 것이 봄날의 푸르름을 간직하고 있다. 루비스코 단백질만큼이나 어렵게 만들어진 향기가 공기 중을 배회하고 있다. 하늘을 날던 새들은 곤충들을 잡아 올렸다. 시상詩想 가득한 시인처럼 까치들은 하늘로 날아오른다.

지도상으로 해발 125미터, 그리 높이 오르지 않았지만 세상은 달리 보인다. 내 앞에 보이는 다운스 능선은 파도가 약한 바다의 표면을 부수는 고래 떼 모양이다. 뒤쪽 아래편의 윌드는 희미하게 반쯤 사라진 모습으로 펼쳐지며 숲과 경작지가 마치 모자이크처럼 보인다. 경사면을 따라 동으로 가면 윈드오버힐Windover Hill이 어지럽게 휘돌아가고 상승 기류에 편승한 황조롱이가 다운스 흰 절벽 너머 윌밍턴의 롱맨[1] 위를 배회한다. 글린데 갭Glynde Gap 해변 위로 물결처럼 펼쳐진 펄비콘Firle Beacon 언덕이 급하게 서 있다. 패러글라이더들은 캐번산Mount Caburn 언덕의 상공을 배회하며 한가로이 난다. 흐릿하게 펼쳐진 남쪽 틈으로 맑은 날이면 끝도 없이 이어지는 바다가 보일 것이다. 텅 비어 있음으로 충만한 세상이다.

우리를 둘러싼 모든 것은 다운스에 살아 있다. 초지, 화답하는 하늘의 초록빛 메아리.

광합성 도전 과제에 대한 새로운 해결책을 안고 백악기에 초본과grass 식물이 등장했다. 지구에 살기 위해, 정확히 말하면 땅에 발을 딛기 위해 식물이 직면한 문제가 많았지만 그중 두 가지는 특히 절대적이었다. 먹히는 것과 빛이 부족한 상태가 그것이다. 식물은 이 두 가지에 대응하여 나무를 진화시켰다. 나무의 리그닌은 소화를 어렵게 했고 높이 자랄 수 있게 구조적 기반을 제공했다. 목질부를 만드는 일이 진화적으로 큰 성공을 거두었음에는 틀림이 없지만 다른 방식도 있었다. 초본과 식물이 발명한 일종의 반나무anti-tree 전략이 그것이다.

나무처럼 높이 올라가는 대신 풀들은 최대한 빠른 속도로 널리 퍼졌다. 파헤친 땅에서 그 무엇보다 빨리 자라는 것이 풀이다. 빨리 성장한 풀은 씨도 멀리 퍼뜨린다. 나무가 접근해 오면 폭풍우나 산불이 발생하여 새로운 공간이 생길 때까지 풀씨는 그저 기다린다. 그리고 땅이

1) Long Man of Wilmington. 영국 이스트 서식스 윌밍턴 주변, 윈드오버힐 가파른 언덕에 그려진 인물상이다(옮긴이).

열리면 먼저 싹을 내민다. 나무와 달리 풀은 장소보다는 과정을 선택했다. 식물도 이 지구 전체에 퍼지기를 꿈꾼다. 빅토리아 시대 위대한 식물학자 존 후커John Hooker 경은 5,500미터 높이의 히말라야산맥에서 다운스에서 전형적으로 발견되는 김의털sheep's fescue을 발견했다. 산불에 벗겨졌거나 바람에 침식되어 상처 난 흙 혹은 홍수가 밀려와 초토화된 땅에서 이들은 새롭게 돋아난다. 인류가 땅을 뒤집었을 때도 같은 일이 벌어졌다. 현대적인 언어로 말하면 인간이 풀의 가장 친한 친구다.

안 먹히는 대신 풀은 스스로 먹이가 되는 쪽으로 진화했다. 땅 가까운 녹색 떡잎에서 잎을 키운다. 하지만 거기에는 동물의 이빨이 잘 닿지 않는다. 그러기에 먹히는 것은 큰 문제가 되지 않는다. 그렇게 먹히는 것을 감수함으로써 풀은 부분적으로나마 빛의 문제를 해결했다. 풀을 먹는 동물은 대개 같은 장소에서 자라는 나무의 묘목도 함께 먹는다. 풀이 자라는 장소를 넘보는 묘목들은 대개 크게 나무로 자라기 전에 제거된다.

다운스에서도 이런 일이 벌어진다. 양과 토끼는 부드러운 초록 사료를 먹는 대가로 묘목이 자라나는 것을 억제하는 임무를 떠안는다. 팔머Falmer 마을로 향하는 길에는 어미 양과 종종걸음 치는 새끼 양이 풀을 뜯고 있다. 초지 가장자리에 토끼가 있다. 가끔 사슴이 풀을 먹는 모습도 볼 수 있을 것이다. 하지만 그들은 나무가 우거져 숨기에 편한 곳을 좋아한다. 산토끼도 있다. 루이스로 돌아가는 뒤쪽 경마장 마구간에는 초지 귀족인 말이 있다. 풀밭에 철제 발굽 편자가 찍힌 모습도 선명하다.

최초의 초본과 식물은 약 8,000만 년 전 백악기에 진화했을지 몰라도 그들이 전 지구적으로 퍼져 나간 때는 약 3,000만 년 전이라고 화석 기록은 말한다. 풀은 발굽을 가진 유제 동물과 공진화했다. 이들 동물은 대부분 셀룰로스인 날카로운 풀을 소화할 위를 지녔으며 소화의 동맹군으로 세균을 초빙했다. 화석의 기록에서 우리는 영양에서 말, 하마, 코끼리를 포함하는 발굽 동물들이 풀을 씹도록 두꺼운 '치관'을 발달시킨 세월의 흔적을 엿볼 수 있다. 300만 년 전 빙하기가 도래하기 이전에 풀은 지표면의 4분의 1을 점령했다. 그들과 함께 발굽 동물도 세를 키웠다.

풀의 영향력은 바다에까지 미쳤다. 풀 안에는 실리카 결정인 매우 작은 오팔이 가득하다. 이는 풀을 질기고 씹기 힘들게 만들어 초식동물의 먹잇감이 되는 일이 줄었다. 실리카 결정을 만들기 위해 풀은 토양의 실리카를 흡수했다. 풀이 융성하면서 바다로 유입되는 용융 실리카의 양이 늘었다. 실리카는 페름기 이후 등장한 세 번째 식물성 플랑크톤 집단인 해양 규조류diatom에도 커다란 도움을 주었다. 셀룰로스를 사용하는 와편모조류, 탄산염을 사용하는 콕콜리투스와 달리 규조류는 실리카로 외골격을 만든다. 오리건 대학의 지질학자 그레고리 레탈락Gregory Retallack은 초본과 식물이 퍼지면서 실리카를 이용할 기회가 확대되었기 때문에 백악기 후기에 규조류가 번성하게 되었다고 말했다. 그와 함께 콕콜릭투스는 세력이 줄었다. 오늘날 해양에서 백악은 거의 만들어지지 않는다. 파도와 빙하 시대의 종말은 다운스에도 찾아왔다. 동일한 사건은 결코 반복되지 않는다.

어디서든 풀을 볼 수 있게 되었다. 지금 내 발아래에는 무엇이 있을까? 내가 읽은 책에 따르면 여기에는 붉은김의털과 김의털이 우점종이다. 내가 그 식물을 알아볼 것이라고 장담할 수는 없지만 어떤 것이 우세하든 초본과 식물은 종류가 무척 많다. 바람에 날아가기도 한다. 일부 식물은 수십 년 전 경작지에서 목초지로 바뀔 때 일부러 심은 것들이다. 상대적으로 탄산염이 풍부한 백악 위 얇게 쌓인 토양에는 대부분 초본과 식물이 잘 자라지 못한다. 왕성하게 자라는 식물에서와 달리 활발한 뿌리의 호흡이 억제되기 때문이다. 토질이 좋은 곳에서는 다년생 독보리ryegrass가 우세하게 자라지만 여기에는 다양한 식물 종들이 옹기종기 붙어 자란다. 그들 또한 아름답다. 비료를 사용하지 않으므로 풀이 우세하게 자라나 꽃식물이 만발할 공간이 줄기 때문이다. 몇 주가 지나지 않아 이 초원에는 흰색 데이지와 황금색 양지꽃cinquefoil, 푸른 꼬리풀speedwell 그리고 그들 줄기에 매달린 열매가 보랏빛을 더하여 각양각색의 모자이크 향연을 펼쳐진다. 한여름에는 초원이 푸르다. 햇빛 아래에서 그들의 날카로운 줄기가 거침없이 위로 솟구친다.

누구라도 쉽사리 설명하기는 어렵지만 다운스 초원은 향기가 난다. 이 초원은 자신의 소리가 있다. 오늘은 부드러운 곤충의 콧노래가, 내일은 아마도 바람이 속삭일 것이다. 그리고 거기에는 느낌이 있다. 뿌리는 초지에 봄을 주고 바위 위를 엷게 덮는다. 걷기에 좋은 땅이다. 땅에 반응하는 발자국은 마음마저 맑게 한다.

얇은 토양은 청동기와 철기시대 농부들에게 행운이었다. 윌드의 저지대 얇은 토양 아래 두터운 진흙에는 조악한 쟁기날이 들어가지 않았기 때문이다. 빙하기 이후 그들은 다운스의 숲을 쳐내고 농장과 초지를 일구었다. 로마인이 도착했을 무렵 대부분의 영국인은 백악 위의 땅에서 살았다. 팔머로 이어지는 아래쪽 길에서는 로마의 경작법에 따라 땅이 잘려 나간 흔적을 볼 수 있다. 플럼턴 근처 급경사를 내려가면 또 다시 청동기 시대 농경의 흔적이 발견된다. 여기에도 양이 필수적이었다. 방목자로서뿐만 아니라 휴경지 토질을 높이는 데 양이 중요한 역할을 한 것이다. 양들은 낮에 초원에서 뛰어놀다 밤에 우리로 되돌아왔다. 날카로운 발굽으로 백악의 흙과 버무려진 양들의 배설물은 뒤이어 등장한 밀과 보리의 생산성을 향상시켰다.

결국 이것이 초본과 식물의 궁극적 중요성이다. 풀의 역할은 대초원과 사바나를 지배하고 양과 토끼 그리고 말을 살찌우는 데만 머물지 않는다. 인간도 먹여 살린다. 우리의 단순한 위는 풀을 소화하지 못한다. 하지만 우리는 곡물을 먹을 수 있다. 중동의 비옥한 초승달 지대에서 시작된 농경에서부터 수백만 명의 생명을 기근에서 구한 1960~1970년대 '녹색혁명'까지 우리는 그 어떤 다른 식물보다 초본과 유용 식물을 철저하게 재배했고 계속해서 수확량을 늘려 왔다. 오늘날 인류는 절반 이상의 열량을 재배 곡물에서 얻는다. 쌀, 밀, 옥수수, 보리 그리고 수수는 인류의 대표적인 음식물이다. 호밀, 조, 귀리 그리고 사탕수수도 무척 중요한 식품이다. 상대적으로 토질이 떨어졌지만 오늘날에도 다운스는 넓은 밀 경작지를 보유하고 있다. 하지만 더는 양의 배설물을 퇴비로 쓰지는 않는다. 달포가 지나면 양귀비가 초원을 붉게 물들일 것이다. 이윽고 수확기가 되면 누런 벌판을 볼 수 있다.

풀은 인간과 가축 모두를 먹여 살린다. 그들은 우리 세계를 만들어 왔고 우리는 그들을 세계에 편입시켰다. 그들은 우리 선조들이 아프리카 사바나를 건던 시절부터 인류의 마음속 세상을 만들어 냈다. 열린 초원은 텅 비었지만 여전히 살아 있는 세계다. 한때 바다 표면을 유영했듯 우리는 초원 위를 걷는다. 다운스의 부드러운 초원을 지나 루이스로 돌아오면 우리는 그것이 옳고 그르든 우리가 세상 속에 있고 세상 너머를 바라보며 살아왔다고 느끼게 된다. 우리는 스스로 확장해 왔고 거기에서 살았으며 백악 채굴과 식물 재배로 이어진 인류의 역사를 서술하기도 했다. 다른 어떤 곳보다 다운스 같은 초원은 인류의 지평을 연 고향이다.

숲은 과거를 진술한다. 숲의 역사는 어디에든 있다. 나이테, 굽은 가지, 엉킨 뿌리에 그 역사가 기록되어 있다. 숲은 양식과 안식처를 주고 우리를 보이지 않게 보호했다. 깊은 그림자와 장애물 뒤로 우리는 몸을 숨길 수 있었다. 공간이라기보다는 과정인 초원은 지금도 살아 있다. 그 역사는 숨겨져 있지만 살펴볼 수 있게 멀리 퍼져 있다. 그것은 우리의 존재를 이끌었고 장차 무엇이 도래할지를 보여 준다. 숲은 밤의 환상이지만 초원은 낮의 번성이다. 초원을 보면 인류의 미래가 보인다.

확실한 것은 현재 존재하는 것이 과거가 될 뿐만 아니라 결국 사라진다는 사실이다. 사막이나 바다가 그랬듯 초원도 그럴 것이다. 붉은 김의털이 다운스의 능선을 덮었듯 시간이 흐르면 과거를 기억하지 못하는 초원이 또 우리를 덮을 것이다. 파헤쳐진 땅의 풀씨는 우리의 시야를 바꿔 놓는다. 낫이 지나간 길에서 그들은 자꾸 되돌아오는 것이다. 19세기 캔자스 출신 상원의원이었던 존 제임스 잉걸스John James Ingalls는 그 지역 포아풀bluegrass을 '자연의 용서'로 칭송하면서 남북 전쟁의 상흔을 치유하려 했다. 더 이상 사용하지 않은 길이 기억과 흔적으로 덮이듯.

700년 전 루이스의 이 온화한 초지는 기계화 전투가 벌어지진 않았지만 전쟁의 화마에 휩싸였다. 기사와 자작농의 피가 물들고 말발굽에 진흙이 짓밟히면서 난장판이 되었다. 아래쪽 마을에 억류되었던 헨리 3세는 시몬 드 몽포르Simon de Montfort의 군대에 저항하기 위해 나섰으나 그 시도는 실패로 끝났다. 전쟁은 끝났지만 1년도 지나지 않아 용서의 풀만이 초원에 그득했고 지금도 그렇다. 호수의 깊이를 암시하는 바람에 흔들리는 파도처럼 구부러진 줄기에 붉은 열매만이 과거의 선혈을 기억하는 듯싶다. 시인 바쇼Basho는 이렇게 노래했다.

여름의 초원:

위대한 병사들의 행렬

제국의 꿈.

백악기 바다에서 불타는 사바나로

지금 초원으로 덮인 다운스는 인간의 손길이 닿은 결과물이다. 하지만 초원의 근본적인 형상은 대기 중의 이산화탄소 농도가 지속적으로 줄어들며 빚어진 것이다. 다운스에서 깎여 나간 백악은 따뜻한 온실 세계의 바다로 가라앉았다. 백악 조각은 점점 차가워졌다. 최근 지구 역사에서 가장 중요한 생물지구화학적 변화는 이산화탄소의 농도가 서서히 하락하는 현상이었다. 바로 그것이 우리 조상이 진화하던 당시의 기후를 규정짓던 조건이었다. 한편 이 조건에 맞는 새로운 형태의 광합성 방식도 점차 고개를 들기 시작했다.

지구 역사는 기후 변화를 추동하는 요인이 여러 가지라는 점을 증명했다. 기후가 변하기 위해 이산화탄소의 양이 변할 필요는 없다. 하지만 우리가 아는 한 그 반대는 사실이다.[2] 우리는 기후를 변화시키지 않으면서 이산화탄소의 양을 변화시킬 수 없다. 그렇다면 이산화탄소의 양은 마치 게임의 규칙을 설정하는 것과 같다. 그것은 기후를 엄격하게 설정하지는 않지만 지구에서 가능한 기후의 범위를 정의한다. 이산화탄소의 양이 변하면 그 규칙도 변한다.

아마도 다음 세기에 우리는 그러한 변화의 효과를 마주하게 될 것

2) 원문에는 not이 들어 있다(옮긴이).

이다. 하지만 지금은 조금 길게 보자. 산맥이 형성되고 풍화 속도가 커지면서 석탄기와 페름기 초기 지구 대기권의 이산화탄소량은 추락했고 지구는 빙하기를 맞았다. 판게아 초대륙이 깨지는 동안 화산 폭발이 증가했기 때문에 페름기와 그 이후에 이산화탄소의 양이 늘어났다. 트라이아스기, 쥐라기 그리고 공룡이 활동하던 1억 8,000만 년간의 백악기에 이산화탄소의 양은 상당히 높게 유지되었다. 오늘날 이산화탄소의 농도는 381ppm[3]이다. 밥 베르너의 지구탄소Geocarb 모델은 공룡이 활보하던 시절 이산화탄소의 농도가 지금의 세 배는 되었을 것이라고 말한다. 화석 데이터도 이 사실을 뒷받침한다. 공룡은 따뜻한 온실에서 살았던 셈이다. 전부는 아닐지라도 대부분의 시간 동안 극지방에도 얼음 대신 간혹 숲이 우거졌다.

공룡이 사라진 후에도 이산화탄소 농도는 높게 유지되었다. 하지만 그리 많지는 않았다. 느리지만 강력한 충격을 준 사건도 벌어졌다. 인도 대륙이 아시아의 아랫배를 타격하면서 산맥을 치켜올렸다. 그때부터 지금까지 방대한 침식이 이루어졌다. 어마어마한 양의 신선한 규산염 암석이 바람과 비에 노출되었다. 이 암석의 화학적 풍화 작용으로 상당량의 이산화탄소가 제거되면서 지구는 다시 추워졌다. 약 3,000만 년 전 극지방은 다시 얼음으로 뒤덮였다. 이렇게 차갑고 건조한 시기에 경쟁력을 가진 초본과 식물은 그들이 진화한 숲을 떠나 넓게 열린 초원을 만들었다. 그렇게 초본식물은 수억 년 동안 나무가 살지 않던 지역을 누볐던 양치류를 제쳐 버렸다.

이산화탄소의 양이 줄어든 일이 지구 온도가 떨어진 현상과 상세

3) 랜스 암스트롱이 경주를 벌일 때 이 값은 500와트까지 올라갈 수 있다. 18세기에 만든 기계의 출력에 육박하는 값이다.

한 연대기 모두를 설명할 수는 없다. 이산화탄소의 양이 일정하게 유지되는 동안에도 기후는 변화할 수 있거나 변하기 때문이다. 산맥 혹은 고원이 형성되면 공기의 순환이 바뀐다. 의외의 장소에서 가뭄과 몬순이 찾아온다. 해류가 바뀌면 적도에서 극지방으로 열이 움직이는 방식도 변한다. 한 종류의 식물을 다른 식물로 대체하면 그 지역의 알베도가 바뀌거나 증산을 통해 공기 중으로 유리되는 수증기의 양이 덩달아 달라지기도 한다. 온실 효과와 무관하게 이런 모든 현상이 기후 변화를 초래하는 것이다. 하지만 엄연히 이산화탄소가 규정한 법칙 안에서만 그렇다.

바로 이 지점에서 화학적 풍화가 제공했을 지구화학적 온도조절 장치에 어떤 일이 일어났는지 질문할 필요가 있다. 지구 기온이 떨어지면서 풍화 속도가 줄면 이산화탄소의 양이 스스로 회복될 수 있을까? 원리상 그럴 것이다. 하지만 일시적으로는 그런 원칙이 유보될 수도 있다. 히말라야산맥이 부상하면서 방대한 양의 이산화탄소를 흡수할 수 있었지만 공교롭게도 이산화탄소의 양을 회복할 지구의 능력에 제동이 걸렸다. 지구 차원에서 탄소 주기는 주로 지각판 가장자리에서 비롯된다. 새로운 지각이 형성되는 중앙 해령과, 지각판 층이 아래로 밀려 내려가는 '침강 지대'가 그런 곳이다. 약 수천 년 동안 그곳에는 탄산염 암반이 침강 지대를 구성하고 있었다. 대부분의 침강이 일어나는 서태평양 해저에는 탄산염 암반이 많지 않다. 동태평양에서 일부 탄산염 암반이 소모되지만 전 지구적 영향을 끼치지는 못했다.

이산화탄소의 수치가 떨어지면 행성 수준에서도 그렇지만 분자 수준에서도 변화가 찾아온다. 산소 수치가 높을 때와 마찬가지로 이산화탄소의 수치가 낮을 때도 광호흡 속도가 증가한다. 루비스코가 이 두 물질을 잘 구분하지 못하는 경향이 있기 때문이다. 극지방에 빙하가 얼었던 약 3,000만 년 전 광호흡은 상당히 심각한 문제였다. 하지만 해결책을 가진 문제라는 점에서 다른 것들과는 차이가 있었다. 광호흡의 한 가지 효과는 이산화탄소 방출이다. 낮은 이산화탄소 수치가 광호흡 문제를 불러왔지만 일부 식물은 이 곤란한 상황에서 엽록체와 광호흡 체계를 특수 구조에 배치함으로써 최선의 해결책을 진화시켰다. 광호흡에서 유리된 이산화탄소를 엽록체의 루비스코가 즉시 활용하게 하는 방식이다.

어쩌다 이런 과정이 한번 정착되면 이산화탄소를 농축하는 손쉬운 방식이 진화할 토대가 생긴다. 이런 농축 기체를 최초로 확인한 사람은 열성적인 연구자인 콘스탄스 하트Constance Hartt였다. 1932년 그녀는 하와이 설탕공장 협회 실험실에서 연구를 시작했다. 사탕수수가 어떻게 설탕을 만들어 내는지 알아보는 일련의 실험이었다. 1940년대 중반 하트는 말산malate이라고 불리는 탄소 네 개짜리 화합물이 이 과정에서 중요한 역할을 한다는 사실을 확신하게 되었다. 1940년대 후반 하와이 실험실에서 하트의 동료 연구진은 탄소-14 동위원소를 사용하여 이 사실을 재현한다. 사탕수수에서 이산화탄소는 버클리 앤디 벤슨 연구진이 분리한 탄소 세 개짜리 인산글리세르산이 아니라 탄소 네 개짜리 말산에 고정된다.

하와이 연구진은 문자 그대로 고립되어 있었다. 그들의 연구 결과가 널리 알려지지 않았던 것이다. 벤슨은 이 주제에 관심이 있었지만 어떤 진척도 이루지 못했다. 그러나 1965년 하와이 연구진이 이 연구 결과를 자세히 발표하자 호주 설탕 산업의 연구자 두 사람이 의기투합하여 그 사실을 재확인하기로 했다. 몇 년 뒤 할 해치Hal Hatch와 로저 슬랙Roger Slack 두 사람은 사탕수수를 포함한 여러 식물이 말산을 풍부하게 만든다는 사실을 확인했다. 루비스코는 이산화탄소를 말산에 전달했다.

이들 식물에서 이산화탄소는 탄소 세 개짜리 인산에놀피루브산에 붙들린다. 엽록체는 수명이 짧은 이 화합물을 빠르게 환원시켜 탄소 네 개짜리 말산으로 전환한다. 말산은 일반적으로 잎의 관다발 주변을 단단히 감싸는 세포인 '유관속초세포bundle sheath cells'로 운반된다. 처음에 이 세포는 광호흡을 통해 빠져나가는 이산화탄소를 농축하기 위해 진화했다. 이 세포 안에서 말산은 탄소 세 개짜리 피루브산으로 산화되며 이산화탄소를 내놓는다. 피루브산은 말산이 왔던 세포로 되돌아가 인산에놀피루브산으로 변한다.

이러한 화학적 순환을 통해 이산화탄소가 밖의 공기보다 잎의 내부에 열 배 넘게 농축될 수 있다. 다시 공룡이 포효하던 시절의 대기를 재창조할 수 있게 된 것이다. 모든 유관속초세포는 각자 스스로 쥐라기 공원이다. 광호흡이 줄고 광합성은 더 효율성을 높였다. 물론 그에 합당한 비용을 치러야 하는데, 가령 피루브산으로부터 인산에놀피루브산을 만들 때 ATP가 소모된다. 하지만 그 비용은 광호흡만 하던 처지에 비할 바 아니다.

애초 이산화탄소가(캘빈-벤슨 회로에서처럼 탄소 세 개짜리가 아니라) 탄소 네 개짜리 화합물을 만드는 데 사용되었기 때문에 이런 화학 펌프를 이용하여 광합성을 구동하는 식물을 C4 식물이라고 부른다. 토론토 대학의 로완 세이지Rowan Sage는 C4 식물 전반에 걸쳐 특별한 연구를 수행했다. 식물이 왜 그러한 장소에서 자라는지 또 식물이 그들의 환경에 어떻게 반응하는지 큰 그림을 그릴 수 있는 질문에 답을 찾으려 했던 것이다. 주로 초본과 식물을 연구함으로써 세이지는 지난 3,000만 년 동안 19과family 식물군에서 C4 광합성이 50차례 넘게 독립적으로 진화했다고 발표했다. 지금까지 발견된 C4 식물은 모두 속씨식물이지만 서로 특별한 유연관계를 엿볼 수 없다. 이런 일은 수렴진화[4]의 매우 독특한 예다.

여러 차례에 걸쳐 다양한 집단에서 기원을 찾아볼 수 있다는 점에서 C4 대사는 새로운 효소 또는 분자 기구가 필요하지 않았으리라 짐작된다. 대신 다른 목적으로 진화했던 효소를 미세 조정함으로써 새로운 방법을 찾아낸 것이다. 정확히 어떤 효소가 사용되었는지 또 집단마다 구체적으로 어떻게 다른지 알아보는 일도 흥미로울 것이다. 마치 잎 안에서 다양한 세포가 어떻게 배열되는지 해부학적 상세함을 연구하는 일처럼 말이다. 하지만 그들 모두 이산화탄소를 잡아 인산에놀피루브산에 붙여 놓기 위해 같은 효소를 사용한다. 바로 인산에놀피루브산 카르복실라제carboxylase다. 루비스코와 달리 이 효소는 산소가 있어도 헷갈리지 않고 이산화탄소가 적게 있어도 효과적으로 작동한다. 이 효소는 호흡 과정에서 탄수화물을 깰 때도 참여한다. 아마 원래 이 목적으로 진화했을 것이다. 하지만 기공을 여닫는 감각 기관에서 일하며 다른 역할도 기꺼이 맡는다. 이산화탄소를 붙들 때 루비스코에 비해 이 카르복실라제가 가진 장점이 월등하기 때문에 수렴진화 과정에서 반복적으로 사용되었을 것이다. 그래도 그것은 캘빈-벤슨 회로를 보조하는 역할을 할 뿐이다. 그 회로는 결코 다른 것으로 대체될 수 없다.

C4 광합성은 특히 광호흡을 하기 쉬운 식물 집단에서 진화했다. 이들 대부분은 초본과 식물이다. 풀은 경쟁자 나무들이 살기에는 너무 뜨겁거나 건조하며 염분이 많은 경계 지역에 자리 잡았다. 광호흡의 효과를 무력화할 C4 대사가 절실한 환경이다. 약 3,000만 년 전 풀이 널리

4) 다양한 분야의 과학자들은 이산화탄소의 농도가 낮았던 데본기 후기에 C4 광합성이 진화했는지 묻고 있다. 당시 그렇게 광호흡이 큰 문제가 아니었다면 산소 급등 사건은 아직 일어나지 않았던 것일까?

퍼져 나갔을 때 지구는 춥고 건조했다. 스트레스가 극심한 상황에서 식물이 C4 대사를 진화시킨 것이다. 나중에 환경이 더 변하면 풀들이 적도를 접수할 상황이 찾아올지 모른다.

연대기를 밝힐 때 그러하듯 C4 광합성의 확산도 탄소 동위원소를 이용해서 추적할 수 있다. 처음에 루비스코가 잡아채지 못하는 이산화탄소는 유관속초세포 안에 있다가 까다롭지만 끈기 있는 아이처럼 이 고대 효소가 식판에 있는 모든 것을 다 처리할 때까지 루비스코에게 계속해서 전달된다. 그 결과 C4 식물에 있는 유기탄소에는 보통 C3 식물에 비해 가벼운 탄소-12의 양이 훨씬 적다. 동위원소 표지는 식물이 먹는 화합물을 그대로 반영한다. 건조하고 뜨거운 미래에 C4 초본이 온대 지방인 사우스다운스의 C3 초본을 몰아내면 역시 탄소 동위원소의 균형도 변할 것이다. 식물뿐만 아니라 흙, 양 그리고 토끼도 마찬가지다. 그 풀을 먹는 모든 초식동물이 영향을 받는다는 뜻이다.

탄소 동위원소를 분석한 결과 약 2,300만 년 전 북아메리카 대평원에서 C4 광합성이 어느 정도 진행되었음을 알게 되었다. 동아프리카도 상황은 비슷했을 것이다. 하지만 약 800만 년 전까지 지구 그 어느 곳에서도 C4 광합성이 우세하게 진행되었다는 증거는 발견되지 않았다. 그러다 동아프리카, 인도 북부, 남아메리카 등지에서 채집한 토양, 계란껍데기, 치아 화석의 법랑질에서 탄소 동위원소의 값이 갑자기 변했다는 연구 결과가 발표되었다. 전 세계적으로 C4 초본과 식물이 엄청나게 빠른 속도로 퍼져 나간 것이다. 영국 셰필드 대학 식물생리학자 데이비드 비어링은 이 사건을 '자연계의 녹색혁명'이라고 명명했다. 식물상에 맞게 동물상도 바뀌었다. 새로운 초지에는 큰 초식동물이 찾아왔고 덩달아 큰 육식동물도 소환했다. 오늘날 세렝게티Serengeti의 열린 초원에서 찍은 사진을 볼 수 있게 된 이유는 C4 혁명 덕택이다. 하지만 오늘날 볼 수 있는 동물이 그때 등장했던 종과 반드시 같지는 않다.

자연경관 변화에 따라 아프리카 대형 유인원은 새로운 진화적 압력을 받게 되었다. 서식처인 삼림이 줄고 나뉘면서 먹을 수 없는 풀의 바다에 둘러싸인 섬에 고립된 듯한 상황이 찾아온 것이다. 하는 수 없이 대형 유인원은 잡식성이고 사냥을 하는 종으로 이런저런 변화를 치르며 현대 인류가 진화할 준비를 하고 있었다.

1990년대 초반 대대적인 C4 식물의 등장이 알려졌을 때 그 사건은 대기 중 이산화탄소의 양에 관한 이야기와 잘 맞아떨어졌고 설득력도 있었다. 지구 전체의 기온이 떨어지면서 C4 식물의 확산은 본격화되었다. 이산화탄소의 양이 줄어들수록 C3 경쟁자 식물보다 C4 식물의 이점이 커진다. 약 800만 년 전 이산화탄소의 양이 줄며 지구는 추워졌고 새로운 경쟁적 이점을 획득한 C4 초본식물이 득세했다. 바람과 동물이 마음껏 포효할 수 있는 새로운 생태계가 열린 것이다.

불행히도 지난 10년 동안 세 가지의 새로운 기법을 써서 C4 식물이 폭발적으로 늘었을 당시 화석 시료에서 이산화탄소의 양이 급락했음을 밝히려는 시도는 실패로 돌아갔다. 그들은 약 1,500만 년 전 히말라야산맥의 상승으로 이산화탄소의 양이 바닥까지 떨어졌다고 제안했다. 그 이후 지구는 차가워졌지만 이산화탄소의 양이 더 줄어들지는 않았다. C4 식물이 만개할 때까지 이산화탄소는 그 뒤로도 약 700만 년 동안 하릴없이 바위 밑바닥이나 긁적이고 있었던 셈이다. 만약 이산화탄소의 낮은 농도가 문제였다면 C4 혁명은 조금 더 일찍 찾아왔어야 했다.

몬순 시스템이 강화되는 등 약 800만 년 전 기후 변화의 증거가 없지는 않다. 그러한 기후 변화가 C4 식물의 확산을 도운 것은 같다. 하지만 미세한 기후 변화가 어떻게 그런 극적인 효과를 연출할 수 있었을까?

데이비드 비어링과 일부 과학자에 따르면 답은 양성 되먹임에 있다. 몬순 기후에서 비를 몰고 오는 폭풍은 천둥과 번개를 동반한다. 몬순이 강화되면 건기가 더욱 건조해지며 번개가 칠 때 나무숲이 자주 불에 탄다. 그러면 풀이 자라날 기회가 늘어날 것이다. 풀이 세력을 키워감에 따라 산불이 날 가능성은 더 커졌다. 리그닌이 풍부한 나무보다 풀이 더 잘 타기 때문이다. 화염이 초본식물에게 진화적인 이점을 부여했다. 화염이 차세대 나무가 자랄 기반을 송두리째 흔들어 놓은 것이다.

컴퓨터 모델 기법을 쓰면 이런 효과의 강도를 숫자로 나타낼 수 있다. '동적 식생 모형dynamic vegetation model'은 이용률, 고도, 위도 온도 등과 같은 기본적인 식물생리와 토양의 물리적 특성을 바탕으로 특정 지역에서 어떤 식물이 자랄 수 있는지를 예측한다. 지난 수십 년 동안 과학자들이 현장에서도 작동할 수 있도록 이 모델을 정교하게 개발하느라 노력한 결과 실제로 측정하지 않고도 어느 정도 답을 구할 수 있게 되었다. "오늘날 이 행성에서 자라는 식물이 저장할 수 있는 탄소의 양은 얼마나 될까?"라는 질문에 답을 구하는 것이 바로 그런 예다. 이 동적 모델은 그 양이 5,000억 톤에서 1조 톤 사이라고 답을 준다.

이 모델은 얼마나 건조한지, 번개는 자주 치는지, 어떤 종류의 생명체가 살고 있는지 등을 기초로 생물량 감소 혹은 산불이 토지를 소실할 수 있는 효과를 계산해 내기도 한다. 셰필드 대학 비어링의 동료인 이언 우드워드Ian Woodward는 화재 변수를 제외하고 최근 기후를 포함한 나머지는 그냥 둔 채 어떤 결과가 나오는지 알아보았다. 그러자 그 세상은 대부분 C4 초본식물이 없는 세상이 되었다.

불타는 세상에서는 4분의 1 이상의 식생이 숲으로 덮여 있었다. 산불 없는 세상에서 숲은 두 배로 늘어난다. 이런 커다란 차이는 C4 식물의 희생에서 비롯된다. 산불이 없으면 풀은 자신의 영역 절반 이상을 잃는다(나무가 없는 지중해 관목지대를 지탱하는 데도 산불이 필수적이다. 산불도 정상적인 기후의 한 구성 요소다). 이런 실험에 근거하여 만일 산불이 삼림을 억제하면 사바나 지역이 형성될 수 있다는 추정이 가능해진다.

산불이 빈발하는 세계에서 풀이 많으면 불이 더 자주 나고 다시 풀이 더 자라는 되먹임 과정이 일어나면서 작은 규모의 기후 변동에도 불구하고 C4 초본식물은 고대의 집에서 나무를 몰아내고 환경에서의 백병전을 훌륭하게 치러냈다. 화분을 분석해 보아도 우뚝 솟은 히말라야 산맥 기슭에 있는 나무들이 약 750만 년 전쯤에 사라지는 경향을 확인할 수 있다. 쥐사슴과 작은 영장류가 득세하던 활엽수림이 두꺼운 법랑질을 지닌 대형 초식동물의 사바나로 변했다. 그 당시 태평양 해저에 퇴적된 시료에서도 재의 흔적이 급격히 늘었다는 사실을 확인할 수 있었다. 몬순 기후에서 바람의 방향이 바뀐 것도 일부 이유가 될 것이다. 하지만 산불이 빈발한 것이 주된 원인일 것이다. 숯이 섞인 재에서 전문가들은 타고 남은 풀의 흔적을 찾아낸다.

C4 초본식물이 자리 잡는 데 산불이 유일한 견인차는 아니었을 것이다. 더 효과적인 광합성 생명체로서 C4 식물은 대기 중에서 많은 양의 이산화탄소를 취하지 않아도 되었을 것이다. 그 결과 그들은 기공의 수를 줄였고 따라서 물도 적게 사용하게 되었다. 기공을 통해 빠져나가는 물의 양이 줄면 식물 조직이 덜 냉각되고 잎의 온도도 올라갔을 것이다. 하지만 괜찮다. 열과 관련된 큰 문제는 그것이 광호흡을 촉진한다는 점이다. C4 식물은 견딜 수 있겠지만 이웃 식물들은 그렇지 않다. 데본기와 석탄기 숲이 했던 일과 반대되는 일을 C4 식물은 할 수 있었다. 바로 공기를 건조하게 만드는 일이다. 사막 수준까지 가지는 않았

지만 목본식물이나 C3 초본식물이 따뜻한 기후에서 안락하게 살기가 어려워졌다. 그러나 건조해지면서 C4 식물은 더 멀리 퍼져 나갔다. 이런 주장은 데본기에 매우 습했다는 말과 일맥상통하지만 상황은 거꾸로 진행되었다.

기후 변화가 건조한 경향을 이끌었다면 풀들은 그 환경을 선호했고 전체적인 상황은 건조한 기후 변화를 더욱 촉진했다. 지금은 은퇴한 지질학자이지만 많은 양의 데이터를 다루면서 획기적인 가설을 세울 줄 아는 빌 헤이Bill Hay는 대륙의 내부를 건조하게 함으로써 C4 식물은 그곳 온도도 떨어뜨렸다고 지적했다.

수증기는 강력한 온실 기체지만 수명이 짧다. 물 분자는 하늘에서 며칠 또는 몇 주 안에 비 혹은 눈으로 떨어져 내린다. 수증기의 힘을 빌리려면 그것을 계속해서 만들어 내는 방법밖에 없다. 온실 효과 탓에 해수의 증발 속도가 빨라지기에 이산화탄소는 대기 중 수증기의 양을 증가시킨다. 수증기는 이산화탄소의 온실 효과를 배가한다. 이와 반대로 C4 식물은 공기를 건조하게 만든다. 수증기의 생성을 억제함으로써 온실 효과의 싹을 도려내는 것이다. 그리고 숲보다 풀색은 그리 어둡지 않다. 초지가 숲보다 지역적 알베도를 올린다. 태양 빛을 더 반사해 초지는 지표면 온도를 낮춘다.

C4 식물은 초식동물의 이빨, 토양의 동위원소 혹은 바다의 재에만 흔적을 남긴 것이 아니다. 전 지구적 기후에도 영향을 끼쳤다. 사실 헤이는 현재 C4 혁명의 원인을 설명하고자 흔히 우리가 끌어다 쓰는 기후 변화라는 요소가 사실은 결과일 수도 있다고 생각한다. 그는 인도양 분지의 건조 기후 혹은 계절성을 이끌었던 상대적으로 작은 규모의 기후 변화가 C4 식물이 확대됨에 따라 아시아와 아프리카 지역의 기온을 떨어뜨렸다는 점을 지적한다. 지구 전반에 걸쳐 온도가 내려감에 따라

아메리카 대륙에서도 C4 식물이 확장해 나갈 수 있었다. 이런 가설은 추론에 불과하지만 설득력이 없지는 않다.

C4 혁명이 일어나고 얼마 지나지 않은 약 800만 년 전 북극해 얼음이 얼기 시작했다. 그 즈음 대기권의 이산화탄소 양은 거의 변화가 없었지만 지구는 점차 식어갔다. 만약 C4 초본식물이 실제로 지구 냉각의 한 요소라면 곧 빙하기의 원인이기도 했을 것이다.

빙하기

지난 300만 년 동안 수 킬로미터에 달하는 두터운 빙상이 북반구를 일시적으로 덮었다 말다 반복하면서 긴 '빙하기'와 짧은 '간빙기'가 주기적으로 찾아왔다. 지구가 복잡하게 상호 작용하는 계라는 가장 대표적인 예가 빙하기다. 지구의 대기와 해양, 그 화학과 물리, 공간에서의 위치, 탄소 순환과 광합성 유형 등 여러 요소를 고려하지 않으면 빙하기를 도저히 이해하지 못한다. 이런 점 때문에 빙하기를 이해하는 일은 지적으로 흥미롭지만 윤곽을 그리기 어려운 작업이 되기 십상이다. 어떤 변화도 다른 변화와 대립한다. 어떤 원인도 그 자체만으로는 빙하기를 설명하지 못한다. 되먹임 효과가 기후를 이상한 리듬으로 끌었다 풀었다 한다. 광합성 속도 변화에 따라 들썩이는 이산화탄소가 그 변화를 증폭한다. 경기가 진행됨에 따라 경기의 규칙이 바뀌는 식이다.

온난화와 관련이 있는 사건이 빙하기를 초래할 수도 있다는 점은 지구물리학의 역설 중 하나다. 500만 년 전까지 카리브와 멕시코만의 따뜻한 물은 양쪽으로 흘러 나갔다. 오늘날처럼 동쪽 대서양 또는 지금처럼 닫히지 않았던 중남미 사이를 따라 있는 서쪽 태평양 두 곳이었다. 파나마가 바다 위로 솟구치자 따뜻한 물이 향할 곳은 이제 한 군데밖에 없었다. 그 결과 멕시코만 해류는 보다 강력해져서 따뜻한 물을 아이슬란드까지 끌어올렸다. 북쪽에서 따뜻한 물은 쉽게 증발했고 고위도에서 수증기는 자주 눈이 되어 땅으로 돌아왔다. 멕시코 만류가 북극의 어린 빙하를 먹여 살렸다.

하지만 멕시코 만류만으로는 어림도 없다. 햇빛의 양도 변해야 한다. 이런 변화는 몇백만 년 뒤에 일어났다. 태양 때문이 아니라 태양을 두고 지구의 배향이 바뀐 탓이다.

우주 공간에서 지구의 여정은 우리가 생각하듯 그리 순탄하지는 않다. 자주 흔들거리기 때문이다. 지구가 그리는 궤도는 원형 혹은 타원형 사이를 오간다. 궤도가 원형에 가까우면 1년 내내 태양과의 거리는 일정하다. 타원 궤도에 가까우면 그 거리가 늘어나거나 줄어든다. 지축과 경사각obliquity이라 부르는 평면의 각도 역시 변한다. 3도 정도를 오르락내리락한다. 마지막으로 실제 지축이 가리키는 방향도 천천히 회전한다. 세차precession 운동이다. 이런 흔들림은 각기 다른 리듬을 가지고 있다. 지구 궤도는 10만 년을 주기로 확장되고 축소된다. 행성의 경사도 주기는 4만 1,000년이다. 세차는 평균 2만 2,000년의 주기를 가진다.

이 모든 것이 의미하는 바를 이해하려면 이런 주기가 여름을 만드는 요소에 어떤 영향을 끼치는지 생각해 보면 된다. 여름은 우리가 있는 반구가 태양을 향해 기울어 있는 계절이다. 그렇게 낮의 길이가 길어지고 태양은 하늘 높이 뜬다. 세차 운동에 따라 지구가 태양과 가장 가까이 있을 때 한창 여름이고 덥다. 하지만 멀리 떨어지면 한여름에서 벗어나는 것이다. 지축이 궤도 평면으로 더 기울어져 있다면, 즉 경사도가 높으면 평소보다 여름은 극지방 쪽으로 확장될 것이다. 태양이 하늘 높이 떠 있기 때문이다. 고위도 지방으로 쏟아지는 태양 에너지의 양은 흔들림이 서로 보강되는지 상쇄되는지에 따라 약 20퍼센트 차이가 난다.

딱 300만 년 전에 모든 주기가 북반구 여름이 가장 서늘할 조건이 갖추어졌고 그 기간은 수천 년 동안 유지되었다. 상대적으로 따뜻했던 북대서양의 물이 겨울 눈을 재촉했고 여름에도 서늘해서 녹지 않았다. 해가 지날수록 얼음은 두꺼워져만 갔다. 얼음-알베도 되먹임도 끼어들었다. 빙하가 확장될수록 더 많은 햇빛이 우주로 반사되어 나가고 지구의 기온은 더 떨어졌다. 최초의 현대적 빙하기가 도래한 것이다. 그 뒤로 빙하기는 궤도 주기에 따라 세력을 넓히거나 줄였다.

북극의 거대한 빙하는 그린란드와 캐나다, 스칸디나비아에 사는 생명체들에게는 좋은 소식이 되지 못했다. 그러나 그 빙하는 지구의 나머지 세계를 어떻게 춥게 만들었을까? 얼음-알베도 되먹임이 그 답의 한 부분이다. 더 많은 태양 빛을 우주로 돌려보내면서 지구는 점점 식어 갔다. 또 다른 원인은 수증기였다. 물이 얼어 빙하가 커질수록 전 세계의 해수면이 낮아졌다. 동시에 바다 표면적이 줄어들었다. 빙하가 절정일 때 바다의 표면은 거의 아프리카 대륙 면적 정도였다. 더 작고 차가워진 바다에서는 증발하는 물의 양도 줄었다. 빙하기는 곧 건조기이기도 했다. 수증기의 온실 효과를 빼앗긴 지구는 더 식었다.

여기에 이산화탄소의 양도 자신의 몫을 다했다. 빙하기 이산화탄소의 양은 얼음의 양에 따라 변화하면서 또 다른 변화를 증폭하였다. 건조하면서 크기가 줄어든 바다의 비옥도가 변한 것이다.

빙하기 바다 이곳저곳에 질산과 인산은 충분히 공급되었지만 식물성 플랑크톤이 없었다. 1930년대 노르웨이 해양학자인 하켄 하스버그 그란Haaken Hasberg Gran은 그들을 먹여 살릴 철 영양소가 부족했기 때문에 식물성 플랑크톤이 없었다고 말했다. 광합성 생화학 전 과정에 철이 필요하다. 시토크롬은 철이 필요하다. 따라서 제1 광계와 캘빈-벤슨 회로에서 작동하는 전자전달계에도 철이 필수적이다. 제1 광계 자체도 철이 필요하다. 그러나 불행히도 바닷속 철의 양이 사실상 무척 적은 데다 해양 연구 선박도 철로 만들어졌기 때문에 정밀하게 철의 양을 측정하기 어려웠으며 따라서 그란의 가설을 증명하기는 쉽지 않았다.

1980년대에 들어 분광학 장비로 엽록소의 파장을 측정한 위성 이미지를 확보함에 따라 이 문제를 시각화할 수 있게 되었다. 바다에 들어가고 나오는 빛의 행동을 극도로 세밀하게 모델링함으로써 엽록소가 가장 많은 곳이 어디인지 또는 바다 어디에서 활발하게 광합성이 진행되고 있는지 알 수 있게 된 것이다. 이를 질산염과 인산염 지도와 연결하자 '고영양소 저엽록체' 영역이 뚜렷하게 드러났다. 그와 동시에 원기 왕성한 미국의 해양학자 존 마틴John Martin은 산소가 부족한 해역에서 철의 양을 정확히 측정할 수 있는 '극도로 청정한' 기법을 개발했다. 철 부족이 식물성 플랑크톤 부재의 원인이라는 것이 사실로 밝혀졌다. 빙하기에 해양의 생산성이 왜 변했는지 설명할 수 있게 된 것이다.

마틴은 빙하기에 건조했다는 점을 염두에 깊이 두었다. 대륙의 먼지는 바다 가운데까지 철을 공급하고, 열대지역 북대서양은 같은 바다 남쪽 구역보다 생산성이 더 좋다. 사하라에서 먼지가 불어오기 때문이다. 마틴은 빙하기에 건조한 대륙에서 불어오는 먼지의 양이 늘었다고 주장했다. 바다 곳곳에서 생산성이 증가했으리라는 말이다. 그는 이런 효과가 특히 남쪽 바다에서 뚜렷하게 나타나리라 생각했다. 먼지 공급량이 많은 데다 사용되지 않은 영양소가 지금도 매우 많기 때문이다. 빙하기에 남미는 지금과 사뭇 달랐다. 동쪽 해안선은 파타고니아와 연결되어 있었다. 빙하기에 아르헨티나 사람들은 걸어서 포클랜드 제도에 갈 수 있었을 것이다. 철을 함유한 새 평원의 먼지는 남극 대륙 주변 바다의 풍부한 영양소가 되었다. 식물성 플랑크톤의 광합성 속도가 증가했다. 광합성 속도가 증가하면서 대기 중의 이산화탄소 양도 줄어들었다. 그러자 캐나다와 스칸디나비아에서는 빙하가 두터워지면서 해수면이 내려가고 전 지구적 차원에서 이산화탄소의 농도 변화를 이끌었다. 상황이 이렇게 변하자 무언가 마술을 부릴 먼지에 포함된 철의 양도 줄어들었다. 그래 봤자 고작 수십만 톤에 불과했다. 마틴은 이렇게 말하곤 했다. "내게 철이 가득한 몇 척의 배를 줘. 그러면 빙하기를 가져올게."

앤드루 왓슨Andrew Watson은 철 비료 가설을 검증하기 위한 다양한 실험에 착수했다. 바다에 설치된 실험 수조에 조심스럽게 준비한 철을 투하한 후 무슨 일이 벌어지는지 가능한 다양한 방식으로 측정하는 일이었다. 이 실험은 마틴의 가설이 부분적으로 옳다는 사실을 증명했다. 그러나 슬프게도 그 결과가 나오기 전에 마틴은 죽었다. 왓슨의 실험 중 가장 완벽했던 것은 1999년의 실험이었다. 이 실험에서 뉴질랜드 남쪽 바다에 몇 톤의 철을 떨어뜨리자 위성에서 뚜렷하게 볼 수 있을 정도로 식물성 플랑크톤이 번성했다. 이 결과는 《네이처》 표지를 우아하게 장식한 쉼표 모양의 이미지로 세상에 알려졌다. 덜 통제되고 잘 알려지지는 않았지만 보다 극적인 실험이 북태평양에서 진행되고 있다. 중국 일부 지역에서 수백만 톤의 마른 표토가 바람에 실려 소실된다. 이런 자연 현상은 과도한 방목과 농경지로 유입되는 물의 양이 늘면서 더욱 가속화되었다. 엄청난 양의 표토는 결국 바다로 몰려든다. 먼지의 유입이 증가하면서 지난 수십 년간 철의 공급량이 엄청나게 늘어났고 하와이 북쪽 바다의 생산성은 매우 높아졌다.

철을 비료로 사용한 실험이 성공했다고 해서 빙하기 때 그런 일이

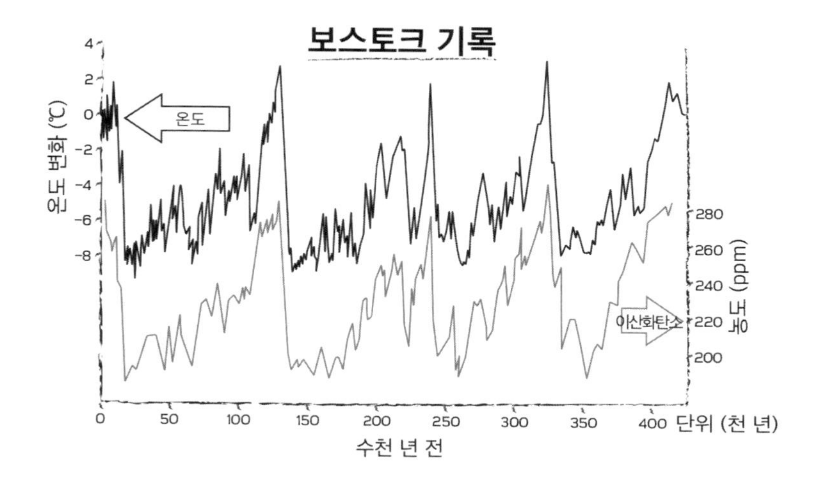

일어났다는 증거는 되지 못한다. 하지만 더 직접적인 증거가 있다. 오래되고 중심이 더 깊어질수록 극지방의 빙하 얼음 기둥은 세계 기후의 역사를 드러낼, 놀랄 만큼 잘 보존된 기록물이 된다. 러시아와 프랑스 연구진이 다른 어느 곳보다 멀고 황량한 러시아 보스토크Vostok 기지에서 채취한 얼음 기둥이 가장 유명한 사례다. 이 얼음 기둥에 함유된 산소 동위원소는 빙하의 총량을 나타낸다(왜냐하면 비와 눈은 주로 산소-16을 함유하는 물에서 만들어지기 때문에 빙하가 커지면 바다에는 더 않은 양의 산소-18이 남아 있게 된다). 수소 동위원소에 관한 기록도 있다. 이 수치도 과거 대기 온도에 관한 정보를 제공한다. 대기 자체에 관한 기록도 있다. 얼음에 포함된 공기 방울을 분석할 수 있는 첨단 기법이 발전한 덕분이다.

보스토크 지역 3.5킬로미터 지하에서 채취한 얼음을 분석하여 기후 정보를 얻어 낸 일은 현대 과학의 가장 극적인 성과 중 하나다. 분석 결과에 따르면 그간 네 차례에 걸쳐 빙하기가 주기적으로 찾아들었고 각 주기는 약 10만 년 동안 지속되었다. 각 주기가 진행되는 동안 얼음은 단계적으로 높이 쌓여 갔다. 중간에 잠시 휴지기가 있었지만 서너 단계의 도약을 거쳐 빙하가 커진 것이다. 최대 높이에 다다른 후 빙하는 빠르게 붕괴되었다. 약 8만 년에 걸쳐 서서히 쌓인 빙하는 그 시기의 10분의 1도 되지 않는 시간 동안 허무하게 무너지고 말았다. 간빙기는 궤도 움직임의 미묘한 차이를 반영하여 그 길이가 약간씩 달라졌다. 그리고 거기에 다시 얼음이 쌓였다.[5)]

공기 방울 속 이산화탄소 농도도 얼음 기둥의 기록과 보조를 맞춘다. 그것은 빙하 층을 성장시키거나 파괴하지는 않지만 그 효과를 증폭하여 지구를 전반적으로 춥게 혹은 따뜻하게 만든다. 간빙기에 대기권의 이산화탄소 농도는 280ppm이었지만 빙하기가 한창일 때 세계는 5도 정도 기온이 떨어졌으며 이산화탄소 농도는 180ppm이었다.

보스토크 기록의 특징적인 점은 동일한 패턴이 반복되는 규칙성에 있다. 빙하 얼음 기둥의 산소 동위원소와 이산화탄소 수치 사이에도 일정한 유형이 보인다. 또한 천천히 얼었던 빙상이 빨리 붕괴되는 현상도 마찬가지다. 지구가 통합적인 시스템이라는 증거를 여실히 보여 주는 현상이다. 본디 가이아 가설에서 주창한 것처럼 지구는 안정한 계system는 아니다. 하지만 무작위로 행동하지도 않는다. 보스토크 얼음 기둥은 두 가지 상태를 오가며 진동하는 계를 표상表象한다고 러블록은 말했다. 어느 한 가지 상태가 그 자체로 안정하게 유지되는 경우도 없

5) 10만 년 주기의 본질은 명확하지 않다. 보스토크 얼음에는 기록되지 않았지만 바다 퇴적층에 기록된 빙하기 초기 역사에서 우세한 리듬은 4만 1,000년 지구 경사 주기였다. 이 주기는 10만 년 주기보다 북대서양 온난화에 지대한 영향을 끼쳤다. 여러 과학자들은 약한 10만 년 주기를 보강할 무언가가 있어야 한다고 생각한다. 우주 먼지에서 빙하 층의 움직임에 이르기까지 후보는 다양하다.

고 극단으로 치닫지도 않는다. 각 주기가 시작할 때와 끝날 때 이산화탄소 수준과 기온은 놀랄 정도로 비슷하다. 순수한 록 밴드 신시사이저처럼 이 계는 부드럽게 진동하는 지구 궤도의 움직임을 같은 주파수의 주기적인 지구 환경으로 증폭한다.

보스토크 데이터는 검증되었다. 에피카Epica의 새로운 얼음 기둥은 시기적으로 거의 두 배나 되는 과거까지 소급된다. 100만 년이 넘는 과거의 역사를 간직한 얼음 기둥을 찾으려는 야심 찬 시도도 진행되고 있다. 하지만 보스토크의 네 주기가 가진 상징성은 깨지지 않고 있다. 입자 물리학자들은 '모든 것의 이론'을 티셔츠에 인쇄하리라 말하곤 하지만 정작 어떤 아이콘을 인쇄할지 알지 못한다. 빙하기 과학도 마찬가지다. 아마 그것은 심전도 기록에 나타난 심장 박동의 오르내림과 흡사한 지구생리학이 될 것이다.

보스토크 얼음 기둥은 단지 과거의 공기 기체만을 지니고 있지는 않다. 먼지도 들어 있다. 마틴이 제안했듯 이는 분진과 이산화탄소의 변화가 밀접한 관련이 있다는 점을 보여 준다. 동료들과 함께 앤드루 왓슨이 발전시킨 보정 모델에 따르면 바다에서 광합성 생산성이 증가하면서 이산화탄소의 양이 45ppm 줄어들었다(효과가 이렇게 크지 않다고 보는 사람들도 있다). 기껏해야 이 값은 간빙기와 빙하기가 가장 극심했을 때 이산화탄소 농도 변화량의 절반에 불과하다.

왓슨과 그의 동료 해양학자들 대부분은 바다 깊이 저장된 이산화탄소 때문에 이런 차이가 생긴다고 믿는다. 우리는 이산화탄소가 대기권의 기체라고 생각하지만 사실 그 어느 때라도 대부분의 이산화탄소는 바닷물에 녹아 있다. 바닷물에 녹아 있는 이산화탄소의 양은 대기 중에 존재하는 양의 50배에 달한다. 대기 중의 이산화탄소는 바다 표면에서 끊임없이 물에 흡수된다. 일부는 다소간 직접적인 방식으로 되돌아 나와 대기로 돌아간다. 또 일부는 깊이 들어가 해류 순환에 참여하기도 한다. 수천 년 동안 대기권에 다시 나타나지 않는 것이다. 바다 깊은 곳에서 유출되는 이산화탄소와 녹아 들어가는 기체의 양이 일정하게 유지되면 모든 것은 안정하게 유지된다.

빙하기에는 심해에서 대기로 돌아오는 이산화탄소의 양이 약간 줄어든다. 바다 깊이 저장된 이산화탄소의 양이 늘어난다는 뜻이다. 바다에 녹아 있는 양이 막대하기 때문에 심해에서 이산화탄소의 양이 조금만 늘어나도 대기 중에 남아 있는 기체의 양은 눈에 띄게 줄어든다. 바다의 이산화탄소 축적량이 1퍼센트 늘어나면 대기 중의 이산화탄소는 절반으로 줄어든다.

바다 깊은 곳에서 이산화탄소가 어떤 식으로 존재하는지 과학자들 사이에서 합의된 바는 없다. 하지만 그것을 옴짝달싹 못하게 막는 봉쇄 장벽이 어디에 있는지는 안다. 바다 깊은 곳의 해류가 표면으로 솟아오르는 곳은 몇 군데 밖에 없다. 가장 주요한 장소는 남극해 근처에 있다. 가장 남쪽 바다에서 약간의 물리적 변화가 일어나면 지구 모든 곳에서 그 효과가 나타난다. 표면으로 올라오는 심해류의 양이 줄면 바다와 대기권과 사이에서 교환되는 이산화탄소의 양이 줄어든다. 빙하기 기후에서 일어난 여러 가지 세세한 요인을 들어 과학자들은 이 봉쇄 장벽을 설명한다. 바람의 변화는 해류의 진행을 방해할 수 있다. 바다에 떠 있는 빙상이 해류와 대기권의 흐름을 막기도 한다. 바다 표면의 물이 유별나게 안정해서 심해류가 뚫고 올라오기 어려울 때도 있을 것이다. 왓슨은 이 마지막 각본을 선호하지만 나머지 두 가지도 가능성이 열려 있다. 어떤 가능성이 옳든 바다에 이산화탄소를 잡아 두는 효과는 충분히 크리라 추정할 수 있다. 따라서 대기권에 미치는 영향은 지대하다.

빙하기 때 남극해 주변이 결정적인 역할을 했다는 생각을 뒷받침할 그럴듯한 증거는 빙하기가 끝나는 방식에서 추론할 수 있다. 그 누구도 무엇인지 알 수 없는 어떤 요인이 남쪽 바다를 따뜻하게 만들기 시작한다. 몇 세기 동안 바다가 차츰 따스해지면 이산화탄소의 양이 늘어나기 시작한다. 아마도 깊은 바다에서 이산화탄소 탈출구가 다시 열렸기 때문일 것이다. 행성은 더 더워지기 시작한다. 새로운 파도가 바다 가장자리 다운스 절벽을 때린다. 이제 위대한 봄이 다시 시작된다.

비옥한 1000년

바다와 대기권이 유일한 탄소 저장소는 아니다. 흙과 육상의 식물 생물량도 똑같이 중요하다. 빙하기에 이 저장소의 탄소량은 매우 적었다. 건조하고 춥기까지 한 상황에서 광합성이 부실해졌던 까닭이다. 광계가 자리한 막 전자전달계 작동 속도가 현저하게 느려졌다. 이산화탄소에 굶주린 상황도 문제를 더 키웠다. 지금 온대 우림이 있는 곳이나 아직 경작지나 초원은 없어 그렇게 될 곳에서는 빙하시대의 툰드라 바람만 세차게 몰아쳤다. 적도 지방에서도 숲은 줄어들었다. 해수면이 내려가면서 풀이 그리고 나중에는 약간의 나무가 대륙의 가장자리에 터를 잡았지만 행성의 다른 곳에 식물이 없는 상황을 뒤집기에는 역부족이었다.

오늘날 지구 표면의 식물은 약 5,000억~1조 톤의 탄소를 함유하고 있다. 식물이 자라는 토양에는 탄소의 양이 그보다 많아서 전부 합치면 너끈히 2조 톤은 될 것이다. 이들 모두 루비스코와 햇빛이 합심한 결과일 터인데 머지않아 이들은 다시 이산화탄소로 돌아간다. 빙하기에 나무도 사라지고 건조한 지구에서 이렇게 저장된 탄소 상당량이 소실되었다. 3,000억 톤의 탄소, 아마도 식물과 토양 다 합쳐서 1조 톤 이상의 탄소가 바다 깊은 해류 속에 빨려 들어갔을 것이다.[6]

가장 최근의 빙하기는 약 1만 5,000년~1만 2,000년 전에 끝났다. 바다에 빼앗긴 탄소가 다시 대기권으로 돌아왔다. 또 그중 일부는 대기권을 거쳐 흙으로 들어갔다. 지구는 푸른빛을 되찾았다. 북쪽에는 소나무 숲이 자리 잡았고 얼음-알베도 효과를 생물학적으로 뒤집으면서 행성은 더욱 따뜻해졌다. 툰드라 지역에 내리는 눈은 햇빛을 반사했다. 전나무에 내린 눈은 무성한 나뭇가지 아래로 녹은 뒤 햇빛과 온기를 빨아들였다. 지구 온난화 되먹임에서 중요한 역할을 했던 소나무 숲이 확장하면서 행성을 간빙기의 여름으로 몰아넣었다. 버클리의 생태학자 존 하트John Harte는 숲이 북반부의 설원을 따라가는 게 아니라 쫓아 몰아냈다고 말했다.

두터운 공기 덕에 지표면이 따뜻해졌다. 비가 내려 뿌리에 공급되는 물의 양이 증가하면서 공기 중에 풍부한 이산화탄소를 받아들인 루비스코는 협소하게 격리되었던 적도의 삼림을 오늘날 볼 수 있는 거대한 우림으로 키워 냈다. 온대 지방에서는 삼림이 동서로 횡단하면서 땅을 어둡게 덮었다. 일부 따뜻한 지역에서는 눈에 띌 정도로 씨를 매달은 풀이 자라나기 시작했다. 심대한 역사적 효과를 일으킬 변화가 찾아오고 있었다.

6) 대기 중의 이산화탄소가 180ppm 아래로 떨어지지 않았다는 사실 때문에 이 과정에 한계가 있다고 볼 수 있다. 이 값보다 이산화탄소의 수치가 더 낮으면 토양 생태계가 더 이상 탄소를 흡수하지 못하고 생물학적 순환이 멈출 수도 있다. 6장에서 설명한 일종의 되먹임 작용 같은 것이다.

우리 조상이 문화적 능력을 함양하고 오늘날과 같은 언어를 구사하는 현대적 인간으로 언제 진화했는지 논란이 끊이지 않는다. 어떤 인류학자들은 15만 년 전보다 더 되었다고 하고 다른 사람들은 약 5만 년 전이라고 주장한다. 하지만 이들 모두 빙하기 훨씬 전에 그런 변화가 찾아왔다는 데 동의한다. 행성 차원에서 우리가 다른 동물과 달라지게 만든 최초의 문화적 능력은 훨씬 뒤에 나타났다. 약 1만 2,000년 전에야 우리가 농경이라고 인식할 만한 사건이 본격적으로 시작되었다는 뚜렷한 증거가 있다.

단순히 너무 추웠기 때문에 위대한 봄이 찾아오기 전까지는 농경이 쉽지 않았으리라 생각하는 사람들은 빙하기 때문에 농사짓는 일이 늦어졌다고 여긴다. 하지만 C4 전문가인 로완 세이지는 그렇지 않다고 응수한다. 빙하기 시절에도 농사짓기에 충분히 따뜻하고 물이 풍부한 곳이 아프리카 일부 지역에 있었다고 그는 주장한다. 현대 인류가 기원한 대륙이다. 세이지는 인류에게 경작지나 쟁기가 없었던 이유는 그런 도구를 상상할 만한 능력이 없어서가 아니라 기후가 그것을 만들도록 허락하지 않았기 때문이라고 강조한다. 대기 중의 이산화탄소가 적었던 것이다. 빙하기가 끝날 무렵 심해에 억류된 탄소가 방출되기 전까지 우리 조상이 재배할 식물은 초라하고 영양분도 적어서 충분히 많은 사람을 먹여 살리기에 적당하지 않았다는 뜻이다. 정착하면서 채집하는 생활, 즉 농경의 시작은 얼음이 물러난 사건이 아니라 이산화탄소의 증가에 기인한 것이었다.

1만 5,000~1만 2,000년 전 사이 이산화탄소의 농도는 200ppm에서 270ppm으로 올랐다. 자연적인 기준에서 보면 빠르게 증가한 것이다. 하지만 인류가 지난 세기에 행한 산업혁명의 행보에 비하면 아주 오랜 세월이 걸린 셈이다. 빙하기 이산화탄소 농도인 200ppm과 빙하기 이후 조건에서 곡물과 그들의 야생종의 성장을 비교하는 여러 가지 실험을 수행한 세이지는 수천 년 동안 C3 식물의 생산성이 30~50퍼센트 증가했다고 주장했다.

이산화탄소의 양이 많을수록 식물은 물을 더 효율적으로 이용한다. 기공을 넓게 열 필요가 줄어들기 때문이다. 따라서 가뭄에 대한 저항성도 커진다. 봄이 시작될 때 빨리 더 많은 잎을 키울 수 있어서 빛을 이용하는 능력도 올라간다. 허망하게 놓치는 광자의 수도 줄어든다. 에너지가 풍부한 식물은 토양에서 질산과 같은 영양소를 얻는 데도 적극적이다. 씨에 보다 풍부한 단백질을 채워 넣게 된다는 의미다. C4 식물과의 경쟁에서 C3 식물이 밀리지 않게 된 것이다. C4 식물의 씨앗이 작고 보잘것없었기 때문에 이 사실은 인류의 경작에 매우 중요한 의미를 가진다. 근동, 중국, 아프리카 그리고 아메리카에서 재배된 초기의 곡물은 기장을 제외하면 전부 C3 식물이었다. 현재 가장 우세한 C4 작물인 옥수수는 수천 년 뒤에 나왔고 사탕수수는 그 뒤에 등장했다.

빙하기에 따뜻한 초원에는 심지어 오늘날보다 C4 초본식물이 득세했다. 이산화탄소를 농축하는 능력이 그들에게 경쟁력을 부여했기 때문이다. 빙하기 최저치보다 낮은 150ppm의 이산화탄소 조건에서 실험하면 C3 식물보다 C4 식물이 20배 이상 잘 자란다. 20퍼센트가 아니라 20배다. 하지만 270ppm에서는 C4 식물의 생산성이 세 배 정도에 불과해진다. 이때도 여전히 C3 식물은 C4 식물의 상대가 되지 못한다. 왕바랭이crab grass, C4가 잔디밭에서 웃자라는 것을 목격한 사람들은 잘 알 것이다. 빙하기 때 C4 식물의 작황이 훨씬 좋았다.

빙하기가 끝나고 아직 곡물 재배가 시작되지 않은 상황일지라도 야생 곡물들은 이전에 유목 생활을 하던 사람들이 정주하고 번식할 수 있도록 수확량을 늘려 갔다. 미국의 농학자 잭 할란Jack Harlan은 오늘날과 같은 상황이라면 3주 만에 한 가족이 1년치에 해당하는 식용 야생 외밀einkorn(밀의 조상)을 수확할 수 있었을 것이라고 진단했다. 정주 인구와 생산성 높은 곡물 덕에 인간은 인류 역사에서 단 한 번도 존재하지 않았던 농경의 발전을 일구어 낼 수 있었다. 『총, 균, 쇠』에서 재레드 다이아몬드Jared Diamond는 운 좋게도 다른 곳에서는 찾아볼 수 없는 생물학적 자원을 두루 갖춘 특별한 장소가 있었다고 지적했다. 가장 그럴싸한 곳은 지중해 연안이다. 커다란 씨를 가진 56종의 초본식물 중 33종이 여기에 자생했기 때문이다. 이 중 몇 가지는 비옥한 초승달 지대에서 곡물로 재배되었다. 재배가 본격적으로 시작되기 전에도 조건만 좋다면 이들 곡물은 많은 인류를 먹여 살릴 수 있었을 것이다. 하지만 적도 이남의 아프리카에는 큰 씨앗을 가진 단 한 종류의 식물도 자생하지 않았다. 따라서 곡물로 재배할 수 있는 식물이 전혀 없었다. 다이아몬드는 식물의 재배와 동물의 사육이 가능했던 장소에서 도시 문명이 먼저 시작되었을 것이라고 주장했다.

행운의 장소가 있었다는 이런 주장에 더해 세이지는 단 한 차례 행운의 시간이 겹쳤다고 말했다. 비옥한 초승달 지대는 생물지리학적으로 정의된 공간이다. 비옥한 1,000년은 식물생리학의 역사에 바탕을 두고 정의된 시간이다. 최소한 3만 년 넘게 농사를 짓지 않던 인류는 불과 수천 년 안에 비교적 멀리 떨어진 네 장소에서 농경을 발전시켰다. 비옥한 초승달 지대에서 최초의 농경이 시작되고 나서 얼마 지나지 않아 중국인이 쌀을 재배하기 시작했다. 수수sorghum와 기장pearl millet은 사헬에서 그리고 리마콩lima bean은 안데스에서 경작되었다. 농경을 시작한 사람들이 그들의 조상과 공유하는 무언가가 있었다면 그것은 배고픔과 준비된 마음이었을 것이다. 하지만 동시대인과 동맹을 맺고 농경을 시작한 이들은 지난 10만년 동안 지구 위에 살았던 자신들의 조상과 달리 이산화탄소의 양이 급격히 증가한 세상, 다시 말하면 빨리 자라고 더 강하며 수확성이 높은 식물들이 안정적으로 자라는 세상을 마주하게 되었다.

식물의 종말

빙하기라는 거대한 사막에서 간빙기는 이산화탄소가 풍부한 오아시스였다. 하지만 간빙기도 광합성 생명체에게는 최적의 환경을 제공하지 못했다. 봄볕 아래 다운스 언덕의 나무들은 활기차 보일지 몰라도 생화학적으로는 엉망인 상황이었다. 지속적으로 높은 농도의 산소는 동물에게는 도움이 되었겠지만 온대 지방의 C3 식물은 광호흡을 통해 최소한 생산성의 10퍼센트를 날려 버렸다. 날이 더우면 광합성 효율은 더 떨어진다. 게다가 이산화탄소의 양도 너무 적었다. 빙하기에 비해 간빙기에 이산화탄소의 양이 약간 늘어나 식물에게 좋았지만 여전히 만족할 만한 수준은 되지 못했다. 산불 없는 세상에서 지구의 식생 모델을 연구했던 이안 우드워드와 데이비드 비어링은 오늘날과 비교하여 이산화탄소의 농도가 높았던 백악기에 식물 생산성이 두 배가 넘었다고 계산했다. 그 이후 수천만 년 동안 식물은 이산화탄소가 낮은 환경에 적응해 왔지만 할 수 있는 일이 그리 많지는 않았다. 이산화탄소는 여전히 식물의 삶에 절대적인 요소였다. C4 식물은 광합성 효율을 높일 수 있었지만 그들도 여전히 더 많은 양의 이산화탄소를 원했다. 그러한 열망이 지금의 탄소/기후 대란에서도 중요한 역할을 한다. 그것은 기나긴 시간대에서도 여전히 중요하다.

1980년대 초반 암석의 화학적 풍화가 지구의 온도조절기라는 가설이 처음 등장했을 때 짐 러블록은 그것이 두 가지 사실을 암시한다고 생각했다. 앞에서 살펴보았지만 그 하나는 생명체가 풍화 속도에 영향을 끼쳐 온도조절기의 설정을 변화시킬 수 있다는 사실이었다. 이는 부분적으로 러블록이 생물권의 과거에 관심을 가지게 된 계기가 되었다. 다른 하나는 지구 생명권의 미래가 암울하거나 혹은 그것이 없을지도 모른다는 것이었다.

온도조절기 가설은 어떻게 전체 역사에 걸쳐 지구가 비교적 안정된 온도를 유지해 왔는지를 설명할 크나 큰 매력을 가지고 있다. 태양이 점점 뜨거워지면 이산화탄소의 양이 줄어든다. 뜨거운 태양이 풍화 속도를 높이기 때문이다. 태양이 힘을 얻을수록 온실 효과는 약해진다. 결과적으로 지구의 환경은 다소간 안정적으로 유지된다.

하지만 러블록이 빠르게 깨달았듯 이산화탄소의 양이 너무 낮아져서 더 이상 떨어질 여지가 사라질 수도 있다. 시생누대 지구 대기권의 이산화탄소 농도는 거의 1퍼센트 수준이었다. 하지만 지금은 0.1퍼센트[7]도 되지 않는다. 식물은 영구적인 기아 상태에 빠져 있다.

1982년 '지구 생물권의 수명'이라는《네이처》논문에서 러블록과 그의 친구 마이클 화이트필드Michael Whitfield는 만일 지구 온도조절기가 이산화탄소의 수치를 계속 낮게 유지한다면 머지않아 식물들이 더 이상 자랄 수 없으리라고 말했다. 그들은 온실 효과의 힘을 표현하는 간단한 수학적 모델을 통해 약 1억 년 뒤에는 온도조절기가 이산화탄소의 양을 바닥까지 떨어뜨려서 지구의 식물이 모두 굶어 죽을 것이라고 계산했다. 식물이 절멸하면 지구의 먹이사슬은 붕괴될 것이고 복잡한

7) 0.1퍼센트는 1,000ppm이다. 2019년 현재 지구의 이산화탄소 농도는 400ppm을 넘어선 상황이다(옮긴이).

생명체가 육상에서 사라질 것이라고 예견했다.

세계가 파국에 이를 것이라는 생각은 지난 1세기 동안 과학계에 퍼져 있었다. 열역학 제2 법칙은 이미 '우주의 열적 사망'을 선언했다. 언젠가 우주 모든 곳의 온도가 일정해지는 지점을 지날 것이며, 이는 생명체는 말할 것도 없이 이는 어떤 질서 있는 변화도 더 이상 가능하지 않게 된다는 것을 의미한다. 다행인 것은 이러한 우주의 죽음이 멀리 있다는 사실이다(일부 우주학자들은 꼭 그런 일이 발생하지 않을 수도 있다고 생각한다). 21세기에 들어와 사건의 윤곽이 명확해졌다. 태양의 내적 운동이 줄어들면서 적색 거성이 되면 그 광폭한 열 때문에 지구는 멸균될 것이다. 살아있는 모든 것이 화염에 휩싸이게 된다.

이렇게 먼 미래에 대한 전망을 두고 천문학계에서 이런 농담을 흔히 던지곤 한다. 사람들이 유명한 천문학자에게 이렇게 질문한다.

"실례합니다, 마틴 선생님(장소에 따라 세이건 박사님 혹은 호일 교수님이 되기도 한다). 언제쯤 이 세상이 끝난다고 말씀하셨나요?"
"음, 50억 년이면 종말이 올 겁니다."
"오, 이런 신의 은총이. 저는 선생님이 500만 년 뒤라고 이야기한 줄 알았어요."

과학적 시간대와 인간의 인식 사이의 불일치를 두고 벌어지는 상황을 잘 알고 있는 러블록과 화이트필드는 인간의 용어로 이를 빠르게 수정했다. 그들이 사용하는 용어인 파국은 '무한히 멀다'고 말이다. 하지만 지질학적인 의미에서 다가올 파국은 그리 멀지 않다. 태양 항성의 팽창보다 훨씬 가까이 있다. 만일 그들이 옳다면 라이니 처트 식물이 고대했던 미래의 80퍼센트는 이미 지나가 버렸음을 의미한다. 이는 백악기에 진화한 속씨식물에 할당된 기간의 절반 정도가 남아 있다는 뜻이다. 이는 또한 궁극적으로 태양이 적색 거성이 되기 전까지 남은 50억 년 동안 지구의 대부분에는 복잡한 생명체가 살 수 없다는 뜻이기도 하다.

원본 논문은 너무 비관적인 것으로 드러났다.[8] 빙하기의 예측하기 힘든 리듬에 따라 지구 역사 그 어느 때보다 이산화탄소의 양이 줄어들기는 했지만 현재 인간이 대기권에 돌려보내는 양 이상으로 회복하지 못할 이유는 없다. 모든 것이 그대로라면 머지않아 빙하기가 다시 찾아올 것이다. 그러나 대륙이 천천히 움직이고 있기 때문에 북쪽의 거대한 육지에서 얼은 얼음이 남으로 내려와 새로운 빙하기가 시작되기 더 어려워질 것이다. 같은 맥락에서 해류의 흐름이 변하면 극지방 온도도 올라갈 것이다.

그리고 중기적으로 보아 하나는 미국 동부 해저를 따라 또 다른 하나는 인도양 남쪽을 따라 새로운 섭입대subduction zone가 형성될 것이다. 이 두 섭입대는 해저 압력밥솥에서 수천만 년 동안 퇴적된 탄산염을 운반하여 대기권에 이산화탄소를 돌려놓을 것이다. 이들 중 상당량의 이산화탄소가 나중에 호주와 보르네오섬이 충돌하면서 생길 산맥 또는 아프리카와 유럽이 합쳐 하늘을 찌를 듯이 오를 지중해의 암석을 풍화하는 데 사용되겠지만 일부는 남게 될 것이다. 온도조절기가 잠시 거꾸로 작동하더라도 태양은 계속해서 뜨거워질 것이기에 풍화가 쉽게 승

8) '지구 생물권의 수명'이라는 제목의 논문은 1982년 《네이처》에 실렸다. 정확히 10년 뒤인 1992년 '지구 생물권의 수명을 재고하다'라는 제목의 논문이 실렸다. 물론 저자는 같지 않다. 1992년 논문의 저자인 칼데이라와 캐스팅Ken Caldeira & James F. Kasting은 C4 식물의 수명이 10억 년 정도 남았다고 예측했다(옮긴이).

리를 거둘 수 있을 것이다.

최후 심판의 날이 연기되리라는 낙관적인 추측은 러블록과 화이트필드가 논문을 발표한 지 10년 뒤 짐 캐스팅과 켄 칼데이라가 제시한 새로운 데이터에 바탕을 두고 있다. 러블록의 논문에서는 이산화탄소의 농도가 아주 낮은 경우라도10ppm정도 자랄 수 있는 C4 식물을 고려하지 않았었다. 일부 식물성 플랑크톤도 그 정도의 이산화탄소로도 광합성을 할 수 있다. 온실 효과의 미묘한 차이를 결합하여 캐스팅과 칼데이라는 식물의 수명이 9억 년[9]은 계속되리라고 예측했다. 그러나 어쨌든 이는 내리막길을 걷는 일이다. 지금부터 서서히 이 행성의 생산성은 떨어질 것이다.

10억 년 뒤까지 지속될 수 있을지 모르지만 이산화탄소와 그 기체에 의존하는 생명체는 궁극적으로 사라진다. 캐스팅과 칼데이라는 10억 년 뒤 지구의 온도가 10도 상승할 것이라고 예측했다. 앞으로 5억 년 안에 지구는 상당히 뜨거워질 것이다. 온도조절 장치에 내재된 음성 되먹임 기제가 작동하지 않으면 지표의 온도는 태양의 산출 에너지에 비례할 수밖에 없기 때문이다. 게다가 양성 되먹임 기제가 중첩되면서 대기권 아래쪽에 수증기의 양이 증가할 것이다. 충분한 양의 수증기가 대기권에 편입되면 아래쪽 적외선을 복사하지 못하게 대기가 불투명해진다. 대기권 상층부와 지표면 사이에 균열이 깊어지는 것이다. 결과적으로 차가운 대기권 상층부에서 행성의 장파장 전자기파를 복사하는 속도와 태양의 단파장 전자기파를 흡수하는 속도 사이에 근본적인 괴리가 생긴다. 열을 내보내는 행성의 능력이 지속적으로 떨어지면 이

9) 논문을 보면 9~15억 년이다(주32 참고, 옮긴이).

세계는 운이 다하는 것이다. 지구는 난로 위 냄비 속 물처럼 끓고 바다에서는 수소 원자가 줄지어 우주를 향해 지구를 탈출한다. 지구는 수십억 년 전에 같은 운명을 겪었던 자매 행성인 금성처럼 변해 갈 것이다. 거기에는 농축된 황산 구름 속에 약간의 물이 남아 있을 뿐이다. 끓어올라 금성 내부를 탈출한 금속은 불타는 산의 정상에서 마치 서리처럼 응축된다.

이런 상황에서도 생명체가 살 수 있다면 아마도 그것은 지구 알베도를 증가시켜서나 가능할 것이다. 하지만 생명체는 대부분 사라질 것이다. 이산화탄소가 대기권에서 사라지면 탄소를 고정하며 성장하는 일이 불가능하기 때문이다. 팀 렌톤Tim Lenton은 지구에서 생명체가 없으면 화학적 풍화 속도도 줄어든다는 점을 고려하지 않음으로써 캐스팅과 칼데이라가 생명의 강인함을 과소평가했다고 말했다. 그러나 렌톤이 생명의 수명을 약간 연장시켰다고 해도 그 생명의 힘은 현저하게 줄어든 상태임이 분명하다. 이 세계가 유한한 자원에 의존하기 때문에 끝없이 제공되는 태양 에너지를 사용하는 가이아의 능력은 궁극적으로 줄어들 수밖에 없다. 생명체가 종말을 고하면 더 이상의 성공도 실패도 없을 것이다. 결국 모든 것은 파국으로 치닫는다.

태양의 힘을 사로잡는 광합성 연결이 끊어진 상태에서 세균들이 실낱같은 목숨을 부지할 수도 있겠다. 화성의 동굴 같은 장소에서 희미한 가능성을 찾았다면 말이다. 일부 과학자들은 지금도 금성의 황산 구름 속 강산 가득한 곳에서 살아가는 세균이 있다고 말하기도 한다. 하지만 지구의 형상을 빚어 왔던 생명체는 더 이상 존재하지 못할 것이다. 탄소를 고정하는 광합성이 더 연명하지 못하도록 이산화탄소의 양이 떨어지면 생명은 행성 차원의 사막을 감당할 지구화학적 능력만으로는 더 지탱하지 못한다. 그것은 새로운 엔트로피를 만들 방법이 없는 열기관에 불과하다. 아무리 세심히 보아도 더 이상의 통찰을 얻기 어렵다. 지구의 생명은 끝났다. 말라 푸석한 묘비명에는 잔디가 더 이상 자라지 않는다.

오랜 여정

활력을 주체할 수 없었던 어린 날의 짐 러블록은 켄트에서 서섹스에 이르는 영국 남부를 돌아다녔다. 80대 중반에 접어든 그는 사랑스러운 부인 샌디와 함께 길을 걷는 즐거움을 지금도 누린다. 이 장을 쓰고 있는 순간에도 그들은 이스트앵글리아East Anglia 페다스 웨이Peddars Way 오솔길을 걷고 있다. 80세 생일을 맞은 뒤 두 차례에 걸쳐 그들은 영국의 남서 해안을 걸었다. 650킬로미터에, 3만 미터의 산길을 올랐다. 아마 그들은 계속해서 걸을 것이다. 언젠가 나도 그들이 걸었던 길을 따라 걷고 싶다. 해안과 산기슭은 가장 좋은 산책로다. 가깝기도 하고 멀기도 한 우리 세상이 둘로 나뉘었다는 느낌을 주는 까닭이다.

나처럼 러블록도 멈추어 있는 것이 아니라 걷는 동안 자연에 가깝다고 느낀다. 걸으면서 우리는 거기 무엇이 있는지 보고 어디에서 볼 수 있는지 발견한다. 방문한 장소가 아니라 걷는 과정을 통해 우리는 세상과 가까워진다. 우리는 걷고 움직이면서 변하는 세상을 보아 왔다. 많은 곡식이 달리는 초본과 식물에 발길을 멈추고 정착하기 전에도 우리는 계속해서 걸었다. 우리는 빙하기의 황량한 길과 C4의 사바나를 걸었다. 풍경을 좋아해서 걸었던 것은 아니다. 걸었기 때문에 인류는 아름다운 풍경을 좋아하게 된 것이다.

짐은 자신이 걸을 수 있는 시간이 많지 않음을 안다. 기쁘지는 않겠지만 그렇다고 그 사실 때문에 짐이 걸음을 멈추지는 않을 것이다. 세상과 그의 부인이 그렇게 만들었다. 러블록은 거대한 차원에서 가이아도 또한 늙는다는 사실에 위안을 받는다. 30억 년 전에 태어난 그녀의 수명은 이제 불과 10억 년밖에 남지 않았다. 수많은 경이로움과 숭고함을 간직하고 있지만 가이아는 슬슬 지쳐 가고 있다. 이제 그녀는 내리막길을 걷는 중이다.

삶의 한 가운데 서서 편안한 자세를 취한 내게 가이아의 죽음은 크게 와닿지 않는다. 하지만 의미가 없는 것은 아니다. 산책처럼 혹은 이야기처럼 생명을 만들었던 지구는 끝을 향해 간다. 바다가 다운스를 잉태했듯 우리도 먼 미래에 찾아올 모든 것의 죽음을 볼 수 있을 것이다. 그것이 세계에 형상을 부여했다.

가이아의 죽음이 가져오는 실제적인 결과는 없다. 미래에 벌어질 상황을 힐끗 보았다고 해서 그것이 500만 년 뒤 혹은 50억 년 뒤에 태양이 부풀어 오를 것이라는 결과보다 현실적이지는 않다. 인류에게도 혹은 인류의 후손이라고 여길 만한 미래의 존재에게도 실제적이지 않다. 그것은 우리 인간종에게는 전혀 중요한 문제가 아니다.

어떤 종은 거의 영원히 생존한다. 오늘날 일부 남세균은 대산소 사건 직후의 모습과 거의 동일한 채로 살아간다. 아마도 그들은 이산화탄소가 거의 다 사라지는 순간까지도 명맥을 유지할 것이다. 캐나다 북부에서 닉 버터필드Nick Butterfield가 발견한 10억 년 전의 화석과 구분되지 않는 조류가 지금도 바위 깔린 해안가에서 발견된다. 영국의 수목원 또는 오래된 정원에서 볼 수 있는 은행나무maiden tree는 페름기 화석에서 발견된 친척 은행나무와 다를 바 없다. 하지만 일반적으로 동물들, 특별히 포유동물은 각기 다른 속도로 미래를 향해 간다. 화석 기록에 나타난 포유동물의 평균 지속 시간은 겨우 100만 년 정도다.

인류는 평균적인 포유동물이 아니다. 가이아에서 인간은 그저 다른 종일 뿐, 자연계에서 특별한 의미를 찾으려는 인류라면 피터 호톤의 이그와자스Igwajas가 도움이 될지 모르겠다. 하지만 우리의 총체적인 미래에 대한 인류의 역할을 생각해 보면 그것은 사실이 아니다. 우리는 단순히 다른 종이 아니다. 우리는 거대한 소행성의 충돌보다 강한 충격을 미칠 수 있다. 인간은 동물의 도래 또는 제2 광계의 발명보다 더 근본적이고 파괴적인 힘을 지구에 행사할 수 있다. 인간의 기술은 자연선택이 제공하는 것과는 다른 차원에서 지구에 커다란 변화를 초래하고 있다. 지금껏 우리가 이루어 왔고 관여했던 지구 생물권뿐만 아니라 우리 자신도 변화시킬 수 있다.

유전자를 변화시키고 단백질을 재설계하며 발생 과정을 조정하는 일이 우리가 스스로 설계하는 방식과 마찬가지로 정보를 처리하는 컴퓨터와 통합되면 최소한 우리 중 일부는 농업이나 혹은 언어의 개발과 같은 분야에 기본적인 변화를 초래할 수도 있을 것이다. 또한 우리 후손 중 일부는 몇백만 년 전 등장했던 우리 포유류 인간과 다른 모습을 하고 있을지도 모른다. 현재 진행 중인 간빙기보다 오랫동안 현생 인간이 지속될 것이라고 생각하면 사뭇 놀라울 것 같다. 인류는 곧 운명을 다 할 것이다. 변화할 수 있는 우리의 잠재력이 진화가 이루어 낸 것만큼 심오하다고 해도 인류가 지속하리라는 보장은 없다.

아니면 인류가 완전히 다른 방식으로 처신할 수도 있다. 이런 생각을 하는 웰즈와 베르네 같은 공상 과학자들은 19세기 우스꽝스러운 우주 비행을 논한다. 그것도 악셀란도the accelerando, 휴거, 특이점 등 여러 가지 이름의 변형체가 있다. 나는 단순히 그것을 '변화'라고 부르겠다.

아마 내가 말하는 그러한 '변화'가 적을 것이라고 생각하는 독자들도 있을 것이다. 그들이 맞을지도 모른다. 하지만 나는 왜 그렇게 봐야 하는지 잘 모르겠다. 인간을 근본적으로 개조하는 데 필요한 어떤 종류의 이해 또는 기술은 우리의 지성이나 인간의 지식과 부합될 수 없다고 생각할지도 모른다. 하지만 지난 수백 년 동안 인류가 이루어 낸 일을 떠올려 보라. 시생누대 성층권에서 추동되던 동위원소 화학을 이해하고 엽록체의 유전체를 해독하지 않았던가? 원자 기계를 만들어 물 분자를 떼어 내고 우주 위성에서 내려다봄으로써 전체 해양의 엽록체 총량을 계산하거나 마음의 기제를 이해하고 재형성하는 일이 전적으로 우리 인류의 능력 밖이라고 생각하는지 스스로에게 물어보라.

신 혹은 인간 본성이 그러한 '변화'를 용납하지 않으리라 주장하는 사람도 있다. 무신론자로서 아니면 무언가에 영감을 얻은 사람으로서 다양성에 마음이 흔들린 나는 그렇지 않다고 생각한다. 오늘날 우리에게는 배아 단계의 특정한 유전자 덕택에 선택된 어린이들이 있다. 우리 인간의 뇌 조직을 시뮬레이션하고 모방하는 컴퓨터가 있다. 프로그래밍 능력을 갖도록 설계된 세균이 있고 금속 사지를 이식하는가 하면 전자 눈을 통해 앞을 볼 수도 있다. 인류의 이런 시도들이 정말 멈추리라 생각하는가? 인간 이후의 미래를 향한 우리의 노력이 암암리에 펼쳐지고 있다. 그것이 장차 우리가 다루어야 할 풍경이다.

널리 알려진 사람은 아니지만 과학소설 작가인 존 발리John Varley는 내가 보기에 그럴싸하다고 생각되는 미래의 풍경을 그려 냈다. 장르 경계를 파괴한 이 영화는 내가 특히 매력적이라고 본 미래 풍경인 강철 해변을 은유한다. 강철 해변은 인간이 만든 환경이지만 또한 진흙 속 폐어처럼 우리가 적응해야 하는 외계의 세계이기도 하다. 우리가 살아갈 기술적 미래는 인류가 적응하고 형상화해야 한다. 본질적으로 강철 해변은 우리가 만든 더 이상 적대적이면 안 될 세계인 셈이다.

이러한 세계가 허용할 수 있는 다양한 경계 중 과학소설 작가들이 빠뜨리지 않고 관심을 기울인 주제는 식물과 동물의 경계였다. 올라프 스테이플던Olaf Stapledon의 공상 과학소설에는 엄청난 수의 잎을 달고 있는 인간이 등장한다. 이러한 식물-인간을 두고 내 친구인 헨리 기Henry Gee는 톨킨이 쓴『반지의 제왕』에 등장하는 나무 거인 엔트Ent를 모방했다고 생각한다. 제프 라이먼Geoff Ryman이 쓴『어린이 정원The Child Garden』의 뒤죽박죽이지만 경이로운 세계에서 바이러스에 감염되어 보라색 광합성 피부를 가진 사람들이 태양 빛을 쬐기도 한다. 소설『초록색 표범 반점The Green Leopard Plague』에서 월터 존 윌리엄스Walter Jon Williams는 죽음이 점점 선택지가 되는 세상에서 광합성 피부를 굶주림에 대항할 안전장치로 간주한다. 나는 이 소설의 생체에너지학을 신뢰하지는 않지만 윌리엄스의 목적은 그것을 설명하는 데 있지 않다. 우리가 언제나 똑같을 필요가 있는지 혹은 무엇이 바뀌어야 하는지 물어보는 열린 마음이 필요하다는 점을 기술하고 있는 것이다. 실제적인 의미에서 그렇다. 우리는 더 나은 식물을 설계해야 한다. 그러나 여기서 제기하는 질문은 우리의 독립성과 상호 의존성을 모두 바꿀 수 있는 새로운 과학 기술의 탐구 그 이상이다.

인간 광합성을 다룬 가장 매력적인 이미지는 발리 자신이 창조한 사람과 식물 사이에 벌어지는 우주비행space-going 공생이다. 태양 에너지를 포획하기에 우주가 완벽한 장소라는 생각은 새로운 태양 전지 기술이 인공위성에 적합한 에너지를 제공한다는 사실을 미국의 기술자들이 알아차리기 한참 전부터 있었다. 소비에트 시절 러시아인의 마음에 우주여행의 벅찬 희망을 심었던 공학자 콘스탄틴 치올코프스키Konstantin Tsiolkovsky는 태양 에너지와 그것이 제공하는 힘에 매료된 사람이다. 그는 태양이 가진 '우주의 에너지'가 생물권에 에너지를 부여한다고 생각한다. 비슷한 지적 환경에서 탄생한 베르나츠키의 친구였고 같은 환상적인 전망을 가졌던 치올코프스키는 태양 에너지를 최대로 사용하는 일이 우주에서 삶의 핵심이라고 보았다. 그는 동물처럼 걸어 다니며 식물처럼 광합성을 하는 생물이 사는 달을 상상했고 그것을 인류의 우주적 운명으로 보았다.

발리도 비슷한 꿈을 개인화했다. 그는 생명이 없는 달에 다리를 내린 살아 있는 지구라는 1970년대의 위대한 아이콘을 가져와 인간 규모로 축소시켰다. 히피 정체성을 가진 그는 삶의 속도에 지친 미래의 사람들이 새빌 로Savile Row의 박테리아 매트처럼 초록빛의 우주복을 걸친 세상을 상상했다. 이들 공생체들은 이산화탄소를 받아들여 대사하고 태양 빛을 이용하여 그것을 재생한다. 그들은 광대한 돛과 같은 우주에 매달려 태양 빛을 흡수하고 그 안에서 인간을 살찌운다. 인간-공생체 쌍둥이는 미생물 행성이며 대사적으로 한 몸이다. 공생체는 인간을 완성하고 반대로 인간은 공생체를 완성한다. 그들은 탄소를 주고 추론하고 사고할 수 있는 뇌를 가동하게 한다. 그들은 한 몸으로 토성의 고리를 돌며 아름다움 속에 흠뻑 빠져 있다.

나는 꼭 이러한 각본이 실현되리라 생각하지는 않는다. 그러나 인간 이후의 미래가 다른 행성에 대한 적응 또는 아니면 우주 공간에서의 광합성과 같은 것이라고 해도 놀라지 않을 것 같다. 중력의 끌어당김에서 벗어나 태양의 몸통에서 얻은 포도당으로 뇌를 가동하는 어려움은 지구에서보다 훨씬 줄어들지도 모른다.

오랜 세월에 걸쳐 인간 그리고 인간 이후의 지성이 계속되고 확산된다면 발리의 공생체처럼 이상하고 낯선 경이로움을 만날지도 모른다. 그러나 이번 세기에 그런 기적을 보리라 생각하지는 않는다. 하지만 나는 벌써 나무에 싹이 터 오르는 것을 보았다. 이번 1,000년이 가기 전에 잎이 나고 꽃을 피울 것이라고 생각된다. 다시 말하면 나는 합리적으로 오래 사는 나무의 수명을 내재화한 그들을 기대한다.

동으로 걸어 푸크 언덕 그리고 루이스에서 페번시 평원을 거쳐 윌밍턴에 이르면 롱맨을 내려다보는 교회 마당에 수령이 2,000년 넘은 주목나무가 있다. 루이스 전투에서 싸웠던 사람들이 잘라 활을 만들었을지도 모르지만 이제는 노먼 교회 옆에 새겨진, 주목나무의 섬세한 무늬를 바탕으로 한 멋진 새 스테인드글라스 창밖에 우뚝 서 있을 뿐이다. 살아 있는 그리스도의 상처로부터 오는 빛처럼 주목나무의 기공을 통해 햇빛이 흐른다. 주목나무와 이들 풍광 속에 흩어져 있는 그들의 오랜 형제들은 인간 종족보다 더 오래 살아남아 최소한 그들의 초기 후계자들이 꽃을 피우는 세상을 볼 수 있을 것이다.

이것은 인간, 행성 혹은 나무의 수명에 따라 이 책을 구성하겠다고 결정했을 때 내가 생각한 결말은 아니었다. 미래에 대한 나의 추상적인 믿음 전부에 대해 내가 온전히 긍정적이지만은 않다고 말해야 할 것 같다. 하지만 나는 거기에 일말의 진실이 숨어 있다고 생각한다.

가이아의 마지막 행로에는 아직 우리가 보지 못한 흥미로운 반전이 있다. 그것은 이미 어떤 형상을 하고 있다. 우리는 멀리서 해안의 절벽과 그 하얀 절벽을 넘어서는 죽음의 세계를 볼 수 있다. 하지만 인류의 미래는 여전히 희미한 풍광 속에서 잘 구분되지 않는다. 우리는 몇 발자국 앞을 볼 수 없다. 방향이나 거리도 알 수 없다. 우리는 숲 안에 있다.

그러나 이 책의 목적상 여기까지 이야기한 것만으로 충분하다. 이 책의 나머지 부분에서 먼 미래의 의미에 대해서는 언급하지 않겠다. 대신 가까이 있는 미래에 관해 설명하게 될 것이다. 우리는 손에 잡히는 미래의 탄소/기후 재앙에 말려들고 있다. 우리가 인류를 변화시키기 전에 아직 끝나지 않은 지구의 사업에 발 벗고 뛰어들어야 한다.

제3부 나무가 사는 세상

초록 그늘 속 푸른 생각

앤드루 마블Andrew Marvell, 〈정원The Garden〉

대체 에너지원 그리고 식량 공급원의 여러 문제에 답을 얻기 위해 내가 광합성 연구를 택한 것은 물론 멋지고 고상한 일이었다. 그러나 그것은 진실이 아니다. 나는 성공적인 연구자가 되려고 한 적이 한 번도 없었다. 다만 나는 연구를 즐겼고 내적 기쁨을 맛보았을 뿐이다. 그러다 실제적 중요성이 있는 문제에 가까이 다가가기도 했다. 중재자로서 나는 무척 운이 좋았다.

조지 페헤르George Feher

8장 인류

바스티유의 날
광합성의 발견
플로지스톤 주기
잎이 바뀌면 세상도 바뀐다
인류의 힘
탄소/기후 재앙

식물이 생산하는 데 비가 필요하고 동물이 생활하는 데 혹은 지구 내부의 구성 요소로서 불이 필요하다. 또 그것이 지구의 대기권과 긴밀한 관련이 있음을 생각할 때 철학자들이 그 많은 과정에 작동하는 자연의 화학적 변화를 추적하는 일을 멈출 수 없음은 너무나 자명하다.

제임스 허턴James Hutton

바스티유의 날

감옥 벽이 부서지고 테러가 난무한 과거로의 여행이 시작되었던 바스티유의 날, 나는 나무 그늘에 앉아 아름답게 물결친 풀숲 사이를 흐르는 뱀처럼 구부러진 호수를 바라보았다. 여름 태양 아래 산들바람이 불고 멀리서 잔디를 깎는 소리가 희미하게 들려온다. 멈춰 선 것은 아무것도 없다. 어디서든 무슨 일인가 벌어지고 있다.

랜스다운Lansdowne 후작의 가족은 두 반세기가 넘게 이곳 윌트셔Wiltshire 카운티 보우드Bowood 하우스에 살고 있었다. 1757년 제1 후작이 살던 당시 쉘버른Earl of Shelburne 백작은 영지領地를 관리하는 조경사 카퍼빌러티 브라운Capability Brown에게 좋은 땅을 물색해 달라고 부탁했다. 브라운은 백작에게 영국에서 그곳보다 좋은 땅은 없다고 거듭 말했다. 혹자는 브라운이 140명에 이르는 영국의 귀족과 신사들에게 좋은 땅을 소개했다고 떠벌렸다는 의혹을 품기도 했다. 아첨에도 주관적인 진실이 있을지 모른다. 어쨌든 브라운은 모든 풍경을 좋게 보았으며 그것을 개선할 수 있다고 생각했다. 작업을 통해 나아질 여지가 있는 곳보다 좋은 곳은 없다. 잠재력은 드러나게 마련이다.

브라운이 그 땅을 손보기 전에 영주는 죽었다. 그의 아들은 랜스다운 초대 후작이 되었고 영국의 총리로 재직했다. 그는 미국의 혁명전쟁에 종지부를 찍은 사람이다. 그는 보우드를 크게 확장하여 이미 있던 '작은 하우스'에 호화롭기 그지없는 '큰 하우스'를 추가로 설계했다. 하우스에서 창밖 풍경을 바라볼 수 있게 브라운에게 지시했음은 물론이다. 그는 또한 공기를 재생하는 식물과 식물의 삶에서 빛의 역할을 밝힌 두 사람을 보우드에 초빙했다. 성직자 조지프 프리스틀리Joseph Priestley와 네덜란드 의사 얀 잉엔하우스Jan Ingenhousz가 그들이었다. 그들은 그해 여름을 여기서 보냈다. 오늘 내가 앉은 곳에 그들도 앉아 브라운이 창조한 풍광을 바라보고 있었을 것이다. 거기에 공장이 세워지고 뽑힌 옛 나무 대신 수천 그루의 새로운 나무들이 물에 잠긴 마닝스 힐Mannings Hill을 따라 호숫가를 일구어 내게 되었다.

그늘에 앉아 나는 두 세계, 과거의 추론에서 영감을 받아 미래에 관한 생각이 자라 나오는 느낌 사이에 있다. 호수로 내려가는 잔디밭은 한껏 열린 풍광이다. 브라운이 설계한 그곳은 부드러운 말 안장 모양의 섬세함을 간직하고 있다. 그 위에는 낯설고 키 큰 나무가 빽빽이 펼쳐진 기하학이 수놓고 있다. 이들은 불규칙하고 심지어 뒤틀린 형상을 하고 있다. 가지 위쪽에 잎이 없는 스페인 참나무가 서 있다. 잎은 나무 둥치 아래 떨어져 있고 푸른 상수리를 단 가지가 거친 나무껍질에 박혀 있다. 레바논 원산 백향목cedar은 몇 세기의 풍파를 이겨 내고 극적으로 우뚝 서 있다. 나무의 왼편 가지는 거의 사라지고 없다. 남은 가지들은 그들의 성향을 어긴 채 동쪽으로 뻗어 있다. 나무줄기는 어지럽게 돌아가는 구절양장처럼 분간하기 어렵게 서 있다. 그것은 상처 입은 나무였다. 백향목의 나뭇잎은 문어의 발처럼 공기 중에 매달려 있는 것이 특징이지만 여기서는 찾아볼 수 없다. 쇼걸의 어깨 장식처럼 높은 가지 위의 잎들은 사방으로 뻗어 있다. 맨 꼭대기에만 나무의 수관이 고전적으로 평평하게 펴져 있다. 비스듬히 쓴 왕관처럼 기울어진 채로.

균형과 크기에서 백향목은 우리 세계가 먹여 살릴 법하지 않게 거대한 원시 생명체인 공룡보다 더 외계 생명체처럼 보인다. 생김새는 희한하지만 이 식물의 기능은 명확하다. 몸통이 땅에서 처음 솟아났을 때 내 키 정도의 폭을 가진 이 나무는 부드럽고 활력이 있었다. 아래로 향한 커다란 줄기에는 아풀리아Apulian 언덕의 트룰로trullo 돌집처럼 밝고 빛나는 열매가 비늘잎 사이에 매달려 있다. 나무껍질은 평평하고 부드러우며 흠결도 적다. 잎은 단단하게 뭉쳐 소용돌이치고 어두운 녹색에 푸른빛이 돈다. 물은 관다발 계를 따라 위로 흐르고 이산화탄소는 기공을 통해 세포 안으로 확산된다. 막을 따라 전자가 흐르고 그래야 하는 것처럼 수소 이온이 막을 넘나든다. 백향목은 살아 있다.

내가 선택한 첫 번째는 거대한 풍광이 그리는 기하학이다. 브라운의 작업은 이성적인 세계에서 자연이 허용한 장소를 그려 낸다. 그의 예술은 기발한 것이 아니라 과학을 토대로 형상화되었다. 그가 친구 토마스 다이어Thomas Dyer 목사에게 썼듯 “장소를 만드는 것 그리고 바람직한 영국의 정원은 전적으로 원칙에 의존한다. 그것은 유행과는 거리가 먼 것이다. 어디에서 발견되든 유행은 내가 보기에 과학을 부끄럽게 하는 것이다.” 원칙은 지형을 보기 좋게 만드는 것이다. 조심스럽게 설계한 호수, 세밀하게 기획한 식생들은 ‘나무의 크기와 빛, 그림자 효과를 내는 잎의 색상에 의존하는 커다란 아름다움’에 필수적이다.

브라운의 작업에서 풍광은 원래 거기 있던 자연과 영감이었다. 그의 목표는 무언가 새로운 것을 창조하는 일이 아니라 이미 있던 것을 아름답고 즐거운 방식으로 제시하는 일이었다. 개선은 인공물을 추가하는 데 있지 않았다. 브라운과 그의 후견인들이 느끼기에 자연은 진정한 보증인이자 아름다움의 전령사였다. 그러니 인간이 바꿀 수 있는 것은 자연 속의 자연일 뿐이었다. 그것의 음조는 강화될 수 있고 정당하게 선택된 화음의 도움을 받아 풍부해질 수 있다. 반드시 등고선을 그대로 따라갈 필요는 없다. 매끈한 경로가 아닌 해안선도 상관없다. '고귀한 선' 등고선과 '아름다운 선'의 경로, 파도와 바람이 그런 것들이다. 장소의 과학에는 계산이 없고 자연의 기하학에 대수적 분석을 허용하는 기술은 아직 발명되지 않았다. 과학의 기본 분야에서 예측 능력이 있는 수학적 모델을 가능하게 하는 과학과 수학 사이의 확고한 연결고리는 아직 등장하지 않았다. 화학 또는 자연사는 풍경의 과학처럼 다분히 수학적이었다. 브라운은 자연의 모델을 만들지 않았다. 그는 그것을 연구했고 그의 설계에 맞게 변화시켰다. 그는 자신의 모델에 바탕을 두고 자연을 설계했다. 단순하고 강화된 표현을 덧붙였을 뿐이다.

브라운의 기하학은 이 세계에서 우리가 원하는 것이다. 두 번째 기하학은 백향목과 너도밤나무의 기하학이고 우리가 얻은 것이다. 그 기하학에는 공간만큼 시간도 배열되어 있다. 시간은 사유지의 경계 안에 정렬되지 않고 소유자의 의지에 지배되지도 않는다. 그 기하학은 부엌과 정원의 벽에 톱질하여 전시할 인간에 의해 조각된다. 그러나 그것은 가뭄과 바람 그리고 질병 또는 우연적인 환경에 따라서도 다르게 각인된다. 계속되는 바스티유의 날, 우리는 지배 계급의 미학에 따라 역사가 직조되는 것이 아님을 알게 된다.

1760년대 후반에서 1770년에 이르는 동안 당시 영국에서 처음으로 자라던 큐 왕립 식물원의 레바논 백향목은 씨를 생산하기에 이르렀다. 보우드에 여러 그루의 백향목이 자라게 된 것이다. 자연에서 이미 존재하는 최고의 것을 스스로 구현하고자 브라운은 대개 영국의 나무에 국한하여 일을 했다. 라임, 느릅나무, 스코틀랜드 소나무, 참나무, 너도밤나무 그리고 밤나무가 그 대상이었다. 하지만 그는 간혹 외래종도 허락했다. 특별히 크거나 특징이 있는 나무들이었다. 나중에 그는 레바논의 백향목을 특별히 좋아하게 되었다. 지금 내가 앉아 있는 나무가 바로 그가 아끼던 것이었으리라.[1)]

그렇게 그것은 생존자로 표시된다. 레반트Levant의 백향목은 영국의 우수한 토양과 비 덕분에 크게 자랐다. 솔로몬 성전을 짓기 위해 길가메시의 왕이 수천 년 전에 찍어 내렸던 백향목도 영국의 공원을 우아하게 장식하는 그것보다 작았을 것이다. 백향목은 영국의 토양과 비는 좋아했을망정 커다란 나무도 무너뜨리는 대서양의 폭풍은 별로 좋아하지 않았을 것이다. 거친 바람은 보우드 백향목에게도 친절하지 않았다. 처음에는 수백 그루이던 것이 25년 뒤 수십 그루만 남았다. 1984년과 1990년 폭풍이 왔을 때 그 수[2)]는 더욱 줄어들었다.

새 나무가 오래된 것을 대체한다. 조금 떨어져 있는 서어나무는 고작 20여 년 되었지만 백향목과 밤나무를 위협하고 있다. 바스티유가 무너진 1789년부터 지금까지가 저 백향목의 나이에 해당할 것이다. 새로운 가지도 나오지만 나무 일부분은 그 나이를 간직하고 있다. 우리는 나이테를 그리며 나무가 자란다는 사실을 알고 있다. 밖에 있는 나이테가 더 젊은 것이다. 나이테는 나이뿐만 아니라 그때의 기후도 놀랄 만

1) 또한 나는 위쪽 가지가 마른 녹색 창연한 밤나무도 브라운이 심은 것으로 생각하고 싶다. 줄기가 튼실하지만 100야드나 떨어진 같은 종 밤나무보다 그리 인상적이지는 않다. 그 나무는 바닷가에 있는 거대한 바위처럼 어둡고 반짝이는 초록 이파리 음영 아래로 누런 밤꽃이 독특한 성적인 냄새를 발산한다. 1825년에 후작 미망인이 심은 저 나무가 내가 앉아 있는 이 나무보다 더 오래 되었을까? 후작 미망인이 심은 나무는 아마 1,000년은 되었을 거대한 토트워스Tortworth 밤나무 묘목이었을 것이다. 17세기에 이미 문서에 기록된 나무이기도 했다. 아마 보우드 밤나무 자손도 원기 왕성하여 다른 나무들보다 웃자랐을지도 모르겠다.

2) 모든 영국인이 기억하는 1987년의 폭풍은 보우드 삼나무를 비켜 갔다. 역사는 요상한 것이다.

큼 정확하게 기록하기 때문에 기후 역사의 중요한 정보를 제공한다. 그러나 2차원적인 나이테에 시각을 빼앗기면 3차원 정보를 놓치기 쉽다. 나무는 지난 과거를 거의 완벽하게 보존한다.

그 진실은 이탈리아 예술가인 주세페 페노네Giuseppe Penone의 작업을 통해 아름답게 드러났다. 브라운이 자연의 효용성을 숨기려(그의 풍광에는 담장 친 들판이 없다) 자신의 길을 갔다면 페노네는 효용성의 가역성을 칭송했다. 그는 커다란 목재 들보를 가지고 작업한다. 들보의 특정한 나이테를 선택하고 잘라 끌질하고 그것으로 가구를 만드는 종류의 작업을 떠올리면 된다. 단면은 구부러지고 복잡한 3차원 표면이다. 딱딱한 직사각형의 기하학은 사라지고 우아하고 부서지기 쉬운 묘목이 드러난다. 나무가 초기 형태를 되찾으려 옹이가 박힌 곳도 있다. 페노네는 정교한 도구나 아름드리나무를 쓰지 않았지만 늙었거나 어리거나 목재 안에 살아 있는 생명의 어린 가지를 해방하려 애썼다. 페노네의 거친 끌질에 조각품의 진부함이 지닌 역사적 의미가 되살아 났다.

포크너William Faulkner는 과거는 죽지 않았다고 말했다. 그것은 단순한 과거가 아니다. 유럽이 정치적, 산업적, 과학적 혁명에 소용돌이쳤을 때 심은 묘목이 지금도 여기에 서 있는 것이다. 거친 나무를 통해 나는 과거를 잡을 수 있다. 묘목이 살았던 세계는 오늘날보다 가설이 살아 있고 요동쳤지만 지금은 사라졌고 부분적으로는 새로운 과학과 기술로 대체되었다.

단지 정치만 바뀐 것은 아니었다. 경제도 사회도 모든 것이 바뀌었다. 이 공간을 처음 사들인 뒤로 주인이 바뀌지 않고 일곱 세대 동안이나 여전히 공원을 소유하는 놀라운 일도 있기는 했다. 그러나 생물지구화학도 변화했다. 백향목의 바늘잎 주변 공기 속에 든 이산화탄소의 양은 프리스틀리나 잉엔하우스 시대보다 늘어났다. 가지와 바위와 그 모두에게 좋았던 기후도 변하고 있다. 지구 대기권에서 이산화탄소가 태양의 열을 더 잘 포획하고 있기 때문이다.

이상하고 뒤틀린 나무는 카퍼빌리티 브라운이 설계한 인공적 풍광처럼 슬프게도 이 세계가 목격한 가장 급격한 환경의 변화를 이겨 내고 살아 있다. 미적 감각이나 설계의 이점조차 누리지 못한 채 대기 조건이 빠르게 변한 것이다. 사실 백향목이 영국에서 얼마나 오래 살았는지 아는 사람은 없지만 백향목이 지금의 나이만큼 더 산다면 그들은 더 많은 것을 보게 될 것이다. 장차 얼마나 많은 변화가 찾아올지 우리는 알지 못한다. 문명적인 데다 익숙하고 의도적인 행위를 통해 그 변화가 얼마나 교정될 수 있는지도 알지 못한다. 저 거대한 나무는 혼란스러운 역사 속을 걸어야 할 운명이다. 가지치기한 인간의 손을 탄 나무 둥치와 가지처럼.

그렇다고 해도 장차 다가올 폭풍은 저 나무를 쓰러뜨리지 못할 것이다.

광합성의 발견

조지프 프리스틀리는 광합성의 가능성을 깨달은 지 10여 년이 지나 보우드로 돌아왔고 브라운의 풍광이 살아 있는 그곳에서 거의 10년을 보냈다. 그는 정원 벽 옆, 자신의 핵심을 감춘 젊은 백향목을 보았을 것이다. 프리스틀리의 폐에서 나와서 고정된 이산화탄소 일부는 나무의 나이테에 남아 있고 바스티유의 날에 내 호흡에서 앗아간 탄소 분자들도 같은 경로를 밟고 있을 것이다. 평생에 걸쳐 우리가 폐 밖으로 뿜어내는 그 많은 수의 분자들은 식물이 이용하지만 거기에 특별한 관련성은 없다. 프리스틀리의 호흡에서 나온 분자들이 분명히 이 나무에 고정되었겠지만 그것은 영국에 있는 모든 나무에서도 늘 일어났던 일이다. 그의 전 생애를 통해 날숨을 거쳐 나온 이산화탄소 분자의 수는 이 세상에 있는 나무의 수보다 많았을 것이다. 그 분자들은 수년에 걸쳐 이 지구상에 균등하게 퍼져 나간다. 프리스틀리는 어디에든 있다. 그의 호흡을 통해 나온 분자들은 전 세계의 모든 식물에 흔적을 남겼을 것이다. 우리의 호흡, 우리 고조할머니, 조지프 프리스틀리 그리고 엉클 탐의 호흡이 생물권 전체에 퍼져 섞여 있다. 나무는 그늘을 찾는 사람들의 호흡뿐만 아니라 이 세상의 호흡으로 만들어진 것이다.

프리스틀리에게는 분자와 이산화탄소 이야기가 일목요연하지 않았다. 하지만 평등에 대한 그의 생각은 조화롭기 그지없었다. 리즈Leeds 외곽 마을에서 태어난 비순응주의 목사이자 교사였던 프리스틀리는 종교와 정치적 자유를 위해 헌신했다. 행복, 특히 그의 가족, 친구, 동료의 행복 이 세 가지가 분리될 수 있다는 사실을 실제 수긍하지는 않았지만 그는 쉼 없이 학습에 전념했다. 그는 엄청난 학습 능력을 갖추었으며 공부하는 일을 무척 좋아하기도 했다. 세상을 개선할 수 있는 능력에 대한 그의 신앙은 하나님에 대한 그의 신앙과 구분하기 어려웠다.

잉글랜드 국교와 연결되지 않은 그의 믿음 때문에 그는 국가가 아니라 비국교회파가 운영하는 대학을 다녔다. 작은 학교를 시작하면서 그는 자신이 가르치는 일을 무척 좋아한다는 사실을 깨달았다. 배우면서 그는 영국에서 가장 유서 깊은 비순응주의 교육기관이었던 맨체스터와 리버풀의 워링턴Warrington 아카데미에서 상인과 사업가의 자식들을 가르쳤다.

프리스틀리는 언어와 문법을 가르쳤지만 과학에도 관심이 있었다. 1760년대에 이르러 워링턴에서 그 관심이 과학적 성과로 연결되기 시작했다. 혁신적인 도공인 조지아 웨지우드Josiah Wedgwood와 친구가 되었고 곧 그들은 세계를 이해하고 변화시키는 데 관심이 있었던 사람들의 모임인 '만월회Lunar Society'의 구성원이 되었다. 회원들은 과학적 호기심과 기술적 야망을 가지고 있었다. 게다가 기업가 정신을 가진 사람들도 있었다. 토리당의 반대자인 그들은 밤에 가로등 불빛을 밝히듯 미래를 향한 터무니없이 공상적인 계획을 세우고 실천하려고 노력했다. 오늘날 우리는 그들의 노력이 공장과 운하 그리고 산업혁명을 일으켰던 당대의 아이디어에 투영된 사실을 확인할 수 있다.

웨지우드뿐만 아니라 매슈 볼턴Matthew Boulton도 만월회 회원이었다. 산업주의자로서 그는 공장을 방문하는 사람들에게 "저는 세상의 열망이 원하는 힘을 여기서 팔고 있습니다."라고 말했다. 볼턴이 성장할 수 있게 내연 기관을 만들었던 스코틀랜드의 우울한 과학자 제임스 와트James Watt도 회원이었다. 온화하고 위트가 넘치는 물리학자 윌리엄 스몰William Small, 위대한 화학자이자 육군 장교이며 유리 제조업자였던 제임스 키어James Kier, 린네의 저작을 영어로 번역하고 자연사의 방대한 저작을 남긴 의사이자 시인이며 정치가였던 에라스무스 다윈Erasmus Darwin[3]도 필적할 만한 회원이었다. 그들의 모임은 보름에 가까운 월요일에 이루어졌기 때문에 '만월회'라는 이름이 붙었다. 아마 집으로 돌아가는 길도 어둡지 않았을 것이다. 프리스틀리는 세상을 보는 그들의 식견에 전적으로 동의했고 산업혁명에 불을 댕기는 데 선구적인 역할을 했다.

1760년대 중반 프리스틀리는 전기 연구의 역사를 쓰는 임무를 맡

3) 찰스 다윈의 할아버지다. 조지아 웨지우드는 다윈의 모계 혈통이다.

았다. 런던 남쪽으로 가서 전기의 최신 연구 결과를 밝히는 동안 그는 벤저민 프랭클린Benjamin Franklin과 친구가 되었다. 번개가 내리치는 곳에서 연을 날리는 반복적인 실험을 수행하기도 했다. 『전기의 역사와 현재』는 1767년에 출판되었다. 같은 해 그는 워링턴을 떠나 리즈에 있는 교회 목사가 되었다. 사역과 종교의 사명을 다하러 돌아가긴 했지만 과학적 연구를 그만두지는 않았다.

새로 옮겨간 집은 양조장 부근이었다. 머지않아 프리스틀리의 상상력은 발효 술통에서 나오는 이상한 냄새에 사로잡혔다. 연기를 가했을 때 술통 옆으로 내려오는 무거운 공기였다. 프리스틀리는 이 무거운 공기가 스코틀랜드의 화학자 조지프 블랙Joseph Black이 '마그네시아 알바'를 태웠을 때 생성된 '고정된 기체'로 촛불을 타게 하지 않는 특성을 보인다는 사실을 알아냈다. 우리는 마그네시아를 탄산염이라고 부르고 고정된 공기에 이산화탄소가 풍부하다는 사실을 알지만 당시 프리스틀리에게는 탄소, 산소 또는 기체에 대해 알지 못했으므로 그에게 별다른 의미를 띠지 못했다. 탄소 한 개와 산소 두 개로 구성된 기체의 정체는 아직 요원한 것이었다.

프리스틀리는 이 고정된 공기에 대해 할 수 있는 모든 방식의 실험을 진행했다. 최소한 한 통의 맥주 전체를 오염시키기도 했을 것이다(심지어 양조업자가 도와주기까지 했다). 그는 특히 고정된 공기가 생쥐를 죽일 수 있다는 사실에 집중했으며 그 기체의 독성을 벗어날 수 있는지도 연구했다.[4] 그는 양초처럼 생쥐도 신선한 공기가 필요하다고 말했다(실제 양초는

4) 말년에 로빈 힐은 프리스틀리의 생애에 커다란 관심을 보였다. 그는 프리스틀리가 질식에 관심을 보인 이유가, 뜨겁고 공기가 잘 통하지 않는 곳에서 146명 중 123명이 죽은 악명 높은 사건인 '캘커타의 블랙홀Black Hole of Calcutta' 보고서에 자극을 받았기 때문이라고 생

'분당 1갤런'이라는 엄청난 양의 공기가 필요하다). 유리 용기 안의 쥐는 굶주림이 시작되기 전에 죽는다. 그 용기 안에 촛불을 켜 놓으면 쥐는 더 빨리 죽는다. 어떤 경우든 유리 용기 안에는 블랙의 고정된 공기가 꽉 차게 된다.

1771년 프리스틀리는 생쥐와 양초의 관계에서와 마찬가지의 효과를 식물이 갖는지 실험해 보기로 작정했다. 생쥐나 양초에 좋은 무언가가 사라지는지 확인하고자 한 것이다. 영국의 유명한 자연철학자 중 한 명인 성공회 목사 스티븐 헤일즈Stephen Hales는 식물도 동물처럼 호흡하기 위해 공기를 흡입해야 함을 보여 주었다. 공기 실험조pneumatic trough라는 특별한 장비를 개발해서 사용한 연구 결과 덕분이었다. 헤일즈는 식물의 잎이 '공기 중에서 영양분의 일부'를 끌어내는 방식에서 동물의 폐와 같다고 생각했다. 위로 향하는 항아리 아래, 물속에 보관된 박하의 어린줄기는 공기의 영양분을 줄이며 생쥐를 죽이는 일 따위는 하지 않았다. 프리스틀리는 깜짝 놀랐다. 박하가 있는 공간의 공기가 끔찍하게 '쇠약해'지지 않은 것이다. 쥐가 내놓는 '고정된 공기'와 달리 박하가 담긴 유리병에서는 불꽃이 더 활활 타올랐다.

프리스틀리는 실험조에서 양초를 태운 뒤 박하 줄기를 넣으면 머

각했다. 아마 그랬을 것이다. 아니면 힐이 18세기에 벌어진 사건에서 자신이 제1차 세계대전에서 겪었던 독가스의 불편한 기억을 떠올렸을지도 모르겠다. 20세기 위대한 과학자가 전임자와 어떤 관계가 있는지를 무시할 수는 없다. 비순응주의자 출신인 힐은 정치적으로 급진적인 성향을 띠었다. 힐은 프리스틀리가 벤저민 프랭클린과 친구였다는 사실을 강조한다. 그들의 편지에서 힐이 평화주의자 친구인 에머슨의 목소리를 떠올리는 것도 무리는 아니다. "현자의 돌에 절망하지 않았다는 농담으로 당신은 내게 암시했지요. 당신이 그것을 찾았더라도 그것을 잃고자 애쓰리라는 것을. 그리고 양심에 비추어 나는 믿지요. 도축업자들에게 돈을 지불할 수 있다면 인류가 서로를 학살할 만큼 사악하다는 사실을." (프랭클린이 프리스틀리에게 1777년에 쓴 편지다. 영국과 미국 사이에 벌어지는 전쟁에 공포를 느끼고 쓴 것이라고 한다. 옮긴이) 프리스틀리의 딸이 아버지를 도우려고 실험실 병을 씻다 당한 불행한 사실을 떠올리면서 힐이 프리스틀리에게 한껏 동정하는 마음을 가졌으리라는 점은 명백하다.

지않아 공기가 재생되고 다시 새 양초를 태울 수 있다는 사실을 확인했다. 그리고 박하는 동물을 죽이거나 촛불이 타고 난 공기를 주었을 때 더 잘 자랐다. 왕립학회 회보에 실린 논문에서 프리스틀리는 "동물을 즉각 죽일 수도 있는 치명적인 종류의 공기가 식물을 활발하게 살리는 그런 광경은 어떤 상황에서도 본 적이 없다."라고 적었다.

1771년 겨울이 되어서야 프리스틀리는 자신의 실험을 재현하기 어렵다는 사실을 깨닫게 되었다. 다음 해 여름 그는 실험을 재개했고 그 어느 때보다 식물이 '호흡으로 손상된' 공기를 회복한다는 점을 확신하게 되었다. 실험조와 같은 작은 세계뿐만 아니라 전 세계에 걸친 거대한 범위에서도 그렇다면서 왕립학회 회보에 이렇게 편지를 보냈다.

> 수많은 동물이 호흡하는 동안 지속적으로 손상된 공기와 동물 혹은 식물의 사체에서 비롯되는 부패는 최소한 부분적으로 식물의 창조 덕택에 회복된다. 그리고 위에서 언급한 이유로 매일 부패하는 엄청난 양의 공기가 손상되지만 자연의 본성에 맞추어 지구 곳곳에서 자라는 방대한 양의 식물들을 고려하면 호흡에 맞서 대기의 균형을 유지할 자유로운 힘이 작동한다는 생각이 든다. 인정하기는 쉽지 않지만 그렇게 상보적인 힘이 유지된다. 식물 처방전은 충분히 악을 구제한다.

다양한 종류의 공기를 대상으로 수행된 프리스틀리의 실험에 사람들은 깜짝 놀랐다. 만월회 사람들도 흥분했다. 다음 해 새로운 공기를 실험하자면서 다윈과 볼턴을 초청하여 습하고 우중충한 호수가 많은 영국 중부를 여행하느라 열병과 통풍에 걸렸다고 프랭클린은 불평하기도 했다. 하지만 이런 작업에는 실제적 응용 측면도 있었다. 프리스틀리는 고정된 공기를 물속에 집어넣어 탄산음료를 만드는 방법을 찾아냈다. 탄산수를 만드는 장치는 금방 다른 사람들의 눈에 띄어 상업화되었고 인기를 끌었다. 조금 더 넓은 철학적 의미도 있었다. 그의 발견은 식물의 역할을 새롭게 인식하고 그것을 이성의 세계로 불러왔다. 프랭클린은 이렇게 말했다. "식물이 창조한 것은 공기를 회복하고 동물은 다시 그것을 망친다. 상당히 합리적인 체계다." 공기의 회복은 식물의 섭리처럼 다가왔다. 왕립학회 회장 존 프링글John Pringle 경은 그 생각을 높이 사 프리스틀리에게 코플리 메달을 수여했다.[5] 왕립학회의 가장 영광된 상이다. "숲의 참나무에서 초지의 풀까지 모든 식물은 인류를 위해 봉사합니다. 개별적으로 알아차리기는 어렵지만 전체적으로 그것은 우리의 공기를 청소하고 정화합니다. 향기로운 장미와 치명적인 가짓과nightshade[6] 식물이 서로 협력합니다."

이즈음에 제2 셸버른 백작이 프리스틀리를 보우드 리즈로 초청했다. 급진적인 휘그당 정치인인 셸버른은 과학에 관심을 가진 집안 내력을 가졌다. 따라서 프리스틀리가 자신의 단일신론Unitarian을 '강하게 부정하는' 분파에 속해 있다는 오명 따위는 개의치 않았다. 그는 프리스틀리를 고용하여 도서관을 운영하고 자식 교육을 맡겼다. 물론 논란이 있는 주제를 다룬 실험도 할 수 있었다. 상당히 많은 양의 월급을 지

5) 군대에서 의학 발달에 기여한(부패septic와 살균antiseptic이라는 용어를 만들었다. 야전 병원에 대포를 쏘지 말자고 공식적으로 제안한 사람이다) 공로로 프링글은 23년 전 이 메달을 수상했다. 214년 뒤 로빈 힐도 메달을 받았다.

6) 아트로핀이나 니코틴처럼 독성이 강한 알칼로이드를 함유한 가짓과solanaceae 식물이 많다(옮긴이). 감자, 토마토, 고추 모두 가짓과 식물이다.

급했고 런던과 보우드 양쪽에 보금자리도 제공했다. 이런 환경에서 프리스틀리는 다른 종류의 공기를 관찰하고 실험한 결과를 『다른 종류의 공기 실험과 관찰』이라는 제목의 책으로 출간했다. 게다가 역사적으로 그의 위대한 발견이라 할 만한 일들도 이때 이루어졌다. 커다란 돋보기안경으로 '붉고 녹슨red calx' 수은을 가열하여 양초를 밝히고 생쥐를 살리는 새로운 공기를 만들기도 했다. 이 공기를 호흡한 프리스틀리는 "한동안 가슴이 가볍게 느껴졌다. 나중에 이 순수한 공기가 사치스러운 유행거리가 될 수도 있겠지만 지금까지는 오직 두 마리의 쥐와 나만이 이 공기를 호흡하는 영광을 누렸을 뿐이다."라고 말했다.

그러나 이 새로운 공기는 화학적 청량음료인 탄산소다의 잠재적 후계자 이상이었다. 그것은 프리스틀리가 세상을 이해하는 데 결정적인 요소가 되었다. 인화성 공기(수소), 질소 공기(질소 산화물), 플로지스톤화된 공기(질소), 알칼리 공기(암모니아)와 같은 다른 공기들은 어느 정도 정상 공기가 줄어들거나 혹은 오염된 형태로 볼 수 있었다. 새로운 공기는 그것에 대한 개선이었다. 프리스틀리는 그 개선이 플로지스톤phlogiston이 없어서 나타난 것으로 생각했다. 당시 화학적 담론의 핵심에 있었던 플로지스톤은 물질 혹은 정수였다. 오늘날의 관점에서도 플로지스톤을 설명하기는 쉽지 않다. 물론 그런 이유로 프리스틀리의 세계가 동의하는 플로지스톤의 정의도 불충분했다. 또 화학자마다 플로지스톤은 불의 원리와 동일하거나 아니면 불과 관련이 있었다. 물건을 태우면 플로지스톤이 나온다. 그것은 타는 것의 정수이기 때문에 부산물이 아니다. 플로지스톤이 나오거나 플로지스톤을 둘러싼 주변의 공기가 그것을 더 흡수하지 못하면 불이 꺼진다(펌프로 공기를 빼낸 유리 용기에서 연소가 불가능한 이유다. 플로지스톤이 갈 곳이 없기 때문이다). 태양열을 집약하여 가열하면 '붉고 녹슨' 수은은 그 위에 있는 공기 속 플로지스톤을 끌어당겨 그곳을 '플로지스톤이 없게dephlogisticated' 만든다. 프리스틀리는 식물도 그러한 일을 하리라고 생각했다. 양초와 생쥐 그리고 모든 불과 동물의 영령은 플로지스톤을 공기 중으로 내놓는다. 식물은 그것을 제거한다.

프리스틀리의 경쟁자로서 역사에 이름을 남긴 프랑스의 화학자 앙투안 라부아지에Antoine Lavoisier는 같은 실험을 다른 방식으로 이해했다. 라부아지에의 눈에는 녹슨 수은이 연소하면서 공기 중에서 무언가를 흡수하는 것으로 보이지 않았다. 대신 무언가를 내놓는다. 라부아지에는 그것을 산소라고 불렀다. 그 물질이 산acids을 만들 수 있음을 관찰했기 때문이었다. 라부아지에는 수은이 연소한 뒤 그 물질의 무게가 줄어들었다는 사실을 결정적 증거로 들었다. 산소, 질소 그리고 수소가 서로 결합하면 예측 가능한 방식으로 화합물의 무게가 달라질 것이라는 화학에 몰두한 라부아지에의 생각은 플로지스톤을 주제의 중심에서 빠르게 몰아낼 무기가 되었다. 19세기 초반 프리스틀리가 죽었을 때 그는 플로지스톤 설을 믿었던 마지막 사람이었다.

영국과 미국에는 산소를 발견한 사람이 프리스틀리라고 보는 사람들이 많다. 사실 프리스틀리가 작업했던 보우드의 작은 방 입구에 그 흔적을 간직한 상패가 있다. 그러나 거기서 프리스틀리가 만들었던 물질의 이름을 검색하면 그 이름이 전부는 아니라는 사실을 알게 된다. 프리스틀리는 녹슨 수은에서 무언가가 나와 공기 중으로 들어간다는 사실을 믿지 않았다. 그는 플로지스톤을 믿었다. 산소의 발견자로 보는 것에 대해 프리스틀리는 자신이 누려야 할 사후의 영광이라고 여기지 않을지도 모른다. 경쟁자들은 약간의 비웃는 시선을 담아 그를 선구자에 넣어 줄 뿐이다.

프리스틀리는 광합성을 발견하지 않았지만 어떤 사람들은 그렇다고 간주한다. 동물이 오염시킨 공기를 식물이 되살린다는 것을 깨달았지만 그 과정에서 햇빛이 필요한지 처음에 프리스틀리는 알지 못했다. 돌이켜보면 이 사실은 약간 이상하다. 결과적으로 보면 프리스틀리는 스티븐 헤일즈의 초기 연구를 잘 알고 있었다. 그는 헤일즈가 기체를 포획하고 순화하기 위해 썼던 실험 장치를 사용했다. 플로지스톤을 실험할 때도 그는 헤일즈가 언급한 질소 공기의 특성을 이용했다. 그는 헤일즈가 주장했던 핵심 내용, 즉 식물의 폐는 잎이라는 사실도 잘 알고 있었다. 그렇지만 프리스틀리는 그가 숙고했던 햇빛의 역할은 무시한 것 같다. 그는 이렇게 물었다. "빛은 잎과 꽃의 확장된 표면에 자유롭게 들어가기에 식물의 원리를 고상하게 만드는 데 크게 기여하는 것 같지는 않다. 왜냐하면 아이작 뉴턴 경이 이렇게 말했기 때문이다. '육체와 빛이 서로 변환될 순 없지 않은가요?'"

헤일즈의 생각은 18세기 중반만 해도 충분히 진취적이었고 조나단 스위프트Jonathan Swift가 그의 책 『걸리버 여행기』에서 영국 왕립학회의 풍자적 만화를 그리는 데 차용되기도 했다. 라가도Lagado에 설립된 아카데미에서 걸리버는 오이에 떨어져 변이된 태양 빛을 추출하고 그것을 유리 용기에 옮겨 나중에 여름이 찾아오면 다시 그것을 방출할 수 있다는 '계획자'를 만나게 된다.

이런 점에서 보면 프리스틀리는 식물의 활력에서 빛의 역할을 가볍게 생각한 것으로 보인다. 대신 그는 유리 용기를 덧씌운 '푸른 물질green matter'에 관심을 보였다. 그 물질은 식물이 없어도 플로지스톤 없는 기체를 방출할 수 있었다. 이 녹색 물질은 조류algae 막이었다. 하지만 현미경으로 보았음에도 불구하고 프리스틀리는 그것이 동물도 식물도 아니라고 확신했다. 녹색 조류로 겉을 싼 유리 용기는 와버그나 캘빈 실험실에서 진행했던 광합성의 전형적인 실험 장치였지만 잘못된 관점을 고수하는 바람에 프리스틀리는 그가 연구하려 했던 식물의 특성을 놓치고 말았다.

광합성의 퍼즐 조각을 잘 꿰맞춘 사람은 잉엔하우스였다. 프리스틀리처럼 잉엔하우스도 잘 설립된 인근 분야에서 과학 연구를 시작했다. 의사로서 그는 예방 접종의 전문가가 되었다. 천연두로부터 환자를 보호하고자 그는 감염된 딱지에서 추출물을 만들어 냈다. 그의 기술은 유럽 왕가의 주의를 끌게 되었고 오스트리아의 황후 마리 테레사는 그에게 평생 연금을 주었다(그녀는 그가 아이들을 돌볼 뿐 아니라 궁중을 즐겁게 하기를 바랐다. 실력은 있었지만 고지식한 이 의사는 황후에게 실망을 끼쳤다). 프리스틀리처럼 잉엔하우스의 과학적 관심은 전기로부터 시작됐다. 또 프랭클린의 친구가 되었다. 두 사람은 영국의 피크Peak 지구를 둘러보았고 식물 연구에 착수하기 전에 리즈의 프리스틀리를 방문했다.

프리스틀리가 코플리 메달을 받을 때 잉엔하우스는 존 프링글John Pringle 경이 밝힌, 식물의 섭리와 자연의 균형이라는 착상에 깊은 인상을 받았다. 빈에서 5년을 체류하고 1779년 영국으로 돌아간 그는 식물의 특성을 밝히는 실험을 차곡차곡 진행해 갔다. 프리스틀리는 마음속에 떠오르는 것을 크게 부풀리고자 했는데, 제임스 와트는 이런 행동을 '암중모색하는 그의 통상적 방식'이라고 말했다. 프리스틀리와 달리 잉엔하우스의 실험은 철저히 계획된 것처럼 보인다. 프링글에게 헌정된 『식물의 실험』이라는 책에서는 실제 식물이 공기를 개선하지만 오직 낮에만 가능하다는 문구를 찾아볼 수 있다. 그는 따뜻하지만 응달진 곳 또는 차갑지만 빛이 환하게 비치는 물에 식물의 잎을 집어넣어 열과 빛의 필요성을 구분했다. 그는 어린잎이 늙은 잎보다 강력하지 않고 오직 푸른 조직(잎과 줄기)만이 공기를 개선한다는 사실을 알아냈다. 현미경을 보면서 그는 햇빛 아래 유리 용기에서 자라는 녹색 물질이 식물 세포와 비슷한 모양의 세포 형태를 띤다는 사실도 밝혔다. 그것도 역시 식물이었던 셈이다. 그는 물의 변형과 같은 어떤 과정을 거쳐 식물이 플로지스톤이 없는 공기를 만든다고 생각했다. 그는 식물이 광합성뿐만 아니라 호흡도 한다는 사실을 깨달았다. 어둠 속에서 식물은 고정된 공기를 만들었다. 나중에 그는 식물이 자라지 않는 흙도 고정된 공기를 만든다는 사실을 관찰했다.

이렇게 출판된 실험 결과를 보면 사람들 대부분이 잉엔하우스가 광합성을 발견했다고 말해야 마땅할 것이다. 잉엔하우스의 연구 결과를 두고 프리스틀리는 친구에게 쓴 편지에서 낮과 밤의 상당한 차이에 대해 "그는 내가 놓쳤던 것을 잡아냈다."라고 적었다. 나중에 프리스틀리는 관대함을 잃고 잉엔하우스와 비슷한 시기에 자신도 그런 생각을 했다고 주장하면서 자신은 논문에 그 내용을 완전하고 즉각적으로 쓰지 않았을 뿐이라고 변명했다. 하지만 언젠가 여름날 프리스틀리가 잉엔하우스와 비슷한 생각이 떠올랐다고 해도 그것의 핵심 사항은 달랐다. 잉엔하우스는 그의 질문을 꾸준하게 밀고 나갔다.

만일 프리스틀리가 산소와 광합성을 발견하지 않았다면 도대체 그가 발견한 것은 무엇일까? 아무것도 없을까? 발견에 대한 강조는 노벨상에 대한 강조와 마찬가지로 자연과 본성과 그것의 역사를 우리 인류로부터 숨기는 불행한 열정 중 하나다. 프리스틀리는 그의 성공의 희생자라고 말할 수도 있다. 그가 주장한 기본 개념이 더 이상 의미를 띠지 못했다고 해도 그는 당시 사람들이 세상을 바라보는 방식에 변화를 이끈 자유로운 과학적 사상의 출발을 이끌었을지도 모른다. 아니면 우리가 그의 발견, 즉 식물과 동물의 기본적인 상보성 혹은 먹히는 것 이상의 관계 또는 광합성의 핵심과 탄소 순환의 관계를 하나의 단어로 묘사하지 못하는 것일 수도 있다.

1780년대 잉엔하우스는 빈으로 돌아왔다. 1780년대 말에 그의 책이 불어로 번역되어 출간되었다. 파리에서 잉엔하우스는 라부아지에의 초대를 받아 그의 생각을 발표했다. 이제는 플로지스톤이 아니라 산소 혹은 탄소산(이산화탄소)이라는 표현이 등장했다. 바스티유가 함락되던 날 그는 파리에 도착했다. 마리 앙투아네트의 아이들을 돌보던 의사는 프랑스를 떠나 영국으로 향하기 전 네덜란드에 도착했다. 1798년 그는 호되게 앓았다. 쉘버른 백작은 요양차 그를 보우드로 초청했다. 그는 브라운이 설계했던 풍광의 가운데에서 프리스틀리가 설립한 도서관을 다니면서 죽을 때까지 거기 살았다.

프리스틀리와 라부아지에 모두에게 프랑스 혁명은 거대한 전환점이었다. 1780년 보우드를 떠난 프리스틀리는 버밍햄의 사제가 되었다. 여기서 그는 더 이상 식물을 연구하지 않았다. 대부분의 시간을 사제로 보냈으며 합리적 의견 표명에 관한 교육과 정치에 힘을 썼다. 프리스틀리에게도 바스티유의 몰락은 커다란 사건이었다. 그는 프랑스인이 화학을 연구하는 태도에 전혀 개의치 않았지만 라부아지에가 플로지스톤을 불신하는 것은 마뜩잖았다. 또한 그는 모호한 기술적 언어와 값비싼 장비 때문에 일반인이 화학 교육에서 배제되는 것도 좋아하지 않았다. 하지만 그는 혁명적이고 과격한 프랑스 정치를 좋아했다. 그리고 그것이 영국 정치에 어떤 영향을 끼칠지도 깊이 고민했다. "당신은 토머스 페인Thomas Paine이 쓴『인간의 권리Rights of Man』를 읽어 보았습니까?" 라고 웨지우드에게 편지를 썼다. "그것은 내가 본 가장 완벽하고 담대한 출판물이었습니다."

1791년 7월 14일, 바스티유 함락 2주년 행사 때 '교회와 왕' 폭도들은 급진적 설교자들의 집회소를 불태웠고 집도 샅샅이 뒤진 다음 불살라 버렸다. 도서실을 부수고 정원을 파괴하고 프리스틀리의 악기와 실험 도구를 내동댕이쳤다. 그는 강제로 미국으로 이주했다. 프리스틀리는 그의 생애 마지막 10년을 펜실베이니아주 노샘프턴Northampton[7]에서 살았다. 거기서 그는 만월회 초기 구성원이었던 윌리엄 스몰의 제자 토머스 제퍼슨Thomas Jefferson과 교류했다(제퍼슨은 잉엔하우스의 책을 가지고 있었다. 1789년 떠들썩했던 파리에서 저자가 사인한 책이다. 지금은 의회도서관에 보관되어 있다).

라부아지에의 말년은 썩 좋지 않았다. 악질적인 세금 징수원으로 부자가 된 사실이 과학자로서 그의 탁월함을 덮어 버렸다. 그는 경력의 상당 부분을 세금 징수원으로 보냈다. 그는 '현금과 은행 잔고balance'로 화학에 혁명을 일으켰다는 소리를 듣기도 했다. 혁명이 진행되면서 세금 징수원이었던 배경은 점차 위태로워졌다. 장폴 마라Jean-Paul Marat가 과학 아카데미 회원이 되지 못하게 그가 막았다는 소문도 도움이 되지 않았다. 그는 "공화국에는 철학자가 필요 없다."라는 말을 남기고 1794년 단두대의 이슬로 사라졌다.

라부아지에가 죽은 지 10년이 지나지 않아 미국에서 프리스틀리가 죽었던 해에 광합성 발견의 초기 영웅적인 시대가 막을 내렸다. 1804년 스위스 과학자 니콜라 테오도르 드 소쉬르Nicolas-Théodore de Saussure는 그의 스승인 장 시네비에Jean Senebier의 연구를 바탕으로 식물이 햇빛과 어떤 관계가 있는지 합리적인 설명을 내놓았다. 최초의 설명이 등장한 뒤로 한 세기가 지난 다음이었다. 소쉬르는 라부아지에가 죽은 뒤에 과학을 배웠다. 그는 탄소와 산소 그리고 질소를 좋아했지만 플로지스톤에 시간을 허비하지 않았다. 그는 정확한 정량을 우선시했다. 젊었을 때 그는 아버지를 도와 몽블랑에서 대기 현상을 측정했다. 또 알프스산에서 비슷한 측정을 계속했다.

7) 미국 화학회가 프리스틀리의 다른 종류의 『공기 실험과 관찰』 출간 100주년 기념 행사를 노샘프턴 자택에서 개최했다.

그들은 이산화탄소를 몰랐지만 탄소와 산소로 구성된다는 점은 알고 있었고, 소쉬르는 햇빛 아래에서 식물이 물과 탄소산을 빨아들인다고 주장했다. 그와 동시에 식물은 산소를 방출한다. 소쉬르는 그것이 탄소산에서 유래한다고 가정했다. 어두우면 식물은 산소를 흡수하고 식물에 저장된 탄소와 결합하여 이산화탄소를 만들어 낸다. 식물은 필요한 다른 영양소, 이를테면 질소, 인 그리고 몇 가지 금속염을 토양에서 얻으며 이들이 식물 무게의 몇 퍼센트를 차지하는지도 알게 되었다. 하지만 식물의 나머지 대부분은 공기와 물에서 유래한다.

식물의 탄소가 토양에서 온다는, 토양이 식물을 만든다는 환상이자 찬사인 '부식 이론humus theory'이 그 뒤로도 비록 수십 년간 지속되었지만 소쉬르의 종합 이론은 곧 널리 퍼져 나가 정통으로 자리 잡았다. 전분과 엽록소가 가득한 엽록체가 주인공으로 등장한 19세기 나머지 후반까지 거기에 덧붙여진 새로운 사실은 거의 없었다. 1930년대에 접어들어서야 반 니엘, 힐 그리고 카멘은 산소가 물에서 기원한다는 사실을 밝혔다.

플로지스톤 주기

소쉬르의 종합 이론은 놀라운 발견 시대의 산물이었다. 화학 원리가 식물에서도 작동한다는 사실이 밝혀진 것이다. 그러나 그 과정에서 무언가를 잃었다. 세계에 대한 우리의 그림은 보다 정확해야 했지만 그 범위는 초라하기 이를 데 없었다. 라부아지에 실험실의 주인공이었던 탄소와 산소 및 다른 물질들은 단순했고 쉽게 무게와 경향성으로 축소할 수 있었다. 플로지스톤은 웅장한 부분을 간직하고 있었다. 섭리의 중요성과 시민적 함의를 지녔기 때문이었다. 그것은 공기의 미덕을 지배했고 '유독한' 증기를 소비하는 위협이 당시의 지대한 관심사였다. 그것은 동물에서 공기로, 식물에서 동물로 끊임없이 흐르는 원천이었고 그 자유로운 흐름은 18세기 급진주의자 모임인 '만월회' 회원들의 마음을 사로잡았다. 자유롭게 흐르는 사고, 도기의 아름다운 선 그리고 자유롭게 흐르는 풍광의 선은 혈액의 자유로운 흐름이나 물자의 자유로운 교류와 동일시되었다. 영적인 믿음이 적었던(비국교파 일원으로서 그는 성령 또는 예수의 신성을 거부했다) 독실한 유물론자인 프리스틀리에게 플로지스톤의 흐름은 곧 이 세계에 구현되는 신의 섭리였다.

플로지스톤 흐름의 개념에 가장 지대한 공헌을 한 사람은 아마도 스코틀랜드 출신 제임스 허턴James Hutton일 것이다. 어려서부터 화학에 관심을 가졌던 허턴은 의학과 농학 학위를 받았지만 지질학에서 명성을 얻었다. 그는 에든버러 계몽주의를 꽃피운 대표적인 인물 중 하나다. 경제학자 애덤 스미스Adam Smith의 친구였으며 의심할 바 없이 데이비드 흄David Hume과도 격의 없이 지냈을 것이다. 연소할 때 나오는 '고정된 공기'의 성질을 처음으로 규정한 조지프 블랙Joseph Black도 역시 친구였다. 또한 허턴은 제임스 와트와도 가까웠다. 와트의 소개로 그는 '만월회' 회원들과도 교류했으며 자주 영국을 방문하여 자연의 개선과 땅의 변화를 추적하는 그들의 열정을 공유했다. 웨지우드, 다윈 그리고 볼턴처럼 그도 당대의 거대 건설 공사인 운하에 투자했다. 포스 앤드 클라이드Forth and Clyde 운하에 관심이 많았던 허턴은 아마 그 프로젝트의 조사원인 와트를 만났을 것이다. 하지만 서로의 친구였던 블랙을 통해 만났을 가능성도 없지 않다.

지구를 연구하면서 허턴에게 생긴 관심사는 부분적으로 실제 경험의 결과물이었다. 그는 스코틀랜드 남부에 있는 농장 두 개를 물려받았고 거기에서 돈을 벌려고 노력했다. 당시 스코틀랜드의 농업은 상대적으로 낙후되었고 합리적 '개량주의자'들과 마찬가지로 허턴도 무언가 나은 방책을 찾으려 분주히 움직였다. 영국 동부와 네덜란드를 돌아보며 최신 농법을 배웠고 스코틀랜드의 무거운 농기구를 대신할 가볍고 날렵한 쟁기를 가지고 돌아왔다. 그리고 작물 주기를 새롭게 계획하여 토양의 질을 높이려 애썼다. 제쓰로 툴Jethro Tull[8]의 작업에 영향을 받은 그는 소가 먹을 작물로 순무를 심고 노퍽Norfolk 방식으로 밀과 보리를 클로버와 돌려짓기 했다. 그리고 초지를 들여와 토질을 개선하고자 할 때 쟁기질로 작물을 땅에 되묻으라고 권하기도 했다.

토양은 허턴의 주된 관심사였다. 인생이 저물 무렵 그는 농경에 관한 글을 모아 길고 어려운 『농업의 요소』를 출간했다. 그는 책의 상당 부분을 무엇보다 돌려짓기와 그것이 땅에 미치는 효과에 할애했다. 또한 토양의 기원과 비옥함에 대해서도 비중 있게 다루었다. 그는 무엇보다 침식 현상에 관심이 깊었고 그 영향을 최소화하기 위해 토양을 평평하게 하는 데 최선을 다했다. 그 결과 그는 놀랄 정도로 정돈되고 효율 좋은 농장을 운영할 수 있었다. 어떤 사람은 이렇게 평가했다. "경작지를 공들여 가꾸고 파고 괭이질하며 순무를 키우는 농업의 모든 작업이 마치 정원을 가꾸듯 산뜻하게 이루어졌으며 이전에 본 적이 없는 일이다. 모든 분야에서 사람들은 지적인 호기심을 만족시키고 또 정보를 얻어갈 수 있었다. 이런 개량을 통해 그는 수확량이 600퍼센트 증가했다고 말한다."

토질을 개선하면서 허턴의 경제 사정도 나아졌다. 그것은 철학적

8) 제쓰로 툴(1674-1741)은 영국의 선구적인 농학자이며 말이 끄는 파종기를 완성했다(옮긴이).

으로도 그에게 영감을 주었다. 토양은 침식으로 제거될 뿐만 아니라 침식에 의해 형성되기도 한다는 사실을 알게 된 것이다. 허턴은 단단한 바위에서 흙이 유래했음을 확신했다. 만일 그렇다면 한 가지 문제가 불거진다. 침식은 확실히 토양을 제거할 수 있지만 새로운 토양은 높은 곳의 암석으로부터 제한적으로 공급되기 때문이다. 한번 침식이 진행되어 지구의 높은 곳을 낮게 만들었다면 새로운 토양이 만들어질 곳이 사라지게 된다. 지구가 신의 섭리에 따라 창조된 것이라면 이런 결과는 용납할 수 없는 일이다. 그래서 허턴은 토양이 침식되어 바다로 가 묻히고 다시 바위가 되었다가 나중에 솟구쳐 새로운 산맥이 되는 거대한 주기가 있어야 한다고 상상했다.[9] 지구가 반드시 순환해야 한다는 이런 생각은 허턴이 지질학에 가장 크게 공헌한 내용이다. 특히 '긴 시간에 걸쳐'라는 용어가 중요하다. 기독교 문화에서 지구의 역사를 인간의 역사와 같은 규모로 판단하려는 일은 퍽 자연스럽다. 그래서 지구의 나이는 고작 수천 년에 불과한 것이다. 지각이 순환한다는 허턴의 착상은 큰 전망을 열었다. 행성이 하늘을 돌듯이 지구는 자신의 역사를 가진 주기가 있다. 허턴의 가장 유명한 구절에서처럼 이 주기는 "시작의 흔적도 없고 끝도 보이지 않는다."

끝없이 자신을 갱신하는 존재로 지구를 바라보는 허턴의 생각은 예측할 수 없이 기나긴 시간으로 연결되고 그것은 의학 공부를 하고 생리학에 관심을 가졌던 때로부터 유추할 수 있다. 인체와 마찬가지로 지

9) 비록 허턴의 주장이 신에 의지하고 있지만 현대적인 의미로 그것을 반박할 필요는 없다. 인류학적 원리를 가이아에 적용한 앤드루 왓슨에 따르면 우리가 여기 살고 있다는 이유만으로 지구는 오랜 세월에 걸쳐 살 만한 곳이 되어야 한다고 주장할 수 있다. 암석이 퇴적되고 그것이 흙으로 순환해야 하는 것이다. 왓슨의 사무실 벽에 허턴의 초상화가 걸려 있는 것은 우연이 아니다.

구는 생리적 기전이 있다. 그것은 생명을 유지하는 데 목적이 있고 그 목적에 봉사할 기전이 있다. 신체에서 그것은 혈액 순환이다. 지구에서 그것은 생명에 필요한 것들의 순환이다. 비가 되어 물이, 흙이 되어 바위가 순환한다. 두 경우에서 이들을 설명하는 가장 최고의 은유는 기계 작업장에서 나온 것이다. 철학에서 음란물에 이르기까지 18세기에 신체는 기계와 같은 것이었다. 독창적인 자동 기계는 생명체의 습관을 기계적으로 획득한다. 연상이론은 사고 자체가 예측할 수 있는 기제가 있다는 점을 보여 주었다. 패니 힐이라는 주인공의 입을 빌려 존 클러랜드John Cleland는 피스톤의 힘을 찬양했다. 신체에서 펌프인 심장은 순환을 주도하고 폐의 풀무질로 연소되는 호흡을 통해 힘을 얻는다. 허턴이 믿기에 지구의 거대한 순환 주기의 기제는 당대의 가장 큰 기계와 유사했다. 그것은 바로 그의 친구인 와트가 만든 증기 기관이다. 이 기계도 같은 방식으로 동력을 얻는다. 엄청난 양의 플로지스톤이 묻혀 있기에 강력한 연료인 석탄이 바로 그것이다.

허턴은 라부아지에를 부정하지 않았다. 다만 그는 라부아지에의 생각이 불충분해서 빛과 열의 역할을 이해하기 어렵다고 간주했을 뿐이다. 그래서 허턴에게는 여전히 플로지스톤이 필요했다. 그는 플로지스톤을 일종의 고정된 햇빛으로 여겼다. '태양의 성분'으로, 잉엔하우스의 '식물 경제의 정확한 탐구'에서와 같이 식물이 만들고 저장해야 하는 것이었다. 이 과정에서 식물은 차가워지고 탄소산을 그 구성 성분인 탄소와 산소로 환원시켜야 한다. 플로지스톤을 다 써 버린 동물은 더워져 탄소와 산소를 결합하고 탄소산을 만든다. 바로 이것이 지구 표면 생명체가 유지되는 방식이다. 메이어와 볼츠만 그리고 열역학이 등장하기 전까지 이런 과학적 묘사는 지구가 자신을 끊임없이 보충하는 기제로 자리 잡고 있었다. 무척 비역사적이지만 탄소 순환에서 엔트로피가 차지하는 역할을 대신하는 존재로 플로지스톤을 바라보는 일도 의미가 전혀 없지는 않을 것이다. 탄소 순환은 난해하기에 이해하기 힘든 불과 열의 부산물, 신비롭지만 동시에 세계를 움직이는 원리로써 실제적인 부분이다. 엔트로피와 같은 개념 없이 식물과 동물의 화학은 조리법 혹은 균형의 문제에 불과할 뿐이다.

동물이 필요한 플로지스톤을 제공할 뿐만 아니라 식물은 석탄의 형태로 지구 깊은 곳에 플로지스톤을 수출한다. 더 깊이 들어가 플로지스톤 성분을 소비하는 일은 위대하고 세상 경제가 돌아가기 위해 꼭 필요하다. 광물이 묻힌 곳에서는 화염이 끊이지 않고 엄청난 양의 연료를 태워야 한다. 느슨해진 물질을 강화하고 바다 아래 층층이 쌓는 일은 불의 열에 의존한다. 어떤 의미에서 지구는 거대한 동물이다. 지구의 안쪽 저 깊은 곳의 생리적 열은 지표면 식물의 상보적 차가움에서 유래하는 것이다. 허턴이 책을 쓰고 있을 당시에 탄광 속에 매장된 고대 식물의 채굴이 시작되었는데, 그의 이웃이 농장 근처 탄광 개발에 투자하기 위해 돈을 빌리러 오기도 했다. 고대 식물은 지구의 끊임없는 순환과 이 순환에 힘을 싣는 지하 연료 공급원의 실체다. 플로지스톤 석탄이 퇴적물 속에 쌓이는 속도는 지질학적 순환의 속도로 설정되어 있다. 석탄 속의 열이 그 주기를 얼마나 빠르게 돌리는지에 따라 순환이 진행될 것이다. 최소한 뜨거운 태양이 하늘에 있고 차가운 나무가 숲에 있는 한 순환은 계속된다. 태양 빛과 금속 불 덕에 지구는 영원히 살 만한 장소로 유지된다. 플로지스톤은 그 둘 사이를 연결하는 다리다. 그리고 화산은 이 세계를 돌리는 거대한 엔진이 내뿜는 연기다.

과학적으로 예측하고 이론화하려는 다양한 노력과 마찬가지로 석탄에서 힘을 얻는 지질학적 순환이라는 착상은 기발한 데가 있었다. 이러한 착상에는 여러 곳에서 풍차를 돌려 영국으로 불어오는 바람의 방향을 바꾸려는 에라스무스 다윈이나 혹은 극지방의 빙산을 적도로 끌고 와 그곳의 기후를 변화시키고 문명 세계를 확장하려는 시도 따위가 가진 이상한 매력이 있었다. 물론 약점도 가지고 있었다. 거기에는 열역학 개념이 없었다. 에너지 과학이 없다면 어떤 웅대한 그림도 그리기 쉽지 않다. 잘 정의된 에너지와 엔트로피의 개념 없이 이 세상의 변화가 쉽게 일어난다든지 아니면 어렵다든지 예측할 수 없는 탓이다. 지각판이 정말 석탄의 열에 의해 움직인다든가 10조 톤에 이르는 석탄을 불과 몇 세기 만에 사용할 수 있다든가 아니면 확장하는 대서양의 너비[10]가 카퍼빌리티 브라운이 확장한 보우드 강의 너비보다 훨씬 적다는 사실을 알 방법은 없다.

열역학의 개념이 등장하지 않은 상태에서 세상이 어떻게 변하는지를 이해하기는 불가능하다. 그렇지만 세상을 변화시키는 일은 불가능하지 않다. 역사학자 제니 어글로Jenny Uglow가 말했던 '미래를 만드는 친구들'인 만월회 사람들이 그 사실을 증명했다. '경이로움으로 이 세상을 채워야' 한다고 말했던 웨지우드도 그랬다. 그들이 만든 운하는 자본과 막강한 정치적 지원 그리고 노동력을 집약하여 국가의 풍경과 무역의 토대를 거대한 규모로 바꾸어 놓았다. 석탄과 철광산이 있는 지역이 그것을 필요로 하는 공장과 시장으로 연결된 것이다. 국가의 지배적인 산업으로서 농업의 입지는 점차 줄어들었다.

위대한 와트의 증기 기관은 탄광을 물기 없이 유지하고 용광로 풀무를 돌리거나 회전 방적기 축을 돌리는 데 쓰였다. 지금껏 가져 본 적이 없는 힘으로 무장한 수많은 엔진이 뿜어내는 매연으로 하늘을 가렸

10) 1년에 1인치씩 멀어진다(옮긴이).

다. 세계를 개선하려는 노력은 궁극적으로 여태껏 알려지지 않은 일의 과학과 힘과 에너지 그리고 열역학의 개념적인 도구들의 발전에 크게 공헌했다. 이제 진보 전략은 더 정확히 수행될 기반을 닦고 있었다. 50년도 지나지 않아 국가의 지형을 바꾼 운하는 자가 동력의 증기 기관이 선도하는 기차에 길을 양도하고 말았다. 다시 50년 뒤 증기 터빈이 증기 기관의 자리를 차지했다. 전기를 생산하는 데 훨씬 뛰어났기 때문이다. 그로부터 50년 뒤 내연 기관이 자동차와 트럭과 비행기를 구동하게 되었다.

만월회 회원들은 기대했던 화석 연료를 미래 에너지로 쓰는, 우리가 살아가는 방식을 바꾸었다. 또한 우리가 살아가는 세상도 바꾸었다. 허턴은 시간의 깊이를 알 수 없는 '태양 물질' 저장소인 탄광을 찾아다녔던 최초의 사람 중 한 명이다. 또한 그는 연료를 바탕으로 영국의 산업 경제와 '현명한 자연 경제'를 연결한 최초의 사람이기도 하다. 그 연결의 본성에 대해서는 잘못 이해했지만 그럼에도 불구하고 그는 화석 연료를 사용하는 속도가 증가함에 따라 두 가지 경제 모두가 지대한 영향을 받으리라고 예측했다. 틀림없이 그는 저장된 태양 빛이 즉각 방출되어 대기가 변하는 모습에 충격을 받았을 것이다. 1억 년에 걸쳐 지구 전체의 석탄기 늪지에서 만들어 낸 것보다 불과 지난 100년 동안 발전소 하나에서 태운 석탄의 양이 더 많을 정도다. 플로지스톤에 관한 논문에서 허턴은 이렇게 적었다.

> 지구 대기에 무언가를 부여하는 자연의 의도를 이해하는 일이 자연철학의 목표 아니겠는가? 식물을 생산하는 데 비가 필요하고 지구의 내부 구성과 동물의 삶에 불이 필요하다면 또 그것들이 지구의 대기와 밀접한 연관을 가진다면 자연철학자의 목표는 분명 다양한 작업

이 수행되는 자연의 화학적 과정을 추적하는 일이 되지 않겠는가?

허턴이 플로지스톤을 캐는 일로 대기를 변화시킬 수 있다는 생각을 즐겼다면 그가 농부였을 때 보우드에 심었던 백향목은 더 잘 자랐을 것이다. 프리스틀리 실험실에서 100야드 떨어진 곳에서 자라던 묘목은 이제 뒤틀린 거목으로 성장했지만 그동안 발생했던 대기의 변화는 나이테면 나이테, 비늘잎이면 비늘잎에 고스란히 남아 있다.

잎이 바뀌면 세상도 바뀐다

나는 이안 우드워드Ian Woodward가 조지프 프리스틀리와 잘 어울린다고 생각하지 않을 수 없다. 요크셔 출신 우드워드는 서섹스 윌드에서 자랐고 지금은 북쪽 셰필드에서 교수로 재직 중이다. 그는 매우 친절하고 쾌활하며 식물의 전 지구적 파급 효과를 연구하는 열정적 식물생리학자다. 우리는 세계적으로 발생하는 산불을 켜고 끔에 따라 식생이 어떻게 변할지 예측하는 컴퓨터 모델 로키Loki를 소개한 7장에서 그를 만났다. 그는 이런 모델을 통해 잎과 핵에서 진행되는 유전적 과정 내부의 화학적 반응이 풍경 전체의 질감 혹은 행성의 대기권과 융합하면서 드러나는 규모의 범위에 매료되었다.

현실 세계에서 떨어져 있는 모델을 다루며 기뻐하는 사람의 모습을 상상하는 일은 어렵지 않지만 사실 그들은 가끔 즐거워한다. 하지만 우드워드는 그렇지 못하다. 그의 모델에서 세계에 영향을 미치는 생리학적 과정은 그가 실험실 혹은 현장에서 연구했던 내용이다. 그중 한 가지는 그가 몸소 발견한 것이기도 했다. 그는 실험실에서 시료를 보고 그것으로 지금까지 알려지지 않은 이 세상의 커다란 비밀을 밝힐 수 있다는 사실을 깨달은 귀중한 경험을 한 사람이다. 사람들 대부분이 풍부하고 만족스러운 과학적 경력을 가지기를 바라지만 그런 순간을 경험하기는 쉽지 않다. 그런 경험을 한 사람을 부러워하지 않는 과학자가 없을 지경이다. 바로 그때 과학의 마술이 작동하고 주관과 객관이 결합하는 강력한 경험에 도달한다. 그때 우주적인 진리는 아직은 발화되지 않은 생각과 같아서 어떤 것은 영원히 우리 것이 될 수 없거나 완전히 우리와 무관하게 끝날 수도 있다. 하지만 바로 그 찰나에 그것은 그 누구의 것도 아니다.

그러한 발견은 그것이 전문가들이나 관심을 가질 작은 진실이라 해도 일종의 전율이다. 우드워드가 발견한 것은 커다란 의미를 지니고 있었다. 어느 날 오후 그는 식물이 우리에게 과거를 이야기하고 현재와 반응하는 미묘한 방식을 찾아낸 케임브리지 대학의 첫 번째 사람이 되었다.

우드워드는 고지대와 저지대 식물의 차이를 이해하고자 실험을 시작했다. 평원에 사는 식물은 하지 않지만 언덕 꼭대기에 사는 식물은 하는 일은 무엇이 있을까? 산 꼭대기 식물일 때는 잘하던 일을 왜 계곡에서는 그렇게 못하는 걸까? 저지대에서 자랄 때는 적당한 크기의 관목이지만 스코틀랜드 언덕에서는 작고 울창한 관목으로 자라는 월귤나무bilberry를 연구하던 1980년대 중반, 우드워드는 산에 사는 변종이 더 작을 뿐만 아니라 잎이 더 푸르고 뿌리 체계가 큰 경향이 있다는 사실을 깨달았다. 또한 잎에 있는 기공의 수도 비정상적일 정도로 많았다.

케임브리지 실험실에서 우드워드는 조건이 다른 다양한 환경에서 월귤나무를 키우기 시작했다. 방법론적으로 그는 고지대 혹은 저지대에서 살아가는 식물이 마주하는 환경을 하나씩 검토했던 것이다. 온도는 아니었다. 습기와 빛도 아니었다. 그래서 그는 이산화탄소를 조사했다. 결과는 경이로웠다. 이산화탄소의 양이 적은 곳에서 자라는 식물들은 잎에 더 많은 기공을 가지고 있었다. 이산화탄소를 줄여 나가면서 기공의 정확한 숫자를 확인한 실험을 통해서였다. 20년 넘는 지금도 우드워드는 당시의 전율을 기억한다. 뒷덜미가 서늘하도록 머리카락이 곤두섰던 날, "그래, 맞아."라고 외치던 날이었다.

월귤나무가 차이를 보였던 것은 산꼭대기의 공기 밀도가 옅었기 때문이다. 계곡의 이산화탄소와 비율은 같았지만 산 정상에서는 그 절대량에서 적었다는 뜻이다. 이산화탄소의 양이 적으면 식물은 기공의 수를 늘려 잎을 통해 들어가는 기체의 양을 만회하려 든다. 높은 곳에 사는 사람들의 적혈구 수가 늘어나듯 산꼭대기의 식물도 같은 이유로 기공의 수를 늘린다. 그들이 원하는 만큼 지속적으로 기체를 조직에 공급해야 할 필요성 때문이다.

우드워드는 이 결과를 탄소 동위원소 연구를 하고 있던 케임브리지 고기후학자인 닉 섀클턴Nick Shackleton과 상의했다. 섀클턴은 고도뿐만 아니라 시간에 따라서도 대기 중의 이산화탄소가 변한다고 말했다. 산업혁명 이전에 이산화탄소의 양은 적었다. 오래된 잎이라면 그 차이를 드러낼 것이고 잘하면 정량화도 할 수 있다는 의미였다. 영국 전역에 걸쳐 약 25만 개가 넘는 표본을 보관하고 있는 식물 표본관에서 종이 사이에 조심스럽게 보관된 잎 중 우드워드는 지난 200년에 걸쳐 수집한 참나무, 너도밤나무, 포플러, 서어나무 그리고 보리수 잎을 선별했다. 잎 표면에 매우 조심스럽게 희석된 손톱 광택제를 뿌려 일종의 죽음의 가면을 만들고 비닐을 벗긴 다음 거기에 남은 구멍의 자국을 하나하나 세어 나갔다. 예상했던 대로 새로운 잎일수록 기공의 수가 적었다. 과거의 잎에 존재하는 기공의 농도와 실험실의 낮은 이산화탄소 농도 조건에서 키웠던 비슷한 종의 식물이 가진 기공의 수를 비교함으로써 그는 잎이 자라던 당시 대기 중 이산화탄소 농도를 예측할 수 있었다. 영국 중부에서 얻은 이런 관찰을 토대로 우드워드는 산업혁명 초기와 1970년대 사이에 이산화탄소의 농도가 280ppm에서 340ppm으로 상승했다고 추정했다.

거의 30년 넘게 데이비드 키일링이 하와이에서 이산화탄소의 등락을 추적해 왔기 때문에 이산화탄소의 증가는 새로운 소식이 아니었다. 또한 얼음 기둥에서 빙하기까지 소급되는 오래된 기록을 얻기도 한다. 눈이 덜 압축된 최상부 얼음에서 이산화탄소 수치를 측정하는 일은 쉽지 않았지만 얼음 기둥에 남은 기록은 지난 2세기 동안 이산화탄소의 농도가 증가했음을 증명한다. 몇 세대에 걸쳐 식물학자들이 정성을 들여 모은 잎을 바탕으로 한 우드워드의 세심한 연구를 통해서도 이산화탄소의 양이 증가한 추세가 독립적으로 확인된 것이다. 그 경향은 얼음 기둥에서 얻은 값과 거의 일치했다. 놀라운 결과가 아닐 수 없다.

잎 기공의 수를 세면서 우드워드가 얻은 이산화탄소의 농도는 지난 200년 동안 60ppm 상승했다. 얼음 기록에서 얻은 기록과 비교하면 지난 1만 1,000년 사이에 증가했던 최댓값보다 세 배나 더 큰 값이다. 이는 또한 빙하기에서 1750년 사이에 증가한 이산화탄소의 4분의 3에 이르는 양이다. 오늘날의 식물은 우드워드가 20년 전에 자신의 실험 결과를 발표했을 때보다 적은 수의 기공을 가진 잎으로 광합성을 수행한다. 현재 지구 대기권의 이산화탄소는 약 381ppm[11]에 이른다. 이

11) https://www.co2.earth/daily-co2에 따르면 2019년 2월 6일 지구 대기의 평균 이산화탄소 농도는 411.37ppm이다. 이 책은 2007년에 출판되었다(옮긴이).

산화탄소 농도로 따지면 제임스 허턴과 카퍼빌리티 브라운 시대와 오늘날 사이의 차이가 영국마저 얼음에 덮여 있었던 마지막 대빙하기와 1750년 사이의 차이보다 더 크다.

우드워드의 실험 기법은 가까운 과거에 일어난 변화만을 추적하는 데 그치지 않는다. 얼음 기둥에서 확인할 수 있는 시기보다 더 먼 과거 지구 대기의 변화를 기공의 개수로 확인할 수 있는 길을 연 것이다. 지난 22년 동안 기공의 수를 세는 방식은 지질학적 과거의 이산화탄소 농도를 측정하는 다양한 접근법 중 하나로 자리 잡았다. 초본식물이 확장하기 시작한 800만 년 전 또는 히말라야산맥이 솟아오르던 3,000만 년 전 시기도 예측할 수 있다.

기공의 수를 세 이산화탄소의 양을 추정하는 이 방법에 문제가 전혀 없는 것은 아니다. 약하기는 해도 다른 요소들이 기공의 수에 영향을 끼치기 때문이다. 또 잎을 어디에서 취했는지도 문제가 된다. 공기 흐름이 느리고 토양이 호흡하는 숲의 잎과 가지가 우거진 수관canopy 아래는 이산화탄소의 농도가 열린 대기와 맞닿은 곳보다 높아서 기공의 수에 영향을 끼친다. 식물을 실험하는 동안 우드워드는 꽃 핀 가지에 있는 잎만을 사용했다. 왜냐하면 꽃은 햇빛 아래에서만 발견되고 수관 아래 숨지 않기 때문이다. 이런 방식으로 우드워드는 야외에서 공기에 접촉하는 잎만을 얻었다고 합리적으로 생각했다. 이파리 화석에서는 이런 융통성을 발휘할 여지가 없다. 또한 그것은 실험실에서 비슷한 종의 식물과 비교할 때도 마찬가지다. 더 먼 과거로 갈수록 식물이 이산화탄소에 어떻게 반응했는지 불명확해진다. 우리가 보고 있는 화석 이파리가 실험실에서 연구하는 것과 유연관계가 멀어지는 까닭이다.

이러한 모든 변수 때문에 우드워드는 먼 과거의 이산화탄소 수치를 추정하기 위해 기공을 세는 일이 전적으로 믿을 만한 방식이라고 여기지는 않는다. 하지만 가능한 변수를 고려하여 조심스럽게 해석한다면 기공의 수를 세는 일은 매우 그럴싸한 수단이 된다. 우드워드의 사무실 복도 끝에 있는 데이비드 비어링과 그의 동료들도 기공을 세는 방법을 자주 사용한다. 그들의 연구에 따르면 이산화탄소 수치는 지난 2,000만 년 그 어느 때보다 지금이 더 높다. 화석 연료를 사용한 지 불과 수 세기에 걸친 변화는 일반적으로 지질학적 연대기와 관련된 일종의 변화다. 우리는 인류가 만든 새로운 지질학적 시기에 들어섰다. 빙하기였던 홍적세Pleistocene에 이어 따뜻했던 1만 년의 간빙기, 홀로세Holocene를 지나 우리는 인류세Anthropocene로 접어들었다. 인간이 기후를 만들고 있다.

지금 우리에게는 연소시킬 화석 연료가 많이 남아 있다. 하지만 이제 선택을 해야 한다. 우리가 정말로 원한다면 히말라야산맥이 생겼을 당시의 수준으로 이산화탄소의 양을 되돌릴 수 있다. 아니 우리가 정말로 원한다면 공룡이 활보하던 백악기 수준으로 돌아갈 수도 있다. 그렇게 함으로써 우리는 이미 세계가 작동하는 방식을 지금보다 더 근본적으로 바꿀 수 있고 그 흔적을 식물의 모든 잎에 새겨넣을 수 있다.

인류의 힘

산업을 통해서든 농업을 통해서든 아니면 알고 그랬든 잘 모르는 사고 때문이든 지금 대기 중의 과도한 이산화탄소 축적은 과거 250년 동안 인류가 이 행성에 자행한 몇 가지 변화 중 하나에 불과하다. 이러한 모든 변화를 한눈에 바라보는 좋은 방법은 일률power을 고려하는 것이다. 19세기 중반 열역학 혁명 이래, 매슈 볼턴Matthew Boulton이 이름 지은 일률은 단위 시간당 일의 양으로 정의된다. 오늘날에는 볼턴의 친구인 와트의 이름을 딴 단위가 사용된다. 인간의 신진대사는 일반적으로 약 80와트 정도로 유지된다. 햇빛 아래 식물의 잎은 제곱센티미터당 1밀리와트 조금 안 되는 에너지를 저장한다.

행성 규모라면 우리는 와트의 1조 배인 테라와트(10^{12}와트, terra watt, TW) 단위를 써야 한다. 우리 산업 문명은 13테라와트 범위에서 가동된다. 자동차와 공장과 세탁기, 탈곡기와 중앙난방 시스템, 헤어드라이어, 개인용 스테레오라디오 등을 모두 합한 일률이다. 정말 엄청난 양이다. 짐과 샌디 러블록이 도싯, 데본, 콘웰의 구불구불한 영국 남서해안도로 650킬로미터에서 멈추는 대신 영국 해안을 계속 걸었다고 상상해 보자. 그 길 1킬로미터마다 핵발전소를 세웠을 때 그 발전소에서 생산하는 전기의 총량이 13테라와트다.

결코 쉬운 일은 아니지만 자연이 할 수 있는 양과 이 출력값을 서로 비교해 보자. 세인트헬렌스산의 대규모 화산 폭발은 약 50테라와트 그리고 2004년 인도양에서 쓰나미를 일으켰던 대지진은 2,000테라와트 이상의 에너지를 방출했다. 그러나 이 지질학적 사건은 짧은 시간 범위에서 일어나며(지진은 몇 초, 화산 분출은 몇 시간) 빈발하지도(이런 규모의 사건은 수십 년에 한 번 정도 일어난다) 않는다. 우리 산업의 13테라와트는 24시간 365일에 걸쳐 발생한 양이다. 이는 지구의 폭발적인 분출 말고 뜨거운 내부에서 지표로 흐르는 열의 평균 속도와 비교해야 한다. 지구 내부의 모든 과정을 추동하는 이 열의 흐름은 약 40테라와트다.

이렇게 우리의 산업 문명은 지각판을 움직이는 저 거대한 엔진의 약 4분의 1이 넘는 양의 일률을 쓴다. 그리고 저개발국 시민이 현재 수준 이상으로 에너지를 사용하면 일률은 틀림없이 증가할 것이다. 지구인 모두가 오늘날 유럽인이 평균적으로 사용하는 정도로 에너지를 쓰면 그 양은 지구 내부에서 생성되는 40테라와트와 맞먹는다(그리고 미국인은 에너지 사용량을 지금의 3분의 1로 줄여야 한다). 현재의 약 1.5배인 90억 명의 인간이 현재 미국인이 사용하는 속도로 에너지를 쓰면 문명의 엔진은 거의 100테라와트를 소비하게 된다.

순전히 에너지 측면에서 보면 다가오는 세기에 문명의 일률이 지각판을 움직이는 일률을 넘어설 가능성은 매우 크다. 실제 진행 중인 변화를 고려하면 우리는 이미 그 값을 넘어섰다. 제임스 허턴이 제기했던 침식이라는 주제를 생각해 보자. 대륙의 침식 속도는, 궁극적으로 지각판이 마주쳐 산맥이 형성되는 속도에 따라 달라지지만, 지난 5억 년 동안 100만 년당 24미터다. 편차는 약 10미터. 인간의 활동으로 인한 현재의 침식 속도는 판단하기 쉽지 않지만 농경지에서 토양이 소실되는 속도는 몇 배 빠르다.[12] 평균적으로 대륙 전체에 걸친 평균 침식 속도는 순수하게 지질학적으로 진행되는 장기간의 소실 속도의 세 배 정도로 추정된다. 순전히 건설을 통해 지각이 재형성되는 속도는 지질학적 시간에 걸쳐 진행되는 자연적인 침식 속도보다 빠르다는 계산을 한 사람들도 있다.

그러나 산업은 순수한 일률의 관점에서 가장 중요한 인간 활동은 아니다. 식물이 햇빛을 생물량으로 바꾸는 속도는 '순 일차 생산성'이라고 불린다. 식물이 고정한 당이 호흡을 통해 순환하기 때문에 이 과정에서 얻거나 잃는 에너지는 없다. 그 까닭에 우리는 '순'이라는 수식어를 사용한다. 또 이 과정에는 순 생물량 증가가 없고 대기권에서 이산화탄소의 순 손실도 없다. 순 일차 생산성은 시간 경과에 따른 에너

12) 미국에서 그 속도는 100만 년당 수백 미터에 이른다. 선진국 중에서 그 속도가 100만 년에 1,000미터인 곳도 있다. 1년에 1밀리미터에 해당한다.

지의 흐름이며 일률로 표시할 수 있다. 지구 생태계 전체의 순 일차 생산성은 육상의 70테라와트와 해양의 60테라와트를 합한 약 130테라와트다. 농경지, 목초지, 임업 삼림 및 인간이 사용할 수 있는 자연림 등 인간이 경영하는 생태계만 따지면 15~30테라와트 정도다. 인간이 이룬 비옥한 농장의 엄청난 생산성 덕에 육상 광합성의 세계적 생산성이 상당히 높아졌기 때문이다. 또한 해양을 효율적으로 이용함으로써 우리는 생산성을 5테라와트 정도 증대시킬 수 있다. 따라서 인간이 주도하는 생태계로 흐르는 태양 에너지는 인간이 만든 모든 기계에서 산출되는 전체 일률의 양보다 훨씬 크다.

이것은 모든 에너지가 식량으로 끝나는 것을 의미하지는 않는다. 지구 농업 생산에서 가장 큰 비중을 차지하는 20억 톤의 곡물에는 약 1테라와트 규모의 일률이 저장된다. 이는 전체의 10퍼센트에 못 미치는 양이다.[13] 나머지 우리 농산물에 저장된 에너지를 더하고 건설 혹은 난방용 목재, 종이를 만드는 펄프, 옷을 만드는 섬유에 포함된 것까지 더해도 인간이 주도하는 생태계의 전체 순 일차 생산성에 이르지 못한다. 하지만 그것이 곧 낭비로 귀결되지는 않는다. 인간이 농경지와 목초지에서 추출하지 못한 일차 생산성은 뿌리를 세우고 곡물이 매달린 줄기를 강하게 하며 질소를 고정하여 땅에 돌려주는 세균을 먹여 살리고 토

13) 1테라와트는 60억 인구 한 명당 약 160와트에 해당하는 양이다. 80~100와트 사이인 인간의 대사율이 과히 나쁘지 않다는 뜻이다. 하지만 곡물 아닌 작물에서 얻는 에너지는 이보다 더 많다. 그러나 곡물에 포함된 에너지의 상당 부분은 인간뿐만 아니라 동물도 먹는다. 따라서 고기, 우유, 계란 등 식물에서 동물로 전환된 식품에도 곡물 에너지가 포함된다. 부유한 국가에 사는 사람들은 필요한 양보다 더 먹는다. 세계의 농장을 통해 이루어지는 에너지의 흐름이 인류의 대사를 통한 에너지 요구량을 충족한다는 사실은 만족스럽지만 현재의 불평등한 분배는 우리가 원하는 에너지의 균등한 배치를 저해한다는 점도 유념해야 한다.

양에 공기를 불어넣는 지렁이와 각종 벌레의 먹잇감이 된다. 오래된 유기물을 분해하여 새로운 성장을 보장하는 영양소를 끊임없이 제공하는 곰팡이, 노래하는 새, 곤충, 야생 쥐도 부지런히 풀을 뜯어야 한다. 생물학의 이점을 얻으려면 생태계를 살리는 대가를 반드시 치러야 한다. 농업 생태계에 머물러 있는 일차 생산성은 그 비용의 일부다.

안타깝게도 남겨 놓는 것으로 우리는 전체를 채우지 못한다. 에너지가 아니라 그 안에 있는 화합물 측면에서 보면 자연의 생태계는 거의 제로섬 게임에 가깝다. 공기 중으로부터 또는 토양을 분해하고 그것을 물에 녹이거나 바람에 날리는 먼지로 필요한 화합물은 빠르게 충당되지만 전체적으로 보아 소실되지는 않는다. 우리가 정말 지속 가능한 농업을 원한다면 이런 경제학을 흉내 내야 한다. 땅에서 나온 것은 모두 땅으로 돌아가야 한다. 오직 소규모 혼합 농법을 통해서만 이런 이상에 가까이 갈 수 있다. 산업형 대형 농법은 그렇지 않아서 많은 부분을 다른 곳에서 수입해 들여와야 한다. 우리는 농장에서 많은 양의 단백질을 추출하려고 하지만 그 화합물에 필요한 질소는 모두 화장실 변기에 씻겨 버린다. 그러니 대형 질소비료 공장이 필요할 수밖에.

지난 두 세기 동안 인간이 질소 순환에 개입한 사실은 지구 생명체의 기본적인 요소 중 하나가 되었다. 그것은 인간이 탄소 순환에 개입한 이래 함께 성장해 왔다. 지구 생물권에 미치는 파급력을 이해하려면 우리는 이 두 순환을 이해해야 한다. 제임스 허턴과 같이 18세기의 깨우친 농부들은 밀, 순무, 보리, 클로버에 '노퍽 순환 농법'을 시작했다. 이런 농법의 강점은 클로버 뿌리에 공생하는 세균이 토질을 풍부하게 유지하는 데서 비롯된다. 19세기 중반에 이르러 노퍽 순환 농법이 시행되고 분뇨의 사용이 늘면서 영국 농부들은 자신들의 조상보다 밀의 수확량을 세 배나 늘렸다. 이런 생산성의 향상이 없었다면 도시의 폭증하는 인구를 먹여 살리는 일은 불가능했을 것이다. 농업 생산성이 커지면서 산업혁명을 추진한 도시들도 규모를 키웠다.

19세기 유기화학자들은 인공적으로 질소를 고정하는 일이 돈이 될 수 있다고 보고 이 사업에 몰려들었다. 베르나츠키Vernadsky의 스승이었던 르 샤틀리에Le Chatelier의 실험에서 폭발적인 반응이 일어나 실험 도구가 깨지지 않았다면 문자 그대로 질소 고정 실험이 성공했을지도 모른다. 1909년 아인슈타인과 빌슈테터Richard Willstätter의 친구였던 프리츠 하버Fritz Haber는 고압에서 뜨거운 촉매에 수소와 질소 기체를 끊임없이 흘려보내면서 암모니아를 만드는 장치를 개발했다. 당시 독일의 화학기업인 바스프의 칼 보쉬Carl Bosch는 대기압의 수백 배에 이르는 고압과 500도 부근의 온도에서 이루어지는 매우 까다로운 하버의 실험 과정을 재설계하여 산업화하는 데 성공했다. 그로부터 4년이 지나지 않아 보쉬는 하루 20톤의 고정된 질소를 생산하는 공장을 가동할 수 있었다. 세계 대전 중 무기 제조뿐 아니라 국가적 농업 생산에 필요한 독일의 질산염 생산은 열 배 이상 증가했다. 전쟁 후 베르사유 조약을 통해 하버-보쉬의 특허권은 승전국으로 넘어갔다. 1930년대에는 매년 거의 100만 톤에 이르는 질소를 비료로 만들었다. 하버의 실험이 성공한 지 100년도 지나지 않은 오늘날 인류가 1년에 고정하는 질소의 양은 1억 톤 정도다. 13테라와트로 유지되는 인류 문명은 사용하는 전체 에너지의 약 2퍼센트 정도를 질소를 고정하는 데 쓴다.

19세기 농업의 진보는 도시에서 산업의 집중화를 가능하게 했다. 20세기 산업의 진보는 토양에서 집약 농업의 토대를 닦았다. 질소비료 덕에 1900년 당시 헥타르당 750킬로그램이던 곡물의 소출량이 오늘날 2.7톤까지 늘었다. 이 주제를 물고 늘어져 연구한 마니토바 대학 바츨라프 스밀Vaclav Smil은 인간이 먹는 단백질 속에 포함된 모든 질소의 40

퍼센트는 산업적 질소 고정 과정을 거쳤다고 계산했다. 다른 요건이 같다면 오늘날 농장에서 사람들에게 공급되는 질소의 약 절반 정도는 화학 산업에서 제공한다.

질소 순환이 크게 왜곡되면서 치르는 비용도 만만치 않다. 경작지에 뿌리는 약 절반의 질소가 곡물에 들어가지 못한다. 대신 질산염 형태로 강물로 흘러가거나 대기권으로 스며든다. 토양이 내놓은 질소 화합물인 산화질소는 이산화탄소의 약 300배에 이르는 강력한 온실 기체다. 농경지에서 강으로 흘러 나간 질산염은 생태계 전부를 흩트려 놓는다. 간혹 조류가 과도하게 성장하여 물속의 산소를 죄다 써 버리기도 한다. 미국 농장에서 미시시피강을 지나 멕시코만에 도착한 질산염 때문에 '죽음의 바다'가 생겼다. 마찬가지로 중요한 사실은 질소비료 사용으로 가축을 키우는 일과 곡물을 경작하는 일 사이에 연결이 끊어졌다는 점이다. 분뇨가 주요한 비료였을 때는 혼합 농법이 필수적이었다. 다운스 양들이 똥을 밟아 초지 속으로 이겨 넣는 광경을 상상해 보라. 값싼 질산 비료가 공급되자 이전에는 볼 수 없었던 대규모 단일 농법의 곡물 경작이 가능해졌다. 이는 경제와 농업 생태계에 엄청난 파급 효과를 가져왔다.

질소뿐만 아니라 인 그리고 기타 비료, 산도를 조절하고자 투입하는 탄산칼슘, 단일 경작 효율성을 높이려 뿌리는 살충제와 농기계 등의 과도한 유입이 없다면 현재 농경지에서 나오는 산출물로는 세계 인구를 먹여 살릴 수 없다. 오늘날 집약 농업은 최대 효율로 이루어지지 않는다. 그렇다고 지속 가능한 것도 아니다. 미래 농업은 여전히 집약적이지만 환경이 수용할 수 있는 방식으로 바뀌어야 한다. 오늘날의 방식을 유지하지만 과도한 비료를 투입하지 않으면서도 지금보다 더 곡물 생산을 늘릴 방법이 분명 있을 것이다.

이는 매우 시급한 문제다. 현재 지구에서 농작물을 경작하는 농경지의 약 80퍼센트는 18세기 이후에 만들어진 것이다. 그 정도까지는 아니라 해도 목초지 면적도 증가했다. 이런 변화는 지구 에너지 균형에 커다란 영향을 끼쳤다. 삼림보다 경작지가 일반적으로 더 밝은 탓에 알베도가 변했다. 더 많은 태양 빛을 반사하는 것이다. 이는 또한 물 순환을 변화시키며 기후에도 영향을 끼쳤다.

투명한 대기는 태양 빛으로부터 상대적으로 거의 열을 흡수하지 못한다. 대기는 하늘이 아니라 아래쪽 땅에서 올라오는 열기로 데워진다. 지구가 내놓은 적외선을 대기권이 흡수함으로써 따스해지는 것이다. 하지만 이 중 상당 부분인 약 20퍼센트가 '잠열'의 형태로 전이된다. 액체가 기화할 때 이들은 환경으로부터 에너지를 얻으며 환경을 식힌다. 느낄 수 있는 '감지' 열이 느낄 수 없는 잠열로 변한다(제임스 허턴의 친한 친구인 조지프 블랙이 이를 구분했다). 지표면에서 기화한 물이 고도 높은 곳에서 물방울이 되면서 다시 잠열을 공기 중으로 되돌리고 온도를 높인다.

일반적으로 작물은 숲의 나무들처럼 대기 중으로 많은 물을 뿜어내지 않는다. 잎의 면적도 작고 뿌리도 얕다. 삼림을 농지로 바꾸는 일은 지표면에서 대기로 잠열이 전이되는 속도를 변화시킨다. 흔히 간과되고 자주 언급하지도 않지만 이 변화는 거대하다. 숲이 사라지면서 식물에서 대기로 공급되는 물의 양은 한 해 약 3,000세제곱킬로미터가 줄었다. 이는 약 240테라와트의 잠열 흐름이 감소되었다는 뜻이다. 에너지 측면에서 보면 농지로 전환되면서 줄어든 열의 흐름은 지구의 순일차 생산성 전체보다 더 크다. 또 이런 에너지 흐름의 변화는 그 규모면에서 C4 식물이 확산될 때 초래된 기후 변화와 맞먹는다.

농업의 변화가 대기권으로의 열 흐름에 끼친 효과는 기후의 가장 유명한 딸꾹질인 엘니뇨 현상과 비슷하다. 오늘날 엘니뇨는 세계 전 지역에 영향을 끼친다. 엘니뇨는 브라질과 남아프리카의 가뭄, 미국 남서부의 산불 또는 중서부의 수확량 확대 때문에 시작된다. 아마 가장 중요한 것은 이들이 아시아 몬순의 리듬과 상호 작용하면서[14] 파국적 국면에 이를 때다. 이런 모든 효과를 거꾸로 추적하면 태평양 중심부의 따뜻한 물에서 잠열의 전이 양상이 변화했음을 알 수 있다. 적도에서 숲이 사라지고 농장이 확장되어 잠열의 이동이 변화된 것도 그 정도 파괴력을 가진다. 토지 사용의 변화도 아마 비슷한 규모로 지구 기후에 영향을 끼칠 것이다. 차이가 있다면 토지 사용 양상의 변화가 간헐적이 아니라 영구적이기 때문에 가끔 찾아오는 엘니뇨의 효과보다 식별하기가 더욱 어렵다는 점이다.

하지만 아직까지도 이 현상이 가장 커다란 우발적 사건은 아니다. 태양은 약 17만 테라와트의 속도로 어마어마한 양의 빛을 방출하여 지구를 비춘다. 그중 30퍼센트는 반사된다. 대기권은 약 19퍼센트를 흡수한다. 대부분이 수증기에 흡수된다. 절반 조금 넘는 양이 지표면에 흡수된다. 지구의 식물과 조류는 합심해 봐야 이들 에너지 1퍼센트의 약 3분의 1 정도(0.3퍼센트)를 쓴다. 나머지는 물체 온도를 높인다. 바닷물과 땅의 온도를 높인다. 바람을 일으키고 해류를 움직이는 데 필요한 일률은 지각판을 움직이는 데 필요한 양보다 훨씬 더 크다. 북대서양으로 올라가는 열의 양은 700테라와트에 육박한다. 이는 지구 광합성 순 에너지 저장량의 세 배에 이른다.

지표면의 열은 대기권으로 사라진다. 대부분 적외선 복사와 잠열의 형태이다. 대기권, 특히 온실 기체는 이 열을 흡수하고 거꾸로 다시

14) 지구 온난화 덕분에 몬순과의 상호 작용이 최근 약해졌다고 한다.

복사하면서 지표면을 데운다. 우리가 하늘에서 왔다고 느끼는 온화함은 전부가 햇볕은 아니다. 밤의 따스함은 하늘에 빌려주었던 땅의 따듯함이 되돌아오는 것이다.

하지만 하늘에서 지표면으로 모든 열을 보내지는 않는다. 일부 에너지는 내부가 아니라 외부로 복사된다. 궁극적으로 그것은 우주 공간으로 유실되는 것이며 태양 빛이 흡수되는 속도와 거의 같다. 이런 흐름에서 비롯되는 아주 약간의 불균형이 거대한 효과를 초래한다. 전체적으로 태양은 제곱미터당 약 340와트의 일률을 지구에 제공한다. 이 중 약 240와트는 지표와 대기권에서 흡수한다. 온실 기체가 대기권에 유입되면서 지표에서 되돌아가는 열이 더 많이 흡수되고 다시 복사되어 우리에게 돌아온다. 그 결과 지구는 방출하는 것보다 많은 에너지를 흡수한다. 기후과학 분야에서 '복사 강제forcing'라 불리는 현상이며 제곱미터당 와트로 표현할 수 있다. 보우드에 삼나무가 심어진 이래 증가한 이산화탄소는 지구 제곱미터당 1.66와트를 더하고 있다.

이 수치는 별 의미를 갖지 못하는 듯 보인다. 제곱미터당 1.66와트는 거실에 설치한 에너지 절감 전등에서 나오는 에너지보다 조금 많은 양이다. 하지만 여기에 지구 표면적을 곱해 보자. 산술적으로 이는 애어른 가릴 것 없이 지구의 모든 사람이 1인당 약 4,000개의 전등으로 거실을 밝히는 양에 필적한다. 18세기 이후 증가한 이산화탄소의 온실 효과는 850테라와트다.

논과 가축과 토양에서 나오는 메탄, 비료를 뿌린 논에서 나오는 질소 산화물 온실 기체까지 더하면 그 효과는 1,000테라와트가 넘는다. 베르나츠키의 우주 에너지 흐름과 상당히 다른 방식으로 간섭함으로써 우리 산업 문명의 부산물은 산업화가 실제 사용하는 것의 거의 100배에 해당하는 에너지를 가둔다.

1와트를 사용하는 동안 우리 인류는 이 지구에 약 100와트의 온실 일률을 보태는 비정상적인 상태에 와 있다. '지구 온난화'라는 명제로 논의되는 경우가 많지만 그 용어는 정확하지도 않고 위험성에 대한 인식도 없다. 온실 효과를 통해 초래되는 기후의 변화는 단선적인 온난화가 아니다. 장소에 따라 지구 곳곳에서 효과가 매우 다르게 나타날 것이다(일부 지역은 다시 추워질 수도 있다). 온난화라는 말은 부드럽고 기분 좋게 들린다. 하지만 지금 우리가 하는 일은 대부분 부드럽지도 좋지도 않을 것이다. 이 주제에 깊은 우려를 표하는 러블록은 '지구 끓이기'라는 표현을 쓴다.

온도 대신 강수량의 변화 패턴이 인류의 건강과 행복을 해치는 주요한 장애 요인이라고 강조하면서 '기후 변화'라는 용어를 사용하면 어떤 사람들은 좋을지도 모른다. 하지만 그 용어는 다소 모호하다. 또한 오늘날과 같은 속도는 아니더라도 기후는 계속해서 변했다는 비판에 직면할 수도 있다. 게다가 '변화'라는 단어는 일차적으로 긍정적인 느낌을 주는 단어다. '기후 재앙' 또는 조금 더 선동적인 사촌격 용어인 '기후 혼란chaos'은 느낌이 비슷하다. 변화 대신 혼란이라는 용어는 더 강하고 행복한 의미가 적은 반면 예측 불가능성에 방점이 찍힌다는 단점이 있다. 우리는 어떤 일이 벌어질지 정확히 예측할 수는 없겠지만 지구 체계에 대한 지식을 사용해서 어느 정도 확신을 가지고 대략 윤곽을 그릴 수 있다.

나는 혼란보다 재앙이라는 말을 선호한다. 이 단어에는 체온이 특정한 값을 넘어선다는 의학적인 의미가 있는 데다 그리스어에 바탕을 둔 선택과 결정이라는 개념이 숨어 있기 때문이다. 또한 나는 탄소의 역할을 강조하고 싶다. 이것은 기후 재앙이 아니라 탄소 순환과 다른, 특히 탄소 순환 기어의 톱니가 물려 있는 물 순환의 재앙이다. 여기에는 모든 식물의 기공과 캘빈-벤슨 회로가 맞물려 있다. 탄소/기후 재앙의 복잡성을 느끼기 위해서는 일리노이주 어바나Urbana 외곽 도로를 운전해 보라. 이곳은 제2차 세계 대전 후 로버트 에머슨Robert Emerson과 유진 라비노비치Eugene Rabinowitch가 광합성을 연구하기 위해 도착한 대학촌이며 대두가 심어진 밭이 있다. 도로에서 그곳을 보면 특별한 무언가가 눈에 띄지는 않는다. 하지만 위를 보면 식물들 사이에 작은 철탑이 보일 것이다. 그 고리 철탑에서 작물에 무언가를 쏘아 댄다. 고리 속에서 작물들은 그렇지 않은 것들보다 약간 빨리 자란다. 하지만 비전문가에게는 그 차이가 눈에 띌 정도로 크지는 않다. 그들은 적외선을 보지 못하기 때문이다. 하지만 적외선 파장에서 보면 고리는 밝은색을 내며 주위의 작물보다 몇도 더 따뜻한 환경을 조성한다.

이 정원을 담당하는 연구원은 영국의 식물생리학자이며 지금은 일리노이 대학 교수인 스티븐 롱Stephen Long이다. 그는 특별한 스트레스가 광합성에 미치는 효과를 오래 연구했다. 1980년대 그는 이산화탄소의 양이 늘었을 때 어떤 효과가 나타나는지 살펴보는 연구를 시작했다. 실험실에서 이산화탄소를 높게 유지하면 일반적으로 생장이 빠르다는 사실은 오래전부터 알려졌다. 상업적 규모를 유지하는 온실의 소득이 높다는 점이 이 사실을 뒷받침한다. 다른 조건이 같은 상태에서 더 많은 이산화탄소를 주면 식물의 순 일차 생산성은 늘어날 것이다. 그러나 통제된 실험실 조건에서는 실제 세계와 달리 예상할 수 있는 모든 요소를 선택하지는 못한다. 실험실 밖의 조건을 통제할 필요가 있는 이런 기법은 자유 대기 이산화탄소 증강 혹은 FACEFree-Air Carbon dioxide Enrichment라고 불리는 실험 기법이다.

FACE 실험은 가까운 미래 또는 먼 과거를 현재로 불러올 수 있다. 둥그런 형태로 자라는 식물 주변을 감지기가 부착된 고리로 둘러싼다. 감지기는 주변의 공기 안에 이산화탄소가 얼마나 있는지 측정한다. 필요한 양보다 약간 많게 관에서 기체가 공급된다. 컴퓨터가 바람을 조절하여 그 양을 일정한 수준으로 유지하는 장치다. 지난 10년 동안 전 세계적으로 열 차례 이상의 FACE 실험이 수행되었다. 자연 삼림(소나무와 사시나무), 조림(포플러와 풍나무), 초지, 목초지, 곡물 및 기타 작물(대두), 사막, 이탈리아 포도 농장이 그런 곳들이었다. 어떤 면에서 매우 흥미로운 목록이지만 다른 의미에서는 실망스럽기도 하다. 작물이든 자연 생태계든 열대 우림에서는 FACE 실험이 거의 진행된 적이 없다. 불과 50년 안에 늘어난 이산화탄소 조건에서 곡물을 키워 먹여 살려야 하는 인구가 80억 명이 넘을 것이라는 예측을 참작하면 온대 지방이 아니라 열대 우림에서 이런 실험이 진행되어야 할 것이다. 미래에 끼칠 여파를 가장 잘 예측할 FACE 실험 연구에 쓰인 돈은 작물 연구에 투자된 돈에 비해 너무 적다. 롱은 "어떤 농업 회사도 새로운 작물의 성능을 예측하고 미래의 식량 안보를 판단하기 위해 우리가 쓰는 기술을 사용하려 들지 않는다."라고 말했다.

FACE 실험은 미래의 온도를 예측하지 않는다. 그것은 세계에서 가장 논란이 큰 컴퓨터 모델이자 기후 연구의 중심에 있는 일반 순환 모형general circulation model, GCM이 맡는다. 모든 요건이 같을 때 밖으로 향하는 적외선을 지구 대기가 포획하면 이 세상은 따뜻해질 것이라고 기초 물리학자들은 말한다. 19세기 스웨덴의 위대한 화학자 스반테 아레니우스Svante Arrhenius는 이산화탄소량의 변화가 빙하기 기후 변화를 이끌었다고 말하면서 19세기 생산 속도에서 그 양이 두 배가 되는 데 수천 년이 걸릴 것으로 생각했다. 한편 산업 문명이 대기 중의 이산화탄소를 올리면 따뜻하고 더 습하게[15] 만들어 지구에 이로울 것이라고 예상했다. 하지만 어떻게 그런 일이 작동할지 알아차리기는 쉽지 않다. 지구의 기후는 부뚜막 부지깽이나 화로 위 냄비처럼 그리 단순한 것이 아니다. 아레니우스는 그 복잡한 요인 중 하나를 골라 몇 달에 걸쳐 연필과 종이로 간단한 계산을 마쳤다. 그는 이산화탄소의 양이 늘어 따뜻해지면 기화가 증가할 것이고 그러면 지구는 수증기에 의해 덮혀 따뜻해질 것이라고 보았다.

문제는 지구시스템에 더 많은 에너지를 추가한다고 해서 파도가 높이 쳐 모든 배가 출렁이듯 단순한 방식으로 따뜻해지지만은 않는다는 점이다. 그것은 완전히 다른 계를 창조한다. 감지할 수 있는 열은 잠열로 갔다가 다시 돌아온다. 우주로 복사되지 않은 열은 다시 복사될 수 있는 곳으로 옮겨 온다. 이 계는 온난화의 일반적 경향을 중화하거나 증폭할 수 있는 되먹임 기제로 가득하다. 온실 효과의 변화가 온난화에 미치는 정도, 즉 계의 민감성은 쉽사리 계산할 수 있는 사항이 아니다. 새로운 기후계 전체를 관찰하거나 어려운 모의실험을 거쳐야 어떤 결론이 추출될 수 있다. GCMs은 그런 노력 중의 하나다.

전 세계의 가장 강력한 컴퓨터들이 GCMs 작업을 진행하고 있다. 그런데도 그것은 무척이나 제한적이다. 기후가 의존하는 과정, 말하자면 구름이 형성되는 특별한 방식 또는 따뜻한 표면의 물이 차가운 해양 심층수와 섞이는 미묘한 방식, 이들 전부를 포괄할 만큼 정교

15) 다른 이들도 그의 의견에 동조했다. 열역학 제3 법칙의 기초를 닦고 전구의 특허를 가졌으며 질소 산화물을 연료 첨가제로 사용한 독일의 물리화학자 발터 네른스트Walther Nernst는 그의 젊은 동료 제임스 프랭크James Frank에게 석탄 광산에 불을 놓아 가능한 한 빠르게 이산화탄소를 대기 중으로 돌려보내야 한다고 말하곤 했다.

하고 거대한 규모로 전 세계를 모의실험 할 수 없기 때문이다. 어림짐작 방법으로 과정의 요점만을 취하는 과정에서 혼선을 불러일으키기도 한다. 그렇기는 하지만 이 모델을 통해 이산화탄소에 기후가 얼마나 민감한지를 교감하는 사람들이 늘어나고 있다. 산업사회 이전보다 이산화탄소의 양이 두 배 늘어난 세계에서 이 모델은 현재 지구의 평균 온도가 18~19세기에 비해 3도 높아졌다고 예측했다. 물론 오류 가능성이 있다. 스위스 연방 기술 연구소의 연구원인 말트 마인스하우젠Malte Meinshausen은 여러 GCMs 데이터를 비교했다. 21세기 중반 대기 중 이산화탄소의 농도가 꾸준히 증가하여 산업사회 이전의 약 두 배인 550ppm이 되었을 때 어떤 일이 생길지 살펴보기 위해서다. 이때 온도가 약 2도 정도 상승할 확률은 68~99퍼센트 사이였다. 3도 이상 치솟을 확률은 21~69퍼센트였다. 평균 온도가 3도 오르면 그린란드 빙하가 회복할 수 없는 수준으로 녹아 붕괴할 것이다. 그렇더라도 이는 사람들에게 즉각적인 위험을 초래하지는 않는다. 녹는 데 몇 세기가 걸릴 것이기 때문이다. 하지만 결국 세계적으로 해수면의 높이가 7미터는 올라갈 것이다.

그러나 가장 문제가 되는 것은 평균 온도가 아니다. 또한 세계 대부분 지역에서 해수면은 문제가 되지 않는다. 해수면이 오르면 몇 세기에 걸쳐 인구 이동이 심해질 것이다. 하지만 지난 두 세기 동안 수많은 사람이 어디론가 이동했다. 가장 큰 위험은 음식물 공급이다. 한때 따뜻했던 온대 지방이 뜨겁고 건조해지면 농부들, 특히 가난한 농부들은 생존에 어려움을 겪을 것이다. 빗줄기를 따라 이동하는 일, 몬순, 가뭄에 취약한 움직임은 모두 더 많은 사람들을 먹여 살리기 위해 황폐화된 땅에서 온실 세계로, 가장 위험한 장소로 몰아가는 것이다.

바로 이 지점에서 GCMs의 불확실성이 명백하게 드러난다. 여기서도 물리와 화학은 어느 정도 타협점을 찾아 간다. 하지만 지구 생물학은 방치되어 있다. 생물학을 다시 등장시키면 상황은 더욱 복잡해진다. 경종警鐘도 크게 울린다.

지구계에 미치는 가장 명백한 생물학적 효과는, 모든 조건이 같다면, 이산화탄소의 상승이 식물에 유리하다는 사실이다. 이것은 석유회사가 자금을 지원하는 일부 지역에 지구 생물권이 과도한 이산화탄소를 빨아들여 농경이 되살아나고 탄소/기후 재앙이 누그러질 것이라는 믿음을 이끌기도 했다. 대기권을 관찰하면 이 말에도 일부 진실이 들어 있다. 이산화탄소의 수준이 올라가는 속도는 발전소를 가동하거나 숲이 사라지면서 그 기체가 나오는 속도보다 훨씬 느리다. 이런 차이는 일부 이산화탄소가 바닷물에 녹아들기 때문에 생긴다. 그 나머지는 식물이나 조류 혹은 남세균이 흡수할 것이다. 탄소 일부가 어딘가에 저장되어 사라진다는 뜻이다. 그러면 한동안 이 세계 호흡자들은 그것을 손에 넣지 못한다.

기후 변화에 관한 정부 간 패널IPCC 보고서에 따르면 산업화 과정(대부분 화석 연료 사용이지만 시멘트 제조도 적게나마 한몫했다)을 거쳐 매년 70억 톤의 탄소가 대기 중으로 들어간다. 이런 수치를 도출할 수 있었던 가장 최근인 1990년대 말 삼림 개간 등을 통해 토양 쓰임새가 변함으로써 매년 5억 톤에서 28억 톤의 탄소를 추가로 더 보탰다. 하지만 오늘날 대기 중 이산화탄소 농도는 매년 41억 톤 증가하는 데 그친다. 우리가 대기 중으로 보내는 이산화탄소의 절반 정도가 대기 중에 머무르지 않기 때문이다. 일부는 바닷물에 흡수되고(그 결과 바닷물이 산성화된다) 식물 플랑크톤이 일부를 고정하기도 한다. 10~40억 톤의 이산화탄소는 토양이나 육지의 생물량에 저장되어 사라진다.

이런 숫자들은 상당히 불확실하다. 하지만 IPCC는 지난 150년간

1,000억 톤의 탄소가 인류의 활동을 통해 대기 중으로 들어갔고 그중 약 4분의 1은 식물에, 그보다 조금 더 많은 양은 바다에 흡수되었다고 말했다. 물이 차가울수록 기체가 더 잘 녹는데 지구가 더워지면서 이산화탄소를 흡수하는 바다의 능력이 떨어졌다. 반면 육상에서는 흡수 능력이 향상했는데 식물들이 더 많은 양의 이산화탄소를 고정한 덕분이다. 이때 비료가 얼마나 효과를 끼치는가 하는 문제는 FACE 모델이 예측하고 연구하는 분야다. 하지만 '불 없는 세계' 연구처럼 모델에 기초한 방법을 통해 예측하는 일도 없지는 않다.

이런 예측을 하려면 우리는 주어진 이산화탄소 농도에서 기후를 예측하는 기후 모델이 필요하다. 또 그 조건에서 광합성이 얼마나 진행될 수 있는지 예측할 지구 생물권과 탄소 순환 모델도 필요하다. 그다음 인간의 탄소 배출 각본까지 모두 합쳐 미래를 예측한다. 이산화탄소의 양이 늘면 기후가 변한다. 기후가 변화하면 탄소 순환이 변한다. 탄소 순환이 변하면 이산화탄소의 수치가 달라진다. 여기서 문제는 되먹임 작용이 부정적으로 또는 긍정적으로 작용하는지 확인하는 일이다. 지구 생물권은 더 많은 탄소를 흡수하여 제동기 역할을 할 수 있을까? 아니면 이산화탄소를 배출하여 상황을 악화시킬까?

광합성이 중요한 역할을 하는 유일한 요인이라면 음성 되먹임이 작용할 것이다. 더 많은 이산화탄소가 곧 더 많은 탄소의 고정을 의미한다는 뜻이다. 하지만 탄소 순환은 미묘한 구석이 있다. 예를 들어 광합성의 양은 식물이 물을 잘 확보할 수 있는지에 따라 달라진다. 따라서 강우량이 변하면 이산화탄소의 양이 늘어도 광합성 속도는 떨어진다. 더 중요한 점은 지구가 따뜻해지면 세균이 토양에서 호흡하는 속도가 늘어나 보다 많은 양의 이산화탄소가 만들어질 수 있다는 사실이다. 자체적으로 이산화탄소의 양이 증가하면 지구를 덥히지 않고도 토양이나 바다에 이산화탄소 저장분이 증가할 수도 있다. 이산화탄소의 농도가 일정하게 유지될지라도 온도가 상승하면 탄소 저장 속도가 줄 수도 있다.

만일 우리가 이산화탄소와 기후 두 가지를 동시에 변화시키면 무슨 일이 벌어질까? 2006년 기후 모델 학회에서 열한 종류의 기후 모델을 연구하는 학자들은 하나의 탄소 순환 모델에 21세기 이산화탄소 방출의 모든 각본을 다 짝지어 보았다. 어떤 탄소 순환 모델은 '불 없는 세상' 모델처럼 디지털 방식이었고 어떤 모델은 탄소 순환의 다른 부분을 강조한 접근 방식을 취하기도 했다. 그러나 최소한 정성적으로 이들 결과는 모두 일치했다. 이번 세기말 기후 변화의 순 효과는 지구 생물권에서 이산화탄소를 빼내 대기권으로 돌려놓는 것이었다. 양성 되먹임이 작용한다는 뜻이다. 생물권은 인간이 시작한 변화를 증폭하고 있었다.

그러나 각 모델이 제시한 되먹임의 크기는 일치하지 않았다. 가장 적은 값을 제시한 모델은 지금처럼 생물권과 바다가 자신들의 업무를 잘 수행했을 때 늘어난 이산화탄소의 양이 2100년에 21ppm에 그칠 것으로 예측했다. 가장 극적인 변화를 예측한 모델은 산업혁명기부터 지금까지 대기권에서 늘어났던 양의 두 배인 200ppm을 제시했다. 거기에 관여하는 기제도 다르게 예측했다. 일부 모델은 광합성의 생산성이 떨어지는 점이 가장 중요한 요소라고 평가했고 일부는 토양 호흡의 증가가 중요하리라 추론했다. 일부는 토양이 아니라 바다에서의 저장이 증가하리라 예측한 반면 반대의 결과를 내놓기도 했다. 결과가 중구난방인 점을 참작하면 모든 모델이 옳지는 않다고 보아야 할 것이다. 또 그 어떤 것도 전체 윤곽을 정확히 그리지 못했다. 또 비교 기간 동안 산업계에서 방출하는 탄소의 양도 극단에 치우친 값을 사용했다는 점도 지적해야 한다. 방출 속도 증가가 네 배, 탄소 순환이 변하기 전 최종 대기 수치를 산업사회 이전보다 세 배로 잡아 오늘날 수치보다 두 배 더 크게 책정했다. 그러나 이 모든 것에도 불구하고 다른 방식으로 작동하는 각기 다른 모델은 모두 한 방향을 가리키고 있다. 결코 과장된 것이 아니다.

우리에게 작물을 공급하는 지구 생물권은 어떨까? 여태껏 진행된 FACE 연구가 전하는 주요한 메시지는 닫힌 실험실 조건에서 수행된 결과와 달리 이산화탄소 수준이 높은 야외의 열린 공간에서 그 결과가 그리 달갑지 않다는 것이었다. 실험실 내에서 이산화탄소의 양을 두 배 올리면 곡물의 작황은 20퍼센트 증가할 것으로 예측되었다. 그러나 같은 조건의 FACE 연구에서 쌀은 7퍼센트, 밀은 8퍼센트 성장에 그쳤다. 이산화탄소의 농도가 더 올라가면 광합성 효율은 더 떨어질 것이다. 21세기 후반 이산화탄소 수준에서 작물의 수확량이 3분의 1 더 늘어날 것이라는 예측은 지금으로서는 기대하기 어렵다.

롱은 여분의 이산화탄소 때문에 광합성의 효율이 늘어나기를 기대하는 것보다 식물을 다른 방식으로 다루어 적은 노력으로 비슷한 효과를 내는 것이 낫겠다는 의견을 피력한다. FACE 작물 연구에서 가장 인상적인 특징은 그들이 정상 작물보다 상당히 적은 양의 루비스코를 가졌다는 점이다. 이산화탄소의 수치가 높으면 루비스코 효율이 늘 것이기에 그 양이 적어도 사는 데 불편함이 없다. 잎에 루비스코의 양을 줄이면 적은 양의 단백질을 가지게 될 식물에는 좋지만 그것을 뜯어 먹는 생명체에게는 문제가 생길 수 있다. 이산화탄소 수치가 높은 초지에서 풀을 뜯어먹는 소는 같은 양의 단백질을 확보하기 위해 지금보다 더 많은 양의 풀을 오래 먹어야 한다.

한편 질소의 변화가 루비스코 단백질의 감소만으로 이어지지는 않는다는 증거도 있다. 광합성을 하지 않는 종자에 단백질의 양이 줄어드는 작물도 다양하다. 농대 캠퍼스 대부분이 위치하는 데이비스 캘리포니아 대학 아놀드 블룸Arnold Bloom 교수는 이산화탄소 농도가 올라가면 식물이 질산염을 흡수하기 어려워진다는 가설을 세웠다. 그는 광호흡에 뒤따르는 화학적 변화가 알려진 것보다 훨씬 크게 질산염 동화 작용에 영향을 준다고 생각한다. 이산화탄소의 양이 늘어 광호흡이 줄면 질산염의 동화도 마찬가지로 줄어든다는 것이다. 이런 효과를 상쇄하기 위해 암모니아 비료 사용량이 더 늘어날지도 모른다. FACE 실험에 따르면 소나무 숲처럼 질소가 암모니아 형태로 존재하는 토양에서 이산화탄소의 고정이 활발하게 일어날 것이다.

이산화탄소와 비료의 작용을 상쇄하는 다른 요소들도 존재한다. 롱의 철탑 고리에서는 이산화탄소뿐만 아니라 오존도 방출한다. 대기권 아래에서도 햇빛이 오염물질과 작용하여 오존을 만들어 낸다. 앞으로 50년 동안 지구 곳곳에서 이렇게 만들어지는 오존의 양이 늘어날 것으로 예측된다. 롱의 FACE 실험 결과에서 오존의 양이 20퍼센트 증가하면(약 2050년에 그 값에 도달할 것 같다) 콩 수확량은 20퍼센트 줄어들었다. 이산화탄소의 양이 늘어나는 효과가 순식간에 사라질 뿐만 아니라 오늘날보다 수확량이 더 떨어졌다.[16] 작물에 미치는 오존의 효과는 아직 연구되지 않은 분야다.

그리고 물이 있다. 앞에서 나는 롱의 대두 재배지에서 본 놀라운 일

16) 오존의 양이 늘면 그것에 내성이 있는 변종이 생겨날 것이라고 식물 육종가들은 생각한다. 따라서 그들은 오존의 양이 늘더라도 그 효과를 억누를 수 있다고 주장했다. 하지만 롱의 연구 결과는 그들이 잘못되었음을 보여 주었다. 최근에 심은 대두나 30년 전에 심은 대두 모두 오존의 양이 증가한 조건에서 소출량이 비슷하게 줄었다.

을 언급했다. 적외선 장치를 볼 수 있었던 우리는 또한 온도가 상승하는 현상도 관찰할 수 있었다. 이들 대두의 온도는 주변의 작물에 비해 몇 도가 더 높았다. 이런 여분의 온기는 조그마한 이산화탄소 철탑 고리의 온실 효과 때문이 아니다. 그러기 위해서는 대기권 차원의 온실 기체가 있어야 한다. 이 온기는 이산화탄소가 식물생리학에 미치는 효과에서 비롯된다. FACE 고리의 이산화탄소 수치가 올라가면 거기 자라는 콩들의 기공 수가 줄어든다. 아니면 기공을 꽉 닫아버린다. 기공을 통한 증산이 줄면 냉각 효과가 떨어진다. 환경에서 감지할 수 있는 열이 잠열로 변하는 대신 식물체 내부에 머물러 그대로 감지되는 것이다. 따라서 FACE 철탑 장치 안에서 대두는 바깥보다 높은 온도로 살아간다.

기공을 통한 물질의 흐름이 줄면 확실히 이점이 있다. 식물이 물을 이용하는 효율이 크게 향상되기 때문이다. 다른 조건이 같을 때 가뭄 피해도 덜 입게 된다. 몇십 년 안에 이런 일이 효력을 발휘할 것이다. 그러나 다른 측면에서 이는 식물에 심각한 손상을 입힐 수도 있다. 뜨거운 잎은 광합성을 잘하지 못하는 데다 식물은 이런 문제를 직접 해결하도록 진화하지도 않았다. 기공을 조절하는 체계는 물의 손실에 대응하여 광합성의 생산성과 타협하도록 진화했다. 조심스럽게 적정 수준을 유지하는 것이다. 이들이 식물 전체의 온도에 주의를 기울이는 것 같지 않다. 사실 높은 온도에서 기공은 닫히는 경향을 보인다. 잎이 더 뜨거워지는 것이다. 루비스코가 열에 민감한 까닭에 고온에서는 광합성 효율이 떨어진다. 광합성 효율이 떨어지면 필요한 이산화탄소의 양이 줄기 때문에 기공이 닫힌다. 이런 효과가 모든 종류의 식물에 나쁜 소식이지만 특히 쌀에는 치명타를 입힌다. 특정한 온도를 넘으면 벼꽃이 피지 않기 때문이다.

C4 초본식물과 농업의 확산을 다룰 때 살펴보았듯 기공의 전도도 변화는 그 식물의 상황을 변화시키는 데 그치지 않는다. 그것은 또한 식물이 자라는 지역의 기후도 변화시킨다. 미국 중부처럼 집약 농경이 수행되는 곳에서는 이산화탄소의 양의 늘고 기공의 전도도가 떨어지면 모델이 제시하는 것 이상으로 온도가 상승할 수 있다. 특히 대기 중 수증기의 양이 줄면서 구름이 덜 만들어지고 알베도도 줄어든다. 수리학도 또한 변한다. 식물은 더 이상 물을 하늘로 보내지 못하고 대신 다른 방식으로 땅을 떠난다. 강물의 흐름이 늘어나는 것이다.

이런 각본은 이론적인 가능성이 아닌 이미 진행되고 있는 사실이다. 2006년에 출판된 논문에서 영국의 해들리Hadley 기후 변화 센터 연구자들은 20세기 대륙에서 흘러 나간 담수의 양이 늘어나는 이유를 설명할 모델을 설계했다. 지난 세기 지구 온난화 자체만으로는 왜 그런 현상이 일어나는지 설명하지 못했고 또 토지 사용 변화의 효과도 밝히지 못했다. 그러나 이산화탄소의 증가에 따른 기공의 전도도가 줄어든 효과를 입력하자 그 파급력이 나타나기 시작했다. 통계적인 의미에서 대륙에서 물이 빠져나간 이유는 기공의 전도도에 의해 가장 합리적으로 설명할 수 있었다.

기공의 전도도는 토지의 사용 변화처럼 지구 전체보다는 국지적 차원에서 더 중요할 것이다. 하지만 해들리 센터의 또 다른 연구 결과가 보여 주듯 지역 차원의 변화가 세계적 반향을 불러올 수도 있다. GCMs과 디지털 식생 모델이 결합한 '잎과 꽃의 동력학 및 상호 작용의 하향식 표현Top-down representation of interactive foliage and flora including dynamics, TRIFFID' 팀의 연구에서 그 예를 찾아볼 수 있다. 가장 경이로운 결과는 세계에서 제일 규모가 큰 열대 우림인 아마존의 숲이 거의 완전히 사라진다는 것이었다. 다른 GCMs처럼 이 모델에서도 지구 온난화의 상당 부분은 엘니뇨 비슷하게 태평양의 온도를 교란한다. 오늘날에는 존재하지 않지만 따뜻한 물의 반영구적 풀로서 이들은 엘니뇨가 그러듯이 대기의 전반적인 순환을 변화시켰다. 엘니뇨가 찾아오면 브라질 북동부에 가뭄이 들듯이 이 모의실험도 같은 결과가 나왔다. 온실 세계에서 이 효과는 더욱 커지고 확대될 것이다. 일부 지역에서는 기공을 닫고 토양에 물을 저장하여 가뭄이 초래할 수 있는 최악의 상황을 비껴갔다. 하지만 다른 지역에서는 구름과 비의 양을 줄여 기공이 상황을 더 악화시켰다. 사라진 숲이 초지로 바뀌면 기공의 전도도와 강우량이 대폭 줄어든다. 초본식물이 땅에서 물을 덜 끌어올리기 때문이다. 비가 없으면 열대 우림도 없다. 이 모델은 2100년까지 아마존 지역 광엽수림이 현재 80퍼센트 이상에서 10퍼센트 아래로 줄어들 것이라고 예상했다.

이 상황은 전 세계적인 파급력을 가진 독특한 지역 효과에 속한다. 또한 이 모델은 열대 우림이 초지로 바뀌면 토양이 황폐해질 뿐 아니라 1,600억 톤의 탄소가 대기로 방출되는 효과를 나타낼 것으로 예측한다. 이는 지구가 지금의 속도로 20년간 탄소를 방출하는 것과 맞먹는 양이다. 21세기 TRIFFID 결과가 정확하지는 않다. 다른 모델과 마찬가지로 이 기후 모델도 내일은 고사하고 오늘 하루 이 세계의 모든 상세한 사항을 다 인식하지는 못한다. 심지어 오늘의 상황에서도 브라질 북동부에 가뭄이 올 것이라고 예견하기도 한다. 또한 이 모델은 온도 상승에 따른 토양의 호흡 속도를 과장되게 예측할지 모른다. 지구 생물권의 다른 곳에서 다량의 탄소가 저장된다는 사실을 놓칠 수도 있다. 해들리 센터의 GCM을 TRIFFID와 짝 지우자 지구 생물권의 징후와 전반적인 세기 그리고 해양 되먹임을 관찰한 11가지 비교에서 극적인 결과가 나왔다. 또 특정한 짝에서는 과도하게 민감한 결과가 나오기도 했다. 하지만 이 결과는 다음 세기 지구에서 진행될 변화에서 생물권이 어떤 역할을 할지를 두고 기본적 사실을 강조하고 있다. 지구 생물권은 모든 이산화탄소를 흡수하지 못하고 그에 따른 문제를 해결하지도 못한다. 그러나 이 연구는 영양이 부족한 식물이 울창하게 자라나거나 대기권이 건조해지기 시작한다는 새로운 차원의 문제를 던져 주었다.

여기에 덧붙여 해양에서 벌어지는 일이 상황을 더 복잡하게 만들 수 있다. 가이아 중심의 사고에서 나온 주목할 만한 발견 중 하나는 광합성 플랑크톤이 이 행성을 식힐 수 있다는 점이다. 1970년 이 가설을 떠올리고 다음 10년간 화학 실험실에서 가설의 의미를 공고히 하던 짐 러블록은 플랑크톤이 육상 생물권에서 씻겨 강을 통해 흘러간 원소들을 휘발성 물질로 변환시킬 수 있다고 말했다. 그리고 이는 사실로 판명되었다. 지상 식물이 사용하는 상당 부분의 요오드와 황은 바다에서 방출된 유기화합물이다. 바다 생명체들이 육상 식물을 먹여 살리는 것이다. 그리고 바다에서 육지로 실려 오는 황 화합물은 기후에도 결정적인 영향을 끼친다.

대기 중에서 구름이 형성되기 위해 수증기는 달라붙을 작은 먼지 같은 것이 필요하다. 이런 '구름 응결핵'이 없으면 나중에 비가 될 물방울 구름이 만들어지지 않는다. 대륙의 공기 중에는 물이 달라붙을 수 있는 먼지 핵이 많다. 바다 위에는 그리 많지 않다. 그러나 플랑크톤이 뿜어낸 황 화합물이 공기 중에서 산화되고 서로 엉겨 아주 미세한 에어로졸 입자를 만들면 여기에 수증기가 달라붙어 구름이 만들어진다. 대부분 콕콜리투스인 해양 플랑크톤은 이런 형태로 매년 2,400만 톤의 황을 내놓는다. 전 세계 화산 전부에서 쏟아지는 양의 두 배가 넘는다. 바다에서 생기는 상당량의 구름은 플랑크톤이 만드는 황산염 에어로졸 덕분에 형성된다. 이 구름은 자신의 아래쪽 지구를 식힌다.

황을 생산하는 이 플랑크톤은 다소 차가운 것을 선호하는 경향이 있다. 러블록은 애초 태양 빛을 가리려고 플랑크톤이 이런 물질을 만들었다고 생각하기도 했다. 그리고 지금 이 순간 콕콜리투스는 지난 300만 년 동안 표준이었던 빙하기 조건에서 벗어나 특별히 따뜻한 바다에 살고 있다. 따뜻한 세계에서 이 플랑크톤이 살기는 쉽지 않다. 플랑크톤의 수가 줄면 배출되는 황의 양도, 지구를 식히는 구름의 형성도 덩달아 줄어든다. 게다가 여기에 이산화탄소도 가세했다. 만약 우리가 전체 탄소/기후 재앙 대신에 기후 변화에만 초점을 맞춘다면 방출된 이산화탄소 상당량을 바다가 흡수하는 현상은 좋은 일이라고 볼 수 있다. 하지만 그 자체가 바다에 엄청난 영향을 끼친다. 바다가 더 산성으로 변한다. 빙하기 끝 무렵 상황이 갑작스레 변하던 때조차 바다의 산성도를 바꿀 만큼 대기의 이산화탄소가 이렇게 급증한 경우는 없었다. 산성도가 올라가면 바다에 퇴적된 탄산염이 이 효과를 중화한다. 반면 지금처럼 빠른 속도로 산성도가 변하면 이러한 반응이 진행될 시간이 절대적으로 부족해진다. 게다가 해양 표면의 산성도는 더욱 빠르게 올라간다. 기후에 전혀 영향을 끼치지 않을 만큼 이산화탄소의 양이 약간만 증가해도 해양 산성도는 지구적으로 심각한 상황을 불러온다. 산성 조건에서 해양 생명체가 진화한 적이 없기 때문이다. 바다의 생태적 재앙이 심각해진다. 탄산염 외투를 입은 생명체, 황을 내놓는 콕콜리투스가 가장 큰 피해를 볼 것으로 예상된다. 만일 그런 일이 발생하면 바다에서 생성되던 냉각용 구름은 그들과 함께 사라진다.

대기로 에어로졸을 내보내는 광합성 생명체는 플랑크톤 말고도 더 있다. 육상 생물권에서도 만들어 낸다. 여기에는 밀납wax과 잎 조각, 꽃가루, 포자뿐만 아니라 자유롭게 부유하는 세균도 있다. 모두 합해 1년에 약 10억 톤에 달한다. 이런 생물학적 입자들도 기후에 영향을 끼친다. 플랑크톤이 만든 바다 위 황산만큼 순도가 높지는 않지만 육지

위 공기 중 이들 입자도 구름을 만들어 낸다. 식물이 만들어 방출하는 다양한 유기화합물도 기후에 복잡한 영향을 끼친다. 가장 흥미로운 것은 메탄이다. 2005년 식물이 그때까지 알려지지 않은 방법으로 메탄을 생산한다는 명백한 증거가 발견되었다. 그 발견은 생물지구화학적으로 일종의 폭탄과 같은 충격을 주었지만 장차 그것이 기후에 어떤 영향을 끼칠지는 아직 미지수다. 그러나 그것은 수십 년 동안 밥 스파이서를 괴롭혔던 문제에 실마리를 제공할지도 모른다. 백악기에 적용된 기후 모델은 대륙 내부 숲이 번성한 곳에서 혹심한 추위가 있었으리라 예견했다. 온난화 과정을 거친 지역이 있었는지 혹은 다른 일이 벌어졌는지 그 모델은 아직 예측을 내놓지 못하고 있다. 숲이 자신들을 따뜻하게 보존하기 위해 메탄을 만들지는 않을 것이다. 하지만 기후와 생물권은 매우 복잡하게 연결되어 있고 미묘해서 이런 어처구니없는 연관 관계조차 쉽사리 배제하기 어렵다. 하긴 30년 전까지만 해도 플랑크톤이 구름을 만들 것이라고 생각한 사람은 아무도 없었다.

탄소/기후 재앙은 매우 복잡하여 완전히 이해하기까지는 아직 멀다. 게다가 지구 생물권은 상황을 호전시키기보다 더 악화시킬 것으로 보인다. 이런 각본대로라면 토양에서 탄소가 유출되는 것과 같은 생물학적 효과가 가세하면서 이번 세기 후반까지 지구 온도가 추가적으로 더 올라갈 것이라고 IPCC는 예측한다. 생물권이 더 많은 양의 탄소를 사용한다 해도 다음 100년 안에 지구에서 놀랄 만한 일이 벌어지지 않으리라 생각하는 것은 생물계의 복잡성에 대해 터무니없이 방심하는 태도라고밖에 말할 수 없다.

보우드에서 내 머리 위로 그림자를 드리웠던 백향목처럼 생물권은 사람들의 영향력 안에 있다. 18세기에 뿌리를 둔 변화는 대규모로 성장했지만 이상하게 제약되고 기묘하게 균형을 잃고 있다. 우리는 그것을 지탱하는 방법을 안다. 밧줄을 이용하여 우리는 그것을 안정화 시키고 더 무거운 가지를 지탱하기 위해 버팀목을 세울 수 있다. 그리고 우리는 탄소를 기후 영역으로 내보내는 것을 막을 방도를 찾을 수 있다.

9장 에너지

쐐기의 세계a world of wedges

포플러에 비치는 태양

덧붙여: 변치 않는 동반자

에드먼드Edmund : 퍼시 …… 그대는 무엇을 발견했는가? 무언가 이름이 있다면 초록에 관한 무엇이겠지?

퍼시Percy : 오, 에드먼드. 그게 사실이오? 죽음을 부르는 내 손에 들린 것이 진정 순수한 초록색 덩어리란 것이?

에드먼드 : 그렇다네, 퍼시. 물론 덩어리는 아닐지라도 장식은 되겠지.

퍼시 : 그렇군. 오늘은 장식이라지만 내일도 그럴까? 누가 알겠는가? 감히 꿈꿀 수도 없는 것 아닌가?

블랙애더Blackadder II(리처드 커티스와 벤 엘턴의 '돈')

쐐기의 세계a world of wedges

한 번도 본 적 없는 나의 할아버지는 남웨일즈 탄광의 사무원으로 일했다. 돌아가신 나의 아버지는 젊은 날 미국에서 영국 그리고 영국에서 소련으로 오가는 연료와 기타 물자를 호송하는 일을 했다. 영국에서 그는 나의 대부인 시드니 콜웰과 함께 긴급 연료 보관 시스템을 구축했다. 북해North Sea의 석유와 가스 채굴이 시작되었을 무렵 그는 석유 산업의 독립 금융 상담사로 몇 년 일했다. 그는 사무실이라고 여기고 나는 놀이방이라고 생각했던 그 방 벽에 걸린 지도에서 나는 처음으로 지질학의 세계를 접했다. 스코틀랜드 해안과 주름진 노르웨이 사이의 검고 신비로운 패턴의 무게가 나를 놀라게 했다. 아버지는 인내심을 가지고 크고 작은 반점들 사이의 가능한 관계에 대해 하나하나 설명해 주었다.

곧 그는 석유와 천연가스 유럽 연합에 자리를 잡았고 사무실도 새로 얻었다. 브뤼셀에서의 내 첫 기억은 1973년 석유 파동 때문에 격주 일요일마다 차량 번호가 홀수이거나 짝수인 차들만 운행한 것이었다. 내 유년기의 기억에 석유가 중요하다는 사실이 뇌리에 각인된 사건이었다. 학교 작문 시간에 나는 정유 공장이 가득 들어찬 해안의 모습을 묘사하기도 했다. 말할 것도 없이 열 살 먹은 아이의 상상력에 정유 시설은 행복한 모습이었지만 유전 전체에 불을 지르려다 실패한 사람들도 없지[1] 않았다.

정확히 같은 내용은 아니더라도 두 세대에 걸쳐 화석 연료 사업과 관련된 일을 하는 우연이 20세기에 들어서는 그리 드물지는 않을 것이다. 가령 내 아내의 할아버지는 미네소타 중부에서 싱클레어 주유소를 가지고 있었다. 화석이라는 특성을 드러내고자 초록색 커다란 공룡을 로고로 채택한 회사였다. 그 로고 공룡 자석은 아직도 우리 냉장고에 붙어 있다. 아내의 아버지도 에너지와 관련된 일을 하다 정년을 맞았다. 정년을 맞기 전에는 풍력에 관심이 큰 미네소타 시민들을 만나기도 했다.

20세기 들어 상당히 많은 사람이 화석 연료인 석탄 그리고 보다 극적으로 석유를 얻기 위해 노력했다. 그 연료들은 거의 에너지와 같은 뜻으로 쓰일 만큼 중요해졌다. 하지만 비약은 진실을 흐릴 수도 있다. 연료는 에너지원이 아니다. 다만 그것은 에너지를 저장하는 방식이다. 그리고 햇빛의 한정된 저장을 의미하는 화석 연료는 필연적으로 사라질 것이다. 만일 개발도상국 사람들이 선진국에 맞먹는 속도로 에너지를 사용한다면 인류는 현재 우리가 가진 발전 용량을 네 배로 키워야 한다. 에너지는 오래된 과거가 아닌 다른 곳에서 비롯되어야 한다. 그리고 그것은 현재 우리가 이용할 수 있는 어떤 것에서 와야 한다.

언제쯤 화석 연료가 바닥날지를 두고 논란이 분분하다. 지질학적 고전이 된 존 맥피John McPhee의 책 『분지와 산맥Basin and Range』에 소개되면서 불멸성을 얻은 프린스턴의 영향력 있고 저명한 과학자 케네스 데피

1) 제임스 허턴James Hutton처럼 나는 화석 연료 저장소를 태우기 위해 산소가 필요한지는 확신하지 못하지만 산소가 없어야 저장소가 유지됨은 분명하다.

츠Kenneth Deffeyes 교수는 이 책이 출간될 무렵이면[2)] 세계적으로 석유 생산량이 최대치를 넘어설 것이라고 예견했다. 지질학과 학생일 때 나간 현장 실습에서 나는 그에게 자성 검출 장비 작동법을 배운 바 있다.

아마 우리 아버지도 같은 생각이었을 테지만 경제학자를 포함하는 일군의 사람들은 그 시기가 한참 뒤라고 생각한다. 하지만 나는 이 책의 저작권이 살아 있는 동안 그 시기가 지날 것을 의심하지 않는다. 이번 세기말 석유 생산량이 현재의 극히 일부에 불과하리라고 상상하는 것은 거의 불가능하다.

석유 생산량 감소가 곧 화석 연료의 종말을 뜻하지는 않는다. 메탄이 있기 때문이다. 또 지금보다 열 배쯤 더 깊은 곳을 파 내려가야 하고 조금 세심하게 채굴해야 하기는 하지만 매장량이 약 7,000억 톤으로 추정되는 석탄도 남아있다. 하지만 오늘날과 같은 속도로 채굴한다면 그것도 몇 세기 버티지 못한다. 만일 석유와 가스를 다 쓴 뒤 40테라와트의 경제 규모로 석탄을 쓴다면 인류는 불과 몇십 년도 지탱하지 못할 것이다.

인류가 오늘날 사용하는 방식으로 석탄을 쓰면 그 과정에서 약 6,000억 톤의 탄소가 대기 중으로 방출될 것이다. 이는 지구상에 있는 모든 나무와 관목과 초원을 횃불에 올려놓는 일이라고 볼 수 있다.

프리스틀리와 허턴 이래 지난 두 세기 동안 우리는 전적으로 화석 연료에 의존해 왔다. 그러나 현재 잘사는 나라의 국민이 누리는 혜택을 지구상의 모든 인류가 누리려면 앞으로 두 세기를 버티지 못한다. 또한 그에 따르는 터무니없는 환경 비용이 초래될 것이다. 기후 변화의 피해

2) 실제 데피즈가 말한 해는 2005년이다. 이 책은 2007년에 출간되었다(옮긴이).

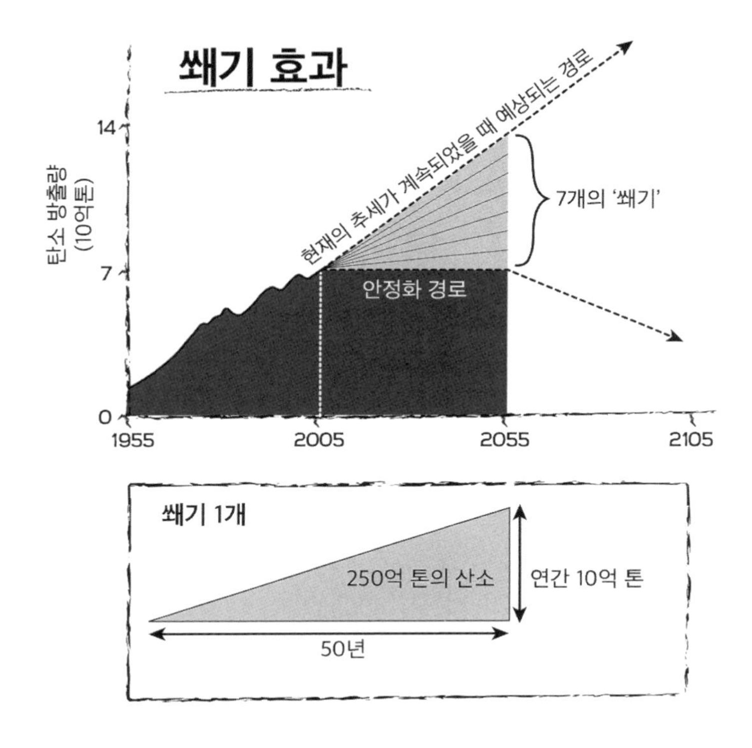

가 얼마나 될지 아무도 짐작하지 못한다. 지구 생물권이 어떻게 반응할지도 모른다. 변화한 강우 패턴에 농부들이 어떤 식으로 대응하게 될지도 아는 바가 없다. 인류가 그것에 적응할 만한 충분한 재원을 가지고 있다면 이산화탄소 농도가 두 배로 증가하는 일이 생각보다 나쁘지 않을 수도 있다. 개발도상국의 급속한 경제 성장이 오직 화석 연료에 의존한 경제로만 이루어진다면 이산화탄소의 농도가 단지 두 배에 그치지 않고 이번 세기말까지 약 세 배로 치솟을 수도 있다.

이산화탄소 배출 전망과 그에 따른 기후 변화의 실체를 해독하는 작업은 무척 복잡하다. 정확한 것 이상으로 상세해야만 한다. IPCC는 화석 연료 배출, 경제 성장, 토양 사용을 바탕으로 미래 유형을 40개가 넘는 각본으로 구성했다. 그럴듯한 이유에서 이른바 스파게티 그래프로 알려진 것이다. 우리가 알아야 할 요점과 우리가 해야 할 일들은 냅킨에 그려 놓은 그래프 같았다. 사실 처음에는 그랬다.

문제의 냅킨은 프린스턴 대학 식당에 비치된 것이었다. 어느 날 오후 부시 행정부의 과학 자문위원 한 사람이 대학의 '에너지와 환경 전략' 센터에 와서 브리핑했다. 지금은 탄소 저감 위원회 수장이 된 로버트 소콜로우Robert Socolow는 그들이 가진 것을 단도직입적으로 토론에 부쳤다. 그는 그 주제가 얼마나 단순하게 표현될 수 있는지 자신이 깨달은 바를 이야기하기 시작했다.

냅킨을 꺼내 그는 여러 개의 축을 그렸다. 왼쪽에서 오른쪽으로 50년 간격을 가진 축이 있었고 화석 연료에서 연간 배출되는 탄소의 양이 다른 축에 있었다. 그리고 그는 매년 70억 톤에 달하는 현재의 탄소 배출 속도에 평행선을 그었다. 여러 예측 모델에서 이산화탄소 대기 수치가 500ppm정도[3]에 머물 허용 가능한 근사값이었다. 이 모델의 한 세기 앞쪽에서 탄소 배출 속도는 오히려 늘었다. 세기의 후반부 50년 동안에는 그 양을 줄여야 한다. 하지만 다음 50년 동안 직선을 그리는 것이 핵심이라고 볼 수 있다.

다음에 소콜로우는 다른 선들을 긋기 시작했다. 왼쪽에서 오른쪽으로 올라가는 쐐기를 가진 선들이었다. 바로 배출 각본이다. 그중 하나는 배출량이 지금처럼 꾸준히 증가해서 70억 톤에서 50년 뒤 140억

3) 메탄, 산화질소 및 다른 온실 기체의 효과를 고려하면 그 정도는 산업사회 이전 이산화탄소 농도의 두 배에 달한다.

톤으로 증가하는 선이다. 이 두 개의 선을 포함하는 삼각형은 지구 대기의 이산화탄소 농도를 500ppm으로 안정화하기 위해 없어야 하는 공간이다. 만약 50년 동안 매년 70억 톤의 탄소를 배출하면 그 양은 1,750억 톤[4]에 이른다.

마지막으로 소콜로우는 삼각형에 6개의 선을 더 그어서 펼친 부채처럼 만들었다. 각각의 구획은 각각 50년 동안 매년 10억 톤의 탄소 배출량을 더해가는 7개의 쐐기였다. 가장 작은 삼각형 쐐기는 전부 250억 톤의 탄소를 의미한다.

상징적이지만 이것은 물론 자세한 분석이 아니다. 문제를 명시적으로 보여 주는 단순한 이미지 표현이다. 물론 그 이미지 안에 해법도 있다. 개선할 수는 없다 해도 몇 가지는 시도해 볼 수 있는 것이다. 대체에너지 기술의 옹호자들은 한 가지 진정한 경로가 있다고 말하는 경향이 있다. 올바른 해법이 있다는 것이다. 문제를 양적인 목표로 세분한 소콜로우의 쐐기는 이런 경향에 일침을 놓고자 했던 것이다. '이 기술이 저 기술보다 나은지' 묻지 말고 "이 기술이 제공할 수 있는 탄소 배출 기피 방법으로 몇 개의 쐐기를 덜 수 있을까요?"라고 질문하기를 그는 원했다.

쐐기 개념을 언급하면서 소콜로우와 그의 동료인 스티븐 파칼라Stephen Pacala는 15가지의 답변이 가능하다고 말했다. 연료의 효율을 두 배 높인 차량 200억 대를 굴릴 수 있다면 우리는 앞으로 50년 동안 탄소 배출량을 250억 톤으로 유지할 수 있다. 9리터 연료로 100킬로미터를

4) 삼각형의 면적은 밑변에 높이를 곱한 값의 절반이다. 여기서는 (70억 톤/년×50년)/2로 1,750억 톤이다. 년과 /년을 곱하면 상쇄되기 때문이다. 단위를 없애는 이런 일이 어림짐작 계산법의 묘미다.

가던 것을 4.5리터로 갈 수 있게 해야 한다(1갤런으로 30마일을 가던 차가 60마일을 간다면). 또는 200억 대의 차량으로 이동하는 거리를 절반으로 줄여도 된다. 화력 발전소가 두 배로 느는 동안 에너지 효율을 42퍼센트에서 60퍼센트까지 올려도 좋다(다른 종류의 발전기를 사용해서). 발전 용량이 같은 화력 발전소를 짓는 대신 지금보다 메탄을 사용하는 발전소를 네 배 더 만들 수도 있다. 화력 발전소를 줄이는 대신 원자력 발전소를 세 배 증축할 수 있다. 1메가와트 용량의 풍차를 400만 대 만들어도 좋다. 그것으로 수소 연료를 만들어 30만 제곱킬로미터를 충당할 수 있다. 태양 전지 기지를 수천 배 늘려야 하고 적도 지역에서 벌채하는 일을 바로 중단해야 한다. 덧붙여 100억 톤의 탄소를 흡수하기 위해 아프리카의 10분의 1에 해당하는 면적에 나무를 심어야 한다.

위에 제시한 영웅적인 목표는 각각 하나의 쐐기를 의미할 뿐이다. 산업사회가 시작되기 이전 이산화탄소 수치의 두배에 해당하는 양으로 지구의 기후를 안정화하기 위한 작업, 즉 기후 변화의 모든 측면이 아니라 단지 지금의 평균 온도보다 2~4도 정도 높은 범위에서 유지하는 일을 시작하려면 우리는 모든 목표를 다 진행하거나 아니면 몇 가지라도 전 지구적 규모로 진행해야 한다. 만일 우리가 연비가 좋은 차, 효율 높은 화력 발전소, 천연가스 발전소라는 세 가지 선택을 해도 역시 화석 연료가 고갈되는 현상을 목격하게 될 것이다. 하지만 그것이 아무 일도 하지 말아야 한다는 이유는 못 된다. 어떤 면에서 그런 선택은 마치 낮은 곳에 열린 과일과 같다. 천연가스 발전소를 건설하기는 쉽다. 또한 효율적인 자동차를 만드는 일도 어렵지 않다. 하지만 이번 세기 후반부는 우리가 쐐기를 떠나 정말로 탄소 배출량을 줄여야 하는 시작점이 되어야 한다. 그것을 안정되게 유지하는 일만으로는 부족하다. 우리는 화석 연료가 아닌 다른 선택을 취해야 할 절대적 필요에 직면했다.

효율을 개선하는 데서 나아가 둘 혹은 셋 이상의 쐐기를 덜어낼 수도 있다. 우리는 에너지를 방탕하게 사용할 수도 있지만 매우 현명하게 쓸 수도 있다. 에너지 정책에서 효율을 중시하지 않지만(미국이 특히 그렇다) 그렇다고 해도 다른 방도가 전혀 없는 것은 아니다. 전력 생산을 획기적으로 변화시키는 일 또한 꼭 필요하다. 인간 행동의 결과로 초래된, 피할 수 없는 기후 변화와 함께 살아야 하는 우리가 취할 방도이기 때문이다.

화석 연료 에너지가 아닌 세 가지 주요한 선택지가 있다. 아니면 화석이라는 용어를 얼마나 폭넓게 정의하느냐에 따라 둘 반 정도일지도 모르겠다. 태양, 핵융합fusion 또는 핵분열fission이다. 오늘날 핵발전소를 의미하는, 빌 아놀드Bill Arnold가 명명한 핵분열은 절반으로 간주할 수도 있다. 우라늄에 든 에너지는 석탄과 같은 방식으로 화석화한 연료가 아니며, 태양 빛을 저장하고 있지도 않다. 하지만 우라늄은 별빛을 간직하고 있다. 초신성이 폭발하면서 우라늄이 만들어지기 때문이다. 폭발 직전의 핵은 장대한 시간과 광대한 우주에 걸친 에너지를 지닌다. 먼지 구름과 태양계를 탄생시킨 기체 속에 우라늄이 있었고, 지구 내부로 편입된, 죽은 외계 행성의 화석인 우라늄은 거의 45억 년 동안 지구의 깊은 곳을 가열해 왔다.

점진적으로 사용량이 증가하는 지구 내부의 우라늄은 재충전되지 않는다. 엄밀한 의미에서 그것은 큰 손실은 아니다. 지각과 맨틀에 아직도 많은 양의 우라늄이 남아 있기 때문이다. 또 바다에는 40억 톤의 우라늄이 녹아 있다. 하지만 최소한 우라늄 농도가 500ppm이 되는, 사용 가능한 우라늄 광산은 상대적으로 드물다. 이런 고농도 우라늄의 양이 1,700만 톤에 불과하다고 측정한 결과도 있다. 그 정도면 아마 쐐기 몇 개 정도는 감당할 수 있을 것이다. 하지만 화석 연료가 수명을 다한 뒤 우라늄으로 확장된 지구 경제를 감당하기엔 역부족이다.

핵발전소를 다르게 건설하는 방법도 있다. 핵분열성 동위원소인 우라늄-235에서 에너지를 얻는 방식을 변화시켜 원료를 우라늄-238로 전환하는[5] 시도를 해 볼 수 있다는 말이다. 원리상 달리 쓸모없는 우라늄-238로 '증식용' 플루토늄을 만들 수 있다면 킬로그램당 우라늄에서 얻는 에너지양을 100배는 올릴 수 있다. 실제 그 효과는 그리 크게 인상적이지는 않지만 40테라와트의 세상일지라도 1,700만 톤의 우라늄으로 몇 세기를 버틸 수는 있다.

하지만 거기에는 두 가지 큰 문제가 도사리고 있다. 하나는 지금까지 그 누구도 상업적으로 생명력이 있는 '증식용' 반응기를 만들지 못했다는 사실이다. 이것은 대부분 다른 이유 탓이다. 플루토늄은 위험한 물질이다. 우라늄보다 플루토늄으로 핵무기를 만들기도 훨씬 쉽다. 관리 시설이 잘되어 있어도 사기업에서 플루토늄을 생산하지 못하게 미국 정부가 금지하는 이유다. 법은 바뀔 수 있고 그 법안 개정을 지금도 검토 중이다. 그러나 플루토늄으로 굴러가는 세상은 지금보다 훨씬 위험할 수밖에 없다.

전 세계 전력의 약 16퍼센트를 생산하고 있는 원자력 발전소는 성공 각본으로 보인다. 짓는 데 돈이 많이 들어도 상당히 안전한 시설로 평가된다. 끔찍한 파국을 맞았지만 체르노빌은 정상이 아닌 것으로 판명되었다. 그 사고로 수천 명이 죽었다. 그러나 석탄을 태우는 과정에서 그보다 훨씬 많은 사람들이 사망했다. 탄을 캐는 과정에서 발생한

5) 핵분열성이 있는 우라늄-235는 그 양이 0.7퍼센트에 불과하다. 하지만 핵분열을 하기 어려운 우라늄-238은 99.3퍼센트 존재한다(옮긴이).

사고 혹은 진폐증 때문이다. 오늘날 발전소에서 나오는 핵폐기물은 그리 긴급한 문제는 아니고 그렇게 될 것 같지도 않다. 이 정도의 전기를 화력 발전으로 충당했다면 매년 우리는 대기 중에 23억 톤의 탄소를 배출해야 했을 것이다. 핵폐기물보다 심각한 문제다. 수명이 다한 원자력 발전소를 새롭고 더 나은 것으로 대체하는 일은 이미 핵을 원료로 사용하고 있는 국가라면 고려할 만하다. 낡은 핵발전소를 대체하는 일은 아예 새롭게 핵발전소를 건설하는 데 드는 것보다 세 배나 많은 금액이 소요된다. 이런 발전소를 계속해서 50년 동안 가동하기 위해 1조 달러가 넘는 돈이 필요하다. 하지만 이는 탄소 저감 차원에서 그리 나쁜 선택은 아니다. 짐 러블록을 위시한 몇몇의 사람들은 원자력 발전을 두 손 들어 환영한다. 그러나 오늘날과 같은 원자로 형태로 40테라와트 세계를 감당하기는 쉽지 않을 것이다. 도전해 볼 만한 과제지만 그렇다고 아직 입증되지 않은 더 나은 '증식로' 반응기를 무작정 환호할 수도 없는 노릇이다.

또 다른 핵에너지도 있다. 핵융합 발전소다. 지난 50여 년 동안 핵물리학자들은 핵융합을 통해 에너지를 포획하는 방법을 꿈꾸었다. 핵융합 발전소는 우라늄과 같은 무거운 핵을 깨는 대신 수소처럼 작은 원자핵을 합치는 과정에서 에너지를 얻기 때문에 이런 연료는 거의 무제한으로 공급할 수 있다. 항성은 엄청난 양의 적절한 핵을 융합하여 에너지를 확보한다. 이렇게 극한의 압력이 가능하지 않아서 지구물리학자들은 정교하게 만든 자기장 안에서 온도를 태양의 중심부보다 뜨거운 수백만 도까지 올려 원자핵을 충돌시키려 한다. 하지만 수소를 집어넣은 계의 온도를 높이는 일보다 핵융합을 통해 더 많은 에너지를 일관되게 얻을 방법은 여태껏 가능한 것으로 판명되지 않았다. 핵융합 발전을 성사시키고자 애쓰는 국제열핵융합실험로ITER, international thermonuclear experimental reactor 프로젝트에는 2020년까지 약 50억 달러가 지원될 전망이다. 이 프로젝트가 성공한다 해도 상업화 단계까지는 갈 길이 멀다. 수소 핵을 융합하는 항성은 어떤 유형의 동위원소도 사용할 수 있지만 국제열핵융합실험로와 그 유사 장치는 주로 삼중수소를 사용한다. 마틴 카멘이 탄소-14를 가지고 실험하고 있을 때 방사선 실험실의 루이스 알바레즈가 최초로 만든 동위원소다. 지구에서 채굴할 삼중수소는 없다. 따라서 리튬을 이용한 증식용 반응을 통해 반응기에서 필요한 삼중수소를 합성해야만 한다. 여기에도 공학적 도전이 필요하다.

물리학자들에게 핵융합 에너지는 흥미로운 과제일지도 모르겠다. 그러나 향후 50년간 이산화탄소 배출의 쐐기를 제어할 방법을 물리학자들이 제시하지 못한다면 얼마나 어처구니없는 상황이 전개되겠는가? 심지어 세기 후반에도 지금껏 이야기해 온 핵융합 반응기를 핵심 발전소로써 가동하는 데 막대한 비용이 필요할 것이다. 이런저런 이유를 들어 지금은 국지적으로 작은 규모의 반응기를 시험하려 하고 있다.

다른 대안이 없다면 핵융합 발전은 화석 연료 이후 도래할 40테라와트 시대의 유일한 에너지 공급 방식이 될 것이다. 하지만 그 반응기를 가동하기 전까지 어마어마한 양의 탄소를 대기로 돌려보내야 한다. 그러나 우리에게는 또 다른 대안이 있다. 우리는 핵융합 발전기가 등장할 때까지 50년을 기다릴 여유가 없다. 우리가 빛의 속도로 이동할 수 있다면 여기서 8분 떨어진 곳에 구세주가 있다. 1시간 동안 태양에서 지구에 도달하는 에너지는 인류가 1년간 쓰는 양보다 많다.

두 예외를 제외하면 우리가 생각하는 모든 형태의 재생 에너지는 태양과 관련된다. 태양열 덕택에 바람이 불기 때문에 풍력도 태양에서 비롯된다. 파도도 태양에서 기원한다. 바람 때문에 파도가 일기 때문이다. 태양열 전지인 광전지도 명백히 태양과 관련된다. 수력 발전도 태양과 관계된다. 태양이 물을 언덕 위로 올리고 다시 끌어내리는 물의 순환을 이끌기 때문이다. 오직 예외가 있다면 하나는 지열 에너지고 다른 하나는 조력 에너지다. 비록 태양이 밀물 썰물을 움직이지만 그것은 전체적으로만 그렇다. 사실 조수 간만의 차이는 바다의 깊이에 따라 결정되기도 한다. 하지만 태양과 무관한 재생 에너지 틈새시장은 지리적 제약을 받는다. 영국은 조력 발전에 좋은 입지조건을 가졌다. 뒤얽힌 해안선이 얕은 바다에 둘러싸여 있어서 조수 간만의 차이가 크다. 하지만 볼리비아는 그렇지 못하다. 아이슬란드 온천도 훌륭한 청정 에너지원이다. 하지만 간헐온천이 없는 벨기에는 지열 에너지와는 인연이 없다.

전력 생산 측면에서 현재 태양 에너지의 가장 큰 부분을 차지하는 것은 세계 곳곳에 포진한 댐들이다. 바람은 확산하기 때문에 대부분 지역에서 중간 정도의 에너지원이다. 물을 댐에 가두는 일이 가장 믿을 만한 에너지 농축 방법이다. 1리터의 물이 터빈을 돌릴 때 형성되는 에너지는 같은 무게의 바람이 풍차를 돌릴 때 회수하는 그것보다 100배 더 크다. 댐은 전 세계 전력 생산량의 20퍼센트를 공급하며 개발도상국에서 주로 선택하는 전력 생산 방식이다. 새로운 댐이 가지는 쐐기로서의 가치를 말하기 어렵고 수력 발전이 일차 전기 생산자가 되기도 어렵겠지만, 모든 대륙을 가로지르는 강의 흐름이 만들 수 있는 전력량은 약 12테라와트 정도로 추정된다.

전력 생산 면에서 댐은 태양열 챔피언이다. 엄밀하게 말하면 인류에게 가장 많은 태양 에너지를 공급할 만큼의 부피를 지니고 있다. 지난 1,000년간 보관된 물은 인류가 사용한 거의 모든 에너지를 지원했다. 데워서 열을 얻거나 사육 동물에게 먹이기도 했다. 최근에는 바람을 이용한 범선이나 풍차 혹은 물레방아가 에너지 일부를 제공해 왔다.

전 세계 에너지 사용량을 쉬지 않고 추적하는 분석학자인 마니토바 대학의 바츨라브 스밀에 따르면 에너지원으로서 화석 연료가 수력을 앞지르기 시작한 때가 20세기 초반이라고 말했다. 하지만 화석 연료가 사용 중임에도 불구하고 수력의 사용 빈도는 계속해서 늘고 있다. 유엔 식량농업기구는 21세기에 접어들며 전 세계적으로 18억 톤의 나무가 벌채되어 연료로 사용되었다고 추산했다. 하지만 그 에너지양은 1테라와트도 되지 않는다. 실제 난방에 쓰이는 생물량은 이보다는 많을 것이다. 사람들은 벌채 기록이 남은 나무만 태우지는 않기 때문이다. 인간은 동물의 똥은 말할 것도 없고 풀도 때고 나뭇가지를 줍거나 수확 후 들판에 남겨진 식물도 연료로 썼다. 그 양을 다 합치면 벌채한 나무 두 배 정도의 생물량에 해당할 것이라고 스밀은 추정했다. 가난한 국가들, 특히 사하라 사막 주변의 아프리카 국가에서는 이런 생물량이 전체 에너지의 절반을 넘는다. 약 절반에 해당하는 인류는 이런 생물량을 오로지 집에서 요리하고 난방하는 데 쓴다.

무엇보다 식물을 태우는 일은 비효율적이다. 또한 오염물질도 다량 방출한다. 이산화탄소뿐만 아니라 다른 기체와 그을음도 만들어진다. 불을 지핀 실내의 공기 오염 또는 부실하게 설계된 화로를 통해 수백만 명의 사람들이 병을 얻는다. 어린아이와 그들의 엄마가 가장 취약하다. 폐 질환을 일으키는 원인으로 실내공기 오염은 결핵이나 흡연 뒤를 잇는다. 가정 밖에서도 문제가 생긴다. 인도와 인도네시아에서 얻는 에너지의 30퍼센트는 식물과 같은 생물량에서 비롯된다. 잘 알려지진 않았지만 이때 대기 중으로 방출된 그을음이 태양 빛을 흡수하며 이 지역의 기후에 커다란 영향을 끼친다.

가난한 나라에서 오염과 질병 그리고 나무를 주워 때는 사람들을 생각하면 그런 일이 줄어들기를 바랄 수밖에 없을 것이다. 하지만 조금 더 개선된 방법으로 이런 상황을 타개하려는 사람들이 있다. 그들은 개발도상국이거나 선진국이거나 할 것 없이 생물량 곡물을 키워서 탄소 쐐기 몇 개를 감당할 수 있으리라 생각한다. 그들은 생물량을 경작하는 일이 탄소 중립적이라고 주장한다. 식물을 수확하고 태우는 과정에서 나오는 탄소의 양은 나중에 식물이 생장하면서 다시 흡수할 것이기 때문이다. 새로운 기법을 도입하고 그것을 전 지구적으로 수행하면서 경작한 식물이 지구의 화석 연료 사용량을 획기적으로 줄일 수 있다고 말한다.

환경론자를 포함한 많은 사람들은 바이오 에너지 경작을 그리 호의적으로 보지 않고 직접 숲에 나무를 심는 방식을 본능적으로 선호한다. 하지만 탄소 순환의 관점에서 볼 때 수확한 곡물을 연료로 쓰고 그것을 빠르게 식물의 새로운 생장으로 이어 가는 일이 그리 나쁘지는 않다. 자라는 동안 숲의 나무도 탄소를 흡수하겠지만 다 자란 다음에는 그냥 거기에 서 있을 뿐이다. 이산화탄소의 흡수와 반출이 거의 평형을 이루고 있는 상태다. 바이오 에너지 경작에서는 이산화탄소가 끊임없이 흡수되기 때문에 탄소의 양을 끌어내릴 수 있는 것이다. 따라서 숲을 키우는 일은 일정한 양의 석탄 혹은 석유를 상쇄할 수 있지만 바이오 에너지 경작은 화력 발전소 또는 유정油井을 상쇄할 수 있다. 그것은 생체 지구를 탄소의 정적인 저장소로 사용하지 않고 탄소가 늘어나지 않게 역동적으로 방어한다.

이렇게 현재 식물 덕택에 고정된 탄소로 과거 조상이 고정한 탄소를 대체할 수 있다면 그것은 단지 솥을 데우는 것 이상으로 무언가 유용한 형태를 띠어야 할 것이다. 지금 가장 일반적인 식물 에너지 형태는 직접 나무를 발전소에서 태우는 방식이다. 곡물에서 기름을 추출하여 바이오 디젤을 만들기도 하지만 발효 과정을 거쳐 에탄올이나 다른 알코올 연료로 전환하기도 한다.

이런 연료 중 에탄올이 단연 부각된다. 옥수수 산업에 보조금이 지급되면서 미국에서 에탄올 생산량은 지난 10년 동안 급격하게 상승했다. 미국에서 시판되는 10퍼센트의 휘발유에는 알코올이 섞여 있다. 불행히도 이는 옥수수 로비와 아이오와주 유권자들의 힘 덕분에 정치적인 색채가 강한 반면 환경적으로는 큰 의미가 없다. 옥수수를 재배하려면 상당량의 비료와 살충제가 있어야 한다. 만드는 데 에너지가 들어가는 물질들이다. 농기계도 연료를 쓴다. 발효하고 증류할 때도 마찬가지다. 미국에서 주어진 양만큼의 에탄올을 만들고자 쓴 에너지 양이 전체의 91퍼센트에 해당한다고 계산했을 정도다. 투입한 것보다 고작 10퍼센트 더 에너지를 얻는 데 불과하다는 뜻이다. 조금 관대하게 계산해도 25퍼센트 근처다. 이런 방식으로 만든 에탄올을 미국에 있는 모든 차량이 사용하려면 식량 수입이 늘어날 수밖에 없다. 더 넓은 옥수수 경작지가 필요하고 수확한 옥수수를 연료로 전환하기 위해 역시 막대한 양의 에너지가 소모되는 까닭이다.

그렇다고 미국의 바이오 에너지 사업에 합리적인 미래가 없다는 뜻은 아니다. 셀룰로스 또는 그 사촌인 헤미셀룰로스를 포함하는 나무의 목질부에서 에탄올을 만드는 새로운 기술이 개발되고 있다. 이런 노력을 통해 에너지 효율이 올라갈 것이다. 알갱이를 털어 내고 남은 옥수수 속대를 가루 내어 에탄올을 만들 수도 있다. 현재 옥수수 속대는 토양 침식을 막기 위해 쓰이는데, 휴경지를 두는 등 다른 방식으로 토양 침식을 막아야 한다는 의미도 들어 있다. 흙에 유입된 호기성 세균이 땅에 저장된 유기탄소를 산화시켜 이산화탄소를 만들 것이기에 땅을 뒤엎는 일은 곧 이산화탄소의 양을 늘리는 행위가 된다. 따라서 옥수수 속대를 에탄올로 전환하는 일과 휴경지를 확대하는 일은 지구를 위한 좋은 결정이다.

광범위하게 경작하는 옥수수 대신 지팽이풀switchgrass과 같은 식물을 재배하는 것도 한 방법이다. 지팽이풀은 농경지로 전환되기 전 대초원에서 흔히 볼 수 있었던 식물이다. 게다가 자연 상태의 식생에서 바이오 에너지를 얻는다는 생각은 환경보호론자들에게조차 호소력이 있다. 그러나 이런 낭만적인 생각에 대해 스티븐 롱과 동료 연구진은 지팽이풀보다 아시아 화본과 식물인 억새miscanthus나 수크령elephant grass이 모든 면에서 우수하고 단위면적당 생산량도 두 배나 높다는 비교 분석을 내놓았다. 이 식물들은 불임잡종이기 때문에 대부분의 외래종 갈대처럼 세력을 확장하지 못한다. 한 가지 단점이 있다면 이들을 사료로 쓸 수 없다는 사실이다. 토양 침식을 막기 위해 억새를 키울 수도 있다. 또한 이들을 퇴비로 사용함으로써 탄소의 양을 극대화할 수 있기 때문에 에너지 수확 면에서도 매력적인 선택이 된다. 미네소타 대학 데이비드 틸먼David Tilman은 단일 경작 대신 초원을 다양한 생물량으로 채우는 것이 이롭다는 계산을 했다. 더 많은 양의 셀룰로스, 다시 말하면 더 많은 양의 탄소가 고정된다는 뜻이다. 복합경작을 선택함으로써 우리는 바이오 에너지 생산량과 고정 탄소량을 동시에 높일 수 있다.

2005년 미국 에너지부와 농림부는 10억 톤에 달하는 생물량을 가공한 바이오 에너지가 현재 미국 휘발유 사용량의 30퍼센트를 대체할 것이라고 공동 발표했다. 억새를 키워 그런 일을 하기 위해서는 현재 작물 재배 면적의 4분의 1이 더 필요하다. 미국과 유럽에서 억새와 같은 다년생 식물을 이용한 바이오 에너지 분야를 더 키울 필요가 있다. 또 셀룰로스에서 에탄올을 추출하는 기술도 더 발전시켜야 한다. 사용하지 않는 땅에 적은 투자로 초지를 크게 일구는 작업도 시도되어야 한다. 하지만 10억 톤의 생물량은 매우 야심적인 목표이며 전 지구적 차원에서[6] 기대되는 쐐기 효과도 크지는 않다.

바이오 에너지 사업의 가장 큰 잠재력은 열대 지방에 있다. 태양이 거기 있기 때문이다. 미국 사촌들과 달리 브라질의 에탄올 산업은 소비하는 것보다 몇 배나 많은 양을 생산한다. 에탄올의 원료인 사탕수수 생산성이 월등하기 때문이다. 지금은 뉴질랜드에 살며 소탈하기 그지없는 영국인 피터 리드Peter Read는 적도권 전역에 걸쳐 이런 일이 실효를 거둘 것이라고 호언장담한다. 그는 제곱킬로미터당 브라질 유칼립투스가 고정하는 탄소의 양은 온대 지방의 그 어느 작물보다 최소 다섯 배나 많다고 지적했다. 그 절반 정도의 효율로 100만 제곱킬로미터 경작지에서 저장할 수 있는 에너지는 약 1테라와트다(형태가 어떤 것인가에 따라 사용 가능한 에너지는 그보다 적을 것이다). 하지만 행성 차원에서 차이를 만들어 내기 위해 최초로 시도해 볼 만한 에너지임에는 틀림없다.

단점도 없지는 않다. 무엇보다 이러한 작물을 재배할 만한 장소가 무한정 제공되지 않는다는 것이 가장 큰 문제다. 이는 바이오 에너지 작물의 궁극적 잠재력 그리고 식용 곡물과의 경쟁에서 모두 제한적이라는 것을 의미한다. 바이오 에너지 작물 재배가 최근 식품 가격 상승의 유일한 원인은 아니라 해도 얼마만큼의 역할을 했다. 식품 가격이 오르면서 바이오 에너지 곡물 재배 대신 식용 곡물의 생산과 투자가 증가했지만 어쨌든 사람들의 건강과 복지에 부정할 수 없는 손해를 끼친 것도 사실이다. 영국의 환경 저술가인 조지 몬비오George Monbiot는 리드

6) 곡물의 잎 단백질을 물리적으로 추출하여 가축의 사료로 제공하는 일도 이 계획에 포함된다. 이런 일이 진행되는 상황을 빌 피리Bill Pirie가 보았으면 좋아했을 것 같다. 기계적으로 루비스코를 변형시켜 식량화하는 일이 그가 애착하던 프로젝트였다. 친구들과 함께 그는 추출한 단백질을 먹곤 했다. '초록 변' 말고는 특별한 부작용이 없다고 말했다.

의 세계를 비판한 최초의 사람 중 한 명이다. 그는 부자들이 모는 승용차는 가난한 사람들의 소화기관을 볼모로 한다고 말했다. 현금을 거두기 위한 바이오 에너지 재배가 곡물 재배지를 침범하고 지구를 황폐화한다면서 말이다. "오늘날 농업의 규모와 집중도를 걱정하는 사람들은 석유 산업계가 뛰어들었을 때 농업이 어떤 변모를 치를지 심각하게 고려했어야 한다."

그것이 의미하는 바는 햇볕이 강렬한 적도 지방에서 넓은 토지에 집약적으로 땅을 이용해야 하고 식용 작물의 재배에 적합하지 않은 장소를 골라 바이오 에너지 작물을 키워야 한다는 것이다. 쓸 만한 경작지 확보와 작물 재배에 돈이 많이 드는 데다 이 세상은 모두에게 도움이 되는 분야에 많은 돈을 투자하려 들지 않는다. 선진국의 대투자자들은 국가의 시민 모두에게 좋은 일은 꺼리는 대신 원료 물질을 추출하는 일을 선호한다. 바이오 에너지를 개발하여 현금을 수확하는 일이 새로운 사업이 되리라는 점은 쉽게 예상할 수 있다.

리드는 그런 비판에 꿈쩍도 하지 않았다. 연료로 가득한 땅은 불이 나기 쉽다는 정의에도, 그는 지역 주민들에게 바이오 에너지 작물 재배가 사회적 혹은 경제적 부담이 된다면 그 일을 그만두면 된다고 말했다. 그는 한때 개발도상국을 헐벗게 했던 자원과 바이오 에너지 작물은 다른 종류라는 점도 강조하면서 이 방식의 장점을 나열했다. 첫째, 태양은 집약적이지는 않지만 무척 넓은 범위에 걸친 자원이다. 작물 재배에 태양을 이용하면 광산이나 지하자원 의존도를 줄일 수 있다. 또 다른 하나는 태양에서 쉼 없이 흘러오는 이 자원은 재생 가능하다는 점이다. 토양의 비옥도를 유지하면서 지속 가능한 경제를 끌어가는 일도 역시 중요하기는 하다. 개인이 토지를 소유하고 민주적인 목소리를 낼 수 있는 개발도상국에서 바이오 에너지 작물을 재배해야 할지도 모른다.

그러나 불행히도 상당히 많은 곳에서 그런 일은 벌어지지 않는다.

리드는 시사하는 바가 큰 다른 논점도 제기했다. 전 지구적으로 바이오 에너지를 사용하면 이산화탄소의 수치를 줄인다고 말이다. 석탄 혹은 석유 산업계는 이미 '탄소 포집 및 저장' 기술에 무척 관심이 크다. 대기 중으로 퍼지기 전 발전소 굴뚝에서 이산화탄소를 지하 저수지나 빈 석유 또는 가스 저장소로 보내는 장치다. 화석 연료 기술과 함께 적용하면 탄소 포집 및 저장 기술은 탄소의 균형을 맞추는 시도가 될 것이다. 대기 중 이산화탄소의 양은 변하지 않으면서 에너지를 확보하는 방법이다. 1테라와트 용량을 가진 화력 발전소에 이런 장비를 설치하고 이산화탄소를 저장할 장소를 찾는다면 탄소의 쐐기[7]를 구할 수 있을 것이다.

그러나 탄소 포집 및 저장 바이오 에너지 프로그램은 단지 탄소의 균형을 맞추는 일 이상이다. 이 과정의 마지막에 사용자들은 시작할 때보다 더 많은 에너지를 가지게 되지만 대기 중으로 내보내는 이산화탄소의 양은 오히려 줄어든다. 2020년대에 450ppm을 넘어설 만큼 탄소/기후 재앙은 우리가 생각하는 것보다 더욱 심각하며, 우리는 550ppm의 이산화탄소가 초래할 재앙의 징조를 알아차리기 시작했다. 여름 계절풍이 완전히 사라지며 아마존 열대 우림이 초토화되고 영구동토층에서 엄청난 양의 메탄이 분출되는 사건이 동시다발적으로 진행될 수도 있다. 바이오 에너지와 함께 탄소 포집 및 저장 기술만이 우리가 취

7) 보다 적극적으로 잉여 이산화탄소를 사문석 같은 암석에 반응시켜 고체 탄산염 암석으로 바꿀 수도 있다. 긴 탄소 주기를 완성하는 거의 완벽에 가까운 방법으로 화석 연료에서 탄소 빼내기, 사용하기, 탄산염 암석으로 돌려 주기가 있다. 하지만 우리는 아직 필요한 규모로 탄산염을 생산하는 방법을 아직 알지 못한다.

할 유일한 선택이 될지도 모른다. 시간을 거꾸로 돌려 탄소 방출 곡선의 방향을 바꾸어야 하는 것이다. 리드는 탄소를 저장하기 위해 지하 저수지 혹은 텅 빈 유전이 굳이 필요하지는 않다고 지적했다. 나무를 구워 숯을 만들 때 약간의 열과 수소가 나온다. 숯을 땅에 묻으면 탄소를 수 세기 동안 감금할 수 있다. 숯이 분해되는 데 시간이 걸리기 때문이다. 또 우리는 토질을 개선할 수도 있다. 제대로 숯을 더하면 영양분 이용률도 증가한다. 숯은 탄소를 보관하는 또 다른 형태다. 이런 시도는 지역별로 소규모로 진행할 수 있다. 또 바이오 에너지 작물 재배와 함께 환경 관리 프로그램의 하나로 수행해도 무방할 것이다. 대초원이 탄소를 저장한다는 데이비드 틸먼의 말이 맞으면 초원은 탄소를 줄이는 효과도 가질 것이다. 농사를 지을 때 토양 안의 탄소가 호흡에 참여하지 못하게 막는 일도 전 세계적으로 진행될 필요가 있다.

대기 중에서 광합성을 수행한 뒤 고정된 탄소를 묻는 기술도 있다. 바다에 철 비료를 뿌리기도 한다. 바다 표면의 물에 철을 뿌리면 플랑크톤이 증식하고 그중 일부가 바다 깊이 떨어져 호흡하지 못하면 대기 중의 이산화탄소가 줄어드는 효과가 나타난다. 이 과정에서 유용한 에너지를 얻지는 못하겠지만 바다 깊은 곳에 이산화탄소를 몇 세기 동안 격리할 수 있다. 지금까지 살펴보았듯이 이런 방식들을 진행한다고 해서 빙하기 수준까지 이산화탄소의 양이 줄지는 않겠지만 어쨌든 시도는 해 보아야 할 각본들이다.

얼음을 띄워 바다를 식히고 풍차로 바람의 방향을 바꾸려던 에라스무스 다윈에 공감하듯, 세계를 재설계하겠다는 생각에서 바다에 철 비료를 뿌리는 일은 오히려 매력적으로 다가온다. 자존심이 강한 사람들은 이런 상상을 펼치는 것을 꺼리겠지만 사실 이것들은 유용한 자원이다. 그것들이 왜 그런 식으로 굴러가는지 이해하기 시작하면 어떻게 그것들이 다르게 진행될 수 있을지 그 의미를 종종 떠올리게 된다. 예컨대 불이 없는 비현실적인 세상을 설계할 지적 열림이 가능해지기도 하는 것이다. 게다가 우리는 이미 세계를 재설계하고 있다. 우리는 탄소와 질소 순환을 바꾸고 있으며 잠열의 흐름을 변화시켰다. 우리는 대륙에 퇴적물을 쌓아 가고 있다. 지구 곳곳에서 그런 일이 무작위로 진행되고 있다. 그런 일을 전혀 하지 않으려는 이기적인 욕망에 붙잡혀 우리가 더 잘할 수 있다는 의지가 꺾여서는 안 될 것이다.

그렇다. 환경을 위해 우리가 가야 할 길에 우리가 배워야 할 것들은 많다. 하지만 환경이 감당할 능력을 강화하는 일도 또한 설득력 있는 대안이 될 것이다. 머지않아 지구 인구는 80억이 된다. 음식도 필요하고 에너지가 농축된 공업 생산물도 필요하다. 우리는 세계를 여행하며 경이를 맛보고자 한다. 우리에게는 생물지구화학의 순환이 조화로운 건강한 지구 생물권이 필요하다. 인류의 열망과 조화를 이루기 위해 우리 능력껏 이 세계를 설계해야 한다. 현재와 같은 집약농법에서 벗어나 사람들을 먹여 살릴 새로운 방식을 모색해야 한다. 인류를 가난에 빠져들게 하지 않는 한도 내에서 화석 연료의 사용을 최대한 줄여야 한다. 인간의 사고와 관계없이 자연이 독자적으로 움직인다는 생각은 순진하기 그지없다. 모든 면에서 자연은 이미 인간의 영향 아래 있다. 그렇지 않은 곳을 보려면 극지방에나 가야 할 것이다. 맑은 날이면 대륙의 모든 곳에서 최소한 한 대의 비행기가 나는 모습을 볼 수 있다. 그리고 심지어 얼음 위를 스치는 공기에서도 우리는 산업의 흔적을 느낄 수 있다.

앞으로 계속 가야만 하는 인류는 외롭다. 위기에 처해 있지만 우리는 자연을 이용하지 않을 도리가 없다. 어디로 가길 원하는지 우리는 안다. 하지만 어떻게 날아야 하는지 잘 모르는 상황이다. 아무 일도 하지 않아야 한다는 뜻이 아니다. 다만 조심하고 사려 깊게 행동해야 한다.

신중하고 철저하게. 중요한 단어다. 바다 곳곳에 비료를 뿌리는 시도에는 그 말이 적용되지 않을 것이다. 아무 곳에나 철을 뿌리는 일이 큰 도움이 될 것 같지는 않기 때문이다. 만들어진 생물량이 얕은 바다의 배고픈 동물들에게 먹히게 하기보다 깊은 바다로 가라앉혀야 할 필요가 있다. 이런 문제점 때문에 남극 대양에 이 기술을 적용하는 시도가 제약을 받는다. 많은 과학자들은 이러한 시도에 공포감을 느낀다. 생태계 전체를 교란할 수도 있기 때문이다. 이런 시도를 열광적으로 찬성하는 과학자들도 없지는 않다. 철을 뿌리는 몇 가지 실험을 진행한 앤드루 왓슨은 철저하게 감시하는 깊은 연구를 통해 철을 바다에 뿌리는 행위가 보호 전략이 될 수 있다고 주장한다. 그러나 주의 깊게 이런 시도를 수행했더라도 남극 대양에 탄소를 매장할 수 있는 용량은 실망스러울 정도로 적다. 지금까지 실험을 통해 밝혀진 바는 초기 엉성한 모델이 예견한 것보다 단위 철 투여량 대비 100분의 1 정도에 불과한 탄소가 매장된다는 사실이었다. 안전하다면 철을 뿌리는 행위가 얼마간 도움이 될 수 있겠지만 이 세계를 구원하기에는 길이 멀다.

반면 피터 리드가 상상한 규모의 생물 에너지 계획은 탄소/기후 재앙에 상당한 변화를 초래할 수도 있다. 그러나 역시 지구생리학적 위험을 감수해야 한다. 경제적이고 사회적인 손실도 만만치 않다. 아프리카에 삼림을 조성하여 잠열이 대기권으로 옮겨가는 속도를 변화시키면 인도양의 여름 몬순에 영향을 끼칠 수 있을 것이다. 하지만 이런 조림 사업도 위험하기는 마찬가지다. 경제적으로 유용한 처녀림을 해칠 수도 있기 때문이다. 종의 손실은 차치하고라도 생태계 전체의 탄력성을 잃을 수도 있다. 생물학에서 이익을 얻으려면 생존비용을 내야 한다. 거대한 면적의 지구 표면에서 농경을 수행하려면 우리 농장의 단순한 생태계가 감당하지 못하는 온갖 직무를 수행하도록 상대적으로 인간의 손을 덜 탄 지역을 보존하는 데 비용을 써야 한다. 우리는 산업사회 이전 생태계의 얼마 정도를 쓰고 얼마 정도를 써 왔는지 막연하게라도 알지 못한다. 그러나 엄청난 규모로 지구 생태계를 해치는 일은 신중히 판단해야 할 필요가 있다.

이는 또한 재생 에너지의 문제를 해결하는 여러 가지 우수 답안들이 개념적으로 가장 단순해야 하는 이유다. 이를테면 태양 에너지를 전기 혹은 연료로 직접 전환하는 일이다. 1950년 이후 우주를 외롭게 떠돌 우주선을 설계하는 사람들은 태양 에너지가 그들이 필요한 만큼의 전력을 생산하는 놀랄 만한 수단임을 알게 되었다. 이런 시도를 꾸준히 시행하여 수천억 배 증강된 전력을 확보하고 우주선에 적용할 전략을 수립해야 한다. 과거의 것을 캐내던 우리 행성은 이제 햇빛을 농축하는 방식으로 나아가야 한다.

포플러에 비치는 태양

파리 교외 공원에서 바람에 산들거리며 일렬로 늘어선 포플러를 바라본다. 이파리는 흡사 탬버린과 같은 소리를 내며 반짝거린다. 세계 석학들이 모인 자리에서 제2 광계가 어떻게 작동하는지 설명하던 빌 러더포드Bill Rutherford의 목소리가 들린다. 나는 로스앨러모스를 떠올린다.

우리에게는 태양 빛을 직접 포획하는 두 가지 모델이 있다. 태양광 전지와 잎이 그것이다. 둘은 상당히 다르다. 태양광 전지는 순수하고 독특하며 흠잡을 데 없이 가공된 인공 금속이다. 정교하지만 복잡하지는 않다. 불순물이 거의 포함되지 않는 실리콘과 유사한 두 개 또는 그 이상의 조각에 불과하다. 반도체 안에서 광자 에너지를 받아 들뜬 전자가 자유롭게 이동하면 그 자리에 '구멍'이 남는다. 햇빛이 비치는 동안 한 방향으로 흐르는 전자와 남은 구멍 사이에서 전류가 생성된다. 여기에는 특징적인 메커니즘도 없고 전자를 보존하는, 움직이는 어떤 부품도 없다.

이와 달리 잎은 엄청나게 복잡하다. 기공의 열리고 닫힘을 관장하는 세포에, 구조를 부여하는 잎맥도 그렇지만 막으로 둘러싼 광합성 기구와 ATP 합성 기계 그리고 시토크롬을 갖춘 엽록체도 한없이 복잡하다. 순수한 것도 아니고 어떤 고정된 특성을 갖지도 않는다. 광물이 아니어서 먹을 수도 있다. 흙과 공기가 있으면 잎은 성장한다. 좋은 일이다. 하지만 그 세상은 그리 오래 가지 않는다.

한 가지는 공장에서 만들지만 다른 한 가지는 씨에서 자란다. 태양전지는 수십 년을 가지만 잎은 고작 한 계절이면 끝이다. 하나는 비싸지만 다른 것은 싸다. 하나는 효율적이지만 다른 것은 그렇지 않다. 하나는 전류를 만들고 다른 하나는 탄수화물을 만든다. 태양광 전지 반도체는 쐐기를 덜 수 있으나 문명의 원동력으로서는 적절하지 않다. 현재 광전지는 너무 비싸고 특정한 시간대에만 전력을 생산한다. 활용도를 높이려면 광전지를 더 싸게 만들어야 하고 그것이 만들어 낸 에너지를 저장할 방법을 개선해야 한다. 잎은 이미 싸지만 그리 효율적이지 않다. 공장에서 만든 광전지는 15퍼센트의 효율로 태양 에너지를 전기에너지로 전환한다. 하지만 식물은 최대 효율이 10퍼센트가 되지 않는다. 미래는 어떨지 모르지만 현재 바이오 에너지를 공급하는 일은 넓은 공간과 많은 양의 물이 필요하다. 본성상 파괴적인 작업이다. 잎은 전기를 만들지 못하지만 전 세계에 걸쳐 광범위하게 쓰인다. 그러기 위해서는 식물을 태우고 그 열로 터빈을 돌려야 한다. 효율이 더 떨어지는 그 과정을 보상하기 위해 자본도 투자해야 한다. 하지만 처음부터 스스로를 만들며 복잡한 기구를 함께 구동하는 식물의 기예는 말할 수 없이 깔끔하다.

지금 우리 앞에 놓인 과제는 광전지와 잎 사이에 위치할 새로운 기술을 개발하는 것이다. 그것은 산업과 자연의 합성품이 될 것이다. 대체 연료 또는 전기를 생산할 잎과 비슷한 무언가를 만들기. 단백질과 같은 구조적 상세함을 닮은 공산품, 그러한 상세함을 드러낼 수 있는 자기 조직화 방식 배우기. 석유를 만드는 기술에서, 수소 또는 전기를 얻는 기술에 이르기까지 다양한 태양 에너지 변환 기법을 개발할 필요가 있다. 원료를 사용할 때도 시공간적으로 최소 비용을 들이면서 최대 효율을 구가해야 한다. 도시에 전력을 공급하든 전화에 전력을 공급하든 마찬가지다. 우리는 선택이 필요하다.

파리 외곽 공원에서 빌 러더포드와 함께 앉아 있던 사내들은 이런 방식 중 하나를 선택할 프로그램에 종사하는 사람들이다. 그들은 촉매 효소의 특성을 가진 이상한 금속의 물리적 특성을 연구하는 전문가들이다. 그들은 물을 깨서 산소와 수소로 분해하는 제2 광계 망간 이온 복합체cluster 연구에 푹 빠져 있는 과학자들이다. 이들은 수소 이온과 전자를 결합하여 수소 분자를 형성하는 수소화효소hydrogenase 안 철 원자의 배열도 연구한다. 이런 연구를 기반으로 그들은 햇빛을 이용해 수소를 생산하는 방식을 탐구하는 솔라-H라는 범유럽 과학자 협회의 핵심 구성원이 되었다. 이들은 파리의 근교에서 개최되는 솔라-H 학회에 참석하고 있다.

수소는 에너지원이 아니다. 그래서 이들은 쐐기를 언급하는 데서 빠졌다. 대신 연료로서 수소는 에너지를 저장하는 방식이다. 바로 사용할 수 있는 연료가 즐비한 세상에서 사용하기 전에 따로 제조 과정을 거치는 연료는 그리 매력적이지 않다. 그렇지만 모든 연료를 제조해야 하는 장차 도래할 세상에서 수소는 강력한 후보자가 된다. 수소는 물 말고는 아무것도 남기지 않아서 깔끔하게 산화된다. 산화환원 반응에서 나온 에너지를 바로 전류로 전환하는 연료 전지로서도 이상적이다. 내연 기관이 20세기를 이끌었듯 수소 전지가 21세기를 추동할 것이라고 강조하는 사람들도 적지 않다. 연료 전지에 바탕을 둔 '수소 경제'가 탄소 기반 연료가 바닥난 다음 세기의 논리적인 귀결점이 될 것이라는 뜻이다. 나무에는 수소보다 탄소가 많다. 석탄에서는 그 비율이 비슷하다. 석유에는 얼추 수소가 탄소의 두 배, 천연가스에서는 네 배다. 순수한 수소 경제에서는 탄소가 없다.

수소 경제의 기본 재료는 물 분자 안 산소에 붙들려 있는 수소다. 이 수소를 연료로 전환하기 위해서는 충분한 양의 에너지를 공급해서 물을 깨고 순수한 수소를 얻을 수 있어야 한다. 솔라-H 프로젝트 구성원들이 태양 빛을 이용해 물을 깨는 제2 광계의 장치를 흉내 내기 위해 애를 쓰는 까닭이다.

생물학적인 방법으로 수소를 생산하려는 생각은 브뤼셀의 일요일 운전자를 거리에서 내몰았던 1970년대에 오일쇼크에서 시작되었다. 샌디에이고 캘리포니아 대학의 마틴 카멘 실험실 연구진은 언제나 광합성에 관한 새로운 진실을 찾고 있었다. 그들은 시금치에서 추출한 엽록체, 페레독신(제1 광계의 전자를 캘빈-벤슨 회로로 운반하는 단백질) 그리고 코넬리스 반 니엘의 스승이었던 덴마크의 선구적 미생물학자의 이름을 딴 미생물인 클로스트리듐 클루이베리*Clostridium kluyveri*의 수소화효소 혼합물이 수소를 생산한다는 사실을 확인했다. 그보다 약 10년 전 다니엘 아르논은 페레독신이 수소화효소에 전자를 전달한다는 사실을 밝힌 바 있다. 하지만 제2 광계에서 수소 이온과 전자가 바로 나온다는 점은 최초로 알려진 것이다.

이 논문의 제1 저자인 존 베네만John Benemann은 30년이 넘게 바이오 수소 연구를 이어 가고 있다. 2004년 그는 최신 연구 결과를 몬트리올 광합성 학회에서 발표했다. 바이오 수소는 독립 컨설턴트로서 그가 유일하게 추구하는 관심사다. 그가 가진 지분은 유럽 중부 억양이 진하게 남아 있는 그의 낡은 전화벨 소리가 증명한다. 그는 주로 토양 미생물을 찾는 데 많은 시간을 투자한다. 그가 유심히 살폈던 분야는 현재 미래를 밝힐 에너지 전망과 관련된다.

최초의 논문이 나온 뒤 지금까지 해결하지 못한 문제점은 제2 광계가 수소 이온뿐만 아니라 산소도 만든다는 사실이다. 반응성 좋은 산소는 생물학적 환원 반응이 진행될 민감한 분자 기계 근처에서 방해물일 따름이다. 질소를 고정하는 효소로부터 산소를 격리하는 일이 남세균의 오랜 난제였던 점과 비슷한 상황이다. 바이오 수소 생산에서 산소는 수소화효소의 활동을 망치는 골칫거리다.

그럼에도 불구하고 그 문제를 피해갈 방법이 전혀 없는 것은 아니다. 지금 버클리 대학 교수인 타시오스 멜리스Tasios Melis는 1960년대 학부생 시절 광합성에 매료되었다. 플로리다 대학원생이던 1970년대 초반 그는 한스 가프론 실험실에 있었다. 1930년대 광합성 단위를 최초로 인식했고 어둠 속에서 조류에게 빛을 주어 수소가 만들어진다는 사실을 발견한 과학자다. 캘빈-벤슨 회로가 시작되려면 시간이 필요하고 태양 빛이 도달했을 때 광계가 펌프질 할 전자를 대체할 무언가가 필요하다. 수소화효소가 그 전자를 제공한다. 하지한 그 효과는 일시적이고 미미하다.

멜리스는 배양액 안에서 어떻게 조류가 방울을 만들 정도로 많은 양의 수소를 만드는지 알아내는 데 20년 넘게 공을 들였다. 비밀은 조류를 굶기는 것이었다. 특히 황이 결정적이었다. 황이 없으면 조류는 단백질을 만드는 데 어려움을 겪는다. 무엇보다 제2 광계에서 산소에 끊임없이 타격을 받는 보조 단백질이 그랬다. 이 상황에서 광합성 효율은 급격히 떨어진다. 세포는 호흡을 통해 에너지를 얻으려고 전술을 바꾼다. 제2 광계에서 만들어지는 산소의 양이 줄고 호흡에서 산소 소모량이 늘면서 저산소 환경이 되면 비로소 수소화효소가 작동하기 시작하는 것이다. 그와 동시에 세포는 캘빈-벤슨 회로를 차단한다. 황이 없으면 세포는 자라는 것보다 생존하는 데 온갖 신경을 쓴다. 따라서 그들은 새로운 유기물질이 덜 필요하다. 더 이상 일을 하지 않는 루비스코가 세포 식재료로 사용된다. 캘빈-벤슨 회로가 돌아가지 않는다 해도 광계는 전자를 밀어내고 이들은 전자전달계를 따라 이동하며 세포가 필요로 하는 ATP를 만들어 낸다. 바로 이 지점이 수소화효소가 작동하는 곳이다. 이른 아침의 안전밸브가 아니라 절체절명의 위기에 세포의 필수 성분이 되는 것이다.

현재 멜리스는 단순한 조류가 가득 찬 광반응기에서 상당량의 수소를 만들어 내는 방법을 터득했다. 조류를 굶겨 혐기성 조건에서 수소를 만들게 한 다음 잘 먹여서 다시 이들의 원기를 회복한 후 다시 굶기는 것이다. 문제는 이런 방식이 호흡 속도와 비교하여 광합성 속도가 느릴 때만 작동한다는 점이다. 현재 멜리스가 추진하고 있는 한 가지 해결책은 시생누대 후기에 일어났던 공생 사건을 변조하여 다른 세포 소기관의 중요성을 뒤집을 정도로 핵 유전자를 건드린 다음 미토콘드리아를 강화하는 방법이다. 미토콘드리아가 힘을 얻으면 호흡 속도가 증대된다. 산소 소모량이 늘어난다는 뜻이다. 산소의 양이 줄면 수소를 만드는 광합성 속도가 빨라진다. 조류의 호흡 속도가 빨라졌다는 사실은 단지 미토콘드리아가 강화되었다는 사실뿐만 아니라 호흡할 먹잇감도 부족하지 않게 보충해 주어야 한다는 점을 의미한다. 멜리스는 초산염을 선호한다. 모든 발효 과정에서 만들어지는 탄소 2개짜리 물질이다. 조류가 호흡 속도를 떨어뜨리지 않게 먹이를 공급하면 수소화효소가 힘을 받는 광합성이 저산소 환경에서 제대로 작동한다. 솔라-H의 일부 과학자들도 이와 비슷한 접근 방식을 연구한다. 어떤 과학자들은 산소에 저항성이 있는 수소화효소를 찾고 있다. 질소를 고정하는 과정에서 남세균이 사용하는 전략을 수정함으로써 상황을 타개하려 하기도 한다. 수소와 함께 더 야심적으로 고세균의 메탄 생성 기전을 광합성 생명체에 이식함으로써 생물량을 메탄으로 바꾸려 시도하기도 한다. 대기 중의 이산화탄소로부터 직접 만들어진 메탄은 수소의 이점을 거의 전부 가지고 있지만 수소와 달리 분배와 저장의 사회적 기반 시설이 이미 확충되어 있다.

이렇게 수소를 생산하는 방식들은 이른바 전기분해라고 하는, 엄청난 힘을 가하여 물을 분리하는 광전지 방식보다 효율이 그리 높지는 않다. 하지만 광 반응기를 싸게 만들 수 있다면 그리고 조류가 빛을 감지하는 장치를 생성하는 데 놀라울 정도로 적은 양의 에너지를 사용한다면 자본의 투입이 많지 않아도 작업을 수행할 수 있다. 개별 조류 세포는 이기적으로 자신의 안테나를 크게 세우려 노력한다. 따라서 빛이 약해도 광합성을 수행할 수 있다. 그러나 커다란 안테나는 곧 생산성 저하를 의미한다. 커다란 안테나를 장착한 조류는 자신들이 감당할 수 있는 것보다 더 많은 태양 빛을 가로챈다. 여분의 에너지를 열로 발산한다는 뜻이다. 안테나가 작으면 어떤 세포도 필요한 것보다 적은 양의 에너지를 얻겠지만 전체적인 생산성은 커진다.

안테나의 크기를 줄이려 할 때 자주 불거지는 문제는 유전공학적으로 작게 만든 조류의 안테나가 자꾸 큰 것으로 돌연변이를 치른다는 점이다. 이는 50여 년 전 산소 발생 광합성 연구의 선구자 중 한 명인 베셀 콕Bessel Kok이 지적한 사항이다. 그렇게 되면 호수의 바닥에 위치하게 되는 경우일지라도 잘 생존할 수 있다. 같은 형질을 가진 자손들을 낳을 것이기 때문에 이 돌연변이 유형은 금방 세력을 넓힌다. 생물학적인 이점을 추구하려는 노력은 종종 생존에 필요한 비용 혹은 진화가 부여하는 비용 탓에 좌초된다. 과학자들의 주의 깊은 노력은 이런 개별 개체들의 일탈로 쉽게 무너진다. 자연선택이 생존에 이점이 있는 돌연변이체를 선호하기 때문에 과학자들은 시행착오를 거쳐 안테나의 크기를 조절해야 한다.

안테나 크기를 장기간에 걸쳐 조절할 수 있다면 태양 수소 생산이 더 효율적으로 이루어질 수 있을 뿐 아니라 열린 호수에서 조류를 키워 바이오 디젤을 생산하거나(어떤 조류는 체중당 기름의 양이 30퍼센트를 넘기도 한다) 또는 연료를 만들기 위해 생물량을 발효하는 일도 생각해 볼 수 있다. 늘 낮은 기술을 선호하는 베네만이 지적했듯, 태양이 키운 생물량을 발효하는 반응기는 빛이 필요하지 않고 따라서 유리로 만들지 않아도 되기 때문에 저렴하고 믿을 만하게 생산할 수 있다. 물론 전반적인 효율은 그리 좋지 않을 수도 있다. 작은 안테나로 조류를 국지적으로 생산하고 손쉽게 생물량-에너지로 전환하는 계획은 경제적이다. 그러나 아직 조류의 유전자 조절에 대한 지식이 턱없이 부족하다.

태양 수소 문제의 걸림돌은 생물학에만 있지는 않다. 1972년 일본 대학의 연구원인 아키라 후지시마Akira Fujishima와 켄이치 혼다Kenichi Honda는 광전지가 정상 전극과 물속에 들어 있는 '광전기 화학 전지'에서 수소를 생산할 수 있다는 결과를 보고했다. 빛이 전지에 도달하면 두 전극 사이에 전압 차가 생기고 그에 따라 물이 분해된다. 문제는 효율성이다. 광전지가 생산하는 전압은 물질 자체의 본성인 띠 틈band gap에 의존한다. 전자가 띠 틈을 지날 수 있도록 충분한 에너지를 가진 광자가 있어야 제대로 작동한다. 광전지 화학에서 최초로 사용된 물질인 산화티타늄의 띠 틈은 상대적으로 넓은 3볼트다. 이를 넘는 에너지를 가진 광자는 자외선에 해당하는 짧은 파장을 가져야 한다. 태양 에너지의 90퍼센트는 전극을 활성화하는 데 사용할 수 없다는 뜻이다.

물을 깨는 데 3볼트까지 필요하지는 않다. 1.23볼트의 차이만 있으면 가능하다. 전기 혹은 산화환원 전위 1.23 볼트를 뛰어넘을 만큼의 에너지를 가진 광자는 많다. 문제는 띠 틈의 크기 말고도 고려해야 할 요소가 있다는 점이다. 이 틈 사이의 전압 차이도 문제다. 2장에서 스키 리프트 문제를 설명하려 했을 때와 본질적으로 같은 문제다. 스키 리프트는 길기도 하지만 정확한 위치에서 시작해야 한다. 제2 광계도 마찬가지다. 도달하는 광자의 에너지가 정확히 물로부터 수소를 제거할 만큼의 산화환원 전위와 맞아떨어져야 사용할 수 있다. 산화티타늄의 띠 틈은 스키 리프트가 상당히 긴 편에 속한다. 정당한 위치에 도달하기 위해서는 산 저 아래쪽에서 출발해야 한다는 뜻이다. 스키 리프트의 길이를 줄이기 위해 띠 틈을 다시 설계할 경우 하단이 올라가기보다는 상단이 내려오는 실망스러운 일이 발생한다. 그런 일이 생기면 이 계는 물을 분해할 수 없다.

띠 틈이 작고 거의 정확한 위치에 있는, 절반쯤 설득력이 있는 다양한 후보자들이 있지만 이들은 물에 잠겨서도 기능을 잃지 말아야 한다. 하지만 대개 그렇지 않다. 또한 그들은 스스로 산화되고 녹아야 하며 다른 어떤 방식으로 분해되어야 한다. 반도체 자체 내에서 생산되는 전자를 사용하는 대신 전극 바깥에 달라붙은 색소에서 산화티타늄으로 전자를 분사하는 참신한 대체물이 있다. 이 색소는 에너지를 광계로 전달하는 엽록소처럼 효과적으로 작동하며 전자를 스키 리프트의 절반 높이까지 운반한다. 이 방식으로 광전지가 수소를 만드는 좋은 방법이 입증되지는 않았지만, 수소를 생산하는 대신 이 시스템을 이용하여 직접 전류를 생산할 수 있다면 값싼 새로운 태양 전지를 유리창이나 페인트 형태로 제공할 수 있으리라고 주장하는 사람들도 있다.

또 다른 대용물은 커다란 광전지가 아니라 조금 더 자연을 모방하여 개별 분자가 빛을 흡수하는 시스템을 개발하는 일이다. 애리조나 주립대학 소속인 톰 무어Torm Moore, 그의 부인 애나Ana와 연구원들은 20년 넘게 이 일에 매진하고 있다. 이들은 포르피린이 빛을 흡수하고 그 결과 공여 단백질이 산화된 후 생물학적 막에 낀 단백질에 달라붙어 ATP를 생산하는 영리한 시스템을 만들었다(이들은 전 세계 광합성 연구에 가장 영향력 있는 연구소를 운영하고 있다). 그러나 이들은 아직 산소를 떼 내는 촉매를 이 시스템에 연결하지 못하고 있다.

유럽에서는 무어의 시도와 유사한 솔라-H 프로그램이 진행되고 있다. 광반응기를 이용한 접근법이다. 이 프로그램의 목표는 제2 광계의 영감을 받아 수소를 생산하는 여러 가지 방법을 시도해 보는 것이다. 이들도 무어처럼 화학적 구조물이나 생물학적 인공물에 의존한다. 여기에는 다양한 전공을 가진 6개국 연구소의 과학자가 참여한다. 파리 근교에서 이루어진 회합에 나도 참여했다. 나흘 동안 서로를 알아가는 시간을 가졌으며 젊은 과학자들과 연륜이 풍부한 과학자들이(대부분 남성이었다) 전체적으로 협업할 내용이 무엇인지, 무슨 의미가 있는지 토론하는 자리였다. 이 일은 매우 복잡하고 혼란스러운 데다 과학적으로 뒤죽박죽이었다. 내가 받은 인상은 거의 모든 참가자가 적어도 일부 강연을 전혀 이해하지 못했거나 아예 관심을 보이지 않았다는 것이다. 유리 생물 반응기에서 세균을 키우는 네덜란드의 미생물학자가 루테늄의 스펙트럼선을 정말로 이해할 수 있을까? 화학자들이 광자를 흡수할 수 있는 물질로 가장 선호하는 금속이 루테늄이다. 화학자들이 최근 수소 분자를 잘 집어넣는 수소화효소를 가진 여러 세균을 키우는 데 필요한 조건을 굳이 다 이해할 필요가 있을까?

이런 질문에 대해 생각도 제각각이다. 사람들이 관습적인 틀에서 빠져 나오지 않으면 진보가 이루어질 수 있는가? 유럽 연합이 기금을 조성하는 솔라-H는 위험성이 높지만 고수익이 나올 수 있는 프로젝트다. 이들 프로그램의 일부는 새롭고 떠오르는 과학과 기술이다. 커트 보니것Kurt Vonnegut을 떠오르게 하는 스웨덴의 교수인 스텐조른 스터링Stenbjörn Styring은 파리 학회를 주도하며 눈에 띄지는 않았지만 강한 영감을 남겼다. 그는 과학자로서 광합성에 평생 매진한 사람이었고 다양한 분야의 사람들과 공동 연구를 진행했다. 솔라-H는 유럽 연합이 지원하는 그의 첫 번째 연구 과제가 아니었다. 그는 스웨덴에서 인공 광합성을 주제로 한 학회를 주관했다. 적극적으로 기금을 조성하고 그 가치를 믿는 과학자였다. 동시에 그는 어떤 면에서 이런 회합이 매우 비효율적이라는 사실도 잘 알고 있었다.

생명체가 이익을 구하고자 할 때 그러하듯이 과학 연구도 유지비용을 써야 한다. 생명체에게 비용은 살아남는 데 필요한 것이다. 말에게 초지가 필요한 것과 같다. 과학에서 비용은 연구비를 확보하고 후속 세대의 재능을 훈련하는 데 필요하다. 오로지 과학자만이 새로운 과학자를 조련할 수 있다. 스터링의 슬픔 중 하나는 인재들이 실험실에서의 우수한 성과를 바탕으로 지위를 얻었지만 솔라-H 프로그램에 참여함으로써 자신의 실험실에서 일할 시간이 크게 줄었다는 데 있었다. 그들은 학생들을 구하고 훈련하느라 애썼지만 정작 자신들의 일에는 신경을 덜 쓴 바람에 여러모로 결과가 썩 좋지는 않았다. 스터링의 말을 들어 보면 자신의 실험실을 가진 솔라-H의 지도자들이 기술적으로 지원하고 전체적인 방향을 제시하고 간섭하지 않으면 공동 연구를 하는 것보다 훨씬 진척이 빠를 것이라는 점은 전혀 의심할 바가 없었다. 그러나 유럽 연합이 개별 연구자들에게 많은 돈을 투자할 여력이 있을까? 다음 세대 과학자들은 누가 지도할 것인가? 또 현재 연구자들이 스스로 동기 부여가 된 연구 과제를 기꺼이 포기하고 정부가 통제하는 프로젝트를 수행하려고 할까?

60년 전 버클리라면 그 답은 "그렇다."이다. 시카고 대학의 방사선 실험실은 맨해튼 프로젝트를 수행하게 되었다. 유진 라비노비치와 해럴드 유리, 빌 아놀드와 마틴 카멘 등 여러 과학자들은 자신을 필요로 하는 장소에 가서 한 가지 주제뿐만 아니라 다른 다양한 연관 주제를 연구했다. 오크 리지의 언덕에 자리 잡은 연구소에서는 우라늄을, 워싱턴주 핸포드 고지 외딴곳에서는 플루토늄을, 산타페에서 30마일 떨어진 뉴멕시코 로스앨러모스에서는 '기계' 자체를 연구했다. 그들은 호기심이 이끄는 대로 길을 걷지는 않았지만 원하는 결과를 얻기 위해 다양한 길을 걸을 수 있었다. 다른 디자인을 가진 다른 기술을 통해 다양한 방법으로 작동하는 폭탄을 만들었다. 그들의 의도적인 여행은 눈부신 성공을 끌어냈다. 그들은 세상을 바꾸었다.

여러 과학자들이 현재 탄소/기후 재앙에 도전하는 일에 비슷한 반응을 보인다. 태양 에너지를 수확하고 저장하는 에너지 연구에 초점을 맞춘 방대하고 새로운 프로그램을 개발하는 체계적인 접근이 필요하다. 우리는 우리가 가진 문제점을 잘 안다. 우리는 자연에서 작동하는 효소를 흉내 내는 방법을 찾아야 한다. 가능하면 조류를 고밀도로 키울 수 있어야 하고 더 싸게 전류를 생산할 수 있는 광전지를 개발해야 한다. 수억 달러가 소요되는 기획 연구에서 이런 문제가 전혀 해결되지 않을 것이라고 믿을 이유는 없다. 어려운 일이라면 수십억 달러가 들지도 모른다. 하지만 이런 방식으로 문제를 해결할 사람이 아무도 없다는 사실을 믿기는 더욱 어렵다.

그럼에도 불구하고 정부는 맨해튼의 요구 그리고 조금 더 평화적인 아폴로 프로젝트에 대한 요구 모두에 귀를 닫았다. 부끄럽고도 놀랍게도 부유한 국가에서 에너지 소비를 둘러싼 연구를 지원하는 연구비는 줄어들었다. 지난 30년 동안 전혀 오르지 않았다. 일관되고 장기적인 프로그램은 어디에도 찾아볼 수 없다. 우주 망원경 연구에는 50억 달러가 지원될 것이다. 달 과학자들은 1,000억 달러가 넘는 연구비를 쓴다. 솔라-H에 참가하는 프로방스 카다라쉬 대학 프랑스 핵 연구소는 국제열핵융합실험로ITER를 짓는 데 50억 달러 그리고 운영비로 50억 달러를 지원한다. 하지만 빌 러더퍼드는 그해 여름 새로운 분광학 기계를 살 연구비를 얻지 못했다. 그 기계를 써서 전 세계 어느 실험실보다 우수한 성과를 내는데도 말이다. 융합 연구에는 연구비가 많이 지원되지 않는다. 장기 목표가 중요하고 충분한 지원을 아끼지 말아야 하는데도 말이다. 그것이 반드시 지구를 구하지 못할지라도 그래야 한다. 매혹적이지는 않지만 에너지 과학 연구를 상당히 높은 궤도까지 올려놓아야 한다. 그렇지만 그 누구도 심각하게 이런 이야기를 시작하지 않는다.

기대하거나 희망하는 만큼 지원이 이루어지지는 않지만 이 분야의 과학자들을 그리 화나게 하지는 않는다. 광합성 연구 분야의 분위기를 눈여겨본 내 느낌은 과학자들이 자신의 연구가 지구 수준에서 매우 중요한 의미를 지닌다고 생각하면서 즐거워한다는 점이다. 그렇지만 그들 대부분은 그 의미를 현금화하는 데 별 관심을 보이지 않는다. 기초생물학자들이 질병을 치료하려 노력하듯 이들도 기꺼이 지구를 돕는다고 느낀다. 원칙적으로 그 연구를 지지하며 자신들의 작업이 숭고한 결과를 내놓을 수 있으리라 생각하면서 즐겁게 일한다. 어쨌든 그들은 자신들이 원하는 일을 하고 영감을 얻으며 자기 확신에 차 있다. 하지만 그 때문에 그들이 일을 하지는 않는다. 그들은 자신의 지적 호기심을 충족시키고 동료들의 인정을 받는 데서 기본적으로 일의 동력을 얻는다. 그들에게는 일의 합목적성이 기쁜 일이다. 그들의 과제에 연구비가 지원되면 더 큰 도움이 되겠지만 그런 합목적성이 산업적인 결실로 이어지는 일은 다른 사람의 사업으로 간주하는 경향이 있다.

이것은 결코 책임 소재를 가리자는 말이 아니다. 다만 사실을 피력할 뿐이다. 대부분의 과학자들은 세계를 이해하려고 노력하지만 모두가 세상을 변화하려고 행동하지는 않는다. 그들은 만월회 선배들보다 세상을 변화시킬 방법에 대해 잘 이해한다. 하지만 당대의 문제를 해결할 행위자로서 위대한 18세기 과학자들이 발달시켰던 전문성은 퇴색했다. 그저 그들은 자신의 호기심을 쫓을 뿐 참여하여 세계를 바꾸는 대신 기꺼이 도피를 택했다. 교육기관은 이런 열정을 추구할 내용과 통로를 제공하지만 도움을 주지는 않는다. 하지만 과학자들은 놀라울 정도로 자신의 질문을 정확히 정의한다.

스터링처럼 정치적 색채를 띤 과학자들도 그렇다. 새로운 기술이 개발되도록 그는 기꺼이 이 세계를 도울 것이다. 그러나 그를 움직이는 힘은 과학의 적용이 아니라 과학 자체에 있다. 어떤 면에서 과학자 연합체는 그의 목적을 향한 매개체이며 어찌됐든 그가 원하는 목표에 자원을 공급하도록 설계된 일종의 타협안이다. 그는 제2 광계를 흉내 낼 만족할 만한 분자 기계를 다룬다. 결국 그가 원하는 것은 비커 안에서 수소 기포를 보거나 혹은 기포가 나올 징표 같은 것이다.

세계를 이런 방식으로 조정하는 것에 사람들은 경탄한다. 어두운 미지의 세계에 빛을 밝힐 가장 강력한 힘은 단순한 호기심에서 비롯되는 경우가 많다. 하지만 지금은 평범하고 일상적인 세기가 아니다.

광전지 광물과 살아 있는 잎의 중간 어딘가에서 여러 가지 다양한 해결책을 찾는 일이 불가능하지는 않을 것이다. 지난 10년 동안 연간 30퍼센트 넘게 성장했고 보다 많은 자본이 태양 에너지로 몰리고 있는 상황에서 최근 새로운 광전지에 대한 관심이 높아지고 있다. 그러나 확실히 세상을 변화시키기 위해 우리는 태양 에너지를 연료로 저장할 확실한 방법을 찾아내야 한다. 2020년까지 1테라와트 혹은 2테라와트의 에너지를 생산할 수 있다면 2040년에 그것은 10테라와트 이상이 될 수도 있다. 태양 에너지 사업은 지금과 같은 고도 성장을 유지할 것이 아니라 그 추세를 넘어야 한다. 장담할 수는 없지만 시장이 이를 감당할 수 있을 것이다. 언제든 사람들은 새로운 기술에 투자할 것이다. 투자한 것보다 더 많은 돈을 벌어들이거나 그럴 가능성이 큰 기술이라면 더욱 그럴 것이다. 그와 함께 태양 에너지 포획을 현실화할 기초 과학에 대한 이해도 깊어질 것이다.

상황을 타개할 영광스러운 초인이 어딘가에 있을지도 모른다. 정부 기관은 아니지만 인간 유전체 지도를 밝힌 크랙 벤터Craig Venter는 탄소를 특별히 고정하고 잘하면 수소 가스도 만들 수 있는 세균을 개발하고 있다(베네만과 카멘이 처음으로 바이오 수소 논문을 발표하던 시기에 벤터가 샌디에이고 캘리포니아 대학원생이었다는 점이 단순한 우연은 아니었다). 괄목할 만한 연구 실적과 풍부한 자원을 가진 초인을 기대할 수도 있겠지만 우리는 할 수 있는 최선의 과학적 노력을 다해야 한다.

이런 사업을 성공적으로 수행하기 위해 우리는 사업에 필요한 것 이상의 자원을 집중해야 한다. 이 세계의 대표적인 과학자들이 이 분야에 관심을 가지고 연구하도록 서로 독려하고 지원해야 한다. 이런 움직임은 이미 가시화되었다. 초기 방사선 실험실이 진화해 간 로렌스 버클리 국립 연구소에서 과학자들은 나노기술이든 바이오 디젤을 생산하는(멜리스도 이 일을 한다) 호수이든 태양 빛을 이용한 가능한 모든 방법을 연구하는 헬리오스Helios 프로그램을 계획하고 있다. 일부 과학자들은 자신의 호기심을 좇지만 기회만 된다면 돈도 벌려고 한다.

헬리오스 프로그램의 목표가 전쟁을 치르는 동안 무기를 개발해야 할 상황만큼 긴박하지는 않을지도 모른다. 달에 사람을 보내는 것만큼 극적이지 않을지도 모른다. 하지만 50년 뒤에 그들을 달에서 데려오는 일보다 그 목표가 더 극적이라고 주장할 수도 있다. 그러나 우리에겐 무시하지 말아야 할 인간 혹은 지구 논리가 있다. 우리가 논리를 잘 이해하고 그것의 역사 그리고 벤슨의 세대와 힐이 처음으로 광합성의 초록빛 상자를 열었던 사건을 살핀다면 화석 연료를 포기하는 일은 노력이라고 할 수도 없을 것이다. 그 대체 방식은 비싸지만 훨씬 낫다.

루나 과학자들과 달리 우리는 다른 행성을 믿지 않는다. 그것을 필요로 하지도 않는다. 우리는 우리 자신을 돌볼 힘이 있다. 여기서 '우리 자신'은 모든 인류다. 우리는 그것을 사용할 기술을 찾아야 한다. 우리는 행성의 필요와 인간의 필요 사이에서 벌어질 갈등을 이해해야 한다. 그렇지만 우리는 인류의 모든 필요를 충족하는 것보다 훨씬 많은 양의 햇빛을 가지고 있음을 안다. 프리스틀리의 친구인 탐 페인Tom Paine이 주장했듯 우리는 우리 세상을 다시 만들 힘을 가지고 있다. 매슈 볼턴처럼 우리는 인류 모두가 원하는 것을 공급할 수 있다.

따라서 우리는 의당 그렇게 해야 한다.

덧붙여: 변치 않는 동반자plurality[1)]

여기에 미래에 벌어질 무언가가 있다. 정말 그런 일이 벌어질 것이다. 벽에 걸린 시계가 가리키는 내일이 아니다. 상상 속의 달력 안에서의 내일이다.

내일도 태양은 떠오르고 또 질 것이다. 언제든 지구 반쪽에는 태양이 비치지만 나머지 절반은 그늘이다. 일출과 일몰은 그사이에 짧게 지나간다. 낮에 도달한 광자는 모든 방향에서 우주로 반사된다. 파장은 길어졌지만 광자의 수와 엔트로피는 증가한다. 벗어나는 광자 일부는 그 아래 지구를 끊임없이 살피고 검색하는 위성 검출기에서 감지된다. 초원의 물 스트레스와 구름 온도를 측정하는 장치도 산재한다. 바다에 존재하는 엽록체의 빈도를 분석하는 일과 숲의 수관 높이를 측정하는 레이저 장치들이 항상 작동한다. 광자 대부분은 지구 궤도를 도는 위성 주변을 지나 우주로 사라지지만 활동적인 생물권으로서의 흔적을 여실히 보여 주기도 한다. 그것을 이해할 지적 생명체나 분석 도구가 있다면 분명히 보일 것이다. 궤도에서 그리고 지구의 반쪽 그림자 위에서도 우리의 분석 기계는 다른 곳에서 온 빛의 희미한 흔적을 찾을 것

1) 아일랜드의 시인이자 극작가인 루이스 맥니스(1907~1963)가 쓴 시의 평론집 제목이다. 맥니스 시의 다양함과 생동감을 담아 썼다고 한다. 2012년 프란 브리어튼과 에드나 롱글리가 편집했다. 냉소적인 태도로 전체주의를 비판하는 글을 썼다고 한다.

이다.

내일이 오늘과 같으면 우주로 흩어지는 광자의 흐름은 태양에서 도달했을 순간보다 약간 적은 양의 에너지를 양도할 것이다. 그 차이만큼은 적외선을 흡수하는 대기 안 지표면 근처에 포획된다. 그렇게 지구는 여전히 따뜻하다. 그러나 만일 내일이 충분히 멀고 신중함을 배울 만큼 넉넉히 다른 한 들고 나는 에너지양은 균형을 이룰 것이다.

도착하고 떠나는 과정에서 광자는 하늘빛을 푸르게 하고 구름에 그림자를 드리우며 비를 뿌리고 바람을 일으킨다. 또 적도에서 극지방으로 바다를 휘젓는다. 광자의 극히 일부가 녹색 기계와 만나 생물권을 구성하는 오래된 안테나 위로 떨어진다. 이것은 시토크롬을 따라 전자를 흐르게 하고 캘빈-벤슨 회로를 구동한다. 이런 회로는 오늘보다 내일 조금 더 진화하여 원활하게 돌아갈 것이다. 우리 생물권이 군말 없이 흡수할 수 있을 만큼만 배출한다고 해도 몇 세기가 흐르면 대기권에는 더 많은 이산화탄소가 쌓일 것이다. 그리고 그때쯤이면 루비스코도 기능이 향상될 것이다.

오늘날처럼 모든 녹색 기구가 굳이 탄소를 고정할 필요가 없을지도 모른다. 그리고 그게 자연스러운 일도 아니다. 그중 일부는 수소 가스를 생산할 수도 있다. 또 우리 유전 공학이 현명하다면 메탄을 생산할 가능성도 없지는 않다. 어제 우리는 생명의 재료가 정령이거나 생명력이 아니라 우리의 형태를 정확히 기억하고 재생산하는 일이라는 사실을 배웠다. 그 형태는 산소를 끌어당기고 수소와 전자를 결합하여 물을 생산하는 일을 수행한다. 이 형태는 상온에서 작동하는 우직한 효소를 동원하여 팔을 걷듯 손쉽게 질소에서 암모니아를 만들 수 있지만 우리는 그러기 위해 값비싼 촉매와 고온 고압이 필요하다. 오늘날 우리 인간은 어떤 분자들이 이런 일을 수행하는지 안다. 그러나 모든 원자의 3차원 배열도 그렇고 망간 원자가 어떻게 정확한 시간에 정확한 장소에서 결합을 깨는지 또는 철 원자가 어떻게 잡고 있던 전자를 필요한 곳으로 보내는지는 알지 못한다.

우리가 관찰하고 이해한 바에 의하면 미래에 우리는 오래전에 주조된 단백질의 변형체를 가지게 될 것이다. 이런 새로운 촉매를 만들어 생명체가 필요로 하는 것을 공급하는 일이 최선의 방책이 될 것이다. 세균은 원소와 원소를 엮어서 작고 복잡한 기구를 만드는 데 뛰어나지만 우리 손가락은 너무 커서 그런 미세한 일을 수행하기에 적절하지 않을지도 모른다. 아마 우리는 세균의 시스템을 이용하여 그들이 우리에게 필요한 연료를 만들게 할 수 있을 것이다. 그러나 시스템 세포에서 우리가 설계할 수 있는 최선의 촉매일지라도 연료 세포 혹은 광화학 회로를 재창조하지는 못할 것 같다. 대신 우리는 새로운 기구를 키워 무언가를 수확할 수 있을 것이다. 태양 빛을 머금은 미생물이 우리 세계를 움직일 연료를 생산한다. 목장에서 사육한 동물이 인간의 노동력을 대신했듯이 말이다.

생명체가 되었든 아니면 생명체 작동 방식에 영감을 얻은 어떤 기술이 되었든 거기엔 모종의 참신성이 있을 것이다. 지구화학에서 생화학이 출현한 이래 20억 년도 넘게 에너지는 태양에서 지구 생물권으로 넘어왔고 마침내 우주 공간으로 빠져나간다. 불변의 통로다. 생명체와 종들은 탄생하고 사라져 갔지만 질소 고정, 메탄의 생성, 호흡 또는 광합성와 같은 기본 대사는 여전히 남아 있다. 원자 구조는 유전자 세계로부터 끊임없이 재탄생한다. 미래에 거의 영구적인 진리는 변화할 채비를 차리고 있다. 생명체의 가장 근본적인 과정을 우리가 깊이 이해한다면 그것을 연구할 뿐만 아니라 그것을 재설계하고 새롭게 장식할 방법도 찾을 수 있을 것이다. 완전히 새로운 영역에 걸친 화학적 기술도 개발이 가능할 것이다. 태양에서 비롯된 십수 가지의 연료를 얻을 수도 있다. 자연계와 기술 사이의 경쟁도 치열할 것이다. 빠르게 자라는 조류 시토크롬 효소의 속도 덕분에 자동차 연료를 확보할 수 있다. 오직 보름달에만 살아나는, 광대하지만 연약한 안테나 복합체를 가진 재스민도 천천히 자란다. 영광스러운 다양성이 족쇄를 풀고 되살아날 것이다.

미래에도 우리는 수십 테라와트에 이르는 내일의 태양 빛을 이용하겠지만 모두가 유용하고 새로운 통로로 들어오지는 않는다. 태양 전지를 통해 많은 양의 전류가 흐른다고 해도 이는 전압 차이 장치보다 결코 복잡하지 않을 것이다. 일부는 복합 구조를 통해 유기 염료와 티타늄 나노 구조와 전도성 유기화합물 복합체가 하나의 장치를 구성하는 일이 꿈만은 아니다. 오랫동안 유용했던 식물이 앞으로도 더 사용될 것이다. 이들은 우리의 양식이 되고 연료를 제공하며 공기 중의 탄소를 끌어 땅으로 돌려보낸다. 또한 지구의 풍광을 아름답고 우아하게 장식하는 고운 선들이다. 아직 관찰하지 못했고 미답 분야이며 한 번도 생각해 본 적이 없는 것들. 그렇게 되어야 할 것이기에 인류는 그것을 관찰하고 답사하며 생각해 내야 한다.

광합성은 생명 역사에서 한 번도 시도해 본 적이 없던 다양한 방식의 행위가 모여 지구를 푸르게 색칠한 이야기다. 동위원소의 선택, 숲의 색상, 식물 세상 엽록소의 닫힌 웜홀, 우리 세계에 빛을 주는 연료의 생성, 여름에 재채기하게 만드는 꽃가루의 필요성, 땅에서 하늘로 물을 끌어올리고 전 세계의 총체적인 엔트로피에 두루 걸친 방식, 전부 다다.

그와 동시에 광합성 이야기는 인간 지성의 힘을 확인하는 과정이기도 했다. 또 광합성이 창조한 과학과 경이로운 생명을 이해하고 헤아리도록 이끈 철학, 모두 놀라운 일이다. 서로 다른 것을 연결하는 문화 또한 오늘날 우리가 보는 이 세계를 변화하게 만든 원동력이었다. 세상 자체를 바꿀 뿐 아니라 연결 방식도 새롭게 만들었다. 동물의 출현이 그랬듯 우리 인간종은 이런 문화를 창조함으로써 지구에 심오한 영향을 끼쳤다. 아마 광합성 자체도 그랬을 것이다. 이들 모두 지구의 기억 그리고 마음의 불꽃에 새겨진 것들이다.

현재 인류가 세계를 향해 자행하는 많은 일은 무시무시하다. 아직 결과를 예측할 수 없다는 점에서 더욱 끔찍하다. 하지만 우리는 진보하고 있다. 우리는 사물을 다르게 보고 있다. 우리는 우리가 상상하는 미래를 맞을 것이다.

한편 오늘 오후 보우드의 프리스틀리처럼 유리 종지에 담긴 물에 박하의 어린 가지를 담가 놓았다. 내 공기 실험 장치다. 이 글을 쓰는 동안에도 나는 때때로 부엌 창턱에서 햇빛을 받고 있는 박하를 살폈다. 한 시간 정도가 지나면 은구슬 같은 공기 방울이 이파리 아래에서 나타나기 시작한다. 단순한 빛의 장난이라고 하기에는 무척 예쁘다. 이해하고 느낀다. 그리고 아름답다. 엔트로피가 사라진다. 플로지스톤이 제거된다. 세계는 재생된다. 햇빛과 공기 그리고 나뭇잎이 모든 날의 기적을 만든다. 눈은 그것의 의미를 지긋이 조명한다.

용어 설명

조류Algae : 물에 살며 광합성하는 다양한 유기체. 조류는 식물과 유연관계가 깊은 **진핵세포**[1] 생명체다.

무산소 광합성 : 물 아닌 물질에서 전자를 뽑아내 광합성에 사용하므로 산소가 만들어지지 않는다. 다양한 유형의 **세균**이 이 방법으로 살아간다.

시생누대Archaean : 지구 역사상 두 번째 누대(지질학적 시간 참조). 38억 년 전부터 25억 년 전까지 이어졌다. 지구 생명체는 이 기간 근처 또는 이전에 시작되었을 것이다. 시생누대가 끝나갈 무렵 산소 발생 광합성이 생물권의 주요 에너지원으로 확고하게 자리 잡았다.

고세균 : (진핵세포, 세균과 더불어) 생명의 세 왕국 중 하나. 고세균은 겉보기에 **세균**과 비슷하지만 진화적으로는 뚜렷히 구분된다. 지금껏 알려진 바로는 고세균은 광합성을 하지 않는다. 생물지구화학적으로 이들은 대개 메탄을 생성한다.

ATP : 아데노신 삼인산. ATP는 세포 내부에서 에너지를 저장하고 공급하는 역할을 맡는다. **광계**가 내장된 막 안팎의 **화학 삼투 기울기**를 따라 광합성하는 동안 ATP가 만들어진다. 식물, 조류, 남세균은 일부 ATP를 써서 **캘**

1) 저자가 굵은 글씨로 강조했다.

빈/벤슨 회로를 구동한다.

세균 : 생명의 세 왕국 중 하나. 세균에서 처음 등장한 광합성은 여러 종류의 세균에서 다양한 방식으로 진행된다. 이들 집단에서는 남세균cyanobacteria만이 **산소 발생 광합성**을 수행한다.

C3/C4 : 식물 대사의 두 유형. 식물 대부분은 C3 유형이다. 이 식물에서 광합성의 첫 번째 산물은 인산글리세르산phosphoglycerate이다. 이 탄소 3개짜리(그래서 C3) 당은 **캘빈/벤슨 회로**에서 생성된다. C4 식물에서는 탄소 4개짜리 당이 캘빈/벤슨 회로의 전구체가 된다. C3와 다른 방법으로 만들어진 이 당이 핵심 효소인 **루비스코**에 탄소를 집중적으로 몰아준다. 이산화탄소 농도가 적거나 주변 온도가 높아 **광호흡**이 불가피한 조건에서 C4 식물은 상당히 유리하다. C4 대사는 열대지역 초본 식물grass에서 흔히 발견된다.

캘빈/벤슨 주기 : 식물, **조류** 및 **남세균**에서 광합성 에너지로 이산화탄소를 **환원**시키는 과정이다. 이산화탄소와 탄소 원자 5개짜리 당 분자인 리뷸로오스 이인산이 결합하는 단계가 이 회로의 핵심 반응이다. 바로 **루비스코**가 촉매하는 반응이다. 이 반응이 세 번 일어나면 인산글리세르산 6분자가 생성된다. 올바른 형태의 에너지가 공급되면 다른 효소가 나서서 다섯 분자의 삼탄당을 세 분자 오탄당인 리뷸로오스 이인산으로 바꾼다. 그러고 남은 여섯 번째 삼탄당은 세포 신진대사에 합류하거나 전분으로 저장되는 식물의 '이윤'이다.

탄소 순환 : 지구 시스템에서 탄소의 흐름. 이 책은 두 가지 탄소 순환을 구분한다. 광합성이 주도하는 생물학적 순환은 빠르다. 광합성 생명체는 대기권의 이산화탄소를 환원시켜 유기물로 만든다. 나중에 호흡 과정에서 이 유기물은 **산화**되고 이산화탄소로 돌아간다. 지질학적 탄소 순환에서는 화산이 폭발할 때 분출된 이산화탄소가 탄산염 형태로 다시 지구 내부로 돌아간다. 일부는 탄소 유기물 형태로 퇴적된다. 이렇게 축적된 화석 연료는 생물학적 순환을 지질학적 순환에 연결하는 매개체다. 화석 연료를 태우면 그 순환이 역전된다.

석탄기 : 3억 5,900만 년에서 2억 9,900만 년 전까지 지속된 **지질학적 기간**이다. 거대한 숲과 습지가 있었으며 현재 우리가 쓰는 석탄 중 가장 많은 양이 이 시기에 매장되었다.

탄소/기후 위기 : 많은 양의 화석 연료를 연소함으로써 생긴 **탄소 순환**이 기후 변화를 초래한다. '지구 온난화'의 원인과 효과를 보다 구체적으로 나타낸 용어.

화학 삼투 기울기 : **광합성**과 **호흡** 모두 막을 거슬러 수소이온을 내보내 화학 삼투 기울기를 형성한다. 기울기를 따라 양성자가 막을 지나 되돌아오면서 ATP가 만들어진다. 이것으로 세포 대사가 힘을 받는다.

탄소 동위원소 : 탄소는 일반적으로 원자핵의 무게가 다른 세 가지 동위원소로 구성된다. 가장 흔한 탄소-12, 그보다 훨씬 적은 탄소-13은 안정하다. 무척 드문 탄소-14는 방사성이며 붕괴된다. 탄소-14는 대기 중 질소에서 자연적으로 만들어지지만 실험실에서 인공적으로 제작할 수 있다. **루비스코**는 탄소-13보다 탄소-12를 더 좋아한다. 그 덕분에 식물 조직에는 탄소-12가 풍부하다. 과거 **탄소 순환**의 다양한 상태를 추적하는데 동위원소 비율의 차이가 도움이 되었다.

엽록소 : 광합성에서 빛을 흡수하는 색소. 엽록소 분자가 적절하게 배열되면 빛 에너지가 옆에 있는 다른 물질로 직접 전달된다. **광계**는 이런 특성을 활용하여 여러 개의 엽록소 분자로부터 에너지를 쌓을 수 있다.

엽록체 : 식물과 조류에서 광합성이 일어나는 특수한 세포 소기관이다. 광계와 전자 전달 사슬이 내장된 막을 가진 덕분에 엽록체는 **화학 삼투 기울기**를 형성할 수 있다. 엽록체는 핵 유전체와 별개의 작은 유전체를 가지며 자유 생활을 하던 남세균 시절의 흔적을 드러낸다.

남세균 : **산소 발생 광합성**을 하는 유일한 **세균**. 조류와 식물 엽록체는 **남세균**에서 비롯했다.

시토크롬 : 전자 수송에 관여하는 단백질. 광합성에 참가하는 주요 시토크롬은 시토크롬 f/시토크롬 b6 복합체에서 발견되며 **광계 2**와 **광계 1** 사이에 자

리하고 **Z-체계**를 따라 전자를 전달한다.

데본기 : 4억 1,600만 년에서 3억 5,900만 년 전까지 지속된 **지질학적 기간**으로, 대륙 전체에 걸쳐 식물이 폭넓게 퍼졌고 최초의 나무가 진화했다.

전자 전달 사슬 : 생물은 **시토크롬** 단백질을 통해 전자를 전달함으로써 환경에서 에너지를 사용 가능한 형태로 전환할 수 있다. 전자 전달 사슬은 광합성과 호흡 과정 모두에서 에너지를 생성하는 화학 삼투 기울기를 설정하는 기본 장치다.

내부 공생 : 한 유기체가 다른 유기체를 자신의 몸속으로 받아들이는 과정으로, 자신의 유기체에는 없는 상당한 생물학적 능력을 얻는다. **미토콘드리아**와 **엽록체**는 내부 공생을 통해 형성되었다.

엔트로피 : 주어진 상태의 질서와 확률적 존재 가능성에 조응하는 열역학 특성. 닫힌계에서 엔트로피는 지속해서 증가하는 대신 질서는 줄어든다. 지구나 생명체처럼 열린계에서 엔트로피를 밖으로 내보내며 질서를 유지하거나 높일 수 있다.

진핵생물 : 생명의 세 왕국 중 하나. 진핵생물은 형태학적으로 복잡한 세포이며 **내부 공생**을 거쳐 세포 안으로 소기관을 갖는다. 광합성 진핵생물은 조류와 식물이다.

고정Fixation : 원소가 생명에 유용하도록 만드는 화학적 과정. **광합성**에서는 이산화탄소를 유기 탄소로 환원시켜 탄소를 고정한다. 질소 가스를 질산염이나 암모니아로 바꾸는 일은 질소 고정이다. 다양한 세균이 질소를 고정하지만 인류는 하버-보쉬 공정에 따라 산업적으로 질산염 비료를 생산한다.

가이아Gaia : 세계를 뜻하는 고대 그리스어. 지구가 어떤 면에서는 살아있는 유기체와 비슷하거나 그 자체가 살아있다는 생각을 표현하고자 여러 의미로 쓰인다. 제임스 러블록James Lovelock과 다른 연구자들이 지구의 살아있는 부분이 자신의 이익을 지키고자 지구 시스템을 조절한다고 주장한 1970년대의 '가이아 가설'과 '가이아 이론'을 구별하는 것이 바람직하다. 1980년대 이후 지구 시스템이 어떻게 특정 상태에서 자신을 스스로 안정화하거나 지난 300만 년 동안의 빙하기 및 간빙기 상태와 같이 상대적으로 고정된 작은 범위의 조건 사이를 오락가락하는지 이해하고자 하는 사고의 틀이다.

지질학적 시간 : 지구의 나이는 약 45억 년이다. 그 역사는 4개의 누대로 나뉜다. 시작부터 38억 년 전까지 **명왕누대**, 38억 년 전부터 25억 년 전까지 **시생누대**, 그때부터 5억4,300년 전까지 **원생누대**, 지금까지는 **현생누대**이다. 현생누대는 관습에 따라 3개의 대와 11 또는 12개의 기로 나뉜다. 이 책에서는 후기 고생대의 두 시기, 즉 4억 1,600만 년 전에 시작된 **데본기**와 3억 5,900만 년 전에 시작되어 2억 9,900만 년 전에 끝나는 **석탄기**가 가장 중요하다. 육상 식물이 탄소 순환에서 지배적인 역할을 시작한 기간이다. 인간의 활동이 주된 지배력을 갖는다는 점을 강조하고자 현재를 **인류세**로 부르는 사람들이 늘고 있다.

명왕누대 : 지질 시대의 첫 번째 누대. 45억 년 전부터 38억 년 전까지 지속되었으며, 적어도 시작과 끝 무렵에는 혜성과 소행성처럼 거대 천체가 다가와 파괴적 충돌을 일으켰다.

미토콘드리아 : 호흡이 일어나는 진핵생물의 특화된 구조. 엽록체처럼 내부 공생을 거쳐 들어왔다.

핵 : 진핵생물에서 핵은 주요 유전체가 저장된 곳이다. **엽록체**와 **미토콘드리아**는 자신만의 작은 유전체를 갖는다.

산화 : 물질에서 전자가 빠져나가는 화학 반응. 전자가 더해지는 환원 반응을 동반한다(**산화환원 반응** 참조). 식물, 조류 및 남세균은 광합성에 쓸 전자를 물에서 얻는다. 이때 산소가 나오므로 이 과정을 **산소 발생 광합성**이라고 부른다. 다양한 세균들은 산소가 나오지 않는 **무산소 광합성**을 진행하며 전자를 얻는 물질이 물이 아니다. 세포가 유기 물질을 산화하여 에너지를 얻는 과정은 **호흡**이다. 이때는 이산화탄소가 나온다.

산소 발생 광합성 : 물에서 전자를 얻고 그 결과 산소가 방출된다. 남세균, 조류 및 식물에서 발견되는 광합성 형태다.

광자Photon : 양자 역학에서 설명하는 빛의 묶음. 광자의 에너지양은 파장에 따라 달라진다. 스펙트럼의 빨간색 쪽 끝으로 파장이 길수록 파란색 끝의 짧은 파장보다 광자당 에너지가 적다.

광호흡 : 유기 탄소와 산소의 반응으로 **루비스코**가 촉매한다. '정상' 호흡과 달리 세포 에너지를 공급하기보다 소모하기에 비효율의 원인이다. 정상적으로 루비스코가 가동하면 이산화탄소와 오탄당인 리뷸로스 이인산이 결합하여 두 분자의 인산글리세르산이 만들어진다. **캘빈-벤슨 회로**의 핵심 반응이다. 루비스코는 또한 산소와 리뷸로스 이인산의 반응을 촉매하고 인산글리세르산 1분자와 인산글리콜산 1분자를 만들기도 한다. 탄소 2개짜리 인산글리콜산은 캘빈-벤슨 회로에 들어가지 못하고 복잡한 일련의 과정을 거쳐 다시 인산글리세르산으로 전환된다.

광합성 : 햇빛에서 에너지를 얻어 탄소를 고정하는 일. 세포 내 **전자 전달 사슬**에 의존하며 산소를 생성하거나 생성하지 않을 수 있다. 식물, **조류** 및 **남세균**에서는 **캘빈-벤슨 회로**를 거쳐 이산화탄소를 고정한다.

광계 : 들어오는 빛을 사용하여 화합물을 산화시키고 전자를 얻어 수용체로 전달하는 단백질과 색소의 복합체이다. 막에 박혀 존재한다. 식물이나 조류, 남세균에는 두 계의 광계가 존재한다. 먼저 발견되었지만 헷갈리는 이름을 가진 광계2는 빛 에너지를 써서 전자를 취하고 이를 **전자 전달 사슬**로 보낸다. 이 전자는 결국 광계 1까지 운반된다. 광계 1은 빛 에너지를 써서 전자를 페레독신 단백질로 옮긴다. 이 전자는 **캘빈-벤슨 회로**로 들어간다.

원생누대 : 지구 역사 세 번째이자 가장 긴 누대(지질학적 시간 참고). 25억 년 전부터 5억4,300만 년 전까지 지속했다. 그것의 시작과 끝은 광범위한 빙하를 동반한 기후 여정으로 특징지어진다. 원생누대에는 이상할 정도로 밋밋했으며 '지루한 10억' 년으로 불린다.

산화환원 반응 : 한 물질에서 다른 물질로 전자가 이동하는 반응. 전자를 잃어 산화되고 전자를 얻어 환원된다.

산화 : 전자가 물질에서 제거되는 화학 반응. 전자가 추가되는 환원의 필수 대응물(**산화환원 반응** 참조). 식물, 조류 및 남세균의 광합성에서는 전자를 얻기 위

해 물을 산화한다. 무산소 광합성을 수행하는 여러 세균은 물 대신 다른 재료에서 전자를 얻는다.

환원 : 전자가 물질에 추가되는 화학 반응(종종 수소이온과 함께); 전자가 제거되는 산화의 필수 대응물(산화환원 반응 참조).

호흡 : 유기 물질을 생물학적으로 산화시켜 얻은 전자를 **전자 전달 사슬**을 통과시키는 동안 ATP를 얻는다. 진핵생물에서 호흡은 **미토콘드리아**에서 이루어진다.

루비스코 : **캘빈-벤슨 회로**에서 중심 역할을 하는 효소. 정상적으로 작동할 때 루비스코는 한 분자의 이산화탄소와 리불로스 이인산(5탄당)으로부터 두 분자의 인산글리세르산을 생성한다. 또한 **광호흡**으로 알려진 반응에서 루비스코는 인산글리세르산 1분자와 인산글리콜산 1분자를 생성하는 산소와 리불로스 이인산 사이의 반응을 촉매하기도 한다.

기공 : 육상 식물 바깥층에 있는 구멍으로 이산화탄소가 들어오고 물이 빠져나간다.

Z-체계: 케임브리지 로빈 힐은 산소 광합성에서 전자가 원활하게 흐르려면 서로 다른 두 단계에서 빛 에너지가 들어와야 한다는 점을 인식했다. 이를 설득력 있게 표현하고자 힐은 지그재그 모양의 이미지를 사용했다. Z-체계라 일컫는 것이다. 이 체계의 핵심은 광계 2와 광계 1이 연속적으로 작동해야 한다는 점이다.

더 읽을거리

두루 걸쳐 있는 정보

광합성에 대해 내가 찾은 두 가지 최고의 일반 텍스트는 팔코프스키/레이븐(1997)[1]과 블랑켄쉽(2002)이 쓴 책이지만 둘 다 꽤 전문적이다. 워커의 책(2000)는 재미있고 접근하기 쉽다. 레이븐, 에버트 및 아이크혼(1999)이 쓴 책은 식물 과학을 다룬 대학생 수준의 우수한 교과서다. 컴프, 캐스팅 및 크레인(2004)은 학부생이 소화할 정도의 지구 시스템 과학을 소개한다. 위어트(2003)는 과학적 시각으로 지구 온난화의 역사를 통찰한 훌륭한 입문서다.

1장

말론/골드버그/뭉크(1998)는 로저 르벨의 삶을 자세히 기술했다. 페헤르(2002)는 르벨의 성격을 짤막하게 요약했다; 여기서 페헤르가 '그의 위대한 실험'이라고 지칭한 논문은 르벨과 수에즈(1957)가 쓴 것이다. 바이너(1990)는 데이비드 키일링의 작업을 아름답게 묘사했다. 키일링(1998)의 설명을 확장한 위어

1) 도서 목록(Bibliography)에서 저자의 이름을 찾으면 제목을 확인할 수 있다. 짐작하겠지만 몰턴은 도서든 논문이든 연구자 이름(연도) 형식으로 썼다. 연구자가 여러 사람이면 '등'을 붙였다.

트(2003)는 아레니우스이래 지구 온난화를 다룬 과학 연대기에 키일링을 포함하였다. 앤드루 벤슨(2002a, 2002b)은 두 논문에서 자신의 이력을 설명했다. 비비안 모시스는 캘빈이 이끈 방사선 연구소(ORL) 출신 연구자를 인터뷰하면서 얻은 벤슨의 성격 정보를 내게 제공했다.

마틴 카멘의 이야기는 그의 자서전,『방사선 과학, 어두운 정치, 1985』에 잘 나와 있다. 데이비스(1986)와 자이델(1992)도 방사선 연구소의 이모저모를 언급했다. 존스톤(2003)은 샘 루벤이 죽은 사연을 자세히 기록했다. 캘빈의 업적은 캘빈 자신의 논문(1989), 시보그와 벤슨(1998)에서, 방사선 연구소를 언급한 더 많은 정보는 풀러(1999)와 고빈지(2005)에서 찾을 수 있다. 특히 고빈지는 그의 책 첫 장에서 카멘과 캘빈을 비롯한 방사선 연구소의 전반적인 역사를 폭넓게 다루었다. 바삼(1954)는 캘빈-벤슨 회로의 핵심 내용을 기술했다. 와일드맨(1998, 2002)은 루비스코 역할이 밝혀진 전모를 기술했다.

2장

터너(1970)는 메이어의 삶을 간략히 서술했다. 앳킨스(1994)는 열역학 제 2법칙을 다루었다. 베르나츠키(1998)는 생물권에 대한 자신의 견해를 피력했다. 스밀(2003a)은 생물권 안에서 에너지가 어떻게 흐르는지 폭넓게 다루었다.

벤달(1994)과 워커(1997, 2002)은 로빈 힐의 삶을 회고했다. '힐 반응' 논문은 힐(1939), 그이 Z-체계는 힐/벤달(1960)의 논문에 수재되었다. 힐(1965, 1975)은 여기에 몇 가지 사항을 덧붙였다. 피터 미첼의 논문처럼 그의 논문도 케임브리지 대학 도서관에서 보관하고 있다. 만(1964)은 데이비드 케일린의 삶을 기록했고 미첼(1979)도 그를 추앙했다. 콜러(1982)는 생화학 역사를 참조할 가장 중요한 일차 자료다. 홉킨스 생화학 실험실 구성원 정보를 얻을 수 있다. 콜러 사무실 차 맛도 훌륭하다. 스파스(1999)는 반 니엘의 연구를 소개했다. 아르논(1984, 1987, 1991)은 실험실에서 자신의 역할을 설명했다. 그의 주요 논문은 1955년에 쓴 것이다. 와틀리의 역할은 와틀리(1995) 논문에서 찾을 수 있다. 워커(2003)는 엽록소 분리의 역사를 개괄했다. 미첼의 논문(Mitchell, 1961)과 노벨상 연설문은 1979년 논문에서 찾을 수 있다. 슬레이터(1994)는 미첼의 삶을 회고했다. 자겐도르프(1998)는 학계에서 화학삼투 이론을 어떻게 수용했는지 그 과정을 서술했다.

3장

판 데르 이스트와 부르스(2005)가 몬트리올 학회의 경과를 정리했다. 짐 바버(2004)는 자신의 연구 흐름을 회상했다. 광계 2 구조를 밝힌 그들 연구진의 결과는 페레이라 등(2004)이 정리했다. 마이어(1994)는 에머슨과 아놀드의 초기 실험을 재현했다. 크렙스와 쉬미드(1981)는 동정심을 품고 오토 와버그의 삶을 되돌아보았다. 그러나 라비노피티(1961)는 솔직하게 에머슨의 삶을 기록했다. 아놀드(1991)는 자신의 삶을 회고했다.

잘렌(1993)은 광합성과 분자 생물학 사이의 관계, 그 안에서 델브뤼크의 역할을 서술했다. 저드슨(1979)이 분자 생물학의 역사를 폭넓게 훑어보는 과정에서 왜 광합성 줄거리가 빠졌는지 어느 정도 단서를 찾을 수 있다. 클레이턴(1988)과 페헤르(1998, 2002)는 광합성 반응 센터 개념이 어떻게 자리 잡았는지 인물 위주로 설명한다. 다이슨(2002)의 논문에서 1969년대 라호야의 분위기를 느낄 수 있다. 노벨상 근거가 된 구조 논문은 다이슨호퍼 등(1985)이 썼다. 페헤르(1989)는 1980년대 후반까지 연구 상황을 요약했다. 린 마굴리스의 세기적 논문은 세이건(1967)이다. 러더포드/팔러(2002)는 광계 2를 진화적으로 이해하고자 논문을 썼다. 위트/호르스트(2004)는 위트 연구진의 활약상을 언급했다.

4장

이 장에서 논의된 망원경 구축 프로젝트에는 NASA의 거주 가능한 지구형 행성 찾기 및 다윈 유럽 우주국 프로그램이 있다. 현재 각 웹 사이트에서 첨예한 진행 상황을 추적할 수 있다. 생명이 사는 행성인지 감지하는 러블록(1965)의 독창적인 사고방식은 히치콕/러블록(1967)에서 엿볼 수 있다. 이는 러블록/마굴리스(1972), 러블록(2000)의 '가이아 가설'로 이어졌다. Dick(1996)은 지구 너머의 생명체를 둘러싼 사고방식을 장대하게 서술한 자료이다. 외계생물학/우주생물학으로의 전환은 딕/스트릭(2004)의 핵심 연구 주제다. 루닌(2004)은 풍부한 영감을 주는 우주생물학 교과서를 썼다.

또한 딕(1996)은 또한 생명의 기원에 대한 훌륭한 자료이다. 버널의 관점은 버널(1951)에서 찾을 수 있다. 피리(1937)는 '생명'이 무의미하다고 주장했다. 그의 삶은 피리(1970)와 피어포인트(1999)의 논문을 참고하자. 모래시계 비유는 피리(1959)에서 찾을 수 있다. 마틴과 러셀(2002)은 지구과학적 시각에서 생명의 기원을 다뤘다.

지금까지 지구 생명 초기 역사를 다룬 최고의 안내서는 놀(2003)이다. 초기 화석은 쇼프Schopf(1999)에서 주로 다루지만 소이어(2006)도 참고하자. 블랑켄쉽(2002), 최근에는 알렌과 마틴(2007)이 광합성 진화 전반적인 내용을 기술했다. 시옹과 바우어(2002), 니스벳과 포울러(2005), 맥케이와 하트만(1991)도 참고하자. 다른 행성에 흥미를 느낀다면 다음의 자료를 참고하자. 금성은 그린스푼(1997). 몰턴(2002)은 화성 생명체의 일부 측면을 다루지만 대기 중 메탄의 징후가 발견되기 이전이다.

캐스팅과 캐틀링(2003)은 대산소 사건의 시기와 그 영향을 둘러싼 문제를 다룬 훌륭한 자료다. 브록스 등(1999)은 대산소 사건 3억년 전부터 남세균이 국지적으로 산소를 생산했다고 기술했다. 메탄에서 수소가 탈출했다는 각본은 캐틀링 등(2001)이 썼다. 클레어, 캐틀링, 잔레(2006). 잔레, 클레어, 캐틀링(2006)은 황산염과 메탄 생성 사이의 관계를 기술했다. 골드블랏 등(2006)은 오존층의 역할을 다루었다. 레인(2002)은 산소가 생명체 혹은 그들의 죽음에 어떤 영향을 끼쳤는지 자세히 기술했다. 캐틀링 등(2005)은 산소가 생물학적 복합성을 갖추는데 꼭 필요하다고 보았다. 와드, 브라운리(2000), 카로프와 데스 마라이스(2000)는 우주 전체에서 산소에 바탕을 둔 생물권의 가능성을 타진했다. 홀스텐크로프와 레이븐(2002)은 적색 왜성 주변에서 3개 광계를 가진 W체계가 필요하다고 보았다.

5장

라우프의 소행성 충돌 가설을 둘러싼 논쟁은 글렌(1994)에서 볼 수 있지만 범대서양 문화적 측면을 다루지는 않았다. 탄산염이 풍화되면서 온도가 조절된다는 가설은 워커, 헤이스, 캐스팅(1981)과 베르너, 라사카, 가렐스(1983)가 처음으로 제시했다. 워커는 주로 원생누대 후기 눈덩이 지구 가설을 확립했다. 커쉬빙크 등(2000)은 대산소 사건과 눈덩이 지구의 상관성을 살폈다. 커다란 세포가 탄생하려면 미토콘드리아 내부 공생이 필수적이었다는 점은 닉 레인(2005)이 훌륭하게 풀어냈다. 리들리(2000) 및 마굴리스(2002)도 참고하자. 알렌(2003)은 왜 엽록체가 유전자를 필요로 하는지 조목조목 따졌다.

캔필드(1998)는 바다에서 진행된 일을 논의했다. 앤버와 놀(2002)은 그것이 생명체에 끼친 가능한 효과를 살폈다. 동물에 대한 니콜라스 버터필드의 생각은 버터필드(2004), 피터슨과 버터필드(2005) 논문에서 엿볼 수 있다. 렌턴과 왓슨은 곰팡이와 인산의 관계를 추론했다. 켄릭과 데이비스는 육상 식물의 발생을 처음으로 묘사했다. 니콜라스는 좀 더 이론적인 작업을 펼쳤다. 에드워드, 더켓, 리차드슨(1995), 레이븐과 에드워드(2001)는 이를 더 자세히 서술했다.

6장

스켈튼, 스파이서, 리스(2001)는 데본기와 그 이후 기간의 육상 식물과 기후 사이의 되먹임 관계를 흥미롭게 서술했다. 비어링과 베르너(2005)는 이를 그림으로 잘 요약했다. 최신작에서 데이비드 비어링(2007)은 이장과 다음 장에 등장하는 이야기를 주인공 위주로 설명했다. 러블록과 왓슨(1982), 쉬바르츠만과 폴크(1989)는 온도 조절 기구로서 생명체의 역할을 다뤘다. 비어링, 오스본, 챨로너(2001)는 이산화탄소와 잎의 관계를 서술했다. 밥 베르너의 지구탄소 모델과 관련된 내용은 베르너, 코사발라(2001), 베르너(1998) 논문을 참고하자. 레인(2002)은 산소 농도가 급증한 사건을 자세히 다루었다. 캔필드 바다의 귀환은 컴프, 파브로프, 아서(2005)를 참고하자.

가이아를 주제로 한 발렌시아 회의 절차는 쉬나이더(2004)가 정리했다. 가이아 본질을 두고 벌인 논쟁을 다룬다. 쉬나이더와 보스턴(1991)은 가이아를 두고 지구물리학회에서 벌어진 뒷이야기를 썼다. 렌턴의 생각은 렌턴(1998), 왓슨은 왓슨(2004), 클레이돈(2004b)의 생각은 그의 논문을 참고하자. 클레이돈과 로렌츠는 최대 엔트로피의 전모를 자세히 설명했다.

7장

브랜든(1999)은 사우스 다운스의 풍경과 역사, 거기서 느낄 수 있는 매력을 자세히 적었다. 하비(2001)는 BBC라디오 방송, The Archers의 농업 이야기 편집자 못지 않은 권위로 잔디의 놀라운 역사를 다루었다. 켈로그(2001)는 잔디의 진화사를 기술적인 면에서 기술했다. 세이지(2004)는 C4 식물 생리학을 검토했다. 해치(2002)는 경로 발견의 역사를 서술했다. 백악기 이후의 이산화탄소 수치와 기후는 피어슨, 팔머(2000)와 자코스 등(2001)의 일관된 연구 주제다. 엘레링거, 세를링, 디어링(2005)도 참고하자. 본드, 우드워드, 미드글리(2005)는 '화재 없는 세상'을 기술했다. 본드, 미드글리, 우드워드(2003)도 좋다. 산불이 C4 식물의 확장에 어떤 역할을 했는지는 스콧(2000)의 논문을 참고하자. 오스본과 비어링(2006), 비어링(2007)도 좋다. 빌 헤이의 생각은 헤이(2003)을 참고하자.

윌슨, 드루리, 채프맨(2000)은 빙하기를 간략하게 묘사했다. 보스토크 얼음 기둥의 자세한 사항은 페티 등(1999)을 참고하자. 철-비료 가설을 보려면 왓슨 등(2000)의 논문이 좋다. 애덤스(1990), 해리슨과 프렌티스(2003)는 빙하 시대 생물권이 이산화탄소에 굶주렸다고 본다. 세이지(1995)는 빙하기 이후 이산화탄소의 양이 증가한 것이 농경의 전제조건이라고 판단했다. 러블록과 화이트필드(1982), 칼데이라와 캐스팅(1992), 렌턴과 폰 블로흐(2001)는 생물권의 수명을 다루었다. 와드와 브라운리(2002)는 지구가 먼 미래에 마주할 주제를 살펴보았다. 존 발리(2004) 는 우주에서 같이 살 공생체 개념을 그렸다. '노래하고 춤추자' 이야기다.

8장

터너(1985)는 카퍼빌러티 브라운의 철학을, 한다(1986)는 보우드에서 그가 한 일을 살펴보았다. 제니 어글로(2002)의 위대한 작품에서 조지프 프리스틀리와 동료들의 정보를 얻었다. 크로우더(1962)도 참고했다. 프리스틀리와 동시대인의 생각이 어떻게 변화했는지는 내시(1952)의 책을 참고했다. 로빈 힐(1971)도 프리스틀리의 처지를 논평했다. 기스트는 잉엔하우스의 역할을 묘사했다. 백스터(2002)는 허턴의 삶을 살펴보았다. 존스(1985)는 농업을 대하는 허턴의 태도를 서술했고 알친(1994)은 플로지스톤에 관한 허턴의 생각을 정리했다.

이언 우드워드의 뒷머리를 곤두서게한 연구 결과는 우드워드(1987)을 보자. 질소 순환을 (2001) 포함하여 지구 에너지 흐름을 다룬 모든 정보는 특히 바츨라프 스밀(2003a)의 도움을 받았다. 윌킨슨(2005), 윌킨슨과 맥엘로이(2007)는 퇴적을 다루었다. 농경이 집약적으로 전개된 역사는 매트슨 등(1997)을 참고했다. 비토우섹 등(1986)은 농업의 순 일차 생산성을 계산했다. 로즈탁서퇴, 스털링, 무어(2001), 임호프 등(2004)의 자료도 참고했다. 고돈 등(2005), 피엘케 등(2002)는 증기의 흐름과 영향을 기술했다.

FACE 실험의 개요는 아인스워스와 롱(2005)을 참고하자. 투기(2003)와 콘웨이(1977)는 농업의 미래를 전반적으로 다루었다. 틸만은 미래 환경에 미칠 영향을 예측했다. 왕립 학회(2005a)는 기후와 농업 사이에 발생할 수 있는 해로운 상호작용을 다루었다. 아놀드 블룸(2002), 라츠밀레비치, 커즌, 블룸(2004)은 질소 가용성을 언급했다. 기후 변화 과학의 현재 상황은 IPCC(2007)에 자세히 설명되어 있다 특히 생물지구화학, 고기후학 자료는 아주 좋다. 러블록(2006)은 묵시적으로 이를 다루었다. 생물권과 기후의 양성 되먹임 모델을 비교한 자료는 프리들링스타인 등(2006)에서 찾을 수 있다. 20세기 들어 하천에서 기공 전도도가 감소되어 나타난 여파는 게드니 등(2006)이 다루었다. 감소된 기공 전도도의 영향은 베츠 등(2004)는 아마존의 소멸을 언급했다. 왕립학회(2005b) 자료에서 해양 산성화의 위험성을 찾아볼 수 있다.

9장

스밀(2003b)은 아마도 현대 에너지 문제를 가장 정확히 파악하고 있는 인물이다. 더 참여적이면서 낙관적인 생각은 바이세스와렌(2005)을 참고하자. 파칼라와 소톨로우(2004)가 쐐기 문제를 처음으로 제기했다. 호퍼트 등(2002)은 장기적인 에너지 문제를 다룬 유용한 접근 방식을 소개했다. 원자력 정보는 가윈과 차팍크(2002)를 참고하자. 오크 리지(2005)는 바이오매스에 대한 야심찬 계획을 다루고 있으며, 억새의 매력은 히아튼, 보이그트, 롱(2004)의 논문을 보자. 피터 리드의 생각은 리드와 러밋(2004)에 소개된다. 테라 프레타의 잠재력은 마리스(2006)를 참고하자. 틸만, 힐, 레만은 탄소 배출이 없는 바이오매스 생산을 언급했다. 페를린(2002)은 태양광 전지의 매력적인 역사를 소개했다.

태양광을 전기나 연료로 변환하는 미래의 모든 기술 접근 방식은 미국 에너지부(2005)에서 깊이 있는 자료를 찾을 수 있다. 베네만(1972)은 최초의 바이오 수소 논문을 발표했다. 멜리스의 생각은 멜리스와 하페(2001), 베네만의 최근 생각은 베너만 등(2005)을 참고하자. 후지시마와 혼다(1972)는 최초의 이산화타이타늄 광전지를 언급했다. 칸, 알-샤리, 잉글러는 최근 자료를 보충했다. 그레첼(2001)은 이산화타이타늄과 염료가 든 광전지를 소개했다. 탐 무어의 핵심 작업은 스타인버그-이프라치, 갈리 등(1998)이 정리했다.

참고문헌

Adams, J. M. *et al.* (1990) 'Increases in terrestrial carbon storage from the last glacial maximum to the present' *Nature* **348** 711-714

Ainsworth, Elizabeth A. and Long, Stephen P. (2005) 'What have we learned from 15 years of free-air CO_2 enrichment (FACE)? A meta-analytic review of the responses of photosynthesis, canopy properties and plant production to rising CO_2' *New Phytologist* **165** 351-372

Allchin, Douglas (1994) 'James Hutton and phlogiston' Annals of Science **51** 615-635

Allen, John F. (2002) 'Photosynthesis of ATP - Electrons, proton pumps, rotors and poise' *Cell* **110** 273-276

Allen, John F. and Martin, William (2007) 'Out of thin air' *Nature* **445** 610-612

Anbar, Ariel and Knoll, Andrew H. (2002) 'Proterozoic ocean chemistry and evolution: A bioinorganic bridge?' *Science* **297** 1137-1142

Arnold, William (1991) 'Experiments' *Photosynthesis Research* **27** 73-82

Arnon, Daniel I. (1955) 'The chloroplast as a complete photosynthetic unit' *Science* **122** 9-16

Arnon, Daniel I. (1984) 'The discovery of photosynthetic phosphorylation' *Trends in Biochemical Sciences* **9** 258-262

Arnon, Daniel I. (1987) 'Photosynthetic CO_2 assimilation by chloro-plasts: Assertion, refutation, discovery' *Trends in Biochemical Sciences* **12** 39-42

Arnon, Daniel I. (1991) 'Photosynthetic electron transport: Emergence of a concept, 1949-59' *Photosynthesis Research* **29** 117-131

Atkins, P. W. (1984) *The second law: Energy, chaos and form* (revised edition 1994) Scientific American Library/W. H. Freeman

Barber, James (2004) 'Engine of life and big bang of evolution: a personal perspective' *Photosynthesis Research* **80** 137-155

Bassham, J. A. et al. (1954) 'The path of carbon in photosynthesis XXI: The cyclic regeneration of carbon dioxide acceptor' *Journal of the American Chemical Society* **76** 1760–1770

Baxter, Stephen (2003) *Revolutions in the earth: James Hutton and the true age of the world* Weidenfeld and Nicolson

Beerling, David J. (2007) *The emerald planet: How plants changed Earth's history* Oxford University Press

Beerling, David J. and Berner, Robert A. (2005) 'Feedbacks and the coevol-ution of plants and atmospheric CO_2' *Proceedings of the National Academy of Sciences* **102** 1302–1305

Beerling, David J., Osborne, Colin P. and Chaloner, William G. (2001) 'Evolution of leaf-form in land plants linked to atmospheric CO_2 decline in late Paleozoic era' *Nature* **410** 352–354

Bendall, Derek (1994) 'Robert Hill' *Biographical Memoirs of Fellows of the Royal Society* **40** 141–171

Benemann, John R. *et al.* (1973) 'Hydrogen evolution by a chloroplast-ferredoxin-hydrogenase system' *Proceedings of the National Academy of Sciences* **70** 2317–2320

Benemann, John R. *et al.* (2005) 'A Novel Photobiological Hydrogen Production Process' in van der Est and Bruce (2005)

Benson, Andrew A. (2002a) 'Following the path of carbon in photosynthesis: A personal story' *Photosynthesis Research* **73** 29–49, 2002 (also in Govindjee et al. 2005)

Benson, Andrew A. (2002b) 'Paving the path' *Annual Review of Plant Biology* **53** 1–25

Bernal, J. Desmond (1951) *The physical basis of life* Routledge & Kegan Paul

Berner, Robert A. (1998) 'The carbon cycle and CO_2 over Phanerozoic time: the role of land plants' *Philosophical Transactions of the Royal Society of London B* **353** 75–82

Berner, Robert A. *et al.* (2003) 'Phanerozoic Atmospheric Oxygen' *Annual Review of Earth and Planetary Science* **31** 105–134

Berner, Robert A. and Kothavala, Zavareth (2001) 'Geocarb III: A revised model of atmospheric CO2 over Phanerozoic time' *American Journal of Science* **301** 182–204

Berner, Robert A., Lasaga, Antonio C. and Garrels, Robert M. (1983) 'The carbonate-silicate geochemical cycle and its effect on atmospheric carbon dioxide over the past 100 million years' *American Journal of Science* **283** 641–683

Betts, R. A. et al. (2004) 'The role of ecosystem-atmosphere interactions in simulated Amazonian precipitation decrease and forest dieback under global climate warming' *Theoretical and Applied Climatology* doi 10.1007/s00704-004-0050-y

Blankenship, Robert E. (2002) *Molecular mechanisms of photosynthesis* Blackwell Science

Blankenship, Robert E. and Hartman, Hyman (1998) 'The origin and evolution of oxygenic photosynthesis' *Trends in Biological Science* **23** 94-97

Bloom, Arnold J. *et al.* (2002) 'Nitrogen assimilation and growth of wheat under elevated carbon dioxide' *Proceedings of the National Academy of Sciences* **99** 1730-1735

Bond, W. J., Midgley, G. F. and Woodward, F. I. (2003) 'The importance of low atmospheric CO_2 and fire in promoting the spread of grasslands and savannas' *Global Change Biology* **9** 973-982

Bond, W. J., Woodward, F. I. and Midgley, G. F. (2005) 'The global distribution of ecosystems in a world without fire' New Phytologist 165 525-538

Brandon, Peter (1999) *The South Downs* Phillimore

Brocks, Jochen J. *et al.* (1999) 'Archaean molecular fossils and the early rise of eukaryotes' *Science* **285** 1033-1036

Butterfield, Nicholas J. (2004) 'A vaucheriacean alga from the middle Neoproterozoic of Spitsbergen: implications for the evolution of Proterozoic eukaryotes and the Cambrian explosion' *Paleobiology* **30** 231-252

Caldeira, Ken and Kasting, James F. (1992) 'The life span of the biosphere revisited' *Nature* **360** 721-723

Calvin, Melvin (1989) 'Forty years of photosynthesis and related activities' *Photosynthesis Research* **21** 3-16

Canfield, Donald E. (1998) 'A new model for Proterozoic ocean chemistry' *Nature* **396** 450-453

Caroff, Lawrence I. and Des Marais, David J., eds (2000) *Pale blue dot 2 Workshop: habitable and inhabited worlds beyond our own solar system* NASA/CP-2000-209595

Catling, David *et al.* (2005) 'Why O_2 is required by complex life on habitable planets and the concept of planetary "oxygenation time" ' *Astrobiology* **5** 415-438

Catling, David, Zahnle, Kevin J. and McKay, Christopher P. (2001) 'Biogenic methane, hydrogen escape, and the irreversible oxidation of early earth' *Science* **293** 839-843

Claire, Mark W., Catling, David C. and Zahnle, Kevin J. (2006) 'Biogeochemical modelling of the rise in atmospheric oxygen' *Geobiology* **4** 239-269

Clayton, Roderick (1988) 'Memories of many lives' *Photosynthesis Research* **19** 205-224

Conway, Gordon (1997) *The doubly green revolution* Penguin

Conway Morris, Simon (2003) *Life's solution: Inevitable humans in a lonely cosmos* Cambridge

University Press

Crowther, J. G. (1962) *Scientists of the industrial revolution* Cresset Press

Davis, Nuel Pharr (1986) *Lawrence and Oppenheimer* Da Capo

Deisenhofer, J. *et al.* (1985) 'Structure of the protein subunits in the photosynthetic reaction centre of *Rhodopseudomonas viridis* at 3Å resolution' Nature **318** 618-624

Department of Energy (2005) *Basic research needs for solar energy utilization: Report on the basic energy sciences workshop on solar energy utiliz-ation* (Chaired by Nathan S. Lewis)

Dick, Steven J. (1996) *The biological universe: The twentieth century extraterrestrial life debate and the limits of science* Cambridge University Press

Dick, Steven J. and Strick, James E. (2004) *The living universe: NASA and the development of astrobiology* Rutgers University Press

Duysens, L. N. M. (1989) 'The discovery of the two photosynthetic systems: a personal account' *Photosynthesis Research* **21** 61-79

Dyson, George (2002) *Project Orion: The atomic spaceship 1957-1965* Allen Lane

Edwards, Diane, Duckett, J. G. and Richardson, J. B. (1995) 'Hepatic characters in the earliest land plants' *Nature* **374** 635-636

Ehleringer, James R., Cerling, Thure E. and Dearing, M. Denise, eds (2005) *A history of atmospheric CO_2 and its effects on plants, animals and ecosystems* Springer

Falkowski, Paul G. and Raven, John A. (1997) *Aquatic photosynthesis* Blackwell

Feher, George (1998) 'Three decades of research in bacterial photosynthesis and the road leading to it: A personal account' *Photosynthesis Research* **55** 1–40

Feher, George (2002) 'My road to biophysics: Picking flowers on the way to photosynthesis' *Annual Review of Biophysics and Biomolecular Structures* **31** 1–44

Feher, George et al. (1989) 'Structure and function of bacterial photosynthetic reaction centres' *Nature* **339** 111–116

Ferreira, Kristina et al. (2004) 'Architecture of the photosynthetic oxygenevolving center' *Science* **303** 1831–1838

Friedlingstein, P. et al. (2006) 'Climate-carbon cycle feedback analysis:Results from the C4MIP Model Intercomparison' *Journal of Climate* **19** 3337–3353

Fujishima, A. and Honda, K. (1972) 'Electrochemical Photolysis of Water at a Semiconductor Electrode' *Nature* **238** 37

Fuller, R. Clinton (1999) 'Forty years of microbial photosynthesis research: Where it came from and what it led to' *Photosynthesis Research* **62** 1–29

Galison, Peter and Hevly, Bruce, eds (1992) *Big science: The growth of large-scale research* Stanford University Press

Garwin, Richard L. and Charpak, George (2002) *Megawatts and megatons: The future of nuclear power and nuclear weapons* University of Chicago Press

Gedney, Nicola et al. (2006) 'Detection of a direct carbon dioxide effect in continental river runoff records' *Nature* **439** 835–838

Gest, Howard (1988) 'Sunbeams, cucumbers, and purple bacteria' *Photosynthesis Research* **19** 287–308

Gest, Howard (2000) 'Bicentenary homage to Dr Jan Ingen-Housz, MD (1730–1799), pioneer of photosynthesis research' *Photosynthesis Research* **63** 183–190

Glen, William (1994) *The mass-extinction debates: How science works in a crisis* Stanford University Press

Goldblatt, Colin, Lenton, Timothy and Watson, Andrew J. (2006) 'Bistability of atmospheric oxygen and the Great Oxidation' *Nature* **443** 683–686

Gordon, Line J. *et al.* (2005) 'Human modification of global water vapor flows from the land surface' *PNAS* **102** 7612–7617

Govindjee, Beatty, J. Thomas, Gest, Howard and Allen, John F. (2005) *Discoveries in photosynthesis (Advances in Photosynthesis and Respiration,* Volume 20) Springer

Gratzel, Michael (2001) 'Photochemical cells' *Nature* **414** 338–344

Grinspoon, David (1997) *Venus revealed: A new look below the clouds of our mysterious twin planet* Basic Books

Harrison, Sandy P. and Prentice, Colin I. (2003) 'Climate and CO_2 controls on global vegetation distribution at the last glacial maximum: analysis based on palaeovegetation data, biome modelling and palaeoclimate simulations' *Global Change Biology* **9** 983–1004

Harvey, Graham (2001) *The forgiveness of nature: The story of grass* Jonathan Cape

Hatch, M. D. (1992) 'I can't believe my luck' *Photosynthesis Research* **33** 1–14

Hay, William W. *et al.* (2003) 'The late Cenozoic uplift-climate change paradox' *International Journal of Earth Science* **91** 746–774

Heaton, Emily, Voigt, Tom and Long, Stephen P. (2004) 'A quantitative review comparing the yields of two candidate C4 perennial biomass crops in relation to nitrogen, temperature and water' *Biomass and Energy* **27** 21–30

Hill, Robert (1939) 'Oxygen produced by isolated chloroplasts' *Proceedings of the Royal Society of London B* **127** 192–210

Hill, Robert (1965) 'The biochemists' green mansions: the photosynthetic electron-transport chain in plants' *Essays in Biochemistry* **1**, 121–151

Hill, Robert (1971) 'Joseph Priestley (1733–1804) and his discovery of photosynthesis in 1771' *Proceedings of the IInd International Congress on Photosynthesis*

Hill, Robert (1975) 'Days of visual spectroscopy' *Annual Review of Plant Physiology* **26** 1–11

Hill, Robert and Bendall, Fay (1960) 'Function of the two cytochrome components in chloroplasts: A working hypothesis' *Nature* **186** 136–137

Hinde, Thomas (1986) *Capability Brown: The story of a master gardener* Hutchinson

Hitchcock, Dian R. and Lovelock, James (1967) 'Life detection by atmospheric analysis' *Icarus* **7** 149–159

Herron, Helen Arnold (1996) 'About Bill Arnold, my father' *Photosynthesis Research* **48** 3–7

Hoffert,Martin I. *et al.* (2002) 'Advanced technology paths to global climate stability: Energy for a greenhouse planet' *Science* **298** 981-987

Imhoff, Marc L. *et al.* (2004) 'Global patterns in human consumption of net primary production' *Nature* **429** 870-873

IPCC (2007) *Intergovernmental Panel on Climate Change Working Group I Fourth Assessment Report*

Jagendorf, Andre T. (1998) 'Chance, luck and photosynthesis research: An inside story' *Photosynthesis Research* **57** 215-229

Johnston, Harold (2003) *A bridge not attacked: Chemical warfare civilian research during World War II* World Scientific

Jones, Jean (1985) 'James Hutton's agricultural research and his life as a farmer' *Annals of Science* **42** 573-601

Judson, Horace Freeland (1979) *The eighth day of creation: Makers of the revolution in biology* Jonathan Cape

Juretic, Davor and Z upanovic, Pasko (2005) 'The free-energy transduction and entropy production in initial photosynthetic reactions' in Kleidon and Lorenz (2005)

Kamen, Martin D. (1985) *Radiant science, dark politics: A memoir of the nuclear age* University of California Press

Kasting, James F. and Catling, David (2003) 'Evolution of a habitable planet' *Annual Review of*

Astronomy and Astrophysics **41** 429–463

Keeling, Charles D. (1998) 'Rewards and penalties of monitoring the earth' *Annual Review of Energy and the Environment* **23** 25–82

Keilin, David, with Keilin, Joan (1966) *The history of cell respiration and cytochrome* Cambridge University Press

Kellogg, Elizabeth A. (2001) 'Evolutionary history of the grasses' *Plant Physiology* **125** 1198–1205

Kenrick, Paul and Davis, Paul (2004) *Fossil plants* The Natural History Museum

Khan, Shahed U. M., Al-Shahry, Mofareh and Ingler, William B. Jr (2002) 'Efficient photochemical water splitting by a chemically modified n-TiO_2' *Science* **297** 2243–2245

Kirchner, J. W. (1991) 'The Gaia hypotheses: Are they testable? Are they useful?' in Schneider and Boston (1991)

Kirschvink, Joseph L. et al. (2000) 'Palaeoproterozoic snowball earth: Extreme climatic and geochemical global change and its biological consequences' *Proceedings of the National Academy of Sciences* **97** 1400–1405

Kleidon, Axel (2004) 'Beyond Gaia: Thermodynamics of life and earth system functioning' *Climatic Change* **66** 271–319

Kleidon, Axel and Lorenz, Ralph D. (2005) *Non-equilibrium thermodynamics and the production of entropy* Springer-Verlag

Knoll, Andrew H. (2003a) 'The geological consequences of evolution' *Geobiology* **1** 3–14

Knoll, Andrew H. (2003b) *Life on a young planet: The first three billion years of evolution on earth* Princeton University Press

Kohler, Robert E. (1982) *From medical chemistry to biochemistry: The making of a biomedical discipline* Cambridge University Press

Krebs, Hans, with Schmid, Roswitha (1981) *Otto Warburg: Cell Physiologist, Biochemist and Eccentric* (*trans*. Krebs and Martin) Clarendon Press

Kump, Lee R., Kasting, James F. and Crane, Robert G. (2004) *The Earth System* (second edition) Pearson/Prentice Hall

Kump, Lee R., Pavlov, Alexander and Arthur, Michael A. (2005) 'Massive release of hydrogen sulphide to the surface ocean and atmosphere during intervals of oceanic anoxia' *Geology* **33** 397–[CK]

Lane, Nick (2002) *Oxygen: The molecule that made the world* Oxford University Press

Lane, Nick (2005) *Power, sex, suicide: Mitochondria and the meaning of life Oxford* University

Press
Larkin, Philip (1988) *Collected poems* (ed. A. Thwaite) Faber and Faber
Lenton, Timothy M. (1998) 'Gaia and natural selection' *Nature* **394** 439–447
Lenton, Timothy M. and von Bloh, Werner (2001) 'Biotic feedback extends the life span of the biosphere' *Geophysical Research Letters* **28** 1715–1718
Lenton, Timothy M. and Watson, Andrew J. (2004) 'Biological enhancement of weathering, atmospheric oxygen and carbon dioxide in the Neoproterozoic' *Geophysical Research Letters* **31** L05202 [sic]
Lewis, Nathan S. – see Department of Energy (2005)
Lodders, Katharina and Fegly, Bruce Jr (1998) *The planetary scientist's companion* Oxford University Press
Lovelock, James E. (1965) 'A physical basis for life detection experiments' *Nature* **207** 568–570
Lovelock, James E. (1979) *Gaia: A new look at life on earth* Oxford University Press
Lovelock, James E. (1988) *The ages of Gaia: A biography of our living earth* (revised edition 1995) Oxford University Press
Lovelock, James E. (2000) *Homage to Gaia: The life of an independent scientist* Oxford University Press
Lovelock, James E. (2006) *The revenge of Gaia: Why the earth is fighting back – and how we can still save humanity* Allen Lane
Lovelock, James E. and Margulis, Lynn (1974) 'Atmospheric homeostasis by and for the biosphere: the Gaia hypothesis' *Tellus* **XXVI** 2–9
Lovelock, James E. and Watson, A. J. (1982) 'The regulation of carbondioxide and climate: Gaia or geochemistry' *Planetary and Space Science* **30** 795–802
Lovelock, James E. and Whitfield, M. (1982) 'Life span of the biosphere' *Nature* **296** 561–563
Lunine, Jonathan I. (2004) *Astrobiology: A multidisciplinary approach* Pearson Addison Wesley
MacNeice, Louis (1976) *Collected poems* (ed. E. R. Dodds) Faber
Malone, Thomas F., Goldberg, Edward D. and Munk, Walter H. (1998) 'Roger Randall Dougan Revelle 1909–1991' *Biographical Memoirs of the National Academy of Sciences* **75** 3–23
Mann, T. (1964) 'David Keilin' *Biographical Memoirs of Fellows of the Royal Society* **10** 183–205
Margulis, Lynn (1998) *The symbiotic planet: A new look at evolution* Weidenfeld and Nicolson
Margulis, Lynn – see also under Sagan, Lynn
Marris, Emma (2006) 'Black is the new green' *Nature* **442** 624–626

Martin, William and Russell, Michael J. (2002) 'On the origins of cells; a hypothesis for the evolutionary transitions from abiotic geochemistry to chemoautotrophic prokaryotes, and from prokaryotes to nucleated cells' Philosophical Transactions of the Royal Society of London B **358** 59–85

Marvell, Andrew (1989) *Selected poems* (ed. Bill Hutchings) Carcanet

Matson, P. A. et al. (1997) 'Agricultural intensification and ecosystem properties' *Science* **277** 504–509

McCannon, Jock (1987) T*he Sick University* Lowlands University Press

McKay, Christopher P. and Hartman, Hyman (1991) 'Hydrogen peroxide and the evolution of oxygenic photosynthesis' *Origins of Life and Evolution of the bIosphere* **21** 157–163

Melis, Anastasios and Happe, Thomas (2001) 'Hydrogen production. Green algae as a source of energy' *Plant Physiology* **127** 740–748

Mitchell, Peter (1961) 'Coupling of phosphorylation to electron and hydrogen transfer by a chemiosmotic type of mechanism' *Nature* **191** 144–148

Mitchell, Peter (1979) 'Keilin's respiratory chain concept and its chemiosmotic consequences' *Science* **206** 1148–1159

Morton, Oliver (2002) *Mapping Mars: Science, imagination and the birth of a world* Fourth Estate

Myers, Jack (1994) 'The 1932 experiments' *Photosynthesis research* **40** 303–310

Nash, Leonard K. (1952) *Plants and the atmosphere* Harvard University Press

Niklas, Karl J. (1997) *The evolutionary biology of plants* University of Chicago Press

Nisbet, Euan G. and Fowler, C. Mary R. (2005) 'The early history of life' in *Treatise on geochemistry vol 8* (ed. William H. Schlesinger) Elsevier Science

Oak Ridge National Laboratory (2005) *Biomass as feedstock for a bioenergy and bioproducts industry: The technical feasibility of a billion-ton annual supply*

Oldroyd, David G. (1996) *Thinking about the Earth: A history of ideas in geology* Harvard University Press

Ord, M. G. and Stocken, L. A., eds (1997) *Foundations of Modern Biochemistry Vol. 3* JAI Press

Osborne, Colin P. and Beerling, David J. (2006) 'Nature's green revolution: the remarkable evolutionary rise of C4 plants' *Philosophical Transactions of the Royal Society B* **361** 173–194

Pacala, S. and Socolow, R. (2004) 'Stabilization wedges: Solving the climate problem for the next 50 years with current technologies' *Science* **305** 968–972

Paltridge, Garth (2005) 'Stumbling into the MEP racket: an historical perspective' in Kleidon and

Lorenz (2005)

Pavlov, Alexander A. *et al.* (2000) 'Greenhouse warming by CH_4 in the atmosphere of early earth' *Journal of Geophysical Research – Planets* **105** 11981–11990

Pearson, Paul N. and Palmer, Martin R. (2000) 'Atmospheric carbon dioxide concentrations over the past 60 million years' *Nature* **406** 695–699

Perlin, John (2002) *From space to earth: The story of solar electricity* Harvard University Press

Peterson, Kevin J. and Butterfield, Nicholas J. (2005) 'Origin of the Eumetazoa: Testing ecological prediction of molecular clocks against the Proterozoic fossil record' *Proceedings of the National Academy of Sciences* **102** 9547–9552

Petit, J. R. *et al.* (1999) 'Climate and atmospheric history of the past 420,000 years from the Vostok ice core, Antarctica' *Nature* **399** 429–436

Pielke, Roger A. Sr et al. (2002) 'The influence of land-use change and landscape dynamics on the climate system: relevance to climate-change policy beyond the radiative effect of greenhouse gases' *Philosophical Transactions of the Royal Society of London A* **360** 1705–1719

Pierpoint, W. S. (1999) 'Norman Wingate Pirie' *Biographical Memoirs of Fellows of the Royal Society* **45** 399–415

Pirie, N. W. (1937) 'The meaninglessness of the terms life and living' in *Perspectives in biochemistry* (ed. J. Needham) Cambridge University Press

Pirie, N. W. (1959) 'Chemical diversity and the origins of life' in Oparin *et al.* (1959)

Pirie, N. W. (1970) 'A nonconformist biologist' *New Scientist* 12 February 15–18

Rabinowitch, Eugene (1961) 'Robert Emerson' *Biographical Memoirs of the National Academy of Sciences* **35** 112–131

Rachmilevitch, Shimon, Cousins, Asaph B. and Bloom, Arnold (2004) 'Nitrate assimilation in plant shoots depends on photorespiration' *Proceedings of the National Academy of Sciences* **101** 11506–11510

Raven, John A. (2002) 'Selection pressures on stomatal evolution' *New Phytologist* **153** 371–386

Raven, John A. – see also Royal Society (2005b)

Raven, John A. and Edwards, Dianne (2001) 'Roots: Evolutionary origins and biochemical significance' *Journal of Experimental Botany* **52** 381–401

Raven, Peter H., Evert, Ray F. and Eichhorn, Susan E. (1999) *Biology of plants* (sixth edition) W. H. Freeman

Raymond, Jason et al. (2004) 'The natural history of nitrogen fixation' *Molecular Biology and*

Evolution **21** 541–554

Read, Peter and Lermit, Jonathan (2005) 'Bio-energy with carbon storage (BECS): a sequential decision approach to the threat of abrupt climate change' *Energy* **30** 2654–2671

Revelle, Roger and Suess, Hans E. (1957) 'Carbon dioxide exchange between atmosphere and ocean and the question of an increase of atmospheric CO_2 during the past decades' Tellus **9** 18–27

Ridley, Mark (2000) Mendel's demon: Gene justice and the complexity of life Weidenfeld and Nicolson

Robinson, Jennifer M. (1991) 'Phanerozoic atmospheric reconstructions: a terrestrial perspective' *Palaeogeography, alaeoclimatology, Palaeoecology* **97** 51–62

Robinson, Spider (1986) *Night of Power Berkley*

Rojstaczer, Stuart, Sterling, Shannon M. and Moore, Nathan J. (2001) 'Human appropriation of photosynthesis products' *Science* **294** 2549–2552

Royal Society (2005a) 'Food crops in a changing climate: Report of a Royal Society Discussion Meeting held in April 2005' (Policy document 10/05)

Royal Society (2005b) 'Ocean acidification due to increasing atmospheric carbon dioxide' (Policy document 12/05) (Chaired by John A. Raven)

Royer, Dana L., Berner, Robert A. and Beerling, David J. (2001) 'Phanerozoic atmospheric CO_2 change: evaluating geochemical and paleobiological approaches' *Earth-Science Reviews* **54** 349–392

Rutherford, A. W. and Faller, P. (2002) 'Photosystem II: Evolutionary perspectives' *Philosophical Transactions of the Royal Society of London B* **358** 245–253

Ryman, Geoff (1989) *The Child Garden* Tor Books

Sagan, Lynn (1967) 'On the origin of mitosing cells' *Journal of Theoretical Biology* **14** 225–274 (see also Margulis, Lynn)

Sage, Rowan F. (1995) 'Was low atmospheric CO_2 during the Pleistocene a limiting facor for the origin of agriculture' *Global Change Biology* **1** 93–106

Sage, Rowan F. (2004) 'The evolution of C4 photosynthesis' *New Phytologist* **61** 341–370

Sawyer, Kathy (2006) *The Rock From Mars: A detective story on two planets* Random House

Schneider, Stephen H. *et al.* (2004) *Scientists Debate Gaia: The next century* MIT Press

Schneider, Stephen H. and Boston, Penelope J. (1991) *Scientists on Gaia* MIT Press

Schopf, J.William (1999) *Cradle of life: The discovery of earth's earliest fossils* Princeton University Press

Schrodinger, Erwin (1944) *What is life?* (republished with Mind and matter and Autobiographical sketches 1992) Cambridge University Press

Schwartzmann, David W. and Volk, Tyler (1989) 'Biotic enhancement of weathering and the habitability of Earth' *Nature* **340** 457–460

Scott, A. C. (2000) 'The pre-Quaternary history of fire' *Palaeogeography, Palaeoclimatology, Palaeoecology* **164** 281–329

Seaborg, Glenn T. and Benson, Andrew A. (1998) 'Melvin Calvin' *Biographical Memoirs of the National Academy of Sciences* **75** 96–115

Seidel, Robert (1992) 'The origins of the Lawrence Berkeley Laboratory' in Galison and Hevly (1992)

Skelton, Peter, Spicer, Bob and Rees, Allister (2001) *Evolving life and the earth (S269 Earth and life)* The Open University

Slater, E. C. (1994) 'Peter Dennis Mitchell' *Biographical Memoirs of Fellows of the Royal Society* **40** 283–305

Smil, Vaclav (1999) *Energies: An illustrated guide to the biosphere and civilization* MIT Press

Smil, Vaclav (2001) *Enriching the earth: Fritz Haber, Carl Bosch and the transformation of world food production* MIT Press

Smil, Vaclav (2003a) *The earth's biosphere: Evolution, dynamics, and change* MIT Press

Smil, Vaclav (2003b) *Energy at the crossroads: Global perspectives and uncertainty* MIT Press

Spath, Susan B. (1999) 'C. B. van Niel and the culture of microbiology, 1920–1965' PhD dissertation, University of California, Berkeley

Spoehr, H. A. (1926) *Photosynthesis* American Chemical Society

Steinberg-Yfrach, Gali et al. (1998) 'Light-driven production of ATP catalysed by F_0F_1-ATP synthase in an artificial photosynthetic membrane' *Nature* **392** 479–482

Tilman, David et al. (2001) 'Forecasting agriculturally driven global environmental change' *Science* **292** 281–284

Tilman, David, Hill, Jason and Lehman, Clarence (2006) 'Carbon negative biofuels from low-input high-diversity grassland biomes' *Science* **314** 1598–1600

Tolkien, J. R. R. (1964) *Tree and leaf* Allen & Unwin

Torn, Margaret S. and Harte, John (2006) 'Missing feedbacks, asymmetric uncertainties, and the underestimation of future warming' *Geophysical Research Letters* **33** L10703

Tudge, Colin (2003) *So shall we reap: How everyone who is liable to be born in the next ten thousand years could eat very well indeed; and why, in practice, our immediate descendants are likely to be in serious trouble* Allen Lane

Tudge, Colin (2006) The tree: A natural history of what trees are, how they live and why they matter Crown

Turner, Roger (1985) *Capability Brown and the eighteenth-century English landscape* Weidenfeld and Nicolson

Turner, Steven R. (1970) 'Julius RobertMayer' in *The Dictionary of Scientific Biography* Scribner

Uglow, Jenny (2002) *The lunar men: The friends who made the future 1730–1810* Faber and Faber

Vaitheeswaran, Vijay V. (2005) *Power to the people: How the coming energy revolution will transform an industry, change our lives and maybe even save the planet* Earthscan

van der Est, A. and Bruce, D., eds (2005) *Photosynthesis: Fundamental aspects to global perspectives* (Proceedings of the XIII International Congress, Montreal) Alliance Communications Group

Varley, John (1992) *Steel Beach* Ace

Varley, John (2004) *The John Varley reader: Thirty years of short fiction* Berkeley

Vernadsky, Vladimir I., (1998) *The biosphere* (trans. David Langmuir, ed. Mark McMenamin) Copernicus

Vitousek, Peter M. et al. (1986) 'Human appropriation of the products of photosynthesis' *Bioscience* **36** 368–373

Volk, Tyler (1998) *Gaia's body: Toward a physiology of earth* Springer-Verlag

Wald, George (1974) 'Fitness in the universe: Choices and necessities' *Origins of Life* **5** 7–27

Walker, David Alan (1997) ' "Tell me where all the past years are" ' *Photosynthesis Research* **51** 1–26

Walker, David Alan (2000) *Like clockwork: An unfinished story* Oxygraphics (http://www.oxygraphics.co.uk)

Walker, David Alan (2002) ' "And whose bright presence" – an appreciation of Robert Hill and his reaction' *Photosynthesis Research* **73** 51–54

Walker, David Alan (2003) 'Chloroplasts in envelopes: CO_2 fixation by fully functional intact chloroplasts' *Photosynthesis Research* **76** 319–327

Walker, Gabrielle (2003) *Snowball earth: The story of the great global catastrophe that spawned life as we know it* Bloomsbury

Walker, J. C. G., Hays, P. B. and Kasting, J. F. (1981) 'A negative feedback mechanism for the long-term stabilization of Earth's surface temperature' *Journal of Geophysical Research* **86** 9776-9782

Ward, Peter D. and Brownlee, Donald (2000) *Rare earth: Why complex life is uncommon in the universe* Springer-Verlag

Ward, Peter D. and Brownlee, Donald (2002) *The life and death of planet earth: How the new science of astrobiology charts the ultimate fate of our world* Times Books/Henry Holt

Watson, Andrew J. (2004) 'Gaia and observer self-selection' in Schneider *et al.* (2004)

Watson, Andrew J. et al. (2000) 'Effect of iron supply on Southern Ocean CO_2 uptake and implications for glacial atmospheric CO_2' *Nature* **407** 730-733

Weart, Spencer R. (2003) *The discovery of global warming* Harvard University Press

Weiner, Jonathan (1990) *The next one hundred years: Shaping the fate of our living earth* Rider

Whatley, F. Robert (1995) 'Photosynthesis by isolated chloroplasts: The early work in Berkeley' *Photosynthesis Research* **46** 17-26

Wildman, Sam G. (1998) 'Discovery of rubisco' in Kung, S.-D. and Yang, S.-F., eds Discoveries in plant biology World Scientific

Wildman, Sam G. (2002) 'Along the trail from Fraction I protein to Rubisco (ribulose bisphosphate carboxylase-oxygenase)' *Photosynthetic Research* **73** 243-250

Wilkinson, Bruce H. (2005) 'Humans as geological agents: A deep-time *perspective' Geology* **33** 161-164

Wilkinson, Bruce H. and McElroy, Brandon J. (2007) 'The impact of humans on continental erosion and sedimentation' *GSA Bulletin* **119** 140-156

Williams, Walter Jon (2003) 'The green leopard plague' *Isaac Asimov's Science Fiction Magazine* (October-November 2003)

Wilson, R. C. L., Drury, S. A. and Chapman, J. L. (2000) *The great ice age: Climate change and life* Routledge/The Open University

Witt, J. L. and Horst, Tobias (2004) 'Steps on the way to building blocks, topologies, crystals and X-ray structural analysis of Photosystems I and II of water oxidizing photosynthesis' *Photosynthesis Research* **80** 85-107

Wolstencroft, R. D. and Raven, John A. (2002) 'Photosynthesis: Likelihood of occurrence and possibility of detection on earth-like planets' *Icarus* **157** 535-548

Woodward, F. Ian (1987) 'Stomatal numbers are sensitive to increases in CO_2 from pre-industrial levels' *Nature* **327** 617-618

Xiong, Jin and Bauer, Carl E. (2002) 'Complex evolution of photosynthesis' *Annual Review of Plant Biology* **53** 503-521

Zachos, James et al. (2001) 'Trends, rhythms and aberrations in global climate 65 Ma to present' *Science* **292** 686-693

Zahnle, Kevin J., Claire, Mark W. and Catling, David C. (2006) 'The loss of mass independent fractionation in sulfur due to a Paleoproterozoic collapse of atmospheric methane' *Geobiology* **4** 271-283

Zallen, Doris T. (1993) 'Redrawing the boundaries of molecular biology: the case of photosynthesis' *Journal of the History of Biology* **26** 65-87

Zimmer, Carl (2001) *Parasite rex: Inside the bizarre world of nature's most dangerous creatures* Free Press

태양을 먹다

생명의 고리를 잇는 광합성 서사시

초판 1쇄 펴낸날 2023년 4월 19일
초판 1쇄 펴낸날 2023년 7월 17일
지은이 올리버 몰턴
옮긴이 김홍표
펴낸이 한성봉
편집 최창문·이종석·조연주·오시경·이동현·김선형·전유경
콘텐츠제작 안상준
디자인 권선우·최세정
마케팅 박신용·오주형·강은혜·박민지·이예지
경영지원 국지연·강지선
펴낸곳 도서출판 동아시아
등록 1998년 3월 5일 제1998-000243호
주소 서울시 중구 퇴계로30길 15-8 [필동1가] 무석빌딩 2층
페이스북 www.facebook.com/dongasiabooks
전자우편 dongasiabook@naver.com
블로그 blog.naver.com/dongasiabook
인스타그램 www.instargram.com/dongasiabook
전화 02) 757-9724, 5
팩스 02) 757-9726
ISBN 978-89-6262-492-2 03470

※ 잘못된 책은 구입하신 서점에서 바꿔드립니다.

만든 사람들

책임편집 김선형
교정교열 김대훈
디자인 최진규